普通高等院校

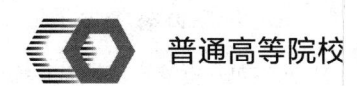

液压控制系统（下册）
Hydraulic Control Systems (Volume II)

常同立 编著

清华大学出版社
北京

内 容 简 介

本书为《液压控制系统(下册)》,内容包括电液比例控制系统原理与结构、比例液压阀及比例放大器、比例控制液压回路及方式、比例液压控制系统设计、液压装备顺序控制系统设计、液压控制的非线性、液压控制系统建模仿真等七部分。

本书以帮助读者建立实用的液压控制专业基础和培养设计思想作为成书目标,采用了具有较强实用性和工程实践性为特色的撰写方式。

本书主要特色:依据认知规律设计本书的内容总体结构,内容阐述直白且直观;注重专业基础知识掌握与能力培养,突出强调工程实践性;选材包括了当今相关行业领域的科技发展新成果,注重新方法和新手段的应用。

本书可作为高等院校机械工程、机电工程、控制工程类专业高年级本科生和研究生的教材;同时它也是一本专业工程技术书,可为相关行业领域广大工程技术人员服务。

版权所有,侵权必究。举报:010-62782989,beiqinquan@tup.tsinghua.edu.cn。

图书在版编目(CIP)数据

液压控制系统.下册/常同立编著.—北京:清华大学出版社,2022.6
普通高等院校机电工程类系列教材
ISBN 978-7-302-61009-0

Ⅰ.①液… Ⅱ.①常… Ⅲ.①液压控制-控制系统-高等学校-教材 Ⅳ.①TH137

中国版本图书馆 CIP 数据核字(2022)第 097523 号

责任编辑:冯 昕 苗庆波
封面设计:傅瑞学
责任校对:赵丽敏
责任印制:宋 林

出版发行:清华大学出版社
    网 址:http://www.tup.com.cn, http://www.wqbook.com
    地 址:北京清华大学学研大厦 A 座 邮 编:100084
    社 总 机:010-83470000 邮 购:010-62786544
    投稿与读者服务:010-62776969, c-service@tup.tsinghua.edu.cn
    质量反馈:010-62772015, zhiliang@tup.tsinghua.edu.cn
印 装 者:三河市铭诚印务有限公司
经 销:全国新华书店
开 本:185mm×260mm 印 张:17.25 字 数:417 千字
版 次:2022 年 6 月第 1 版 印 次:2022 年 6 月第 1 次印刷
定 价:52.00 元

产品编号:090991-01

前 言

写一本容易理解的书；写一本实用性强的书。以帮助读者建立实用的专业基础和培养设计思想作为成书目标，本书采用了具有较强实用性和工程实践性的撰写方式，内容难度适中，详略得当，不追求理论阐述深度和公式推导严密、详尽。

全书分为上下两册，上册以液压伺服控制内容为主，下册（本书）主要内容为电液比例控制、液压装备的顺序控制、液压控制的非线性、液压控制系统建模仿真等。上下两册知识平顺衔接，浑然一体，各种液压控制技术共性衔接，个性区分，覆盖了液压控制方式的全部谱系。全书以动力学和反馈控制为知识基础，在动力学模型上开展液压伺服控制理论，建立对系统动态与系统控制的认识与理念，并将其延伸拓展应用于液压比例控制，使读者更容易理解液压比例控制的特征与特色。进一步将液压控制类型从连续量控制拓展至开关量控制，即为液压装备顺序控制。阐述了液压控制中的非线性和建模仿真方法，它们是液压控制的共性问题与通用方法。全书取材于工程实际，反映工业技术发展过程与现状，面向当前工业技术的社会需求和应用，讲述全谱系液压控制技术的原理、特性、分析及设计。

本书以第 1 章电液比例控制系统原理与结构为开篇讲述电液比例控制，承接上册第 1 章中关于液压比例控制技术的综述，帮助读者建立对电液比例控制系统整体认知。然后引领读者深入系统内部的元件层面，认知比例液压阀及比例放大器。带领读者回到系统结构层面，进一步认知比例控制液压回路及方式。第 4 章归纳讲述了比例液压控制系统设计方法。以 PLC 控制为代表的顺序控制是装备控制常见控制方式，液压控制也不例外，液压装备顺序控制也是一种常见的液压控制类型。与液压伺服控制系统相比，电液比例控制系统具有更加明显的非线性。现代仿真技术为液压控制系统分析与设计提供了新手段和新方法，液压控制系统建模仿真是当代液压控制技术的特色。

本书由燕山大学孔祥东教授和哈尔滨工业大学韩俊伟教授主审。限于作者的水平与能力，书中难免有错误与不妥之处。诚实地说，这本书稿与编者的理想也尚有距离，本着共享素材和方便教学工作的目的，将书稿付印，欢迎读者、同仁、学友、师长多多批评指正。

参考文献在书中多数非直接引用，多用作启示和指导，其多体现在书中的思想方法等方面，属于道同。为了方便读者延伸阅读，本书将按章列出参考文献。匆忙之中，想必定会有曾对作者有重要影响的文献资料遗漏了，这里一并对文献作者的贡献表示感谢！

常同立

2022 年 4 月

目 录

第1章 电液比例控制系统原理与结构 ······ 1

1.1 连铸机钢包回转台比例控制 ······ 1
1.1.1 装备工作原理 ······ 1
1.1.2 比例控制系统工作原理与结构分析 ······ 4
1.1.3 比例控制系统结构特点 ······ 6

1.2 计算机数控液压折弯机 ······ 6
1.2.1 装备工作原理 ······ 6
1.2.2 比例控制系统工作原理与结构分析 ······ 7
1.2.3 电液比例控制系统结构特点 ······ 8

1.3 大惯量负向负载电液比例控制实验台 ······ 9
1.3.1 装备工作原理 ······ 9
1.3.2 比例控制系统工作原理与结构分析 ······ 10
1.3.3 电液比例控制系统结构特点 ······ 12

1.4 电液比例控制注塑成形机 ······ 12
1.4.1 装备工作原理 ······ 13
1.4.2 比例控制系统工作原理与结构分析 ······ 14
1.4.3 比例控制系统结构特点 ······ 15

1.5 液压比例技术与元件 ······ 16

1.6 电液比例控制与液压传动和液压伺服控制的比较 ······ 17
1.6.1 电液比例控制与液压传动(液压开关控制)的比较 ······ 17
1.6.2 电液比例控制与电液伺服控制的比较 ······ 18

1.7 本章小结 ······ 19

思考题与习题 ······ 20

主要参考文献 ······ 20

第2章 比例液压阀及比例放大器 ······ 21

2.1 比例电磁铁 ······ 21
2.1.1 比例电磁铁分类与性能需求 ······ 22
2.1.2 比例电磁铁原理与结构 ······ 23
2.1.3 比例电磁铁的控制及系统特性 ······ 26
2.1.4 比例电磁铁的应用 ······ 30

2.2 比例液压阀基础 ······ 30
2.2.1 液压阀桥路 ······ 31

  2.2.2　普通比例滑阀的阀口 ………………………………………………………… 33
  2.2.3　高频响比例滑阀的阀口 ……………………………………………………… 37
  2.2.4　比例控制的滑阀机能 ………………………………………………………… 39
  2.2.5　比例滑阀受力分析及补偿设计 ……………………………………………… 39
 2.3　比例方向阀 ……………………………………………………………………………… 43
  2.3.1　普通比例方向阀结构 ………………………………………………………… 43
  2.3.2　高频响比例方向阀 …………………………………………………………… 45
  2.3.3　普通二级比例方向阀 ………………………………………………………… 46
  2.3.4　高频响二级比例方向阀 ……………………………………………………… 50
  2.3.5　比例方向阀与电液伺服阀比较 ……………………………………………… 51
  2.3.6　产品特性描述、选型方法 …………………………………………………… 52
 2.4　比例压力阀 ……………………………………………………………………………… 57
  2.4.1　直动式比例溢流阀 …………………………………………………………… 57
  2.4.2　先导式比例溢流阀 …………………………………………………………… 60
  2.4.3　直动式比例溢流型减压阀 …………………………………………………… 61
  2.4.4　先导式比例减压阀 …………………………………………………………… 62
  2.4.5　产品特性描述、选型方法 …………………………………………………… 63
 2.5　比例流量阀 ……………………………………………………………………………… 66
  2.5.1　比例节流阀原理 ……………………………………………………………… 66
  2.5.2　比例调速阀 …………………………………………………………………… 67
  2.5.3　产品特性描述、选型方法 …………………………………………………… 68
 2.6　比例放大器 ……………………………………………………………………………… 71
  2.6.1　概述 …………………………………………………………………………… 71
  2.6.2　比例放大器工作原理及结构组成 …………………………………………… 73
  2.6.3　比例放大器组成模块工作原理 ……………………………………………… 76
  2.6.4　典型比例放大器 ……………………………………………………………… 82
  2.6.5　比例放大器选型方法 ………………………………………………………… 86
 2.7　本章小结 ………………………………………………………………………………… 88
 思考题与习题 …………………………………………………………………………………… 88
 主要参考文献 …………………………………………………………………………………… 89

第3章　比例控制液压回路及方式 …………………………………………………………… 90
 3.1　运动比例控制液压回路 ………………………………………………………………… 90
  3.1.1　基本的四通阀控液压缸运动比例控制 ……………………………………… 91
  3.1.2　阀控非对称缸运动比例控制的超压和吸空保护 …………………………… 95
  3.1.3　负向载荷平衡 ………………………………………………………………… 95
  3.1.4　负载运动位置锁止 …………………………………………………………… 97
  3.1.5　比例控制系统的冗余设计 …………………………………………………… 99
  3.1.6　阀控非对称缸的单腔运动/力控制 ………………………………………… 100

  3.1.7 同步回路与进口负载压力补偿……………………………………………… 102
  3.1.8 带负载压力补偿器的运动比例控制…………………………………… 103
 3.2 流量比例控制液压回路……………………………………………………………… 106
  3.2.1 比例节流阀流量控制液压回路…………………………………………… 107
  3.2.2 比例调速阀流量控制液压回路…………………………………………… 107
  3.2.3 变量泵流量比例控制液压回路…………………………………………… 109
 3.3 压力比例控制液压回路……………………………………………………………… 112
  3.3.1 比例溢流阀压力控制液压回路…………………………………………… 112
  3.3.2 比例节流阀旁路压力控制液压回路……………………………………… 113
  3.3.3 减压阀压力比例控制液压回路…………………………………………… 113
  3.3.4 变量泵压力比例控制液压回路…………………………………………… 115
 3.4 本章小结……………………………………………………………………………… 117
 思考题与习题……………………………………………………………………………… 117
 主要参考文献……………………………………………………………………………… 119

第4章 比例液压控制系统设计 ……………………………………………………… 121

 4.1 装备液压控制系统结构与设计任务分解…………………………………………… 121
 4.2 液压比例运动控制的一般设计流程………………………………………………… 122
 4.3 比例液压控制方案设计……………………………………………………………… 123
  4.3.1 明确设计任务……………………………………………………………… 123
  4.3.2 拟定控制方案,绘制(回路)系统原理图………………………………… 124
 4.4 运动过程设计………………………………………………………………………… 128
  4.4.1 被控制对象运动过程设计………………………………………………… 128
  4.4.2 匀加速运动的加、减速度时间…………………………………………… 128
  4.4.3 匀加速运动的加、减速度距离…………………………………………… 130
  4.4.4 速度循环图………………………………………………………………… 130
  4.4.5 运动过程设计结果的实现方式…………………………………………… 130
 4.5 负载分析……………………………………………………………………………… 131
  4.5.1 典型负载与负载模型……………………………………………………… 131
  4.5.2 负载循环图………………………………………………………………… 132
 4.6 阀控比例系统稳态设计……………………………………………………………… 132
  4.6.1 阀控对称缸比例控制系统稳态设计……………………………………… 133
  4.6.2 阀控马达比例控制系统稳态设计………………………………………… 134
  4.6.3 阀控非对称缸比例控制系统稳态设计…………………………………… 134
  4.6.4 确定液压比例方向控制阀的参数及选型………………………………… 135
 4.7 比例阀控制系统固有频率分析……………………………………………………… 136
  4.7.1 液压动力元件固有频率的作用…………………………………………… 136
  4.7.2 常见比例控制液压基本回路的固有频率计算方法……………………… 136
 4.8 比例控制系统电子控制器等选型与设计…………………………………………… 138

- 4.8.1 比例控制系统结构与电子控制器 …… 139
- 4.8.2 电子控制器选型要求 …… 140
- 4.8.3 运动控制器 …… 140
- 4.8.4 电源 …… 141
- 4.9 基本液压回路的集成设计 …… 142
  - 4.9.1 集成设计方式 …… 142
  - 4.9.2 开环控制液压回路集成设计 …… 144
  - 4.9.3 闭环比例控制液压回路集成设计 …… 146
- 4.10 减小负载运动速度波动设计 …… 146
  - 4.10.1 负载压力补偿器的工作原理及分类 …… 146
  - 4.10.2 二通进口负载压力补偿器 …… 147
  - 4.10.3 三通进口负载压力补偿器 …… 149
  - 4.10.4 出口压力补偿器 …… 149
  - 4.10.5 负载压力补偿器设计 …… 150
- 4.11 开环控制系统到位精度控制设计 …… 151
  - 4.11.1 开环控制系统到位精度分析 …… 152
  - 4.11.2 开环控制系统到位精度控制方案 …… 153
  - 4.11.3 与到位距离相关的制动控制方案 …… 153
  - 4.11.4 油液黏度变化对到位精度的影响 …… 154
  - 4.11.5 不同电信号死区时间对到位精度的影响 …… 155
- 4.12 本章小结 …… 155
- 思考题与习题 …… 156
- 主要参考文献 …… 156

第5章 液压装备顺序控制系统设计 …… 157

- 5.1 顺序控制系统结构 …… 157
- 5.2 顺序控制元件与回路原理 …… 160
  - 5.2.1 顺序液压控制元件原理 …… 160
  - 5.2.2 开关控制液压回路基本原理 …… 164
- 5.3 顺序控制逻辑设计 …… 166
  - 5.3.1 液压顺序逻辑控制实现方式 …… 166
  - 5.3.2 顺序控制逻辑的设计方法 …… 167
- 5.4 顺序控制系统的编程控制器 …… 174
  - 5.4.1 PLC控制器 …… 174
  - 5.4.2 工业控制计算机 …… 177
  - 5.4.3 嵌入式工业控制机 …… 179
- 5.5 顺序控制系统设计 …… 180
  - 5.5.1 顺序控制系统设计一般流程 …… 180
  - 5.5.2 顺序控制系统设计步骤与内容 …… 181

5.6 本章小结 ··· 182
思考题与习题 ··· 182
主要参考文献 ··· 182

第6章 液压控制的非线性 ··· 184

6.1 非线性系统动态过程特点 ··· 184
6.2 非线性控制系统研究方法 ··· 184
6.2.1 线性化或小信号分析法 ··· 185
6.2.2 分段线性化分析法 ··· 185
6.2.3 描述函数分析法 ··· 185
6.2.4 相平面分析法 ··· 186
6.2.5 模拟计算机仿真分析法 ··· 186
6.2.6 数字计算机仿真分析法 ··· 187
6.3 非线性连续系统数学模型 ··· 188
6.3.1 非线性连续系统一般数学模型 ··· 188
6.3.2 仿射非线性系统 ··· 189
6.3.3 其他常见特殊形式非线性系统 ··· 190
6.4 典型非线性特性及其对系统特性的影响 ································· 191
6.4.1 死区特性 ··· 191
6.4.2 饱和特性 ··· 191
6.4.3 非线性增益特性 ··· 192
6.4.4 间隙特性 ··· 193
6.4.5 磁滞特性 ··· 193
6.4.6 摩擦特性 ··· 194
6.4.7 阶梯特性 ··· 194
6.4.8 继电器特性 ··· 194
6.5 液压反馈控制系统中的非线性 ·· 196
6.5.1 液压伺服控制系统中的非线性 ··· 196
6.5.2 液压比例控制系统中的非线性 ··· 197
6.6 非线性系统仿真分析方法 ··· 198
6.6.1 基于方块图的非线性系统仿真 ··· 198
6.6.2 基于状态方程的非线性系统仿真 ······································· 201
6.7 本章小结 ·· 207
思考题与习题 ··· 208
主要参考文献 ··· 208

第7章 液压控制系统建模仿真 ·· 210

7.1 系统仿真与液压系统仿真 ··· 210
7.1.1 系统仿真概念与类型 ·· 210

  7.1.2 系统的研究与设计方法 …………………………………………… 211
  7.1.3 系统仿真对液压系统分析设计方法的变革 …………………… 212
  7.1.4 液压仿真发展简史 ……………………………………………… 213
  7.1.5 液压系统仿真软件特点 ………………………………………… 214
  7.1.6 液压系统建模仿真过程 ………………………………………… 215
7.2 液压控制系统建模仿真重要问题 …………………………………………… 215
  7.2.1 建模仿真方式与液压(控制)系统理论 ………………………… 215
  7.2.2 仿真模型与实际系统 …………………………………………… 216
  7.2.3 仿真研究与实验测试 …………………………………………… 217
  7.2.4 复杂大系统(仿真)研究方法 …………………………………… 218
  7.2.5 建模的详尽(复杂)程度与可信度 ……………………………… 219
  7.2.6 模块划分与仿真研究目的性 …………………………………… 220
7.3 液压控制系统编程语言软件仿真 …………………………………………… 223
  7.3.1 概述 ……………………………………………………………… 223
  7.3.2 MATLAB/Simulink 软件基本使用方法 ……………………… 225
  7.3.3 建模仿真过程 …………………………………………………… 226
  7.3.4 案例一 …………………………………………………………… 227
  7.3.5 案例二 …………………………………………………………… 228
  7.3.6 案例三 …………………………………………………………… 230
  7.3.7 小结 ……………………………………………………………… 231
7.4 液压控制系统 SimHydraulics 软件仿真 …………………………………… 232
  7.4.1 概述 ……………………………………………………………… 232
  7.4.2 Simscape 软件使用方法 ………………………………………… 233
  7.4.3 建模仿真过程 …………………………………………………… 233
  7.4.4 案例一 …………………………………………………………… 234
  7.4.5 案例二 …………………………………………………………… 237
  7.4.6 小结 ……………………………………………………………… 240
7.5 液压控制系统 AMESim 软件仿真 ………………………………………… 241
  7.5.1 AMESim 软件概述 ……………………………………………… 241
  7.5.2 AMESim 软件使用方法 ………………………………………… 242
  7.5.3 建模仿真过程 …………………………………………………… 242
  7.5.4 案例一 …………………………………………………………… 243
  7.5.5 案例二 …………………………………………………………… 249
  7.5.6 小结 ……………………………………………………………… 252
7.6 其他液压控制系统软件简介 ………………………………………………… 252
  7.6.1 20-sim …………………………………………………………… 252
  7.6.2 自动化工作室 …………………………………………………… 256

　　　　7.6.3　Dymola …………………………………………………………… 258
　　　　7.6.4　OpenModelica ……………………………………………………… 259
　　　　7.6.5　FluidSIM …………………………………………………………… 260
7.7　本章小结 ……………………………………………………………………… 261
思考题与习题 ………………………………………………………………………… 261
主要参考文献 ………………………………………………………………………… 262

第 1 章 电液比例控制系统原理与结构

电液比例控制装备是电液比例技术的应用载体,装备的功能与技术需求对电液比例控制提出了设计指标要求,促进了电液比例技术向深度和广度发展。

20世纪80年代开始,比例电磁铁技术趋于成熟,该技术与液压技术相融合产生了种类丰富、规格齐全的电磁比例阀,逐步发展为液压比例阀技术。使电磁比例阀的应用逐渐推广,产生了电液比例控制技术。

比例液压阀是电信号调节的连续量控制液压阀的集合。比例液压阀包括比例压力阀、比例流量阀和比例方向阀等。比例液压阀具备普通液压阀的功能,并可接受电信号连续调节。其中,比例方向阀功能接近电液伺服阀,性能指标差一些,但是价格低一些。

电液比例控制系统也是液压控制系统集合的子集。其中,采用比例方向阀构建的运动控制系统与电液伺服控制相似,其他比例控制系统基本等同于电信号连续调节的液压传动系统,并有其自己的特点。

本章列举典型行业和典型装备的四个液压比例控制技术应用案例,在探讨液压比例控制技术细节前,从实际应用案例中认识电液比例控制系统工作原理和系统结构,进而通过与其他液压技术的比较,深化读者对电液比例控制技术的理解。

1.1 连铸机钢包回转台比例控制

将高温钢水连续不断地浇铸成具有一定断面形状和一定尺寸规格铸坯的生产工艺过程叫作连续铸钢。完成连续铸钢的装备叫连铸成套装备,习惯上称为连铸机。连铸机包括浇钢装备、连铸机本体装备、切割区域装备、引锭杆收集及输送装备等部分,属于典型的机电液一体化成套装备。

钢包回转台是连铸机本体中的一个部件,其主要功能是将充满钢液钢包(俗称大包)旋转到浇注工位,并换走空钢包,实现连续浇铸。

1.1.1 装备工作原理

连铸机钢包回转台多数采用蝶形结构,如图1-1所示。钢包回转台具有两个钢包臂,每个钢包臂上可以托举一个钢包。钢包回转台有两个工位:更换钢包工位和浇注工位,它们分别位于钢包回转台的两侧。浇铸作业与更换钢包作业可以同时进行,连铸机钢包回转台就是通过回转运动交换两个工位的钢包,用盛满钢液的钢包更换空钢包以实现同时作业。

连续浇铸的典型工艺流程为:首先钢包回转台转至更换钢包工位,包盖升降机构升起包盖,包盖旋转机构将其移开,进行更换钢包作业。然后在钢包回转台的更换钢包工位上换下空钢包,换上盛满钢水的钢包。当包盖旋转机构将包盖转至钢包上方时,包盖升降机构将包盖落下,盖在钢包上。等待浇注工位空闲(钢包钢液流尽)时,钢包臂托举盛满钢液的钢包旋转至浇注工位。装满钢液的钢包下降至低位,安装长水口。在钢包继续下降至浇注位置时,打开钢包滑板,钢液将通过长水口进入中包,开始浇注。浇注完毕后,关闭钢包滑板,空钢包升起至最高位。最后钢包回转台托举空钢包旋转至更换钢包工位(同时将盛满钢液的钢包更换至浇注工位),开始下一个工作循环。

图 1-1　连铸机双臂钢包回转台

在钢包回转台上,液压系统主要有四个:钢包回转台的回转液压控制系统、钢包升降液压控制系统、钢包包盖液压控制系统和钢包水口滑板液压传动系统。

1. 钢包回转台回转液压控制系统

全液压钢包回转台的回转运动由液压马达驱动,液压马达受控于比例方向阀,是液压比例控制系统,如图 1-2 所示。

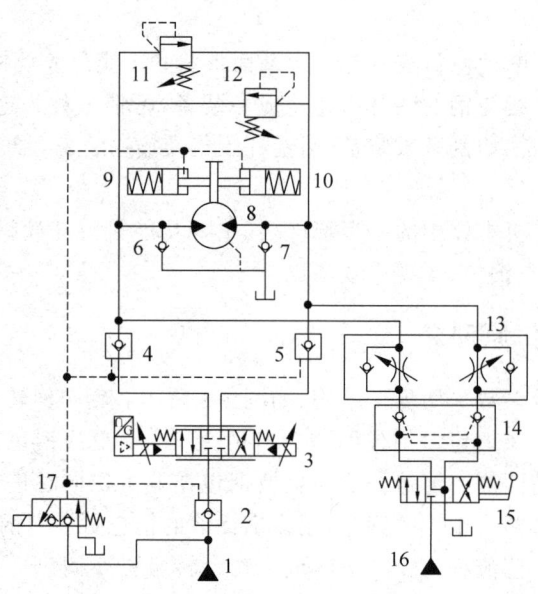

1—正常工作油源;2,4,5—液控单向阀;3—比例方向阀;6,7—单向阀;8—液压马达;9,10—液压制动缸;11,12—防过载安全阀;13—双单向节流阀;14—双液控单向阀;15—手动方向阀;16—事故蓄能器;17—电磁方向阀。

图 1-2　钢包回转全液压驱动旋转系统原理图

连铸机钢包回转台采用可编程逻辑控制器(programmable logic controller,PLC)控制。为了安全起见,冶金装备通常有自动和手动两套控制系统。正常工作时,双液控单向阀14将手动方向阀与比例控制系统隔离。

正常工作时动作顺序逻辑为:首先,PLC控制发指令,电磁方向阀17通电,将液控单向阀2、4、5同时打开。然后,PLC发出液压马达起动开关信号,比例放大器生成斜坡连续信号控制比例方向阀3,平稳起动液压马达8,驱动钢包回转台回转。行程开关检测到位情况,并发信号给PLC,PLC发出停止液压马达的开关信号,比例放大器生成斜坡连续信号控制比例方向阀3,比例方向阀3控制液压马达平稳地停止转动。运动控制结束后,PLC发出开关信号,控制电磁方向阀17断电,液压制动缸9和10将液压马达锁住。回转台的回转运动控制系统的控制方式为开环控制。

在发生事故时,人工操作手动方向阀15,控制液压马达旋转钢包回转台运动,将钢包移动至安全位置。

2. 钢包升降液压控制系统

钢包升降也采用液压比例控制系统,采用比例方向阀实现运动方向与速度液压控制,如图1-3所示。

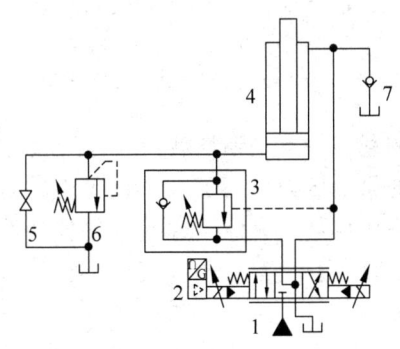

1—液压源;2—比例方向阀;3—平衡阀;4—液压缸;5—手动阀;6—安全阀;7—补油单向阀。

图1-3 钢包回转台钢包升降系统原理图

由于钢包连同包内钢液的质量非常大,通常超过100t,故采用普通电磁换向阀控制钢包升降将产生非常大的冲击。因此需采用液压比例控制以避免速度冲击。

设备起动时,首先PLC向比例放大器发出启停的开关信号,比例放大器接收开关量控制信号,并产生带斜坡函数的升速和降速连续量控制信号。然后连续量控制信号调节比例方向阀2,控制钢包升降运动。控制模式为开环控制。

在钢包下降过程中,钢包连同钢液将产生非常大的负向负载,需要液压缸4无杆腔的油路中设置平衡阀3产生平衡压力与之抗衡。

设置补油单向阀7的作用是防止速度失控时,液压缸有杆腔出现负压。设置安全阀6的作用是限制液压缸无杆腔最高压力,防止无杆腔超压损坏,导致严重事故。

3. 钢包包盖控制液压系统

钢液完成精炼后,在钢包上加盖能够减少热量损失,防止钢液翻溅,减少钢液氧化。

钢包加盖的典型工艺过程是当盛满钢液的钢包落到包臂上后,包盖控制液压系统将包盖旋转至钢包上方,然后将包盖下降至钢包上,将其盖上。

包盖升降系统使用电磁方向阀控制单出杆液压缸。液压缸无杆腔进油路设置平衡阀平衡包盖等因重力产生的负向负载。系统调试时,手动调节双单向节流阀,调节液压缸活塞杆速度(见图1-4)。

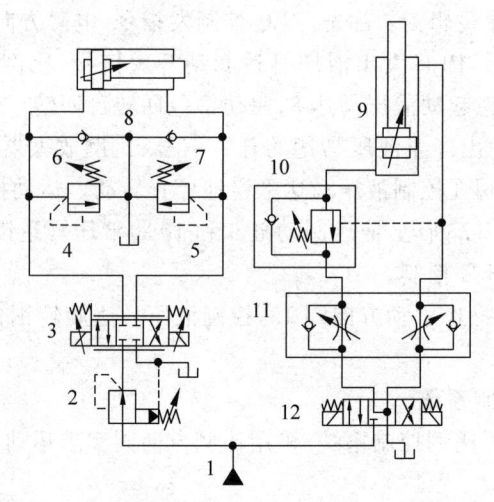

1—正常工作油源;2—减压阀;3—比例方向阀;4,5—安全阀;6,7—补油单向阀;8—包盖旋转液压缸;9—包盖升降缸;10—平衡阀;11—双单向节流阀;12—电磁方向阀。

图1-4 钢包包盖控制液压系统原理图

包盖旋转驱动液压系统的载荷特点是惯性载荷大,阻性载荷小。因此,需要采用减压阀降低包盖旋转比例控制系统的供油压力。为了减小包盖旋转运动的冲击和振动,可使用比例方向阀控制液压缸动作。采用比例放大器生成具有斜坡特性的控制电信号,比例方向阀控制液压缸升速和降速,平缓速度变化。包盖旋转驱动液压比例控制系统的控制方式亦为开环控制。

1.1.2 比例控制系统工作原理与结构分析

通常,装备的液压系统较为复杂,包含多个控制阀和多个液压执行元件,它们可以被拆解为多个基本控制功能的液压回路结构,每个液压回路含有一个液压控制阀或一个液压执行元件。

1. 钢包回转台回转与钢包升降液压比例控制系统

全液压钢包回转台回转运动电液比例控制系统的基本液压回路中比例方向阀控制液压马达的速度回路(见图1-5)。与匀速运动时回转液压马达输出力矩相比,液压马达起动或制动时的惯性载荷超大,可能出现载荷驱动液压马达运动情况,因此液压马达两腔均需要安装溢流阀防止超压,并均需要安装单向阀进行补油,如图1-2所示。

全液压钢包回转台回转运动的手动控制系统中液压回路的基本结构为电磁换向阀控制液压马达的旋转方向回路(见图1-6)。电磁换向阀用于控制马达旋转方向,双单向节流阀则用于调整马达转速。与之相比,比例方向阀控制模式具有明显优势,可以用电信号控制进出马达的流量双向连续变化,因而电信号可以控制马达双向连续变速。

1—液压源；2—比例方向阀；3—液压马达。
图 1-5　比例方向阀控制液压马达的速度回路

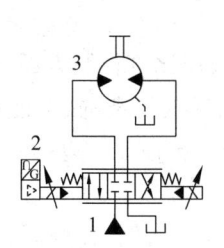

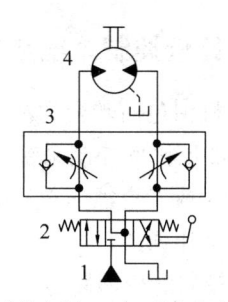

1—液压源；2—电磁换向阀；3—双单向节流阀；4—液压马达。
图 1-6　电磁换向阀控制液压马达的旋转方向回路

2. 钢包提升液压比例控制系统

钢包提升液压比例控制系统的基本液压回路中比例方向阀控制单出杆液压缸（见图 1-7）。该类液压缸为非对称缸，比例方向阀也采用非对称结构。

这种液压缸竖直布置，由液压缸无杆腔承受钢包及钢液因重力产生的压力载荷，同时需要在基本控制系统液压回路上增设平衡阀，以抗衡钢包及钢液重力。

为了抗衡钢包及钢水重力产生的驱动液压缸活塞向无杆腔运动的趋势，需要在液压缸无杆腔连接管路上增设补油单向阀。

液压回路上还需要增设手动截止阀，以便在故障状态时，可以人工打开手动截止阀，下放钢包至安全位置。

3. 包盖控制液压系统

包盖控制液压系统的回转运动控制部分的基本液压回路中比例方向阀控制液压缸系统（见图 1-8）。

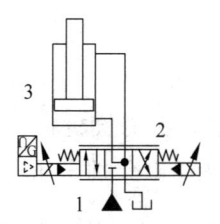

1—液压源；2—比例方向阀；3—液压缸。
图 1-7　比例方向阀控制单出杆液压缸

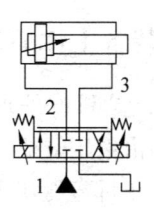

1—液压源；2—比例方向阀；3—液压缸。
图 1-8　比例方向阀控制液压缸系统

由于系统惯性载荷大，匀速运行阻力小，回转运动控制系统的供油压力比较小，因此需要采用减压阀降低压力。

回转液压缸杆出力较小，惯性载荷大，可能出现载荷拖动液压缸杆运动情况。因此，在基本液压比例控制回路上需要增设溢流阀防止超压，并增设单向阀补油。

如图 1-4 所示，包盖升降运动控制部分的基本液压回路由电磁换向阀控制液压缸，属于液压传动系统。其中电磁换向阀用于控制液压缸杆运动方向，双单向节流阀则用于调整液压缸杆伸缩运动速度。

包盖升降运动控制基本液压回路上需要增设平衡阀，以平衡包盖等重力载荷。由于包盖等载荷恒定故效果良好。

1.1.3　比例控制系统结构特点

分析连铸机钢包回转台的液压控制系统,可以获得有关液压比例控制方面的认识如下。

(1) 应用液压比例控制系统装备的运动控制需求情况往往是复杂的,可能包含多个液压(比例)控制阀或多个液压执行元件。复杂的液压比例控制系统往往可以拆解为多个基本的(比例)控制液压回路。

(2) 基本控制液压回路包含一个液压执行元件或一个液压(比例)控制阀。例如,四通阀控制液压马达、四通阀控制非对称液压缸等。

(3) 负载情况分别有大负向负载、大惯性负载等。

(4) 比例控制方式可以采用开环控制,接收PLC等发出的开关量信号指令。

(5) 与液压传动系统回路一样,液压比例控制系统往往通过加装平衡阀抗衡负向负载。

(6) 开环电液比例控制系统经常与液压开关系统(液压传动系统)融合在一起,构成比例控制与开关控制的杂合(hybrid)液压系统。

1.2　计算机数控液压折弯机

计算机数控(computer numerical control,CNC)折弯机是冷轧钣金加工的板材成形机械,其能够利用所配备的模具(通用或专用模具)将冷态下的金属板材折弯成各种几何截面形状的工件,广泛应用于汽车、飞机制造、轻工、造船、集装箱、电梯、铁道车辆等行业的板材折弯加工工艺中。

CNC折弯机采用计算机数控系统,能够自动化地实现滑块向下点动或连续运动,实现保压、返程和中途停止等加工动作。

1.2.1　装备工作原理

CNC液压折弯机的外形如图1-9所示,其机械机构主要由滑块机构、工作台等构成。其中,滑块机构由液压缸驱动,并由两个规格、尺寸相同的液压缸分别采用电液比例闭环控制,同步驱动下压折弯滑块进行折弯作业。

图1-9　CNC液压折弯机

CNC液压折弯机的液压系统原理如图1-10所示,其液压比例控制系统为闭环运动控制系统,通过控制高频响比例方向阀来控制液压缸运行速度和位移,进而保证两支液压缸运动速度和位置同步。

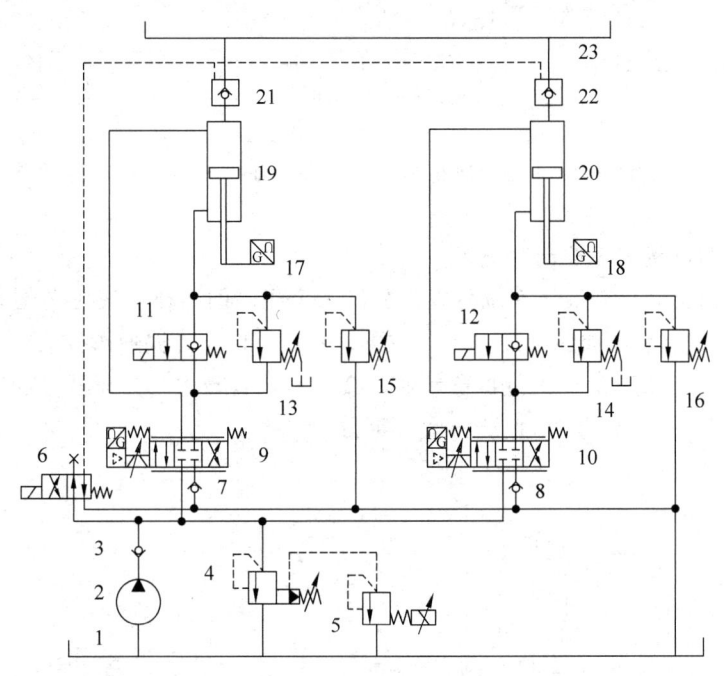

1—油箱;2—液压泵;3—单向阀;4—先导式溢流阀;5—比例溢流阀;6—二位四通电磁方向阀;7,8—背压阀;9,10—高频响比例方向阀;11,12—两位两通座阀;13,14—平衡阀;15,16—安全阀;17,18—位移传感器;19,20—液压缸;21,22—充液阀;23—上置油箱。

图1-10 CNC液压折弯机液压系统

工作时,由分辨率为0.005mm的光栅尺检测液压缸杆的运行位置和相对位置,折弯机数控系统依据运动控制指令和当前执行液压缸的速度和位移反馈信号,闭环地控制两支液压缸位置精度和位移同步精度均达到0.01mm。

依据加工钢板厚度的不同,控制程序自动调节液压系统供油压力。

1.2.2 比例控制系统工作原理与结构分析

CNC折弯机液压系统可以划分为三个基本的电液比例控制液压回路,包括一个电液比例压力控制液压回路和两个电液比例位置控制液压回路。

1. 电液比例压力控制液压回路

电液比例压力控制液压回路如图1-11所示,其采用先导式溢流阀作为主定压阀。作为安全压力先导式溢流阀的先导级设定压力比系统最高工作压力高1~2MPa。先导式溢流阀的外控油口接比例溢流阀,电气信号可以控制比例溢流阀的溢流压力连续变化,比例溢流阀通过外控油口控制先导式溢流阀的溢流压力连续变化。

电液比例压力控制系统如图1-12所示,也是开环控制方式。

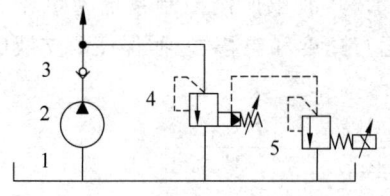

1—油箱；2—液压泵；3—单向阀；4—先导式溢流阀；5—比例溢流阀。

图 1-11　比例溢流阀压力控制液压回路

图 1-12　比例溢流阀压力控制系统方块图

2. 电液比例位置闭环控制系统

CNC 折弯机运动控制液压系统可以拆分出两个相同的闭环电液比例位置控制系统，每个电液比例位置控制系统如图 1-13 所示。它的基本液压回路是四通阀控非对称缸，如图 1-14 所示，在其驱动下压折弯滑块进行折弯作业。液压缸竖直布置，空行程阶段有杆腔承受重力产生的负向负载。弯板作业时，负载力大于重力。

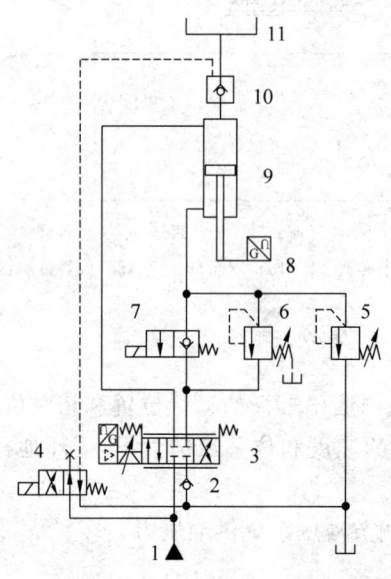

1—油源；2—单向阀；3—高频响比例方向阀；4—二位四通电磁换向阀；5—安全阀；6—内控顺序阀；7—二位二通座阀；8—位移传感器；9—液压缸；10—液控单向阀；11—上置油箱。

图 1-13　闭环电液比例位置控制液压回路

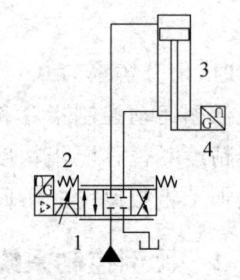

1—油源；2—高频响比例方向阀；3—液压缸；4—位移传感器。

图 1-14　阀控缸比例基本液压回路

电液比例位置闭环控制系统方块图如图 1-15 所示，其两个液压缸采用电液比例闭环控制。高频响比例方向阀控制液压缸运动速度和位移。通过闭环位置控制保证每支液压缸运动精度。工业装备常采用并行式的同步控制方式，两个高精度位置控制系统同步接收计算机数控系统的运动控制指令，实现高精度同步运动。

1.2.3　电液比例控制系统结构特点

分析 CNC 液压折弯机的液压比例控制系统，其系统结构特点如下：

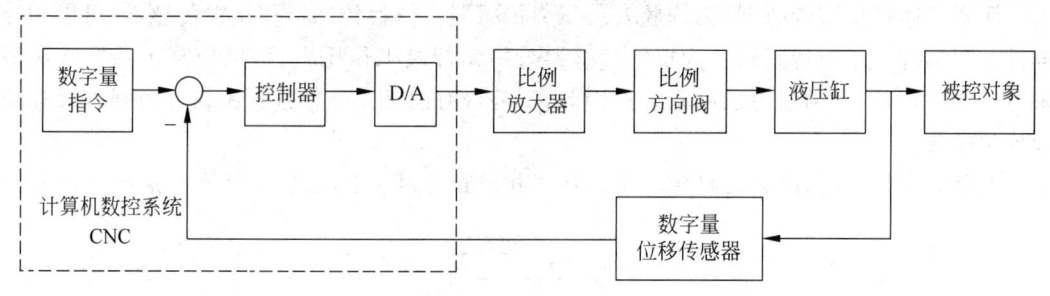

图 1-15 电液比例位置闭环控制系统方块图

（1）液压系统压力采用先导式溢流阀控制，并使用比例溢流阀作为先导式溢流阀的外控先导阀，构建了比例溢流阀的压力控制基本回路。比例溢流阀控制方式采用开环控制。

（2）用高频响比例方向阀构建了闭环电液比例位置控制系统，采用了四通阀控非对称缸液压基本回路。

（3）液压回路中加装内控顺序阀平衡（重力）负向负载。

（4）液压系统需要设计补油装置和防止超压溢流阀。

（5）两个位置闭环比例控制系统的运动同步。

（6）液压缸竖直布置，无杆腔在上方。

1.3　大惯量负向负载电液比例控制实验台

大惯量负向负载是一些行业装备的常见负载，它给这类装备设计造成困难。作为行业装备，需要在装备性能、能耗、制造成本等多方面找到技术妥协的平衡点。

大惯量负向负载电液比例控制实验台面向大惯量负向负载位置控制和加载力控制实验研究。

1.3.1　装备工作原理

液压缸安装，沿向上方向驱动大惯量负载，液压缸无杆腔承受重力负载。负载质量越大，则负向负载越大。大负向载荷不利于液压闭环控制。

工作机机械结构只能安装非对称液压缸的情况是非常常见的。非对称缸的闭环控制是困难的，由于非对称缸活塞两侧有效作用面积不同，液压控制阀与液压缸不匹配会产生压力突变，容易产生气蚀或超压的现象。而且，有时也会出现有效作用面积的比值不能随意选择的情况。现实工程实际需要开展大惯量负向负载液压驱动与控制实验研究。

比例方向阀控制非对称缸运动的原理：液压缸有杆腔施加恒定压力，比例方向阀控制液压缸无杆腔，当活塞处于力平衡状态（也就是活塞受到合力为零）时，活塞与负载保持运动状态不变。当活塞受到合力向上，活塞驱动负载向上运动。反之，亦然。因此比例方向阀具有驱动液压缸活塞双向运动的能力。

大惯量负向负载电液比例控制实验台液压系统原理图如图 1-16 所示。采用比例溢流型减压阀（也称先导式三通比例减压阀）、蓄能器和压力传感器构建压力控制回路，对液压缸有杆腔施加恒定压力。采用比例压力控制，程序调节该压力。

活塞杆连接位移传感器，无杆腔安装压力传感器。位移传感器作反馈传感器，可以构建位置控制系统。压力传感器作为反馈传感器采集无杆腔工作压力，可以换算出活塞输出液压力（加载力），可以构建力控制系统。因此，实验台有两种工作模式：加载力控制模式和位置控制模式。

电磁溢流阀上电，防止无杆腔压力超压；电磁溢流阀断电，液压缸活塞回落。

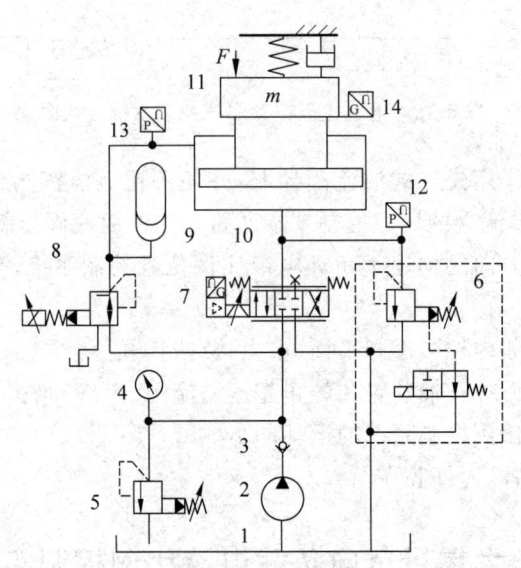

1—油箱；2—液压泵；3—单向阀；4—压力表；5—先导式溢流阀；6—电磁溢流阀；7—高频响比例方向阀；8—比例溢流型减压阀；9—蓄能器阀；10—液压缸；11—被控对象；12,13—压力传感器；14—位移传感器。

图 1-16　大惯量负向负载电液比例控制实验台液压系统原理图

1.3.2　比例控制系统工作原理与结构分析

大惯量负向负载电液比例控制实验台液压系统可以拆分出两个基本的电液比例控制系统：一个是比例溢流型减压阀压力控制系统；另一个是电液比例位置/力控制系统。

1. 比例溢流型减压阀构建的压力控制系统

比例溢流型减压阀压力控制液压系统原理图如图 1-17 所示。液压泵与普通溢流阀构成液压源，控制元件是比例溢流型减压阀，被控制压力油腔是液压缸有杆腔，比例溢流型减压阀将液压源减压后为液压缸有杆腔供油。

整个系统采用液压缸有杆腔压力传感器采集压力信号作为反馈信号，可以构建闭环压力控制系统。比例溢流型减压阀压力控制系统方块图如图 1-18 所示。

2. 电液比例位置/加载力控制系统

电液比例位置/加载力控制液压系统工作原理图如图 1-19 所示，其控制元件是高频响四通比例方向阀。该四通比例方向阀作三通比例方向阀使用，用于控制液压缸无杆腔。

除此之外，高频响比例方向阀还用于控制液压缸无杆腔进油，从而推动活塞杆向上运动。采用液压缸两腔压力传感器采集压力信号，可以换算出活塞输出液压力（加载力），据此可以构建闭环加载力控制系统，电液比例位置/加载力控制系统方块图如图 1-20 所示。

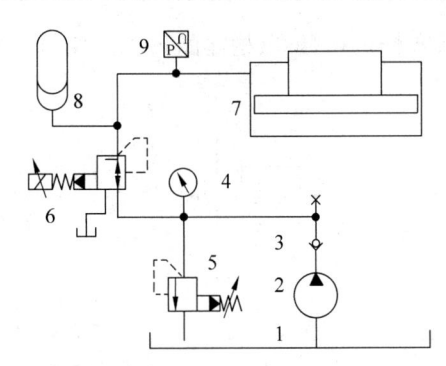

1—油箱；2—液压泵；3—单向阀；4—压力表；5—先导式溢流阀；6—比例溢流型减压阀；7—液压缸；8—蓄能器阀；9—压力传感器。

图 1-17　比例溢流型减压阀压力控制液压系统原理图

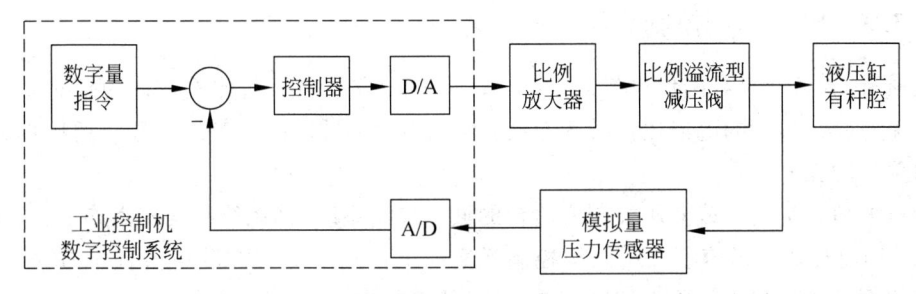

图 1-18　比例减压阀压力控制系统方块图

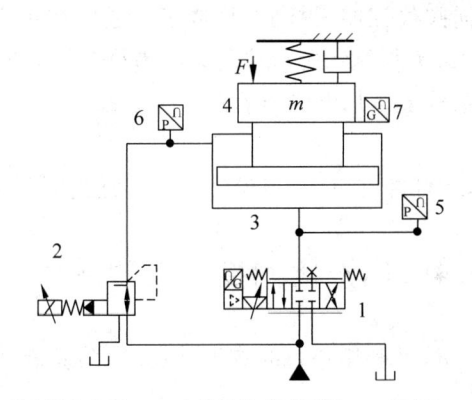

1—高频响四通比例方向阀；2—比例溢流型减压阀；3—液压缸；4—被控对象；5,6—压力传感器；7—位移传感器。

图 1-19　电液比例位置/加载力控制液压系统工作原理

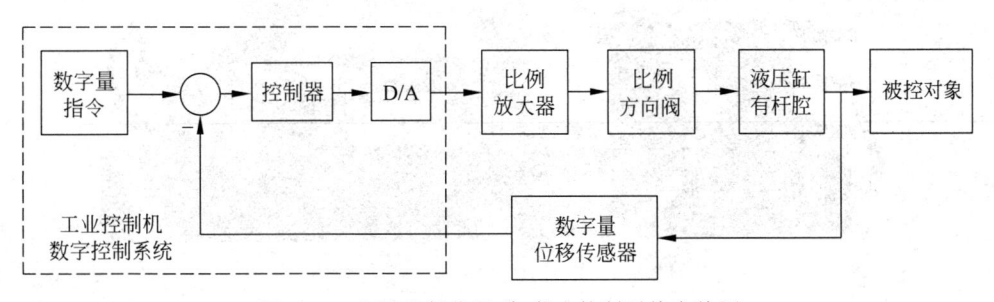

图 1-20　电液比例位置/加载力控制系统方块图

采用位移传感器检测活塞杆位移,可以构建闭环压力控制系统,电液比例压力控制系统方块图如图1-21所示。

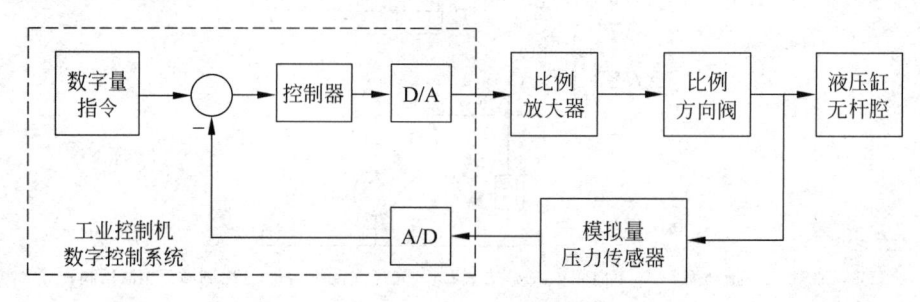

图1-21 电液比例压力控制系统方块图

1.3.3 电液比例控制系统结构特点

大质量、大负向负载的比例控制系统案例的驱动方案是三通比例方向阀控制单出杆液压缸的无杆腔。包含的电液比例技术包括：比例溢流型减压阀调节压力和三通比例方向阀控非对称缸的无杆腔。

分析大惯量负向负载液压控制实验台的液压控制系统,其系统结构特点如下：

(1) 用电磁比例溢流型减压阀构控制活塞向上运动时的有杆腔恒值背压力,构建了一种电液比例溢流型减压阀压力控制基本回路,其控制方式为压力闭环控制。

(2) 用高频响比例方向阀仅控制无杆腔,形成了三通阀控单出杆液压缸动力元件。构建了闭环电液比例位置/加载力控制系统。控制方式为位置闭环控制。

(3) 在基本控制系统结构上增加电磁溢流阀。电磁阀上电,可防止超压;电磁阀断电,则液压缸活塞回落。

(4) 液压缸竖直布置,无杆腔在下方,该设计有助于抵消大质量负向负载的不利影响。

1.4 电液比例控制注塑成形机

注塑成形机,简称注塑机,是利用塑料的热加工特性,将塑料熔融压铸成形的一种专用装备,如图1-22所示。

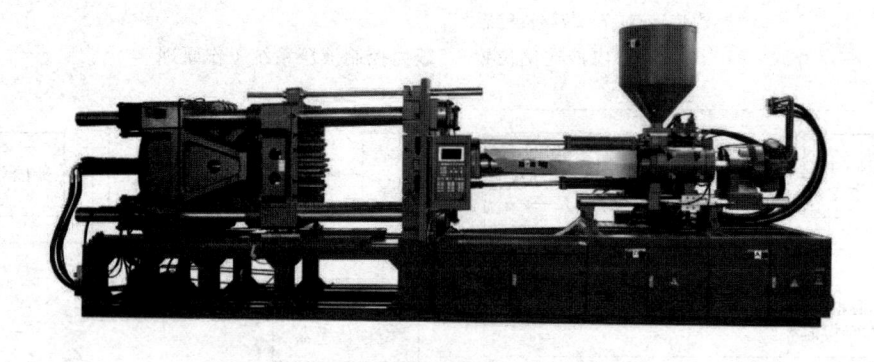

图1-22 注塑机

注塑成形机工作前，需要先把物料从料斗加入料筒中。料筒外由加热圈加热，利用塑料的热物理性质使物料熔融；料筒内装有液压马达驱动旋转的螺杆，在摩擦力及剪切力的作用下，螺杆将已熔融的物料推到螺杆头部；与此同时，螺杆在物料的反作用下后退，使螺杆头部形成储料空间，完成塑化过程。然后，螺杆在注射油缸活塞推力的作用下，以高速、高压状态将储料室内的熔融物料通过喷嘴注射到模具的型腔中。之后，熔融物料在模具型腔中经过保压、冷却、固化定型。最后，合模机构开启模具，顶出装置把定型好的塑料制品从模具顶出落下。

注塑成形机主要由注射部件、合模部件、机身、液压系统、加热系统、控制系统和加料装置等组成。

1.4.1 装备工作原理

螺杆式注塑机的成形加工动作有以下流程：首先，将粒状或粉状塑料加入机筒内，并通过液压马达带动螺杆的旋转和机筒外壁加热，使塑料成为熔融状态，并填满储料容腔。然后，机器进行合模和注射座前移，使喷嘴贴紧模具的浇口道。接着，向注射缸通入压力油，使螺杆向前推进，从而以很高的压力和较快的速度将熔料注入温度较低的闭合模具内。经过一定时间的压力保持（又称保压）和冷却，使其固化成形，便可开模取出制品。

注射成形的基本工艺过程是塑化、注射、成形和保压。塑化是实现成形加工和保证成形制品质量的前提，而为满足成形加工的要求，注射必须保证有足够的压力和速度。保压的目的是防止模腔中熔料的反流、向模腔内补充物料，以及保证制品具有一定的密度和尺寸公差。同时，由于注射压力很高，相应地在模腔中产生很高的压力（模腔内的平均压力一般在20～45MPa之间），因此必须有足够大的合模力。由此可见，注射装置是注塑机的关键部件。

电液比例控制负载敏感型注塑机液压系统原理如图1-23所示。电液比例控制技术主要应用在PQ液压源和注射缸（无杆腔）的控制。电液比例阀和变量泵结合构建负载敏感型注塑机电液控制系统的液压源。

1. PQ液压源控制

PQ液压源是负载感应型液压源，其主要优点是节能，可依据负载驱动需求，调节液压源的流量输出。

图1-24为PQ比例复合泵液压源原理图，其执行机构的运动速度将由流过比例节流阀的流量和变量泵相结合来控制。比例节流阀进出口油压反馈到变量泵控制机构的先导阀上，通过其差压反馈调整泵的变量机构，使泵输出的流量始终与负载需求保持一致，构成压差敏感型变量泵。该改变排量使比例节流阀进出口两端的压差保持恒定，这一压差一般为1.5～2MPa。这样，通过比例节流阀的流量就可由电信号连续比例控制。当系统运行的压力达到比例溢流阀5所限制的设定值，系统就从流量控制状态转换为压力控制状态，系统仅输出维持压力所需的流量。PQ液压源可消除采用定量泵加比例阀控制存在的与流量有关的能量损失。

采用比例阀与变量泵结合的液压源可以开环控制，也可以闭环控制。这一设计可以应用于锁模机构、注塑过程、背压以及辅助执行机构。

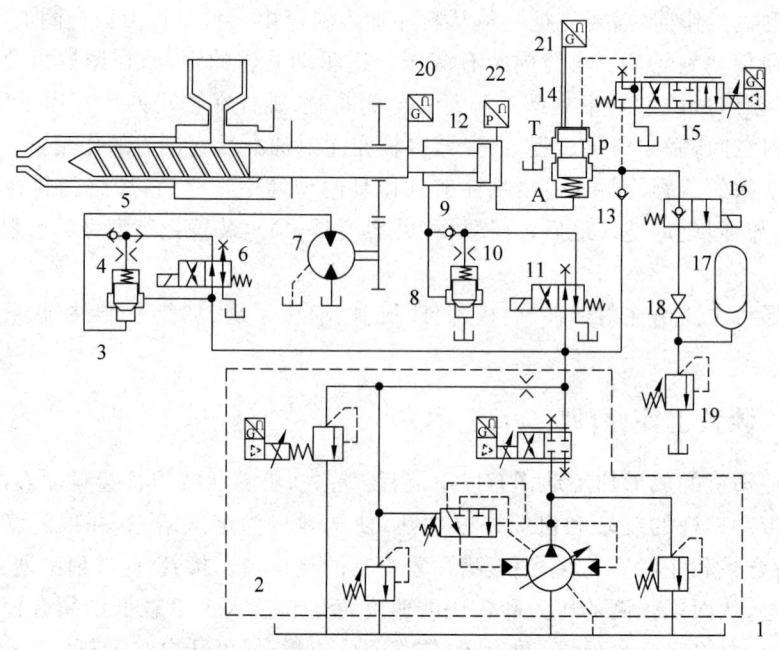

1—油箱；2—PQ泵；3,8—插装阀；4,10—节流阀；5—梭阀；6,11—二位四通电磁方向阀；7—预塑马达；9,13—单向阀；12—注射液压缸；14—三位控制插装阀；15—四位比例方向阀；16—二位两通电磁方向阀；17—蓄能器；18—截止阀；19—溢流阀；20,21—位移传感器；22—压力传感器。

图 1-23　注塑机液压系统原理图

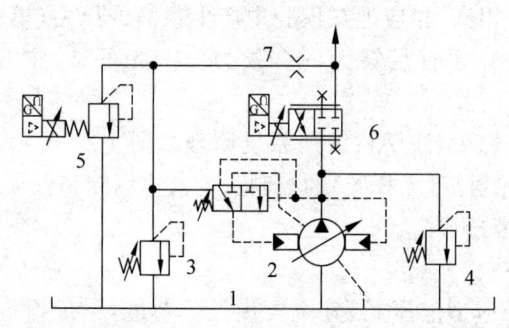

1—油箱；2—变量泵；3—安全阀；4—溢流阀；5—电磁比例溢流阀；6—电磁比例节流阀；7—节流阀。

图 1-24　PQ比例复合泵液压源原理图

2. 注射缸速度控制和压力控制

注射缸（无杆腔）的控制包括位置控制和压力控制两种模式，其设计目标是提高注射产品的加工质量。

为了控制注射过程的注射速度、动态压力和保持压力，需要采用四位比例方向阀 15 控制三位控制插装阀 14 的 P-A 阀口，并通过位移传感器 20 构建位置闭环控制系统。

为了控制注射过程填充压力、动态压力和保持压力，需要采用四位比例方向阀 15 控制三位控制插装阀 14 的 P-T 阀口，并通过压力传感器 22 构建压力闭环控制系统。

1.4.2　比例控制系统工作原理与结构分析

注塑机的注射系统液压控制充分体现了电液比例控制与液压传动系统的融合设计。这里主要分析注塑机中的电液比例控制系统结构特点。

1. PQ 液压源控制

注塑机液压系统原理图（见图 1-23）中，液压变量泵是液压动力元件，是注射机液压系统的能量来源。

电磁比例溢流阀可以通过电信号连续设定溢流压力，在一定压差下，电信号可以连续控制电磁比例节流阀改变流量，因此可以通过液压源工作原理和系统结构设计，将液压源的压力控制和流量控制与变量泵的变量机构集成在一起，构建电信号连续控制压力和流量的变量液压源。

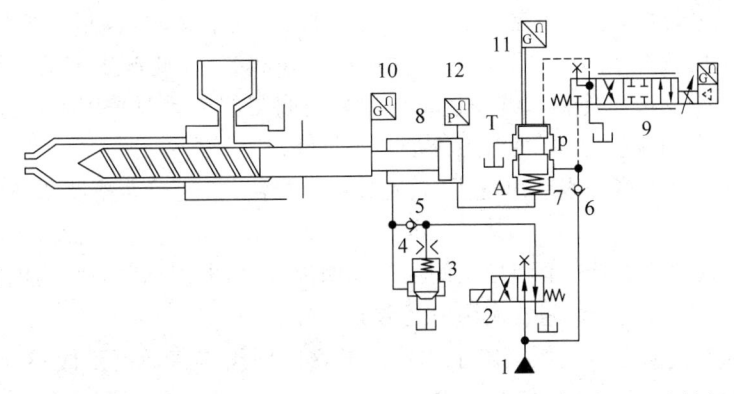

1—液压源；2—二位四通电磁比例方向阀；3,7—插装阀；4—节流阀；5,6—单向阀；8—注射液压缸；9—四位四通电磁比例方向阀；10,11—位移传感器；12—压力传感器。

图 1-25　注射缸压力和位置控制系统原理图

2. 注射缸位置控制和压力控制

图 1-25 为注射缸压力和位置控制系统原理图。图中，四位四通比例方向阀 9 输出液压油，并调节其压力，液压力作用在插装阀阀芯上与弹簧相平衡，从而控制阀芯位置。

插装阀 7 的 P-A 阀口工况功能为液控节流阀，P-T 阀口工况功能为液控溢流阀。四位四通比例方向阀 9 是一种高频响、高精度比例阀，性能接近伺服阀，也称为伺服比例阀。与普通比例溢流阀作先导阀相比，高频响比例方向阀作为插装阀 7 的先导式控制阀，可以获得更好的控制效果。

1.4.3　比例控制系统结构特点

比例液压阀与其他液压元件的复合产生新功能的液压元件。例如：

(1) 比例溢流阀的调压回路与普通溢流阀类似，并联在需要控制压力的液压回路上，通过溢流方式恒定压力。比例溢流阀是电信号连续调压的，低成本的压力控制可以采用开环控制方式。

(2) 比例节流阀的节流回路与普通节流阀类似，串联在需要节流的液压管路中。比例节流阀是电信号连续改变节流口，节流控制可用闭环控制方式。

(3) 比例溢流阀和比例节流阀与变量液压泵复合成一体，构建 PQ 比例控制变量泵。

(4) 高频响比例方向阀作为先导阀，控制特殊结构的插装阀。位移传感器检测插装阀阀芯位置，构建插装阀阀芯位置闭环控制。

(5) 高频响比例方向阀闭环控制插装阀,进而通过插装阀控制注射缸的无杆腔。位移传感器检测注射缸活塞杆位移,构建注射缸的位置或速度控制系统。注射缸无杆腔安装压力传感器,构建压力闭环控制系统。

1.5 液压比例技术与元件

最早的液压技术便是将液压用作传动的,因此液压传动系统中液压阀借助液压传动可以控制液压系统中液流的压力、流量和方向。

在液压传动系统中,电信号控制的液压控制阀是普通电磁阀,也是开关量(On/Off)控制阀。普通电磁阀只有阀口全开和阀口全关两种工作状态,因此液压传动系统的电气控制是开关量控制系统。液压传动系统中连续物理量控制与调节普遍采用手动方式。通常,液压传动系统的动态响应较低,更关注系统的稳态特性。

20世纪50年代电液伺服阀出现了,它是连续量控制阀,面向高精度和高频率响应的应用场合。

在20世纪70年代之前,电液比例阀尚未发明出来时,电液伺服系统与电控液压传动系统之间有宽阔的空白,他们之间有鸿沟般的差异。

20世纪80年代初电磁比例阀趋于成熟。电磁比例阀与普通电磁阀不同,是连续量控制阀,其产生有两个来源:一是使用比例电磁铁改进普通液压阀得到的比例电磁阀;二是简化电液伺服阀得到低成本工业阀。电磁比例阀的出现诞生了电液比例控制系统,且多种类型电磁比例阀产生了多样的液压比例控制系统,逐渐填补了电液伺服系统与电控液压传动系统之间的空白。

电液比例液压阀原理如图1-26所示。理想化地说,比例技术的含义是元件或系统具有比例特性,可以用比例系数 R 表示,同时比例元件或系统的输入量 x 与输出量 y 之间满足 $y=Rx$。液压比例元件(或系统)的输入量(通常为阀芯位移或力)与液压输出量之间满足比例关系;电液比例元件(或系统)的输入量(通常为阀芯位移或力)为电气量或电气信号。

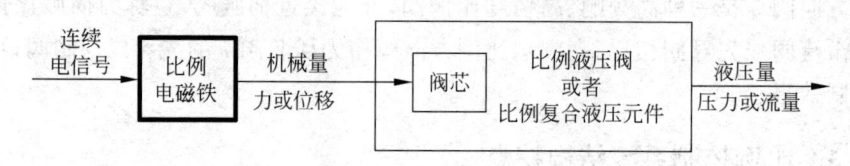

图1-26 电液比例液压阀原理

工程现实中,比例系统的比例系数可能尚未实现恒值,系统不是线性的,但是这种比例属性描述的是比例系统输入量与输出量之间的相互关联的渐变规律。在工程实践过程中,人们也认识到:在一些情况下是需要非线性的比例元件或系统的,因此需要分别制造具有线性和非线性(例如,比例系数渐增)特性的比例元件或系统供行业市场选用。

比例方向阀、电液伺服阀和电磁换向阀都是运动控制阀。将比例方向阀与电液伺服阀和电磁换向阀对比,大致可以了解比例液压技术的特点。

比例方向阀采用正重叠阀口,流量特性具有明显非线性,滞环大于0.5%。其电信号驱动功率比较大(约50W)。但是其制造精度要求低,价格明显比伺服阀低,工作液污染度要求低,常用于开环控制,也可以用于闭环控制,但是对其性能期望不能太高。

与之相比较,液压伺服阀主要用于闭环系统的流量和压力控制。采用零重叠阀口,流量特性的线性较好,滞环小于 0.1%。电信号驱动功率小(约 0.3W)。但是其制造精度要求高,价格非常高,工作液污染度的等级要求非常高。常用于高性能闭环控制。

与普通液压阀相比,比例液压阀的优点如下:

(1) 能简单地和低成本地实现连续物理量的远距离控制;

(2) 能连续地按比例地控制液压系统的压力或流量。从而实现对执行机构的位置、速度和力的连续控制,并能防止或减小压力、速度变换时的冲击;

(3) 油路简化,元件数量少。

比例液压阀用于模拟物理量控制,是介于普通开关液压控制与伺服液压控制之间的液压控制方式。

1.6 电液比例控制与液压传动和液压伺服控制的比较

比例控制技术出现之前,液压传动技术与液压伺服控制技术都已经成熟或趋于成熟。液压传动系统与液压伺服系统之间有着鲜明的区别。

液压伺服技术主要用于武器装备、航空航天飞行器、高端仿真试验装备、精轧装备等场合,具有控制精度高、响应快、成本高、工作液污染度等级要求高等特点。普通工业装备自动化控制虽然也需要像液压伺服控制一样的连续物理量电气控制,但是无法承担液压伺服技术产生的高成本和需要工作液的高清洁度等制造与使用的苛刻工作条件。

液压传动系统中的控制元件如方向阀、压力阀都是开关控制元件,只能采用电气信号的开关量对液压传动系统进行调节和控制。在液压传动系统中,连续物理量的控制多是手工操作,不是电子信号控制的,不便于装备实现自动化。

比例电磁铁技术的出现,为普通液压系统的连续物理量的电子调节创造了条件。在连续物理量手工调节液压阀的基础上,产生了连续物理量电子信号调节的比例阀,填补了普通液压阀(开关阀)与伺服阀之间的空白。比例控制液压元件产品种类丰富,既有高性能、高价格的高端液压比例元件,也有价格低廉、性能一般的普通液压比例元件。其中,高端比例控制系统多采用闭环控制方式,性能接近伺服控制系统,价格和使用条件要求却比较低;低端比例控制系统普遍采用开环控制方式,也能够通过电子信号连续调节被控物理量,价格和使用条件也与液压传动系统近似。面向各行各业液压控制需求,液压比例技术提供了选择面非常宽的技术支持。

本节将在前文液压比例控制技术应用案例取得的认识上,结合液压比例控制技术发展现状,将液压比例技术分别与液压传动技术和液压伺服控制技术进行比较,进一步加深对液压比例技术的整体认知,为后续学习液压比例技术细节做准备。

1.6.1 电液比例控制与液压传动(液压开关控制)的比较

液压传动系统的电磁液压阀通常是开关阀,控制开关物理量。这方面与液压比例控制系统没有可比性。

开环比例控制系统与液压传动系统最明显的区别表现在连续物理量的控制与调节方式

上。比例控制系统是采用电气控制方式调节液压系统的连续物理量；液压传动系统则是采用手动方式调节液压系统的连续物理量。

与液压传动系统相比，液压比例控制技术或系统的主要特点如下：

(1) 比例压力阀与普通压力阀功能相近，只是控制信号形式不同。比例流量阀与普通流量阀也是功能相近，控制信号形式不同。普通液压方向阀只能接收开关量控制信号，阀芯有两三个阀芯工作位置。工作时，阀芯在几个工作位置之间进行切换，不会在工作位置之间停留。比例方向阀可以接受连续电信号控制，连续改变阀芯位置。比例方向阀与普通方向阀相比，除了换向功能外，比例方向阀还具有节流控制功能。

(2) 液压比例阀与其他液压元件结合产生了新功能的液压元件。例如，变量泵与液压比例阀结合，产生了多种类型的电控变量泵。

(3) 开环控制比例阀与普通液压阀具有相同（工作液污染度等）的工作条件，采用同样的接口尺寸标准。从液压方面看，电磁比例阀与电磁开关阀之间可以方便地相互替换，实现电控连续调节和电控开关控制的替换。

(4) 液压比例控制系统与液压传动系统往往是混合在一起的，构成更大的液压系统，开环电液比例控制系统更是如此。

(5) 开环液压比例系统性能等同或优于液压传动系统。电液比例系统采用电信号调节比例阀。

(6) 开环液压比例控制系统更多关注的是系统的稳态特性。但作为控制系统，开环系统的动态特性也不能完全被忽视。

(7) 工作介质和污染度要求方面，开环液压比例系统与液压传动系统是近似或相同的。因此其工作环境参数也大体类似。

(8) 电液比例控制技术的关键在于电磁比例阀，电磁比例阀的关键在于比例电磁铁。比例电磁铁性能对液压比例控制系统的影响很大。

(9) 电液比例控制系统与液压传动系统类似，常用增加液压控制元件或采用典型液压回路的方法来改善系统性能。特别是开环电液比例控制系统，与液压传动相比，其在液压系统工作原理和液压系统设计方法等方面有许多相似之处。

(10) 闭环液压比例控制系统性能通常优于开环液压比例控制系统。但是，前者制造成本高，工作环境条件要求可能略高。

1.6.2 电液比例控制与电液伺服控制的比较

电液比例控制技术具有电气信号控制液压连续物理量的功能，迎合工业产品自动化、信息化和无人化的技术发展浪潮，能够将高效率、大功率的液压控制与精准灵活的电气控制融合在一起，使电液比例控制技术显示出蓬勃的生命力。液压比例控制技术与液压伺服技术相比，二者同为连续物理量电液控制技术，但是互有优劣。

与液压伺服控制系统相比，液压比例控制系统的主要特点如下：

(1) 液压比例控制系统既可以采用开环控制方式，也可以采用闭环控制方式，但开环比例控制更为常见。相当数量开环比例控制系统与液压传动系统集成设计在一起。

(2) 液压比例系统响应较慢，精度指标一般。因此在系统动态响应和精度要求都比较高的场合普遍应用电液伺服系统。

(3) 液压比例控制系统(特别是开环系统)更多关注的是系统的稳态特性,只是对比例系统的动态特性作一种复核性质的验算。而液压伺服系统设计不仅关注系统的稳态特性,还要关注系统的动态特性,两者都重要。

(4) 液压比例控制系统应用领域很广,特别是在普通工程领域和制造成本控制严格的领域尤其多见。

(5) 电液比例控制系统中常常通过平衡阀、压力补偿器等元件改善系统性能。

(6) 与对称液压缸相比,比例阀控制非对称液压缸的应用更广。

(7) 在系统结构方面,电液比例控制较电液伺服控制更为多样,设计具有更高的灵活性,成本控制具有更高的自由度,能够更好地平衡成本控制与性能需求。

(8) 除了工业计算机等连续量控制器,液压比例运动控制也常采用 PLC 作为控制器。PLC 发出开关量的动作触发信号,比例放大器的斜坡函数发生器产生渐变连续控制量,连续控制量电信号控制液压比例阀,从而控制液压执行器产生渐变的运动。

(9) 比例系统用液压比例阀构建,而不会有用伺服阀构建的想法。相比较伺服阀,比例液压阀具有成本低、性能低,仅满足低频响、低性能控制要求的特点。

(10) 比例控制系统不仅可以工作在阀口小开口工况下,也常常工作在阀口大开口工况下。而伺服控制系统则几乎只能工作在阀口小开口工况下。

(11) 与伺服阀和伺服放大器的关系相比,比例放大器具有更丰富的功能,其包含了对液压阀特性(如死区特性)的补偿,也包含了一些运动控制功能。比例放大器与比例阀的关系更为密切,二者常常配套使用。

(12) 与液压伺服控制系统相比较,电液比例系统包含更多的非线性因素。电液比例系统精细设计更需要结合仿真技术,在手工初步设计的基础上,需要采用计算机仿真对电液比例系统设计进行复核。

1.7 本章小结

液压比例控制技术是从液压传动技术发展而来的,因此液压比例控制系统的设计思想、设计方法等方面与液压传动系统有着非常密切的联系。电液比例控制的内涵多、种类多、形式多样、应用广泛,认知液压比例技术的重要途径是从实际电液比例控制装备中了解和掌握电液比例控制系统的原理与结构特点。

本章通过典型行业的四个典型装备,阐述了多种液压比例控制系统原理与结构。其中,在运动控制系统方面,针对多种液压执行器安装方式和多种负载条件,分析了比例方向阀控制液压马达、比例方向阀控制非对称缸、高频响比例方向阀控制液压缸无杆腔等多种系统的原理与结构。同时还分析了比例节流阀的用途与液压控制回路,以及比例溢流阀和比例减压阀的压力控制回路。

液压比例阀是液压比例控制系统的核心元件,它可以接收连续电信号,输出连续变化的液压量。

结合液压比例控制技术发展现状,将液压比例技术分别与液压传动技术和液压伺服控制技术进行比较,可以进一步加深对液压比例控制技术的整体认知。

思考题与习题

1-1 检索一台连铸机的液压装备原理图,分析其中电液比例控制系统的工作原理和系统结构。

1-2 检索一台计算机数控(CNC)液压折弯机的液压系统原理图,分析其中电液比例控制系统的工作原理和系统结构。

1-3 检索一台电液比例控制实验台的原理图,分析电液比例控制系统的工作原理和系统结构。

1-4 检索一台注塑机的液压系统原理图,分析其中电液比例控制系统的工作原理和系统结构。

1-5 一台装备如果采用电磁换向阀控制液压缸驱动,那么这个电磁换向阀能否换成同样安装尺寸的比例方向阀?如必须更换,如何改造?

1-6 比较电液比例控制系统与液压传动系统,简述二者之间的关系。

1-7 与电液伺服控制相比,电液比例控制特点有哪些?

主要参考文献

[1] CHAPPLE P J. Principles of hydraulic system design[M]. Oxford:Coxmoor Publishing Company,2003.

[2] 方庆琯. 现代冶金设备液压传动与控制[M]. 北京:机械工业出版社,2016.

[3] RABIE M G. Fluid power engineering[M]. New York:The McGraw-Hill companies,Inc,2009.

[4] 李壮云. 液压元件与系统[M]. 3版. 北京:机械工业出版社,2011.

[5] DREXLER P,FAATA H,FEICHT F,at el. Planning and design of hydraulic power system[M]. Lohr a. Main:Mannesman Rexroth AG,1988.

[6] BEITZ W,KUTTNER K H. Handbook of mechanical engineering[M]. Berlin:Springer-Verlag,1994.

第 2 章 比例液压阀及比例放大器

比例液压阀和比例放大器在比例控制技术中处于核心地位。比例液压阀及其比例放大器是液压比例技术走向实用的关键,其关系如图 2-1 所示。

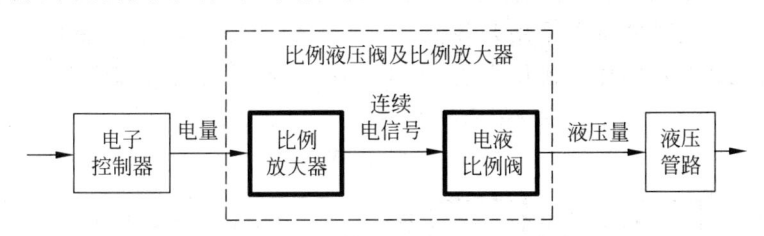

图 2-1 液压控制系统中比例液压阀及比例放大器

广义的比例液压阀指液压阀输出量随输入量调节变化而按比例变化的液压阀,其输入量可以是任何形式信号。这个广义概念范畴很大,包括各类伺服阀等。狭义的比例液压阀仅指采用比例电磁铁实现连续量控制的液压阀,即电磁比例阀。它可以接受电信号控制,并输出与电信号成比例的连续物理量。本书比例液压阀采用这一狭义概念。比例电磁铁是比例液压阀的关键。

比例液压阀是可以接受连续电信号控制,并输出与之成比例的液压流量或压力等物理量的液压阀。

比例的含义表示一个参数与另一个参数之间的比例关系。在这个含义下,伺服阀也属于比例阀,因为其输出量与输入量之间同样呈比例关系。但是在液压工业领域,比例阀这个术语指的是不同于伺服阀的一类特定的液压阀。因此,人们谈到比例液压阀时通常指的是电磁铁驱动的,带有独有特性的液压阀。

为实现液压系统中的压力、流量和运动方向的比例控制,人们设计开发了比例压力阀、比例流量阀和比例方向阀,它们的进一步分类如图 2-2 所示。

比例电磁铁是液压比例技术产生的关键,是一种价廉、可靠和性能优良的连续模拟电信号驱动的液压阀作动器。在比例电磁铁驱动下,通过具有比例特性的液压阀可以实现被控液压量连续调节。

图 2-2 比例液压阀分类

2.1 比例电磁铁

在后工业时代,电液比例控制技术将会因其可以低成本和广泛地用电气信号驱动控制机械本体而成为装备制造的关键技术。电液比例控制技术的关键是电液比例元件,电液比例元件的关键是比例电磁铁。

普通电磁铁是开关量执行器。它只有两个工作状态,且只能在这两个工作状态下切换:

线圈通电,衔铁吸合,推杆伸出;线圈断电,衔铁放开,推杆处于自由状态,可以在复位弹簧作用下缩回。

比例电磁铁与普通电磁铁不同。比例电磁铁作为电液比例控制元件的电—机械转换器件,用作比例控制阀的作动器。其功能是将连续量电信号按比例转变为连续变化的机械力或位移,是一种连续量作动器,用于阀芯控制与驱动。行程调节型比例电磁铁可以代替手工连续输出位移操作,也可以代替手工操作对施力弹簧进行加载输出连续操作力。力调节型比例电磁铁可以代替手工连续输出操作力,也可以代替手工操作对施力弹簧进行加载输出连续操作位移。比例电磁铁可以采用开环控制方式构建性能一般、价格低的比例控制阀,如图 2-3 所示,也可以采用闭环控制方式构建性能较好、价格稍高的比例控制阀,如图 2-4 所示。

图 2-3 比例电磁铁的开环控制

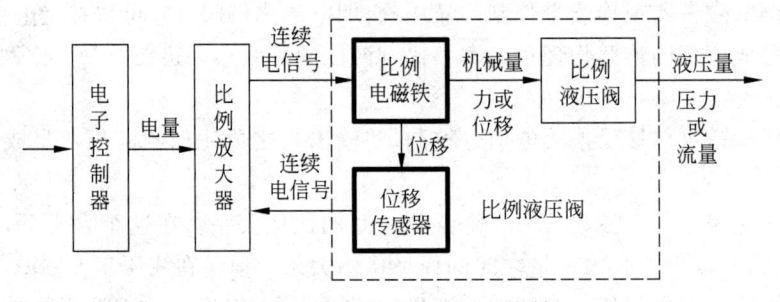

图 2-4 比例电磁铁的闭环控制

2.1.1 比例电磁铁分类与性能需求

1. 比例电磁铁类型

比例电磁铁依据不同分类方式可以分为多种类型:

(1)按照调节物理量不同,比例电磁铁可以分为力调节型比例电磁铁和位移调节型比例电磁铁两类。

力调节型比例电磁铁推杆的推力与输入控制参数成正比。在输入信号保持不变时,推杆推力可以在一定行程(工作行程)范围内基本保持不变。

位移调节型比例电磁铁推杆的运动位移与输入控制参数成正比。在输入信号保持不变时,推杆位移可以在一定负载范围内基本保持不变。

利用弹簧受力与压缩量成正比的物理特性,可以实现比例电磁铁调节物理量的转换。也就是说,可以用力调节型比例电磁铁调节物理量位移,也可以用位移调节型比例电磁铁调节物理量力。

(2)按照电磁铁的极化方向差别,比例电磁铁可以分为单向极化型和双向极化型两种类型。

单向极化型电磁铁只能产生单方向作用力或位移。
双向极化型电磁铁能够产生双向作用力或位移。

（3）按照衔铁腔是否承受高液压力的不同，比例电磁铁可以分为湿式比例电磁铁和干式比例电磁铁两类。

湿式比例电磁铁外壳密封，并可以承受高液压力但其衔铁腔不密封，电磁线圈浸在液压油中，对工作液品质要求高，维护不方便，制造成本略高。

干式比例电磁铁的外壳不密封，衔铁腔为密封容器，可以承受较高液压力。干式结构比例电磁铁具有电磁推力大，结构简单，对工作液品质要求不高，维护方便，制造成本低。当前，比例电磁铁通常采用干式结构。

2. 比例电磁铁的性能需求

电液比例控制对比例电磁铁的性能需求：
(1) 在比例电磁铁有效工作行程内，电磁铁线圈电流恒定，电磁铁输出力恒定。
(2) 电流-力特性或电流-位移特性呈比例，且具有良好的线性度，较小死区和滞环。
(3) 阶跃响应快，频率响应高。

2.1.2 比例电磁铁原理与结构

下面依次介绍各种类型比例电磁铁的工作原理与基本结构。

1. 力调节型比例电磁铁

力调节型比例电磁铁输出的物理量是推杆的推力（电磁力）。

比例电磁铁是比例技术产生的关键，比例电磁铁具有与线圈电流成正比的电磁吸力，而且电磁吸力与衔铁行程无关的电磁特性，可以接受电流信号控制产生连续可变的电磁力。比例电磁铁用于电磁液压阀，产生出电磁比例液压阀，如比例溢流阀、比例减压阀、比例调速阀、比例方向阀等，进而产生了液压比例控制技术。

比例电磁铁是直流电磁铁，但它与普通直流电磁铁不同。普通电磁铁在吸合时磁路中几乎没有气隙，输入同样电流，普通电磁铁产生的吸力较大，但是衔铁稍有移开，产生些许气隙，则普通电磁铁吸力锐减。因此，普通直流电磁铁的衔铁只有吸合和断开两个工作状态和工作位置，它是一种开关信号控制元件。

比例电磁铁结构原理如图2-5所示。其主要由极靴、线圈、导套和衔铁等组成。导套是三段套管焊接成的整体。其中，中段套管是非导磁材料（隔磁环），前后两段套管是导磁材料。导套前端与极靴组合，形成盆形极靴。比例电磁铁结构相对尺寸决定了比例电磁铁稳态特性曲线的形状。

因存在隔磁环，当比例电磁铁线圈电流一定时，线圈电力控制磁势，形成两条磁路，如图2-6所示。一条磁路 Φ_1 由前端盆形极靴底部沿轴向工作气隙进入衔铁，穿过导套后段和导磁外壳回到前端极靴。另一条磁路 Φ_2 是经过盆形极靴导套前端径向穿过工作气隙进入衔铁，而同样穿过导套后段和导磁外壳回到前端极靴。

磁通 Φ_1 产生衔铁轴向作用力 F_{M1}，它与衔铁位移的关系如图2-7所示。磁通 Φ_2 产生衔铁轴向作用力 F_{M2}。衔铁在一段位移范围内移动时，衔铁受力为 F_{M1} 与 F_{M2} 的合力保持基本不变。可以将这一段行程设计为比例电磁铁工作行程，其大小约1.5mm。比例电磁铁结构设计应使其衔铁在工作行程中工作。此外，比例电磁铁还有空行程，一般的空行程与工作行程相等或近似。

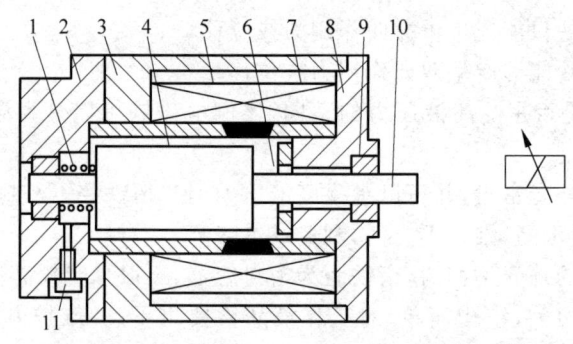

1—复位弹簧；2—后盖；3—壳体；4—衔铁；5—导套；6—限位片；7—线圈；8—极靴；9—轴承；
10—推杆；11—排气螺钉。

图 2-5 力调节比例电磁铁基本结构及职能符号

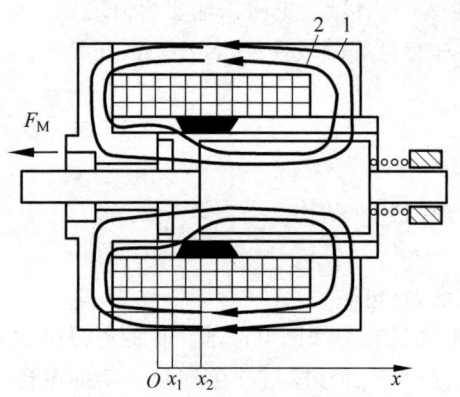

1—磁路1磁力线；2—磁路2磁力线。

图 2-6 单极化比例电磁铁原理

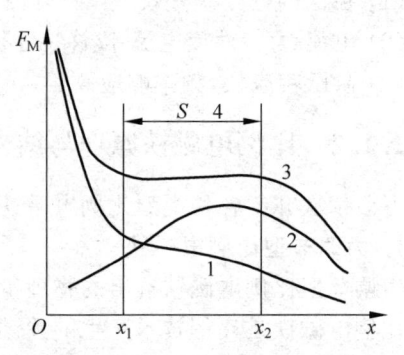

1—磁路1电磁力曲线；2—磁路2电磁力曲线；3—比例电磁铁力曲线；4—工作行程。

图 2-7 单极化比例电磁铁磁力特性

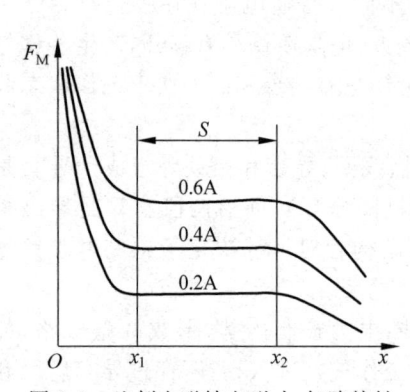

图 2-8 比例电磁铁电磁力-气隙特性

限位片保证衔铁电磁铁在其特性曲线上的工作行程起点，它将使比例电磁铁在衔铁的全部工作行程上、磁路中保持一定的气隙。

依据人们得到的力调节型比例电磁铁特性，人们有了比例电磁铁的理想。力调节型比例电磁铁的推杆输出力 F_M 与推杆位移 x 及电流 i 的关系如图 2-8 所示。忽略动态，推杆输出力 F_M 见式（2-1）。R_M 是电磁铁特性比例系数。理想情况下，R_M 是常数。目前现有比例电磁铁 R_M 尚且不是常数，但比较接近常数。

比例电磁铁的衔铁腔通常是影响比例电磁阀最高工作压力的重要因素，也是容易残留空气的地方。因此在使用中需要注意留心比例电磁阀是否设计有排气螺钉，注意排净空气，保障比例电磁铁可靠地运行。

$$F_M = R_M i \tag{2-1}$$

式中，R_M 为电磁铁特性比例系数；i 为电流，A。

2. 位移调节型比例电磁铁

位移调节型比例电磁铁输出的物理量是推杆位移。

位移调节型比例电磁铁的结构如图2-9所示。力调节型比例电磁铁压缩一个弹簧系数匹配的弹簧(理想情况$F_M=F_s$),能够将推杆的推力转变为推杆位移。推杆的位移与输入电信号成正比。

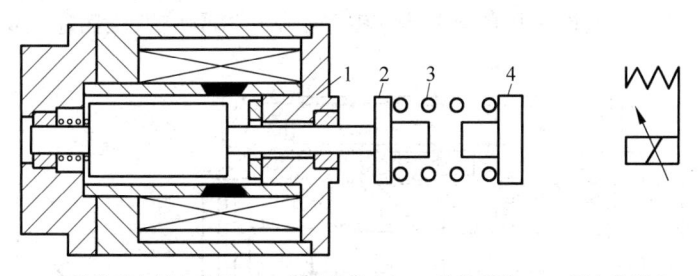

1—力调节型比例电磁铁;2—移动弹簧座;3—转换弹簧;4—固定弹簧座。
图2-9 位移调节型比例电磁铁基本结构及职能符号

弹簧具有线性的力/位移特性,见式(2-2)。在比例电磁铁中,弹簧可以作为力/位移转换元件,称为力/位移转换弹簧,简称转换弹簧。也可以将实现位移与力测量功能的弹簧称为量测弹簧。从比例电磁铁驱动看,弹簧力都是负载力。

忽略动态,位移调节型比例电磁铁输出位移可以表示为式(2-3)。显然,电磁铁推杆位移与输入电流成正比。

$$x=\frac{F_s}{K_s} \tag{2-2}$$

式中,F_s为弹簧力,N;K_s为弹簧系数,N/m;x为弹簧压缩量(位移),m。

$$x=\frac{R_M}{K_s}i \tag{2-3}$$

式中,i为输入电流,A。

在位移调节型比例电磁铁上可以加装检测推杆位移的传感器(见图2-10),采集推杆位移作为反馈信号,构建比例电磁铁推杆的位置闭环控制系统,从而提高比例电磁铁推杆位移与指令信号的比例变化关系的线性程度和抗干扰能力。

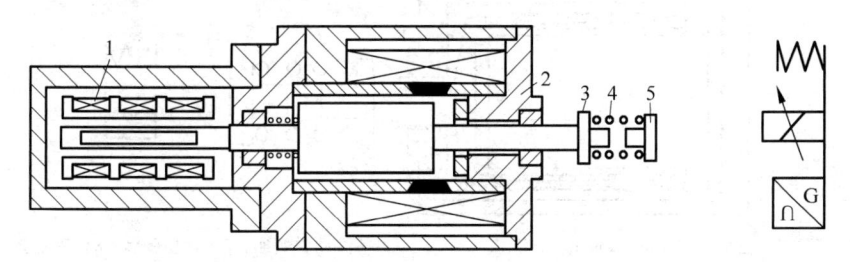

1—位移传感器;2—位移调节型比例电磁铁;3—移动弹簧座;4—转换弹簧;5—固定弹簧座。
图2-10 带位移传感器的位移调节型比例电磁铁基本结构及职能符号

3. 双向极化型比例电磁铁

双向极化型比例电磁铁输出的物理量是电磁力,通过内部量测弹簧转变为推杆位移。

双向极化型比例电磁铁的结构如图2-11所示,采用左右对称的平头盆形动铁式结构,其通过特别设计的盆口尺寸关系,保证了控制电流与衔铁输出力之间的线性比例关系。

电磁铁线圈通过一定电流后,产生极化磁场,在衔铁上产生与控制电流方向和数值相对应的输出力,而且输出力双向连续可控,几乎无零位死区。

与单向极化比例电磁铁相比,双向极化型比例电磁铁电感小、磁滞小、动态响应高、控制精度高。

双向极化型比例电磁铁采用闭环控制,其主要用于高频响三位四通比例方向阀。

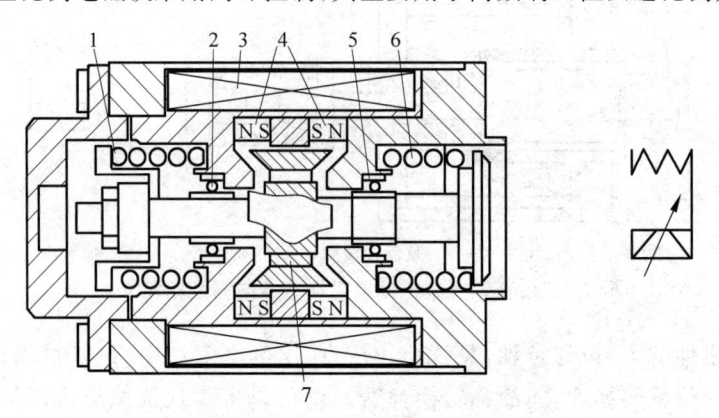

1,6—支撑弹簧;2,5—轴承;3—线圈;4—永磁体;7—衔铁。

图 2-11 双向极化型比例电磁铁的基本结构及职能符号

4. 音圈型比例电磁铁

音圈型比例电磁铁输出的物理量是电磁力,该力需要通过量测弹簧转变为推杆位移。其结构如图 2-12 所示,内含一个大尺寸的永磁体,能够产生强度较大的磁场。磁体外面套装音圈骨架,音圈骨架上面缠绕音圈电磁线圈,音圈线圈通电后产生的电磁场与永磁体磁场作用产生推力,并通过推杆输出该推力,压缩量测弹簧,最终转变为位移输出。

与普通比例电磁铁相比,音圈型比例电磁铁具备更长的工作行程,且具有更高的响应频率。

音圈型比例电磁铁采用闭环控制,主要用于高频响四位四通比例方向阀,这种阀也称为伺服比例阀。

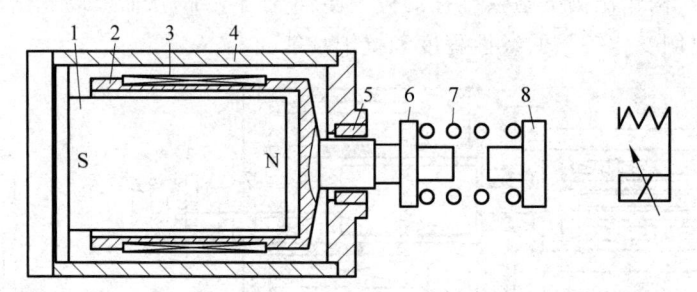

1—永磁铁;2—音圈龙骨;3—线圈;4—壳体;5—轴承;6—移动弹簧座;7—转换弹簧;8—固定弹簧座。

图 2-12 音圈型比例电磁铁基本结构及职能符号

2.1.3 比例电磁铁的控制及系统特性

比例电磁铁有两种控制方式:开环控制和闭环控制。力调节型比例电磁铁多采用开环控制方式;位移调节型比例电磁铁多采用闭环控制方式,也有一些采用开环控制方式。通常,闭环控制能够改善被控物理量的调节精度。

比例电磁铁直接输出的物理量是力。通常,执行器输出量与控制方式间有一定关联,但是,采用量测弹簧可以将力转变为位移,也可以将位移转变为力。无论被控物理量是力,还是位移,都能够采用闭环控制改善被控物理量的调节精度。

1. 比例电磁铁开环控制

依据比例电磁铁的工作原理,力调节型比例电磁铁输入信号为电流,输出物理量为力。力调节型比例电磁铁开环控制系统原理图如图 2-13 所示。为了减少输入信号波动对输出物理量的影响,比例控制放大器采用深度电流负反馈来稳定比例控制放大器输出电流,减小比例电磁铁磁阻变化对控制电流的影响。

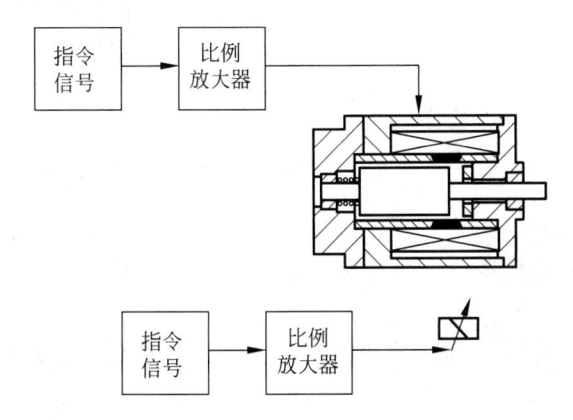

图 2-13 力调节型比例电磁铁开环控制系统原理图

控制系统稳态时,力调节型比例电磁铁开环控制的位移-力特性如图 2-14 所示,电流—力特性如图 2-15 所示。在一定的输入电流和衔铁行程范围内,衔铁输出力与输入电流成正比。

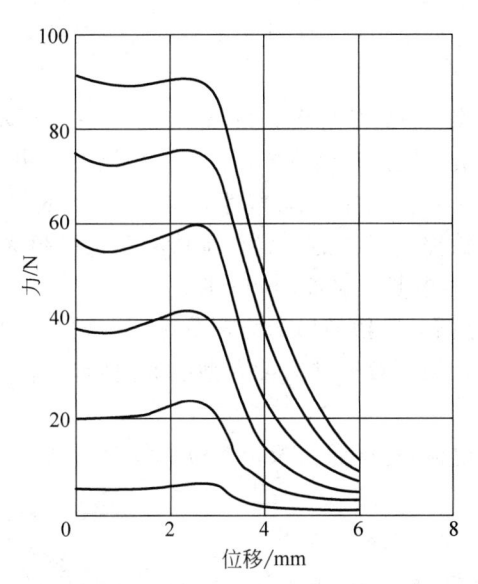

图 2-14 力调节型比例电磁铁开环控制位移-力特性

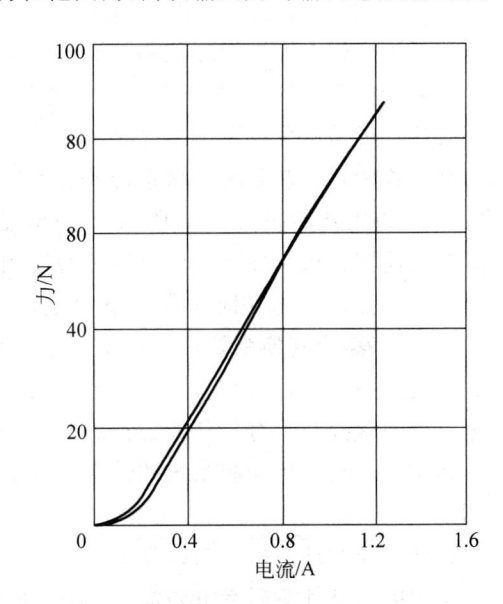

图 2-15 比例电磁铁开环控制电流-力特性

同样原理,位移调节型比例电磁铁开环控制系统原理图如图 2-16 所示,其输入信号为电流,输出物理量为位移。

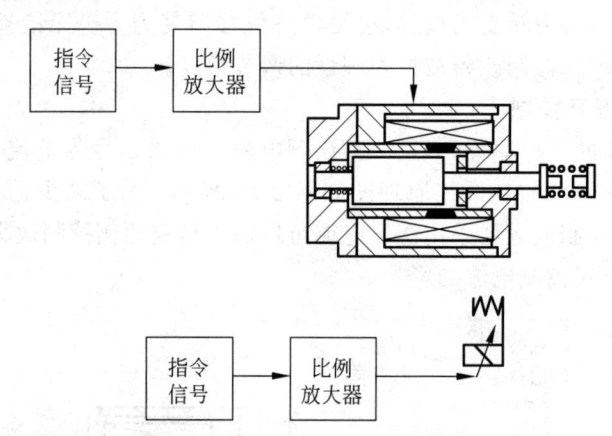

图 2-16 位移调节型比例电磁铁开环控制系统原理图

比例电磁铁开环控制的特点如下:

(1) 结构简单。开环控制系统信号流动是单向的,只有前向通道,因而比例电磁铁开环控制结构简单。

(2) 制造成本低。开环控制系统中没有反馈通道,没有反馈传感器等,因而制造成本较低。

(3) 性能较低。比例电磁铁开环控制系统性能受限于比例电磁铁。在控制精度、响应速度、非线性等方面都较低。

2. 比例电磁铁闭环控制

在液压阀中,与检测力相比,采用位移传感器检测衔铁位移更为便利。因此,多用位移传感器作为比例电磁铁闭环控制的反馈传感器。这种闭环控制的比例电磁铁称为带位移反馈的位移调节型比例电磁铁,其被控制的物理量为位移。

带位置反馈的位移调节型比例电磁铁的衔铁连接位移传感器,可以构建如图 2-17 所示的推杆位置闭环控制系统。该系统通过推杆位置负反馈机理调节推杆位移。比例电磁铁闭环控制位移-力特性如图 2-18 所示,比例电磁铁闭环控制电压-位移特性如图 2-19 所示。

负反馈工作机制提高了位移调节型比例电磁铁控制系统的位置控制精度和响应频率,减小了非线性,因而应用该机制的比例电磁铁闭环控制具有更高的调节性能。

采用位移/力转换弹簧可以将闭环位移调节比例电磁铁转换为力调节比例电磁铁。严格说,这是一种半闭环控制,习惯上称为闭环控制。相比较开环力调节型电磁铁的控制,比例电磁铁闭环控制具有更高的力控制精度。

比例电磁铁开环控制系统的动态特性受线圈电流、电磁吸力及衔铁位移等及其动态特性影响。

线圈电流的动态过程与线圈电感、衔铁运动速度等关系密切。

电磁吸力特性主要受电磁滞环、摩擦滞环和时间延迟等影响。

衔铁位移主要受衔铁驱动的惯性负载、阻性负载和黏性负载等影响。

比例电磁铁闭环控制系统的动态特性除了受线圈电流、电磁吸力及衔铁位移等及其动态特性影响外,还受位置反馈闭环影响。可以利用闭环控制在一定程度上可以减少上述因素

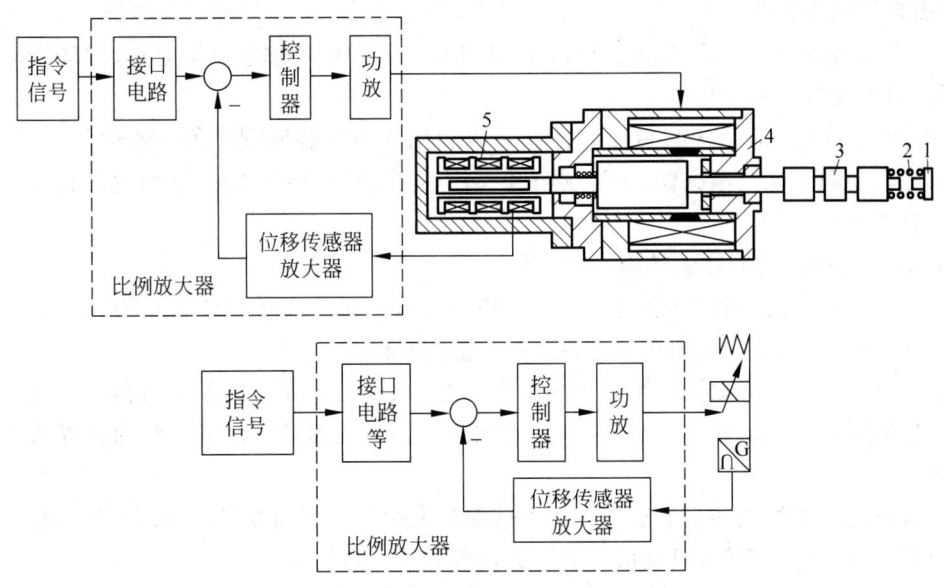

1—固定弹簧座；2—转换弹簧；3—阀芯；4—比例电磁铁；5—位移传感器。
图 2-17 位移调节型比例电磁铁闭环控制系统

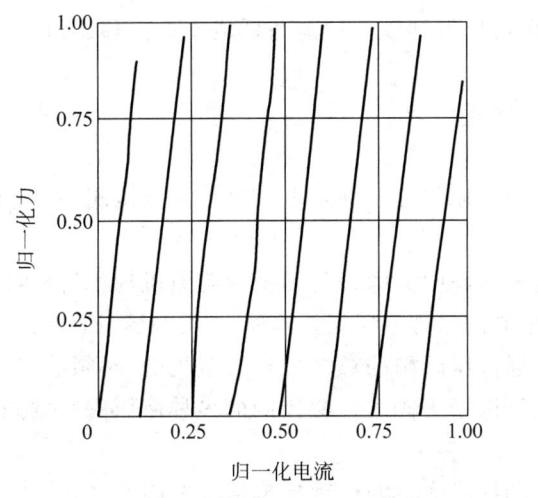

图 2-18 比例电磁铁闭环控制位移-力特性 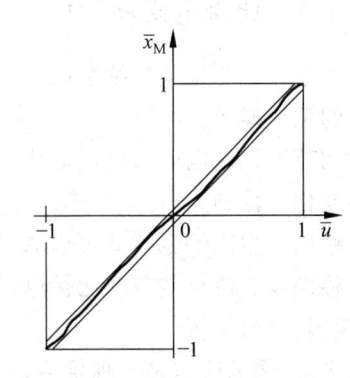　　图 2-19 比例电磁铁闭环控制电压-位移特性

对比例电磁铁控制系统稳态的影响。例如，采用推杆位置反馈控制，比例溢流阀性能可以提高到滞环小于 1%，重复精度小于 0.5%。

电磁铁本身动态控制特性决定了电磁铁控制系统的主要特性。电磁铁与比例控制放大器之间存在匹配问题，两者之间的结合点是电磁线圈，电磁线圈的参数同时与电磁铁和比例控制放大器关联。尽管可以通过控制策略改善电磁铁控制系统的动态特性，但是这种改善效果十分有限。

比例电磁铁闭环控制的特点如下：

(1) 结构稍复杂。闭环控制系统结构构成信号环路。不仅有前向通道，而且有反馈通道，因而系统结构复杂。

(2) 制造成本稍高。与开环控制相比，闭环控制系统中增加了反馈通道，增加了反馈传感器等，因而制造成本较高。

(3) 性能较高。比例电磁铁闭环控制可以利用反馈控制原理改善系统性能，闭环控制性能不完全受限于比例电磁铁，在控制精度、响应速度、非线性等方面，比例电磁铁闭环控制都可以获得改善。

3. 比例电磁铁控制量的转换

一些液压阀中需要将力作为控制量，另外一些控制阀中需要将位移作为控制量。为了满足工程应用需求，需要实现比例电磁铁控制量的转换。

位移调节型比例电磁铁控制系统的控制量是位移，这种系统的控制有两种情况：一种是不带位置反馈控制的位移调节型比例电磁铁；另一种是带位移反馈控制的位置调节型比例电磁铁。

不带位置反馈的位移调节型比例电磁铁控制采用开环控制方式，本质上，其核心部分仍然是力调节型比例电磁铁，只是借助量测弹簧将力转变为位移。

比例电磁铁控制量转换的意义在于实现控制量的变换，满足不同成本需求和不同性能需求。采用闭环控制既可以得到较高性能与较高成本的位移调节的比例电磁铁，也可以得到较高性能与较高成本的力调节的比例电磁铁。同样道理，采用开环控制既可以得到较低性能与低成本的力调节的比例电磁铁，也可以得到较低性能与低成本的位移调节的比例电磁铁。

2.1.4 比例电磁铁的应用

比例电磁铁能接收连续量电信号控制。比例液压阀是电信号控制液压阀，不同于普通液压阀的手工操作。

力调节型比例电磁铁可以取代普通液压阀中的螺杆与弹簧的施力机构，对液压阀芯施加连续变化的控制力，可以用于阀芯力控制的多种液压阀。例如，溢流阀、减压阀等。

位移调节型比例电磁铁可以取代普通液压阀中的螺杆位移调节机构，对阀芯实施连续输出位移操作。位移调节型比例电磁铁可以用于阀芯位移控制的多种液压阀。例如，节流阀、调速阀、方向阀等。

总之，比例电磁铁是一种价廉、可靠和性能优良的连续模拟信号控制元件，其使电磁比例阀的液压功能都能采用电信号调节，对实现普通液压开关系统或液压传动系统的自动化非常有意义。

2.2 比例液压阀基础

电磁比例液压阀，简称比例阀，它是比例电磁铁技术与液压阀技术相结合的产物，如图 2-20 所示。从液压技术看，电磁比例液压阀既具有普通液压阀的技术特点，也明显区别于普通液压阀。电磁比例液压阀一方面改善了液压阀性能，赋予了液压阀新的功能。另一方面比例电磁铁也对液压阀技术提出了新要求，并通过液压阀结构设计进行完善，使电磁比例液压阀性能比传统液压阀更加优越。

本节内容从液压阀桥路、普通比例滑阀阀口、高频响比例滑阀阀口、比例控制的滑阀机能、比例滑阀的受力分析及补偿设计等方面阐述比例阀的液压技术特点。

图 2-20 液压控制系统中比例特性液压阀

2.2.1 液压阀桥路

比例阀需要控制阀芯连续运动,从而使被控物理量与控制信号呈比例关系。比例电磁铁输出力有限,限制了比例电磁铁的输出功率,因此小流量或小功率比例阀可以采用比例电磁铁直接驱动阀芯,但大流量或大功率比例阀无法采用比例电磁铁直接驱动,而是需要采用液压阻力回路实现大功率阀芯的驱动控制,并实现阀芯运动连续可控。这种阀芯运动控制的液压阻力回路称为液压阀桥路。

比例液压阀常采用的液压桥路有全桥、A 型半桥、B 型半桥、C 型半桥等多种类型。全桥液压阻力回路主要用在具有很小死区特性的高频响比例阀上,其他比例阀普遍采用半桥液压阻力回路控制阀芯运动。伺服液压控制部分介绍了全桥液压阻力回路,这里着重介绍半桥液压阻力回路。

1. A 型半桥

A 型半桥的液压原理如图 2-21 所示,其具有两个联动的可变通流截面的阀口,且这两个可变阀口通流截面大小变化是反向的。当阀芯运动时,一个阀口通流截面变大,同时另一个阀口通流截面变小;一个阀口关闭时,另一个阀口开口最大。在 A 型半桥的两个节流阀口之间引出油口,获得控制压力。A 型半桥的两个桥臂分别连接油源和油箱。

A 型半桥有多种实现方式。图 2-22 是 A 型半桥的一种实现方式,其采用两个控制边滑阀构成关联的反向变阀口通流面积的两个可变节流口。

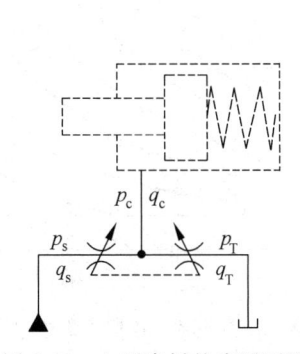

图 2-21 A 型半桥的液压原理 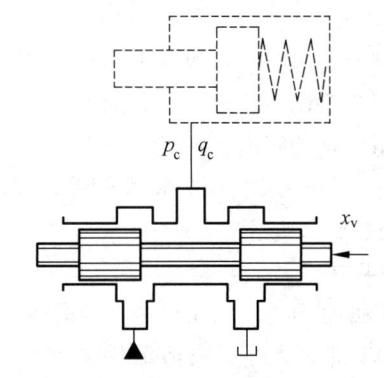　　　图 2-22 A 型半桥的一种实现方式

归一化的 A 型半桥压力特性如图 2-23 所示。一族曲线表达了控制压力、控制流量和阀

芯位移三者的关系。

A 型半桥的特点如下：

（1）A 型半桥有两个联动且阀口开度反向变化的控制阀口。

（2）A 型半桥制造难度较大，成本较高。

（3）A 型半桥的双向控制能力相同。压力特性曲线关于原点对称，且原点周围较大范围内具有较好的线性。

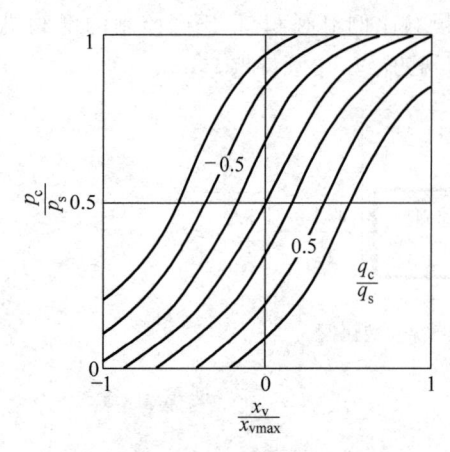

2. B 型半桥

B 型半桥的液压原理如图 2-24 所示，它具有一个固定节流口和一个可变通流截面的阀口。固定节流口位于连接油源的桥臂上；可变阀口位于连接油箱的桥臂上。

图 2-23 A 型半桥压力特性

B 型半桥有多种实现方式，其中一种实现方式如图 2-25 所示，它采用一个单控制边滑阀和一个固定节流口构成 B 型液压控制半桥。

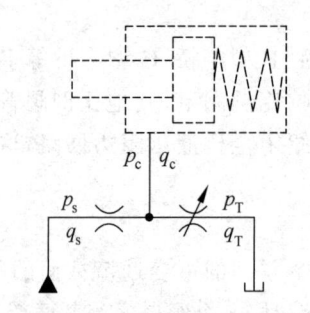

图 2-24 B 型半桥的液压原理 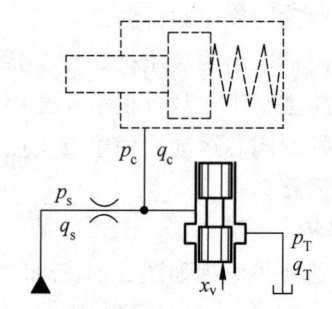　　图 2-25 B 型半桥的一种实现方式

归一化的 B 型半桥压力特性如图 2-26 所示。一族曲线表达了控制压力、控制流量和阀芯位移三者的关系。

B 型半桥的特点如下：

（1）B 型半桥只有一个可变开度的控制阀口。

（2）B 型半桥制造难度小，成本低。

（3）B 型半桥的双向控制能力不完全相同。简单地说，控制压力偏小时，压力特性较差；阀口开度偏大时，压力特性较差。

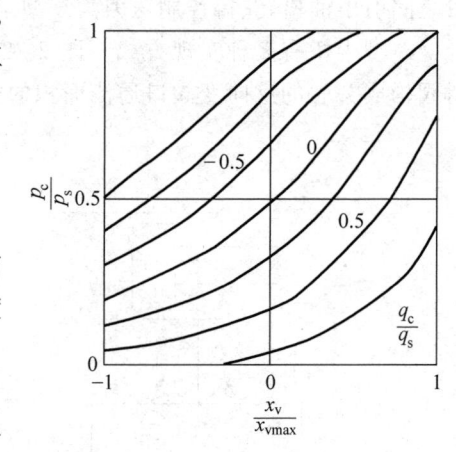

3. C 型半桥

C 型半桥的液压原理如图 2-27 所示，它具有一个固定节流口和一个可变通流截面的阀口。可变阀口位于连接油源的桥臂上；固定节流口位于连接油箱的桥臂上。

图 2-26 B 型半桥压力特性

C型半桥有多种实现方式,其中一种实现方式如图2-28所示,它采用一个单控制边滑阀和一个固定节流口构成C型液压控制半桥。

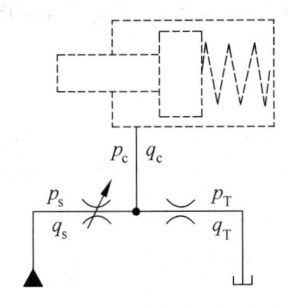

图2-27 C型半桥的液压原理

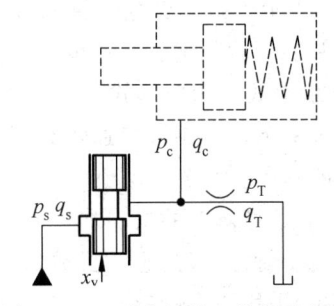

图2-28 C型半桥的一种实现方式

归一化的C型半桥的控制压力与阀芯位移的关系如图2-29所示,其中的一族曲线表达了控制压力、控制流量和阀芯位移三者的关系。

C型半桥的特点如下:
(1) C型半桥只有一个可变开度的控制阀口。
(2) C型半桥制造难度小,成本低。
(3) C型半桥的双向控制能力不完全相同。简单地说,控制压力偏大时,压力特性较差;阀口开度偏大时,压力特性较差。

2.2.2 普通比例滑阀的阀口

普通比例滑阀采用阀芯-阀体结构,其通常采用非全周开口滑阀,在阀体上开全周进油阀口,在阀芯上开非全周进油阀口。即在阀芯凸肩上开若干个一定形状的薄刃型节流阀口作为比例流量特性的控制阀口。比例滑阀为什么如此设计?这需要从开关阀讲起。

普通电磁换向阀是开关阀,其设计原则是:当电磁换向阀通电后,阀的压降很小,阀口对流量的控制能力也很小。要么全部关上,要么全部打开,实际上就是不节流控制。

图2-29 C型半桥的控制压力与阀芯位移的关系

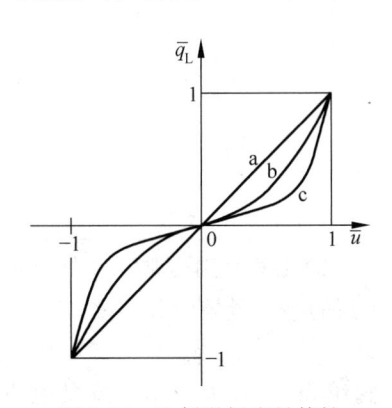

图2-30 比例滑阀流量特性

直接将电磁换向阀的设计原则应用于比例方向阀设计将使得比例方向阀的流量控制比较困难,小流量控制特别困难。因此需要将阀芯的阀口设计为带有槽口的台肩,而不是全部台肩圆周。这样的滑阀结构减小了滑阀的最大流量,但是小流量特别容易控制,而且适当提高了比例方向阀的压降,阀口对流量的控制能力也有所提高。

依据不同控制对象的运动控制需求,控制系统需要不同流量特性的比例方向阀。比例方向阀加工不同的槽口,以便于制作满足不同流量需求的阀。通过设计比例方向阀阀口的薄刃型节流断面,可以得到一条特殊设计的流量特性曲线。归一化比例滑阀流量特性如图2-30所示。图中，曲线 a 表示了具有线性流量特性的比例方向阀，曲线 b 对应比例方向阀的流量特性虽然不是线性的，但也比较接近线性，这种比例方向可能具有很好的机械加工工艺性，很低的制造成本；曲线 c 表示了具有更宽流量调节范围的比例方向阀的流量特性，同时具有较好的低速控制能力和更高的额定运行速度。

1. 普通比例滑阀的阀口形式

阀芯凸肩上的节流控制阀口通常有矩形、V 形（三角形）、C 形（半圆形）等多种形式。其中，以 V 形和 C 形居多。图 2-31 所示 V 形阀口控制小流量特性好，可以获得更高低速分辨率。图 2-32 所示 C 形阀口的机械加工工艺性好，制造成本低，容易保证加工质量。矩形阀口具有线性的流量特性，但是它的机械加工工艺性差，制造成本很高。由于普通比例方向阀价格较低，故很少采用矩形阀口。

比例滑阀的节流控制阀口形式并不反映在滑阀的职能符号上。也就是说，具有不同节流控制阀口形式的比例滑阀的职能符号是相同的。

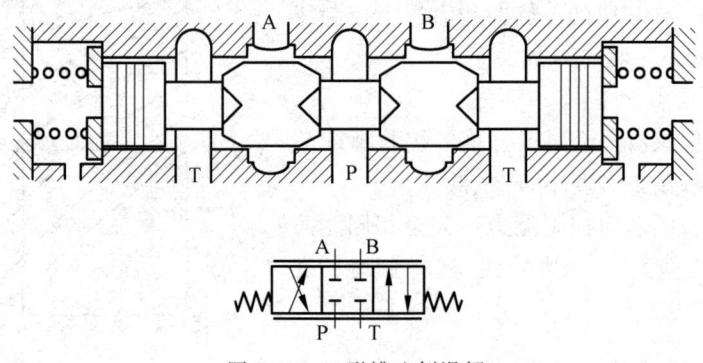

图 2-31　V 形槽比例滑阀

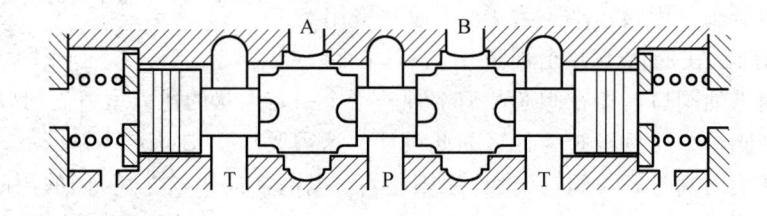

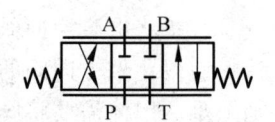

图 2-32　C 形槽比例滑阀

2. 普通比例滑阀阀口的流量特性

不同用途的比例控制滑阀需要不同的流量特性。闭环控制的比例滑阀通常需要具有较为线性特性的流量特性；开环控制的比例滑阀则可能需要更高的小流量控制分辨率。

开环控制的比例滑阀流量特性需求分析如下：

（1）开环比例控制通常需要较大的额定流量。在较小阀压降下，较大的额定流量说明比例滑阀能控制的最大运动速度更高。它可以理解为比例滑阀的可控流量上限。

(2) 开环比例控制需要更宽的速度控制(调速)范围。比例控制滑阀同时具备更高的小流量控制分辨率和较大的额定流量,比例滑阀应该具备相距更远的流量输出上下界限。因此比例控制滑阀需要具备更宽流量调节范围。

(3) 开环比例控制需要非线性的流量(调节或控制)特性。由于比例电磁铁工作行程限制和比例滑阀的结构特点,故其工作行程是有限的。通常单向工作行程约为2mm,双向工作行程为4mm,在比例控制滑阀的有限工作行程范围内,开环控制需要实现更大的流量调节范围,那么开环控制比例滑阀的流量控制特性或流量调节特性需要是非线性的。

下面介绍矩形阀口、V形阀口和C形阀口的流量特性。

滑阀矩形槽及其面积梯度特性如图2-33所示,归一化的阀口通流面积梯度是线性的,因此矩形阀口具有线性的流量特性。矩形阀口的机械加工工艺性较差,在阀芯-阀体结构中,阀芯上加工矩形阀口的机械加工工艺性更差,所以实际普通比例滑阀中不多见。

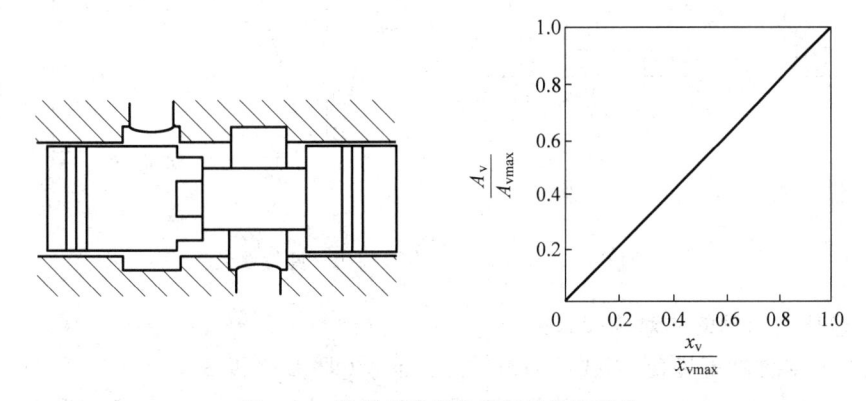

图 2-33 滑阀矩形槽及其面积梯度特性

滑阀V形槽及其面积梯度特性如图2-34所示,归一化的阀口通流面积梯度是非线性的,因此V形阀口具有非线性的流量特性。V形阀口具有更高的小流量控制分辨率,因此,在普通比例滑阀中,V形阀口有一定的应用占有率。

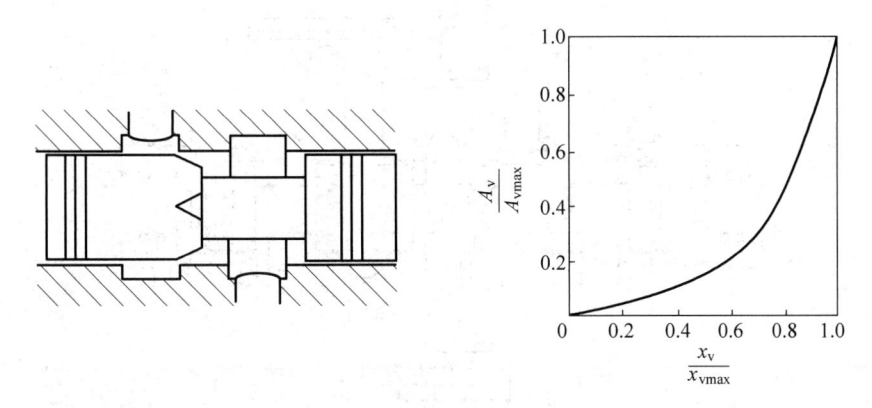

图 2-34 滑阀V形槽及其面积梯度特性

为进一步提高小流量控制分辨率,控制阀口在阀芯的轴线方向上的分布是错开的,阀芯上V形阀口沿圆周展开图如图2-35所示。其四个V形阀口分两组,沿轴线方向错开布置,以获取更高的小流量控制分辨率,也就是更为细致的低速度控制能力。

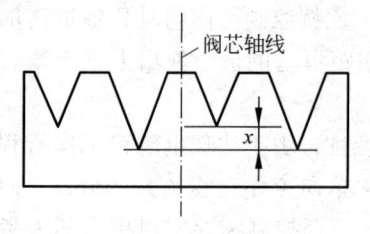

图 2-35　阀芯上 V 形阀口沿圆周展开图

滑阀 C 形槽及其面积梯度特性如图 2-36 所示，归一化的阀口通流面积梯度是非线性的，因此 C 形阀口具有非线性的流量特性。C 形阀口具有更为优良的大流量控制分辨率，同时在阀芯-阀体结构中，阀芯上加工 C 形阀口的机械加工工艺性优良。因此，在普通比例滑阀中，C 形阀口具有相当多的应用占有率。

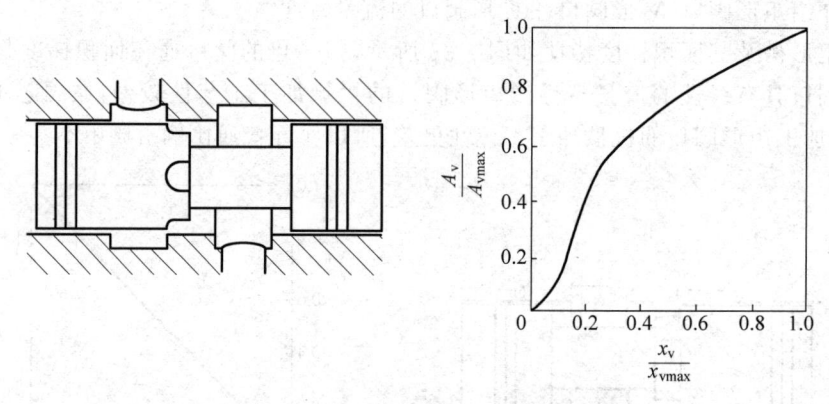

图 2-36　滑阀 C 形槽及其面积梯度特性

3. 普通比例滑阀的非对称阀口类型

在阀控非对称缸等场合，需要四通滑阀工作油口（即 A 口和 B 口）对应的阀口面积梯度是不同的，能够与非对称液压缸有效作用面积相匹配（见图 2-37）。这种 A 口和 B 口对应的阀口面积梯度是不同的四通滑阀称为非对称阀。

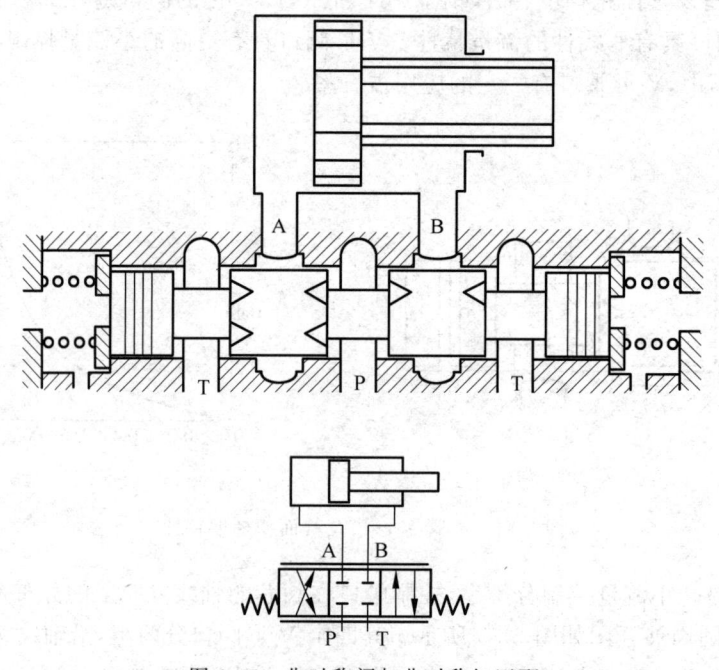

图 2-37　非对称阀与非对称缸匹配

由于比例滑阀采用在阀芯上开槽实现节流控制,因而可以通过改变比例滑阀阀芯上槽的形状尺寸或槽的数目实现非对称比例滑阀。非对称阀比例阀流量特性如图 2-38 所示。

例如,比例阀流量 100L/min,正常开 4 个 V 形槽。那么非对称阀 A 口连通阀口正常开 4 个 V 形槽。B 口连通阀口正常开 2 个 V 形槽,如图 2-37 所示。这样,A 口与 B 口面积梯度比为 2∶1。上述比例滑阀刚好同无杆腔与有杆腔面积比为 2∶1 的非对称液压缸匹配。

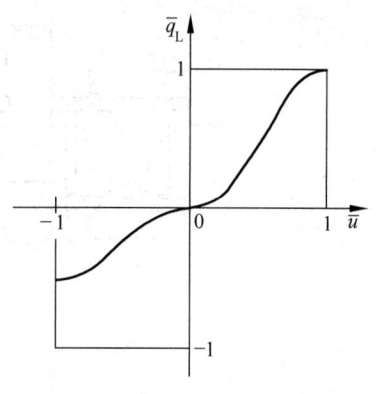

图 2-38 非对称阀比例阀流量特性

2.2.3 高频响比例滑阀的阀口

高频响比例阀(亦称伺服比例阀)的滑阀采用阀芯与阀套结构。常见的高频响比例方向阀的滑阀结构包括三位四通结构和四位四通结构。

三位四通高频响比例阀的阀芯与阀套如图 2-39 所示,通常采用双向极化型比例电磁铁驱动。比例电磁铁断电时,电磁铁线圈的磁力消失,阀芯位于阀套中部位置,即处于常位。

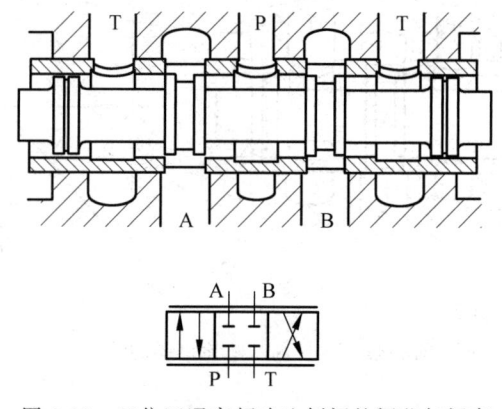

图 2-39 三位四通高频响比例阀的阀芯与阀套

四位四通高频响比例阀的阀芯与阀套如图 2-40 所示。它采用单向极化型比例电磁铁驱动阀芯,正常工作时,比例电磁铁通电,并将阀芯控制在一个预先设定的位置,以此位置为控制中位,四位四通高频响比例方向阀具有三位四通功能,即具备连续的流量控制能力,能够连续改变液流方向和流量大小。比例电磁铁断电时,电磁铁线圈的磁力消失,弹簧将阀芯推到一侧,即处于常位。四位四通高频响比例阀的常位与控制中位可以有不同的机能。

阀套结构比例滑阀也采用非全周开口。通常,在阀套上开设一定形状和数目的阀口通流窗口,可以通过改变阀套通流窗口的形状、尺寸和数目,调节对应阀口的面积梯度,从而实现非对称阀和非线性阀等。

采用矩形阀口的滑阀具有线性的流量特性,线性高频响比例阀的特性如图 2-41 所示。

非线性流量特性的阀套比例滑阀采用"凸"字形阀口,非线性高频响比例阀的特性如图 2-42 所示。曲线图原点附近流量增益较小,阀口开度较大时流量增益较大。

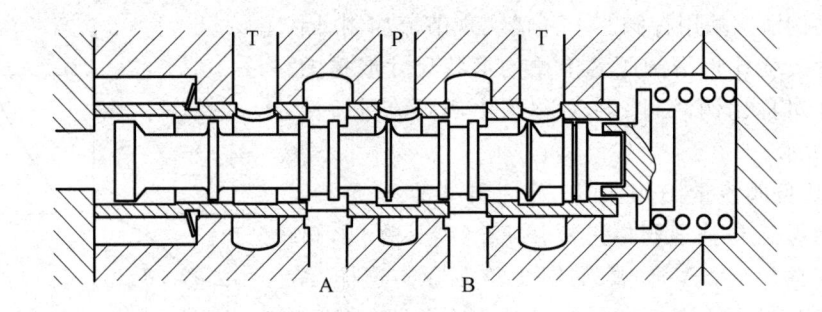

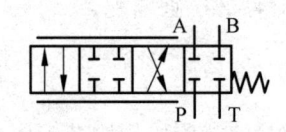

图 2-40 四位四通高频响比例阀的阀芯与阀套

(a)　　　　　　　　　　　　(b)

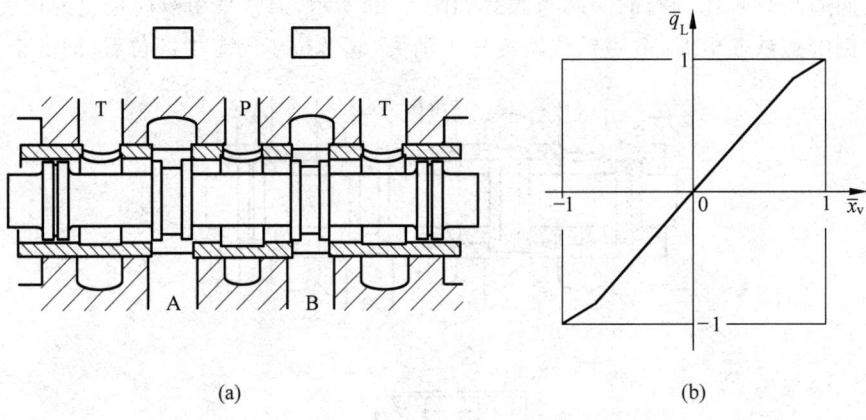

图 2-41 线性高频响比例阀的特性

(a)　　　　　　　　　　　　(b)

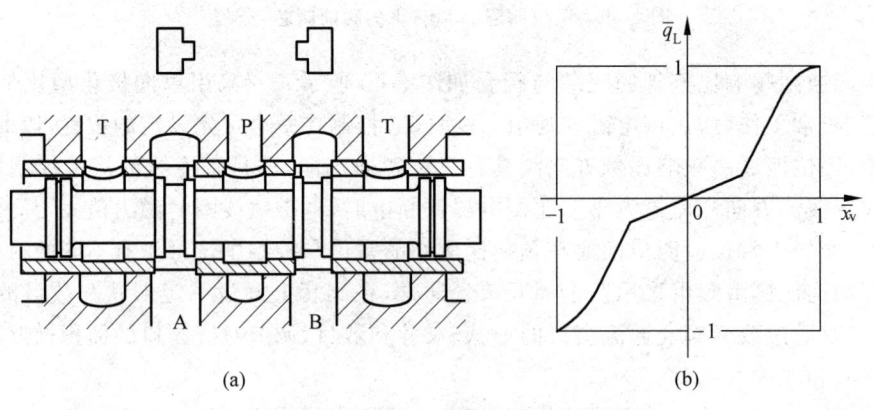

图 2-42 非线性高频响比例阀的特性

2.2.4 比例控制的滑阀机能

比例方向阀的阀芯位置是连续可控(或称无级调节)的。因此比例控制滑阀具有与伺服控制滑阀近似的控制特性。但是与伺服阀相比,比例滑阀具有丰富的滑阀机能。这一点与开关方向阀近似。比例方向阀的滑阀机能选用原则也与开关方向阀相似,丰富多样的滑阀机能使比例方向阀功能更加多样,因此比例方向阀能够更好地适应各种工程实际需求。

Rexroth 生产的 W 形比例方向阀滑阀不仅具有 Y 形中位机能,而且滑阀中位机能的职能符号上还带有节流符号。这种带节流的 W 形机能的 V 形开口比例滑阀结构如图 2-43 所示。其中,中位附近节流状态的通流面积一般为阀额定通流面积的 3%。

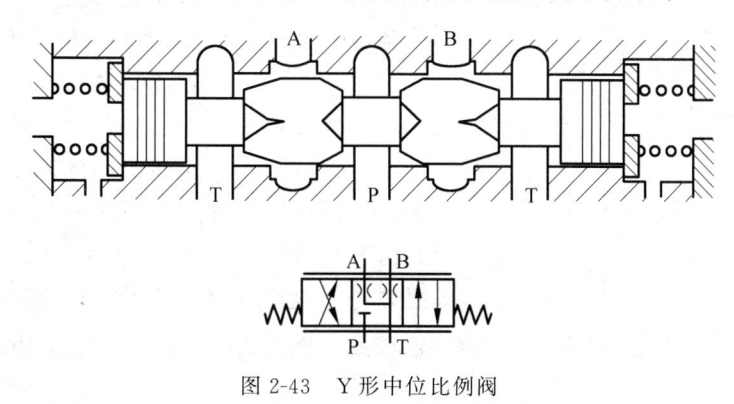

图 2-43　Y 形中位比例阀

2.2.5 比例滑阀受力分析及补偿设计

比例滑阀多用于比例方向阀中,作为输出驱动与控制功率的控制阀。单级比例方向阀通常都采用比例滑阀结构,二级比例方向的功率级控制阀普遍采用比例滑阀,有相当数量的二级比例方向阀的先导级也采用比例滑阀。

比例方向阀的滑阀上作用有驱动力、液动力、黏性摩擦力、液压卡紧力、惯性力、液压力和弹簧力等,其中驱动力为主动力,其他力为负载力、阻力或干扰力。

1. 驱动力

伺服阀往往是二级阀或三级阀,功率滑阀的驱动力通常是液压力。比例方向阀则不同,有很大数量比例方向阀是单级阀,通过位移调节型比例电磁铁直接驱动滑阀阀芯。

单级比例方向阀的滑阀驱动由比例电磁铁产生,为使比例方向阀工作可靠,比例电磁铁产生的驱动力要大幅度大于阻力或干扰力。但是,比例电磁铁输出力受限于比例电磁铁的功率,例如,单向极化比例阀电磁铁有效推力通常为 80~100N,因此,比例方向阀设计需要分析作用在比例滑阀上的各种干扰力的性质及产生原因,并通过滑阀结构设计补偿或减小滑阀干扰力,而比例方向阀应用仅需要认识作用在比例滑阀上的各种干扰力的性质及其补偿方法。

第二级比例方向阀阀芯的驱动力由液压力提供,控制第二级滑阀阀芯的液压力可以很大。依据二级比例方向阀的主阀工作机理,第二级滑阀阀芯压缩弹簧将驱动力变为位移,因此,控制第二级滑阀阀芯的液压力往往不是很大。二级比例方向阀的先导阀供油压力往往不超过 7MPa,通常采用减压阀降低压力。

2. 稳态液动力及其补偿方法

液动力是液流流过阀口时对阀芯产生的轴向作用力。液动力分为稳态液动力和瞬态液动力。

稳态液动力是指阀口保持一定开量不变,且流过阀口流量也恒定时,流过阀口的液流对阀芯产生的轴向作用力。

依据动量方程,图 2-44 所示的方向滑阀出油阀口的液动力可写为式(2-4)。

$$F_d = F_{do} - F_{di} = \rho q v \cos\theta \tag{2-4}$$

式中,F_d 为液动力,N;F_{do} 为出口液动力,N;F_{di} 为进口液动力,N;q 为流量,m^3/s;ρ 为液体密度,kg/m^3;v 为流速,m/s;θ 为射出流速与阀芯轴线的夹角,rad。

利用伯努力方程,式(2-4)可转换为式(2-5)。

$$F_d = 2C_d W x_v \Delta p \cos\theta \tag{2-5}$$

式中,F_d 为液动力,N;C_d 为阀口流量系数;W 为阀口面积梯度,m^2;x_v 为阀口开度,m;Δp 为阀口压降;θ 为射出流速与阀芯轴线的夹角,rad。

稳态液动力与 W、x_v、Δp、$\cos\theta$ 成正比。在阀芯的阻力中,稳态液动力占有较大比例。高压大流量阀

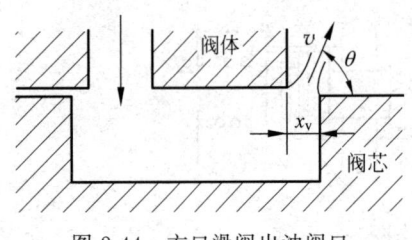

图 2-44 方口滑阀出油阀口

的液动力通常能达到几十牛顿或上百牛顿,因此这类比例阀通常采用二级阀结构,采用液压力驱动阀芯。

为了达到较好的阀芯控制性能,需要对稳态液动力进行补偿。以下是具体的补偿措施:

(1) 径向小孔法。在阀芯上对称地加工出阶梯排列的小孔。

(2) 回流台肩法。将离开阀口的液流通过特别设计的阀腔倒流回到阀芯上,产生一定开启液动力,抵消原有液动力。

(3) 压差补偿法。增加两侧阀芯杆的直径,增加阀芯腔内压力损失,降低压力抵消部分液动力。

(4) 负力窗口法。将回流液流直接冲击在阀芯上,产生一定开启力。

3. 瞬态液动力及其补偿方法

瞬态液动力是指流过阀口流量恒定且处于一定开量的阀口变化时,流过阀口的液流产生的阀芯轴向作用力。

图 2-45 所示的方向滑阀出油阀口,依据动量方程,液动力可写为式(2-6)。

$$F_d = -\rho q v \cos\theta - \rho L \frac{dq}{dt} \tag{2-6}$$

式中,F_d 为瞬态液动力,N;q 为流量,m^3/s;ρ 为液体密度,kg/m^3;v 为阀口平均流速,m/s;θ 为射出流速与阀芯轴线的夹角;L 为进入阀口液流中心到流出阀口液流中心的沿阀芯轴向距离,称为阻尼长度(见图 2-45),m。

假定节流阀口符合锐边小孔节流公式,可写为式(2-7)。

$$q = C_d W x_v \sqrt{\frac{2\Delta p}{\rho}} \tag{2-7}$$

阀口压降不变,阀口流速可写为式(2-8)。

$$v = \frac{q}{W x_v} \quad (2\text{-}8)$$

$$\frac{\mathrm{d}q}{\mathrm{d}t} = C_d W \sqrt{\frac{2\Delta p}{\rho}} \frac{\mathrm{d}x_v}{\mathrm{d}t} \quad (2\text{-}9)$$

将式(2-7)、式(2-8)、式(2-9)代入式(2-6)得式(2-10)。

$$F_d = -2C_d^2 W \Delta p \cos\theta x_v - C_d W x_v \sqrt{2p\rho} L \frac{\mathrm{d}x_v}{\mathrm{d}t} \quad (2\text{-}10)$$

式中,F_d 为液动力,N;C_d 为阀口流量系数;W 为阀口面积梯度,m^2;x_v 为阀口开度,m;Δp 为阀口压降;θ 为射出流速与阀芯轴线的夹角,rad。

流经滑阀液流的瞬态液动力作用相当于一个线性弹簧加上一个线性阻尼项。其中弹簧作用总是试图关闭阀口,这种趋势是趋于稳定的。但是 L 的变化将使阻尼可能是正阻尼或者是负阻尼。正阻尼是趋于稳定的,负阻尼则是趋于不稳定的。当液流从阀芯容腔中流出时,L 将是正值,阻尼也是正值,阀是动态稳定的。改变液流方向,即液流流入阀芯容腔时,改变了 L 及阻尼,阀是动态不稳定的。甚至,虽然弹簧符号不变,阀仍然是静态稳定,但是阀是动态不稳定的。

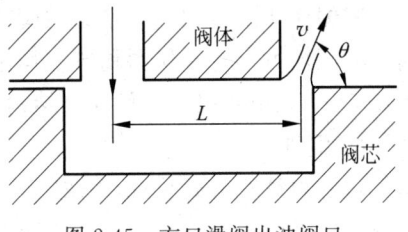

图 2-45 方口滑阀出油阀口

瞬态液动力补偿方案是设计滑阀各个阀口阻尼长度,使之代数和为正值,滑阀是动态稳定的,如图 2-46 所示。

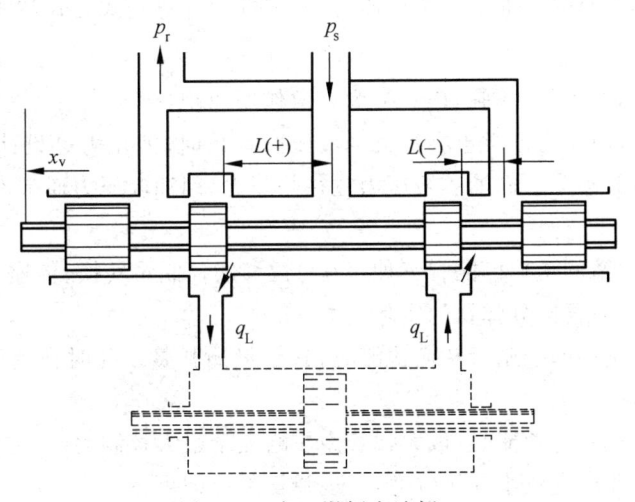

图 2-46 方口滑阀出油阀口

4. 黏性摩擦力及其补偿方法

黏性摩擦力计算公式见式(2-11)。

$$F_B = B \frac{\mathrm{d}x_v}{\mathrm{d}t} \quad (2\text{-}11)$$

式中,F_B 为黏性摩擦力,N;B 为黏性摩擦系数,N/(m/s);x_v 为阀芯位移,m。

黏性摩擦力是线性的。然而现实的摩擦力多是非线性的,是包含动摩擦现象和静摩擦现象的复杂情况,一般动摩擦系数小于静摩擦系数。静摩擦力对阀芯运动控制影响更大,同时颤振信号可以使阀芯动起来,有助于减少静摩擦力的干扰。

5. 液压卡紧力及其补偿方法

液压卡紧力是由于液压压力导致的阀芯上所受到的侧向力,该侧向力将阀芯卡紧在阀孔内,具体表现为轴向阻止阀芯运动的卡紧力。液压卡紧力的物理现象是当液压压力升压时,液压卡紧力出现,阀芯出现卡滞现象,当压力卸荷时,液压卡紧力自动消失。

排除压力造成阀体形变夹紧阀芯之后,液压卡紧力产生的主要原因是液压压力造成阀芯承受侧向力,将阀芯压在阀孔壁上。能够使阀芯产生侧向力的原因包括阀芯的圆柱度形状误差,出现锥度,同心缝隙通流流量小,偏心缝隙通流流量大等。

减弱液压卡紧力的方案是在阀芯上开均压槽(或均荷槽),阀芯表面环槽保障一定邻域内阀芯圆周方向受液压力均等。均压槽的宽度和槽深通常为10倍阀控与阀芯径向间隙(一般0.5~1.5mm,视阀芯尺寸与结构),数目为3~5个。

6. 惯性力

惯性力计算公式见式(2-12)。

$$F_m = ma \tag{2-12}$$

式中,F_m 为惯性力,N;m 为运动质量,kg;a 为质量的加速度,m/s^2。

阀芯移动的惯性力包括阀芯的运动质量也包括运动液柱的质量。大功率滑阀的阀芯直径较大,质量较大,因而惯性力相对也大。

7. 液压力

液压压力作用在有效截面上产生液压力,其惯性力计算公式见式(2-13)。

$$F_h = pA \tag{2-13}$$

式中,F_h 为液压力,N;p 为压强,Pa;A 为有效作用面积,m^2。

当压力较高时,液压力通常也会很大。液压阀设计时,液压力是设计内容,高压腔液压力是液压阀工作的驱动力。回油腔液压力往往是阻力,回油腔压力通常不高。

8. 弹簧力

在比例阀中,弹簧的功能可能有三种:力与位移的控制量转换、传递控制力和复位。在具体比例阀分析时,需要区分弹簧的实际功能。

弹簧实现力与位移的控制量转换功能时,它是量测弹簧。此时弹簧压缩位移就是阀芯运动的位移。

弹簧实现传递控制力功能时,最大弹簧力应略大于最大控制力。

复位弹簧只需要产生较小的复位力,实现弹簧复位即可。

弹簧压缩量计算见式(2-14)。

$$x = \frac{F_k}{k} \tag{2-14}$$

式中,F_k 为弹簧力,N;k 为弹簧刚度,N/m;x 为弹簧压缩量,m。

用于滑阀位移的量测弹簧要求弹簧系数的数值恒定,不随力和位移变化。

传力弹簧仅仅传递力,复位弹簧仅仅使阀芯复位,它们对弹簧刚度系数的数值恒定性要求不高。

2.3 比例方向阀

电磁换向阀用普通电磁铁驱动普通滑阀。普通电磁铁是开关(On/Off)型作动器,普通滑阀是开关阀,因此电磁换向阀是一种开关阀。

与电磁换向阀类似,比例方向阀用位移调节型比例电磁铁驱动滑阀。由于比例电磁铁是连续型作动器,电气信号可以控制阀芯产生连续位置变化。因此如果将电磁阀的滑阀进一步改进为比例滑阀,则将得到电磁比例方向阀,简称比例方向阀。

电磁比例方向阀与普通电磁换向阀的差别主要在电磁铁和液压滑阀上。比例方向阀基本原理就是采用位移调节型比例电磁铁驱动与控制比例滑阀,其不仅可以改变液体流动方向,还可以连续调节比例方向阀阀口通流面积大小。

比例方向阀可以分为普通比例方向阀、高频响比例方向阀、二级比例方向阀、二级高频响比例方向阀等。

2.3.1 普通比例方向阀结构

用比例电磁铁替换普通直流电磁铁,可以设计与普通电磁换向阀相对应的比例方向阀。与电磁换向阀类似,比例方向阀种类也非常丰富。这里以三位四通比例方向阀为例,讲述比例方向阀的结构。

1. 无阀芯位置反馈双电磁铁比例方向阀

比例方向阀阀芯定位弹簧与普通电磁换向阀中阀芯定位弹簧是不同的。普通电磁换向阀中阀芯定位弹簧的功能只是电磁阀断电时阀芯复位。比例方向阀阀芯定位弹簧不只是具有电磁阀断电时的阀芯复位功能,更重要的是还具有位移/力转换功能,如图2-47所示。在电磁比例阀通电工作时,可将比例电磁铁发出的力转变为阀芯的位移。

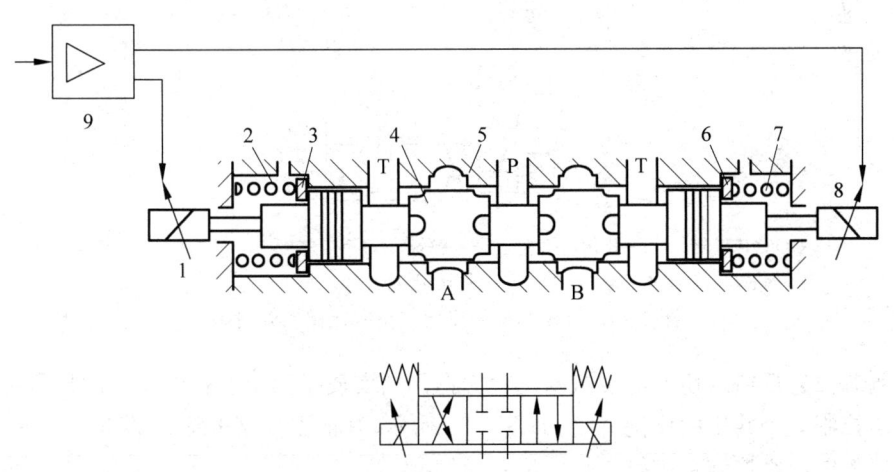

1,8—比例电磁铁;2,7—弹簧;3,6—定位挡片;4—阀芯;5—阀体;9—电磁铁比例放大器

图 2-47 无阀芯位置反馈三位四通比例方向阀

无阀芯位置反馈双比例电磁铁的比例方向阀的实质是两个无位置反馈的比例电磁铁分别驱动与控制一个共用的比例滑阀,如图2-48所示。通常会依据控制电信号的正负极性,

选择其中一个比例电磁铁控制系统投入阀芯位置控制。

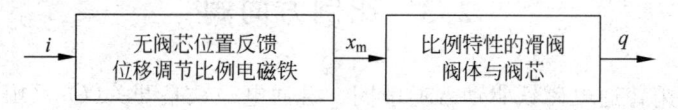

图 2-48　无阀芯位置反馈三位四通比例方向阀每个方向驱动系统方块图

无阀芯位置反馈双电磁铁比例方向阀主要应用于开环控制系统。区别其他阀的主要性能如下：

(1) 滞环：3%～7%；

(2) 频率响应：5～10Hz；

(3) 阀芯开口型式：重叠 2%～20%；

(4) 阀压降限制：7～14MPa。

2. 有阀芯位置反馈双电磁铁比例方向阀

有阀芯位置反馈双电磁铁比例方向阀基本功能与无阀芯位置反馈双电磁铁比例方向阀相同。但是前者采用有位置反馈比例电磁铁驱动与控制阀芯，阀芯运动采用位置闭环控制，如图 2-49 所示，其阀芯位置控制更加精细，比例方向阀性能指标更加优良。

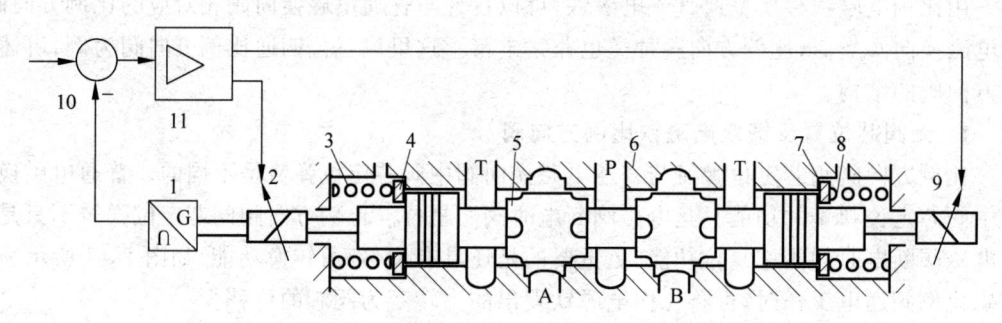

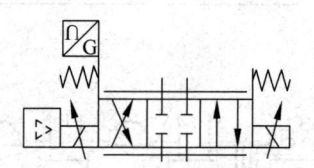

1—位移传感器；2,9—比例电磁铁；3,8—弹簧；4,7—定位挡片；5—阀芯；6—阀体；
10—阀芯位置负反馈比较器；11—电磁铁比例放大器。

图 2-49　有阀芯位置反馈三位四通比例方向阀

有阀芯位置反馈双比例电磁铁的比例方向阀的实质是两个有位置反馈的比例电磁铁分别驱动与控制一个共用的比例滑阀，如图 2-50 所示，其依据控制电信号的正负极性，选择其中一个比例电磁铁控制系统投入阀芯位置控制。

增加位移传感器可以实现阀芯运动的闭环控制，能够提供高液压阀性能，但是也会产生负面效果。一方面这会增加成本，系统变复杂；另一方面其也使得比例方向阀与比例放大器的匹配关系变得更加密切，使比例放大器成为专用放大器。

阀芯位置反馈双电磁铁比例方向阀主要应用于低端闭环控制系统，其主要性能如下：

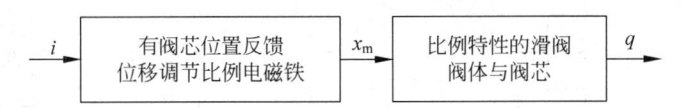

图 2-50　有阀芯位置反馈三位四通比例方向阀每个方向驱动系统方块图

（1）滞环：0.5%～1%；

（2）频率响应：10～70Hz；

（3）阀芯开口型式：重叠 2%～20%；

（4）阀压降限制：7～14MPa。

2.3.2　高频响比例方向阀

高频响比例方向阀（high response valves），行业内俗称伺服比例阀（servo solenoid valves）、比例伺服阀或直驱阀（direct drive valves），本质上它是一种比例阀。这种比例阀采用阀套结构，具有零重叠阀口，频率响应高，性能接近伺服阀。

高频响比例方向阀有三位四通和四位四通两种结构，它们的比例电磁铁各不相同，三位四通高频响比例方向阀普遍采用双向极化比例电磁铁，四位四通高频响比例方向阀则采用单向极化高性能比例电磁铁，例如音圈型比例电磁铁等。

也有一些高频响比例方向阀采用阀芯阀体结构，在阀芯上开节流窗口。对这类阀性能的识别应从技术参数与原理结构两个方面入手。

1. 双向极化电磁铁高频响比例方向阀

双向极化电磁铁高频响比例方向阀采用阀芯阀套结构，其阀芯采用双向极化比例电磁铁（直线力马达）驱动，其滑阀则采用三位四通结构。

双向极化电磁铁高频响比例方向阀也称直驱阀，是一种比例阀，其性能接近电液伺服阀。这种比例方向阀的实质是一个位置反馈控制的双向极化比例电磁铁驱动与控制一个三位四通比例滑阀其中的双向极化比例电磁铁可以双向高频响地驱动负载，几乎没有死区，而其三位四通比例滑阀采用零开口型阀口。

在工业领域，双向极化电磁铁高频响比例方向阀应用领域可以与伺服阀相同或相近，因而将其列入上册第 7 章，这里不再赘述。

2. 单向极化电磁铁高频响比例方向阀

单向极化电磁铁高频响比例方向阀仅采用一个推力型高性能比例电磁铁驱动滑阀的阀芯，如图 2-51 所示。其也通过比例电磁铁推压量测弹簧实现位置控制，可加装位移传感器构建阀芯位置闭环控制，如图 2-52 所示。

单向极化电磁铁高频响比例方向阀通常有四个工作位置，其中一个是断电状态位置。电磁铁上电后，在电磁铁工作行程上有三个工作位置，可以实现三位四通方向阀的阀芯位置控制功能。

单向极化电磁铁高频响比例方向阀采用阀套与阀芯结构，阀口设计为零重叠，主要应用在高性能的场合，如闭环位置或闭环压力控制等。

单向极化电磁铁高频响比例方向阀的实质是一个有位置反馈的音圈比例电磁铁驱动与控制一个四位四通比例滑阀，其音圈比例电磁铁具有较大的运动行程和较高的动态响应频率。

(a)

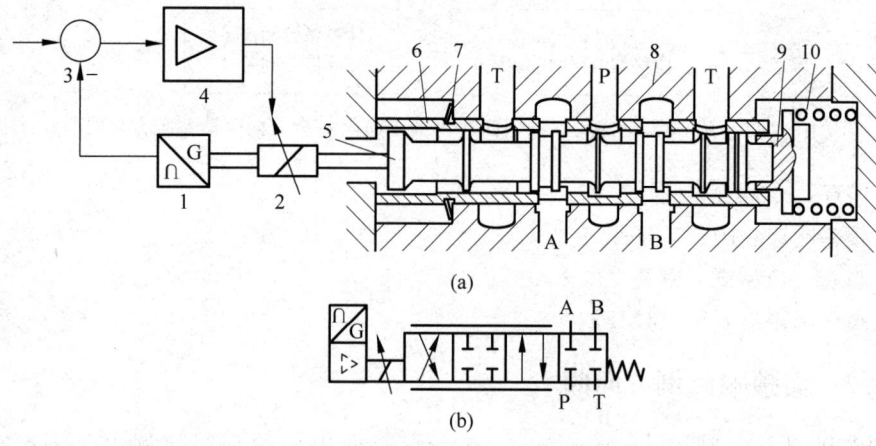

(b)

1—位移传感器；2—比例电磁铁；3—阀芯位置负反馈比较器；4—电磁铁比例放大器；
5—阀芯；6—阀套；7,10—弹簧；8—阀体；9—弹簧座。

图 2-51　有阀芯位置反馈四位四通高频响比例方向阀

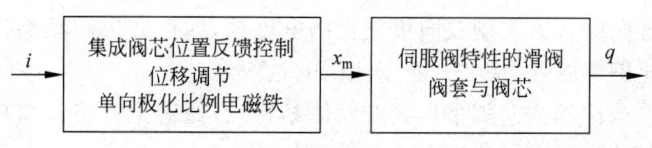

图 2-52　有阀芯位置反馈四位四通高频响比例方向阀方块图

3. 性能参数

高频响比例方向阀主要应用于闭环位置或力控制系统，其主要性能如下：

(1) 滞环：0.1%～0.2%；

(2) 频率响应：50～150Hz；

(3) 阀芯开口型式：零重叠；

(4) 阀压降限制：7～21MPa。

2.3.3　普通二级比例方向阀

依据普通二级比例方向阀的先导级不同，可将其分为比例溢流阀先导二级比例方向阀、比例减压阀先导二级比例方向阀和比例方向阀先导二级比例方向阀等几种。先导级控制阀决定了主阀芯的控制原理与方式。

普通二级比例方向阀的特性主要取决于主阀的结构与机能，其通常有较明显的死区非线性，具有多种阀芯机能。阀流量特性有线性和非线性两类可供选择。

1. 比例溢流阀先导二级比例方向阀

主阀芯驱动采用 B 型半桥，可变节流口采用直动比例溢流阀的阀口。

主阀芯位置控制原理：如图 2-53 所示，先导级采用直动比例溢流阀。直动比例溢流阀调节主阀芯端部的液压力，然后驱动主阀芯，压缩弹簧，得到主阀芯运动位置。电信号控制比例溢流阀压力，间接控制主阀芯运动位置。

可以加装主阀芯位置传感器，采用闭环控制(见图 2-54)提高主阀芯位置控制精度，从而提高二级比例方向阀的性能。

如不加装主阀芯位置传感器,则可采用开环控制方式驱动主阀芯,将得到一种价格较低,性能稍低的二级比例方向阀。

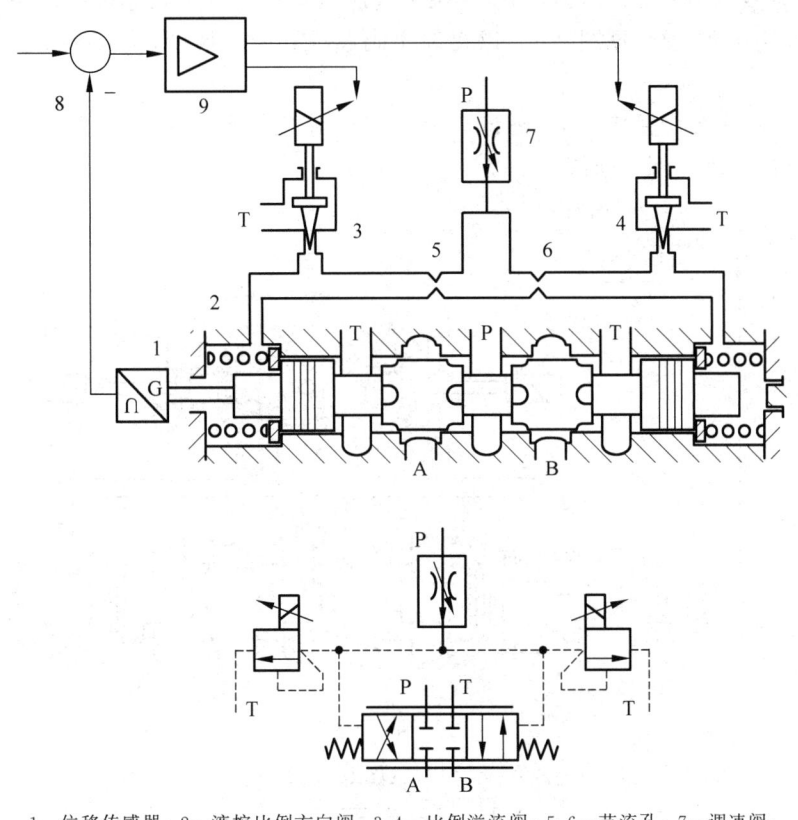

1—位移传感器;2—液控比例方向阀;3,4—比例溢流阀;5,6—节流孔;7—调速阀;
8—阀芯位置负反馈比较器;9—电磁铁比例放大器。

图 2-53 溢流阀先导二级比例方向阀

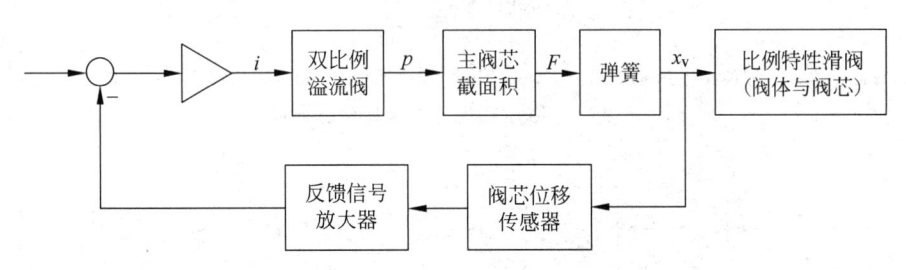

图 2-54 溢流阀先导二级比例方向阀每个方向驱动系统方块图

2. 比例减压阀先导二级比例方向阀

当溢流型减压阀出口压力低于电信号调定压力,比例先导阀将处于减压阀工况,此时主阀芯驱动采用 C 型半桥,半桥的可变节流口采用直动比例溢流型减压阀连通供油的阀口。

当各种因素使溢流型减压阀出口压力高于电信号调定压力时,比例先导阀处于溢流阀工况,此时主阀芯驱动采用 B 型半桥,半桥的可变节流口采用直动比例溢流型减压阀连通回油的阀口。

  主阀芯位置控制原理：如图 2-55 所示，先导级采用比例溢流型减压阀，将先导级供油压力减压后产生液压力，液压半桥驱动主阀芯，压缩弹簧，得到主阀芯运动位置。电信号控制比例溢流型减压阀的出口压力，间接控制主阀芯运动位置。主阀芯可以加装主阀芯位置传感器，并采用闭环控制（见图 2-56）以提高主阀芯位置控制精度，从而提高二级比例方向阀的性能。

  如不加装主阀芯位置传感器，则将采用开环控制方式驱动主阀芯，会得到一种价格更低，性能稍低的二级比例方向阀。

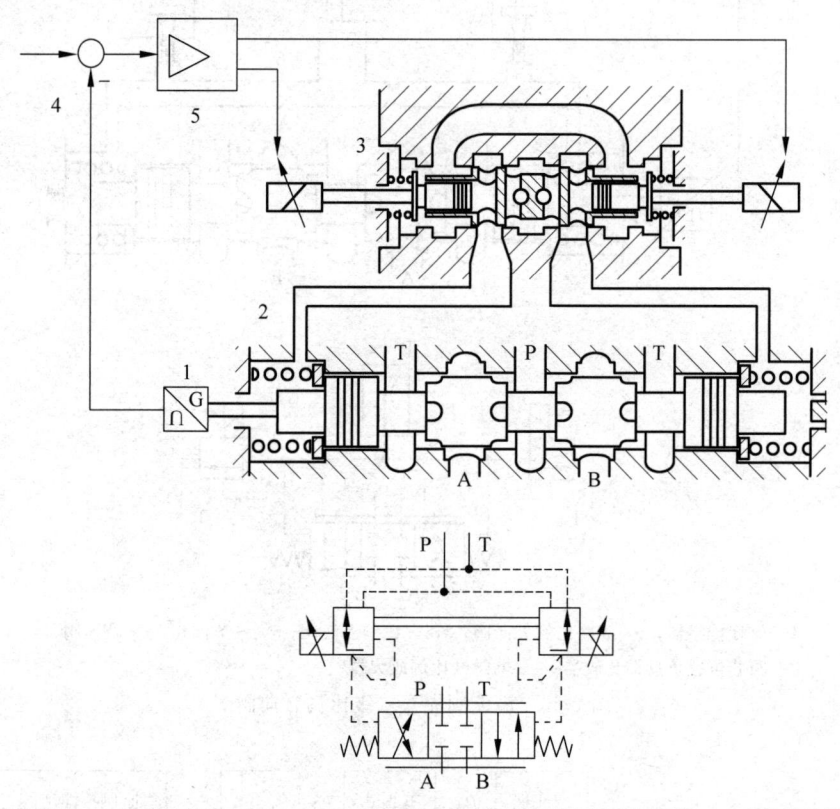

1—位移传感器；2—液控比例方向阀；3—直动双减压阀；4—阀芯位置负反馈比较器；5—电磁铁比例放大器。

图 2-55 减压阀先导二级比例方向阀

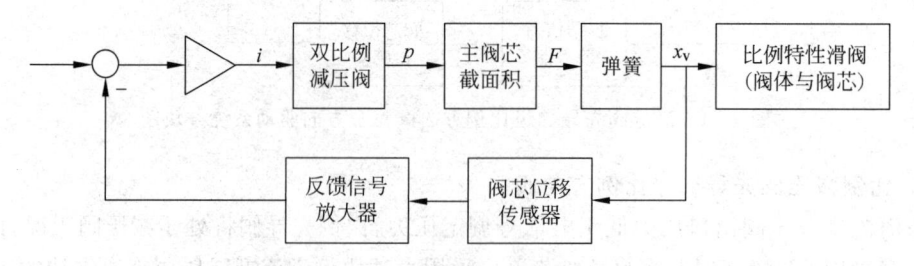

图 2-56 减压阀先导二级比例方向阀每个方向驱动系统方块图

3. 比例方向阀先导二级比例阀

这种阀的主阀芯驱动采用 A 型半桥,两个联动可变节流口采用三位四通直动比例方向阀(先导级滑阀)的阀口。主阀芯驱动也可采用全桥驱动,此时主阀芯运动控制响应略快,但制造成本高。下面仍以 A 型半桥的主阀芯驱动为例。

主阀芯位置控制原理:如图 2-57 所示,供油压力减压后为先导级三位四通直动比例方向阀供油。先导级三位四通直动比例方向阀断电,先导级滑阀中位。其中位机能使主阀芯两端油腔与回油连通,弹簧使主阀芯中位。先导级三位四通直动比例方向阀通电,电流驱动先导级滑阀偏离中位。连通主阀芯一端容腔的先导滑阀的两个阀口充当了 A 型半桥的两个联动阀口,使主滑阀容腔压力升高,驱动主阀芯运动,压缩弹簧,得到主阀芯运动位置。上述过程中,主阀芯另一端油腔与回油连通,油腔保持低压。

可以加装主阀芯位置传感器,实现主阀芯位置闭环控制(见图 2-58),提高主阀芯位置控制精度,从而提高二级比例方向阀的性能。先导级阀芯位置反馈控制可以提高先导级滑阀的性能,也有助于提高二级比例方向阀的性能。

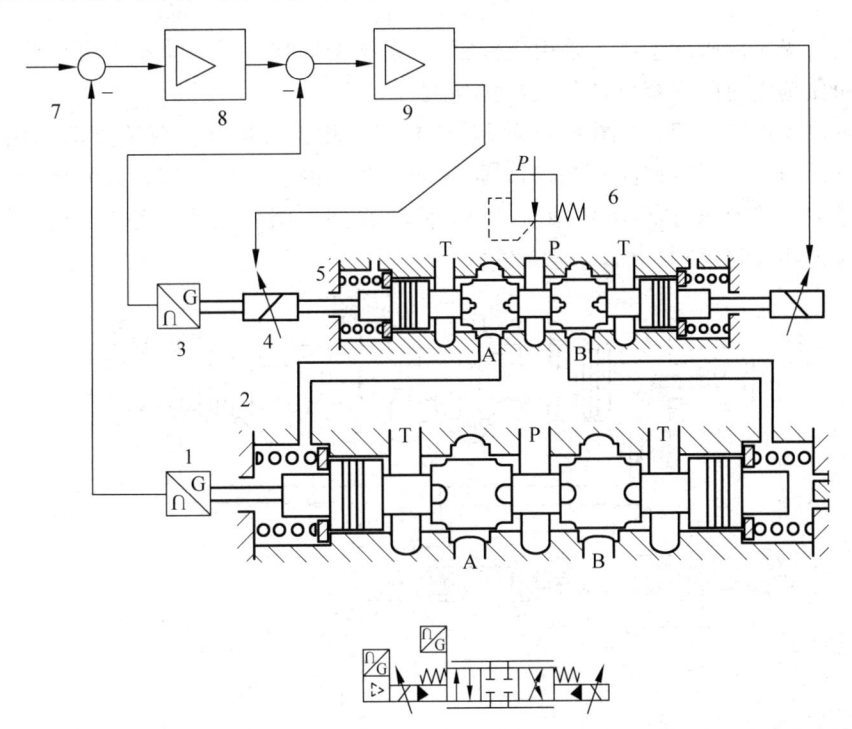

1—主阀阀芯位移传感器;2—液控比例方向阀;3—先导阀芯位移传感器;4—电磁铁比例放大器;5—先导级比例方向阀;6—先导级供油减压阀;7—阀芯位置负反馈比较器;8—比例方向阀控制器;9—电磁铁比例放大器。

图 2-57 方向阀先导二级比例方向阀

在比例阀的发展历史上,也曾出现一些其他类型的二级比例方向阀。例如,主阀芯位置控制采用类似伺服阀的位置力(机械)反馈机构,先导控制级采用滑阀或喷嘴挡板阀。这些比例方向阀的结构复杂些,制造成本较高。这里不做更多阐述。

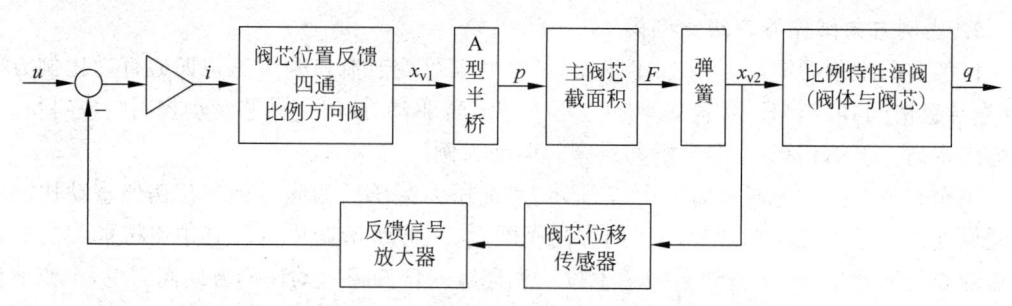

图 2-58 方向阀先导二级比例方向阀每个方向驱动系统方块图

2.3.4 高频响二级比例方向阀

高频响二级比例方向阀的固有频率很高,接近伺服阀,几乎没有死区非线性。与普通二级比例方向阀一样,这种比例方向阀具有多种阀芯机能,其阀流量特性有线性和非线性可供选择。

高频响二级比例阀的主阀芯采用全桥驱动,系统响应快。同时全桥的可变节流口采用高频响直动比例方向阀的阀口,阀口运动响应也较快。

主阀芯位置控制原理:如图 2-59 所示,先导级采用四位四通高频响直动比例方向阀。先导比例方向阀是正开口型阀,它的阀口是驱动主阀芯的全桥四个阀口。先导比例方向阀调节主阀芯端部的液压力,驱动主阀芯,压缩弹簧,得到主阀芯运动位置。电信号控制先导比例方向阀位移,间接控制主阀芯运动位置。

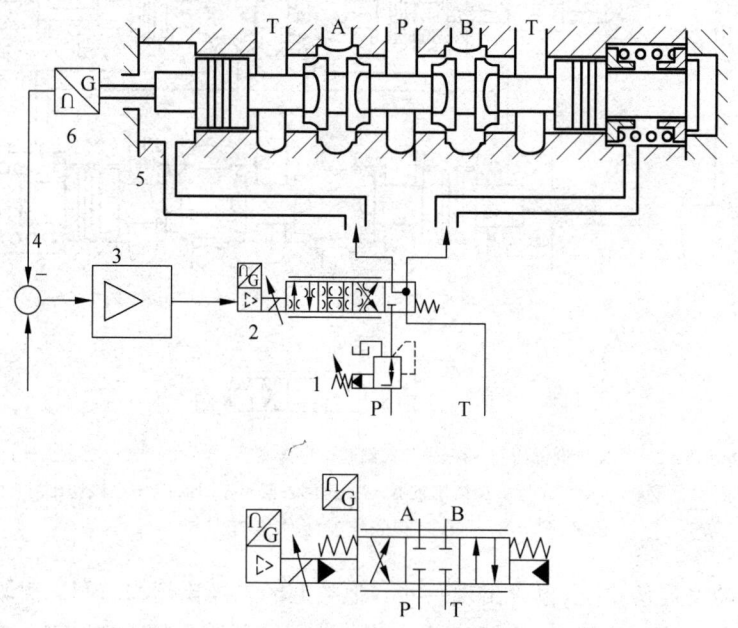

1—溢流型减压阀;2—高频响比例方向阀;3—电子控制器;4—比较器;5—液控零开口比例方向阀;6—位移传感器。
图 2-59 高频响先导二级比例方向阀

主阀芯安装位置传感器,采用闭环控制(见图 2-60)提高主阀芯位置控制精度和主阀芯运动响应速度。

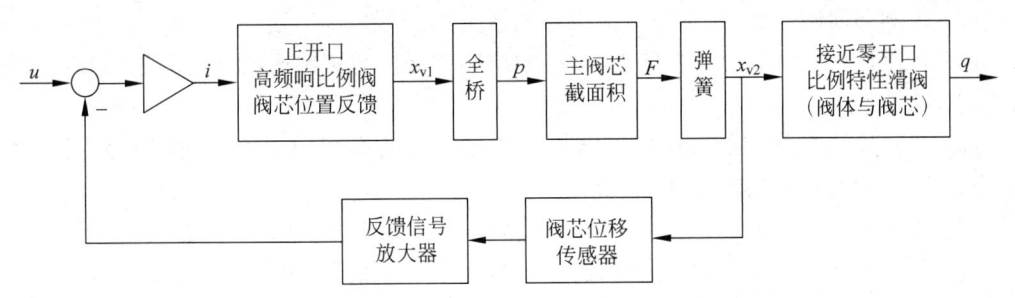

图 2-60　高频响先导二级比例方向阀系统方块图

也有一些高频响比例方向阀采用二级伺服阀作为先导级控制阀。伺服阀具有更好的控制性能,但是成本较高,使用条件相对苛刻。采用伺服阀作为先导控制阀的高频响先导比例阀实际上是三级阀,但是它的主阀芯控制采用比例控制原理。从外形看,很难将这种先导比例方向阀与三级伺服阀区分开,二者的性能指标也比较接近。

2.3.5　比例方向阀与电液伺服阀比较

比例方向阀是连续量控制阀,电磁换向阀是开关量控制阀。比例方向阀与电磁换向阀区别较为明显。然而,电液伺服阀也是连续量控制阀。比例方向阀与电液伺服阀都可用于运动控制,他们的区别在哪里?

1. 电液伺服阀特点

(1) 电液伺服阀对工作液污染度要求高,通常要求 GJB 420 标准 6 级。
(2) 电液伺服阀价格高。
(3) 电液伺服阀普遍体积小、质量轻。
(4) 电液伺服阀静态性能好,动态性能好。
(5) 电液伺服阀采用阀套结构。
(6) 电液伺服阀的滑阀(换向)机能比较单一。
(7) 电液伺服阀零位是零开口或正开口,开口量非常小。
(8) 电液伺服阀阀芯行程很小。
(9) 电液伺服阀流量特性是线性的。
(10) 电液伺服阀用于闭环控制。
(11) 电液伺服阀适合用于位置控制、速度控制或力控制等。
(12) 电液伺服阀通常不适合与压力补偿器等阀压力协同进行流量控制。
(13) 电液伺服阀通常与伺服放大器关系不密切,伺服放大器较为简单,几乎只是电流深度负反馈线性功率放大器。
(14) 伺服放大器通常几乎只能接受连续量电信号。

2. 比例方向阀特点

(1) 对工作液污染度要求较低。普通比例方向阀要求 GJB 420 标准 9 级。高频响比例方向阀要求 GJB 420 标准 7 级。
(2) 比例方向阀价格低。普通比例方向阀与开关阀接近。高频响比例方向阀价格稍高,但明显低于电液伺服阀。

(3) 比例方向阀体积、质量与开关阀相当。

(4) 普通比例方向阀静态性能差,动态响应频率低。高频响比例方向阀静态性能较好,动态响应频率稍高。

(5) 普通比例方向阀不采用阀套结构。性能优良的高频响比例方向阀多采用阀套结构,个别高频响比例方向阀不采用阀套结构。

(6) 比例方向阀的滑阀(换向)机能比较多样,有多种选择,满足多种需求。

(7) 普通比例方向阀的 O 型中位机能是较大负开口的,因此其流量特性有较大死区。高频响比例方向阀是较小负开口的(接近零开口),因此流量特性几乎无死区。

(8) 普通比例方向阀流量特性有较大死区,适合用于开环控制。高频响比例方向阀是较小负开口的(接近零开口,或通过电气补偿),因此流量特性几乎无死区,可以用于闭环控制。

(9) 比例方向阀流量特性可以是线性的,也可以是非线性的,有多种选择。

(10) 比例方向阀阀芯行程较大。三位四通高频响比例方向阀阀芯行程很大,但是位置闭环控制时行程也很小。

(11) 普通比例方向阀不适合用于位置控制或力控制。线性高频响比例方向阀适合用于位置控制或力控制。普通比例方向阀和高频响比例方向阀都适合用于速度控制。

(12) 比例方向阀通常适合与负载压力补偿器等协同进行流量控制。

(13) 比例方向阀通常与比例放大器关系密切。比例放大器较为复杂,包含对比例电磁铁或比例阀的修正补偿。

(14) 比例放大器的输入信号种类多。可以接受电流、电压等连续量电信号控制,也可以接受开关量电信号控制。

2.3.6 产品特性描述、选型方法

按照电气控制方式分类,常见的比例方向阀分为两大类:开环控制用比例方向阀和可以用于闭环控制的比例方向阀。两种比例方向阀在产品特性描述和选型方面既有共性也有差异。可以用于闭环控制的比例方向阀会含有用于闭环控制的性能描述;开环控制用比例方向阀的性能描述偏向于开环控制用途。

1. 产品性能描述

目前,比例方向阀的制造商在描述产品性能方面尚且不完全一致。这里将常见的比例方向阀技术参数作简要介绍。读者在选型和使用某种比例方向阀前,详细阅读其说明书是必要的。

为了便于快速了解比例方向阀的性能描述,现将其技术性能或参数分为六类:规格参数、工作条件参数、静态特性、动态特性、电气技术参数和安装参数。

1) 规格参数

规格参数主要说明了比例方向阀的结构类型和尺度规格,其主要包括如下内容:

(1) 结构类型。阀结构类型说明了比例方向阀的结构分类。通常可用比例方向阀的中位机能、过渡机能等滑阀机能表示比例方向阀的结构类型。

结构类型通常还包括对称阀与非对称阀,线性阀与非线性阀等。

(2) 通径。沿用电磁换向(开关)阀的通径,用于标定比例方向阀规格。

比例方向阀的通径序列通常为：6、10、16、25、32。

(3) 额定阀压降。额定阀压降是制造商用于标定比例方向阀规格的阀口压降。四通阀具有进阀阀口和出阀阀口。通常规定进阀阀口与出阀阀口的压降相同，因此阀压降等于两倍阀口压降。制造商常采用1MPa作为比例方向阀的额定阀压降。

(4) 额定流量。额定流量是在额定阀压降下，对应额定电流的负载流量，单位 m^3/s，工程上常用 L/min。

非对称阀的两个阀口流量不同，以较大阀口流量标定阀的额定流量。

2) 工作条件参数

工作条件参数通常给出了制造商关于比例方向阀正常工作的必要条件的说明。

工作条件参数主要包括如下内容：

(1) 最大工作压力。最大工作压力指比例方向阀工作时各个油口允许的最大工作压力。例如，P、A、B口的最大工作压力为31.5MPa，T口的最大工作压力为21MPa。

(2) 最大许用流量。最大许用流量指比例方向阀流过流量的最大推荐值，单位 m^3/s，工程上常用 L/min。

注意液压阀的功率域。在一定条件下，功率域表达液压阀的适用范围。

(3) 工作液黏度。工作液黏度指阀正常工作的工作液黏度范围。例如，20~380mm^2/s。

特殊专业领域制造商也可能采用规定工作液种类的方法来限定比例方向阀的工作液黏度范围。

(4) 工作液过滤要求。为保障普通比例方向阀可靠工作，工作液固体颗粒污染度应符合要求。例如，长寿命比例控制装备油液污染度要求不低于 ISO 4406 标准 20/18/15 或 GJB 420(等同 NAS1638)标准 9 级。高频响比例方向阀长寿命比例控制装备油液污染度要求不低于 ISO 4406 标准 18/16/13 或 GJB 420(等同 NAS1638)标准 7 级。

普通比例方向阀进油口前面压力管路通常应安装名义过滤度精度不低于 $10\mu m$ 的滤油器。高频响比例方向阀进油口前面压力管路通常应安装名义过滤度精度不低于 $5\mu m$ 的滤油器，滤油器不能有旁通阀。

(5) 工作液温度。工作液温度指阀正常工作的工作液温度范围。例如，-20~80℃。工作液温度范围的影响因素主要包括密封件材料、工作液的黏度等几个方面因素。

(6) 环境温度。环境温度指阀正常工作的环境温度范围。例如，-20~50℃。

环境温度范围的影响因素主要包括密封件材料、工作液的黏度和系统热平衡点等。

3) 静态特性

比例方向阀的静态特性经常采用曲线图和技术参数来描述。

静态特性曲线图包括：流量-阀压降特性曲线(见图2-61)、流量-指令特性曲线(见图2-62)、压力特性曲线等。

静态参数包括：流量增益、滞环、分辨率、阀口面积梯度比、零偏、零漂、内泄漏量、重叠、零位区域特性、压力增益、非线性度等。

静态参数作如下解释。

(1) 流量增益。流量增益等于工作点处流量特性曲线的斜率，单位为 $m^3/(s \cdot A)$，工程上常用单位为 $L/(min \cdot mA)$。

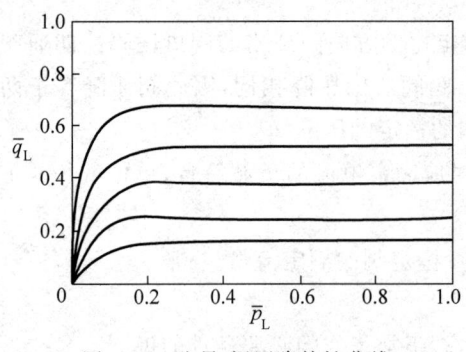

图 2-61　流量-阀压降特性曲线　　图 2-62　流量-指令特性曲线

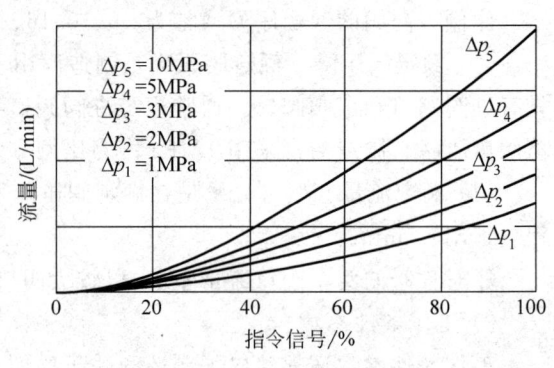

比例方向阀的流量-指令曲线可能不是直线。因而，在阀工作区间内流量增益不等。

(2) 实际阀口压降。阀工作时，控制阀口实际压差，单位 Pa，工程上常用单位为 MPa。

(3) 滞环。在正负额定电流之间，以小于动态特性起作用的速度循环（通常不大于 0.1Hz），产生相同流量的正向和反向控制电流之差的最大值对额定电流之比即为滞环，以百分数表示。例如，闭环控制可用阀小于 0.1%。开环控制可用阀小于 5%。

(4) 分辨率。分辨率指使阀的控制流量发生变化的控制电流最小增量，取其最大值与额定电流之比，以百分数表示。例如，闭环控制可用阀小于 0.05%。开环控制可用阀小于 0.5%。

(5) 温度漂移。温度漂移是因温度、时间等变化而造成的零位偏移量。例如，闭环控制可用阀小于 0.15%/10K。

(6) 压力漂移。压力漂移是因压力、时间等变化而造成的零位偏移量。例如，闭环控制可用阀小于 0.1%/10MPa。

用于开环控制的比例方向阀常用反向误差描述正向与反向运动的不同。

(7) 反向误差。正向与反向运动方向不同造成阀输出的偏移量。例如，开环控制可用阀小于 1%。

用于闭环控制的比例方向阀还要通过压力增益、内泄漏等进一步描述阀的性能。

(8) 内泄漏。控制流量为零时，从回油窗口流出的流量随控制电流而改变，取最大值为内泄漏。单位 m^3/s，工程上常用单位为 L/min。

(9) 压力增益。非线性度指流量曲线的不直线程度。用名义流量曲线对名义流量增益线的最大偏差与额定电流之比，以百分数来表示。

4) 动态特性

比例方向阀动态响应特性通常用时间域的阶跃特性表示，如图 2-63 所示，也可以用频率域的频率特性表示，或者说是 Bode 图表示。

比例方向阀的具体动态特性可以用如下指标描述：

(1) 0～100%调整时间。0～100%调整时间即阶跃响应输出从 0 变化到 100%的调整时间，单位 s，工程上常用单位 ms。例如，闭环控制用阀阶跃响应输出从 0 变化到 100%的调整时间 10ms。普通比例方向阀 0～100%调整时间 20ms。

(2) 相位滞后 90°频率带宽。用相位角为 90°所对应的频率来衡量比例方向阀的动态特

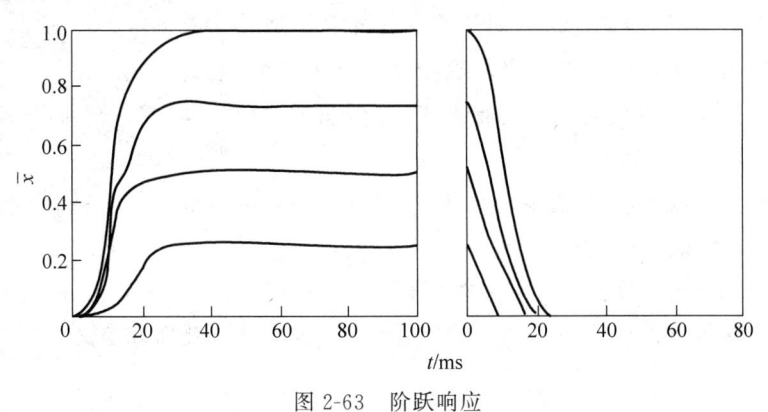

性，称为相位滞后 90°频率带宽，单位 rad/s，工程上常用单位 Hz。

图 2-63 阶跃响应

5）电气技术参数

电流流过比例电磁铁产生磁场，进而产生电磁力。

从电气结构看，比例方向阀的比例电磁铁数目和类型是不同的：有一个单向极化比例电磁铁的、两个单向极化比例电磁铁的、一个双向极化比例电磁铁的等多种电气结构类型。比例方向阀有带阀芯位置传感器的，也有没有阀芯位置传感器的，还有部分比例方向阀集成了压力传感器。另外比例阀有带控制电路板的，也有没有控制电路板的。有控制电路板的比例方向阀不需要为之选配比例放大器。

不带电路板的比例方向阀都有相应匹配的比例放大器配套出售。在比例方向阀产品技术资料一般都会推荐对应型号的比例放大器。比例放大器有多种类型，如板卡形式的、模块形式的、模拟的、数字的、单通道的、多通道的等。比例放大器与比例电磁铁和液压阀的关系都非常密切。

(1) 嵌入电子电路或比例放大器的电气技术参数

① 供电电压。供电电压指内部集成电子电路的电源电压。通常标明额定工作电压、供电电压的下限和上限、浪涌电压波动等。

例如，额定工作电压 24V，供电电压的下限 19V 和上限 35V、浪涌电压波动 2V 等。

② 工作电流。工作电流指内部集成电子电路及电磁线圈的耗电电流。其通常会标明额定最大工作电流和短时峰值电流。例如，额定耗电最大电流 2A，短时峰值电流 3A。

③ 指令信号。指令电信号指集成控制电路板的液压比例阀（或比例放大器）的电气控制指令信号，其可以采用电压信号型式，例如，±10V。也可以采用电流信号型式，4～20mA。

④ 阀芯实际位置信号。集成控制电路板的液压比例阀（或比例放大器）输出的阀芯实际位置的电气信号，其可以采用电压信号型式，例如，±10V。也可以采用电流信号型式，4～20mA。

⑤ 压力信号。集成控制电路板的液压比例阀（或比例放大器）输出的压力传感器的电气信号，其可以采用电压信号型式，例如，±10V。也可以采用电流信号型式，4～20mA。

⑥ 最高线圈温度。线圈正常工作的温度上限，例如，150℃。

⑦ 电气连接类型。说明电气插头的国际标准(ISO)类型及插针定义。

(2) 不带集成控制器或比例方向阀的电气技术参数

① 工作电流。工作电流指每个电磁线圈的耗电电流(注意,三位比例方向阀的两个电磁线圈不同时工作)。通常标明额定最大工作电流和短时峰值电流。例如,额定耗电最大电流 2A,短时峰值电流 3A。

② 线圈电阻。线圈电阻指电磁线圈电阻值。一般给出 20℃冷态线圈电阻值,例如,2Ω。热态线圈电阻值,例如,3Ω。

③ 最高线圈温度。线圈正常工作的温度上限,例如,150℃。

④ 电气连接类型。说明电气插头的国际标准(ISO)类型及插针定义。

6) 安装参数

安装技术参数主要包括如下内容:

(1) 油口尺寸或接口板的国际标准(ISO)类型。

(2) 液压控制阀的外形尺寸及安装维护空间尺寸。

(3) 液压控制阀的安装方向要求,水平或竖直。

2. 选型方法

通常,依次进行如下几个方面问题探讨,完成比例方向阀选型过程。

(1) 确定比例方向阀的阀口面积梯度比。依据液压执行元件的对称情况选择比例方向阀的阀口面积梯度比。

(2) 依据运动控制功能需求,确定比例方向阀的滑阀机能。依据运动控制功能要求确定比例方向阀的滑阀机能。比例方向阀滑阀机能的选择受液压动力元件(运动控制液压阀、液压执行元件和负载的组合)结构的影响。

(3) 依据应用工况,确定阀压降。若阀压降较小,系统虽然能耗较低,但是控制力弱;若阀压降比较大则控制力强,抗干扰能力强,但是系统比较耗能。

(4) 依据控制精度需求,进行比例方向选型。不同结构的比例方向阀能达到的控制精度是不同的,比例方向阀的选型需要参照液压控制系统的控制精度。

(5) 依据响应速度需求,进行比例方向选型。不同结构的比例方向阀能达到的响应速度是不同的,比例方向阀的选型需要参照液压控制系统的响应速度。

(6) 通过比例阀与液压系统参数的匹配设计。依据阀口流量特性(或控制特性曲线),确定合理的比例方向阀额定流量,从而使阀的实际最大流量对应的输入信号接近额定输入信号;使阀的实际最小流量对应的输入信号超出比例方向阀的死区。

(7) 复核比例方向阀其他技术参数符合系统要求。比例方向阀选型也要考虑系统制造预算等因素。

3. 使用维护常识

尽管在外形等方面,比例方向阀与普通换向阀可能有许多相同或相似的地方,也需要特别注意比例方向阀与普通换向阀不同之处,列举比例方向阀的使用维护常识如下:

(1) 比例阀控非对称液压缸系统在无负载和无控制信号情况下可能会出现微小移动现象,此时就需要利用中位机能的选型消除。

(2) 不同滑阀机能,阀口压降变化规律可能不同。

(3) 受限于比例电磁铁的驱动控制能力,当比例方向阀的工作压力升高时,其最大流量会有所降低。

(4) 对比例阀电磁铁调零可以改变比例阀的零位和死区。

(5) 颤振信号的频率和幅值不要随意调节。

(6) 阀芯位置电反馈比例方向阀与不带阀芯位置电反馈比例方向阀的特性是有所不同的。

2.4 比例压力阀

在液压比例控制中,比例电磁铁产生电磁力,利用比例电磁铁电磁力与电流成比例关系等特性设计比例压力阀。

比例电磁铁出现以后,比例压力阀的设计想法可以这样描述。在液压传动系统,普通(开关)压力阀的工作原理是弹簧力与液压力平衡关系工作的,通过螺栓调节弹簧力,进而实现手动调节的液压压力。比例电磁铁可以产生连续可调的控制力,可以替换螺杆与弹簧的力加载机构。用比例电磁铁代替普通压力阀的手动机构进行调压,产生的就是比例压力阀。电信号按比例地调节电磁力等作用于阀芯上的控制力,间接地连续调节液压阀设定压力。

与普通压力阀一样,在比例压力阀调节压力过程中,电磁力与液压力具有平衡关系或者电磁力、弹簧力和液压力具有动态平衡关系。这种动态平衡关系需要用微分方程描述,压力阀是一个动力学系统。比例压力阀的压力控制机理也是负反馈调节原理,也可以液压伺服控制理论分析与设计。与普通压力阀一样,点到为止,不详细展开讨论压力阀本身的动力学问题。

常见的比例压力阀包括:直动式比例溢流阀、先导式比例溢流阀、直动式比例溢流型减压阀、先导式比例减压阀等。比例压力阀结构也有板式阀、叠加阀等多种。

2.4.1 直动式比例溢流阀

直动式比例溢流阀,也称直接作用式比例溢流阀,是用电信号连续调节电磁力,进而直接调节其设定压力的溢流阀。

按照调压机构中是否含有弹簧为标准划分,直动式比例溢流阀主要有两种:一种是无弹簧直动式比例溢流阀;另一种是有弹簧直动式比例溢流阀。按照比例阀自身控制系统中是否含有阀芯(或推杆)位置反馈为标准划分,直动式比例溢流阀则可分为另外两种:一种是无阀芯位置反馈式比例溢流阀;另一种是有阀芯位置反馈式比例溢流阀。

无弹簧无阀芯位置反馈直动式比例溢流阀的原理结构如图 2-64 所示。其比例电磁铁的推杆所产生的电磁力直接作用于阀芯,通过电磁力与液压力平衡关系(为了叙述简明,忽略了惯性力、重力、摩擦力和液流力)实现电信号调节电磁力,进而可以调节溢流阀设定的阀口开启压力,从而在液压系统中调节液体压力。这种比例溢流阀结构可以表达为方块图,如图 2-65 所示。简单地说,比例溢流阀是比例电磁铁与溢流阀的集成设计。

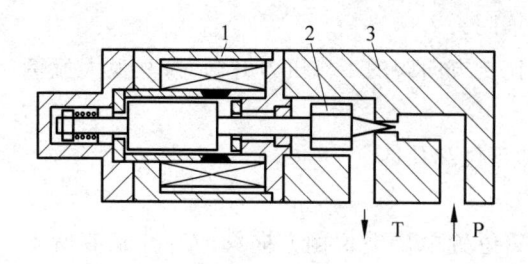

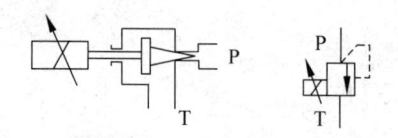

1—力调节比例电磁铁；2—阀芯；3—阀体。

图 2-64　无弹簧无阀芯位置反馈直动式比例
溢流阀的原理结构

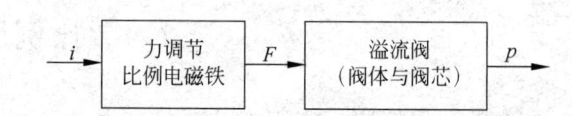

图 2-65　无弹簧无阀芯位置反馈直动式比例
溢流阀结构方块图

由比例电磁铁的力学特性可知，在其工作行程范围内其推杆的输出力与输入电流成正比，与推杆行程的关系很弱，无弹簧无阀芯位置反馈直动式比例溢流阀的阀口不同开度时电磁力保持基本不变，液体压力亦可保持不变。

比例电磁铁的最大电磁力是受限的。为了得到更好的调压分辨率，比例溢流阀采用压力等级分级，不同压力等级的比例溢流阀通过改变座阀的油孔直径获得。额定压力高的比例溢流阀的阀座油孔直径较小。

有弹簧无阀芯位置反馈直动式比例溢流阀原理结构如图 2-66 所示。其比例电磁铁产生电磁力，电磁力通过推杆压缩弹簧，弹簧再将力传递给阀芯。比例溢流阀便是通过电磁力、弹簧力与液压力平衡关系（为了简明，忽略了惯性力、重力、摩擦力和液流力）实现电信号调节电磁力，然后调节阀设定的阀口开启压力，从而在液压系统中调节液体压力。有弹簧无阀芯位置反馈直动式比例溢流阀结构可以表达为方块图，如图 2-67 所示，比例溢流阀是比例电磁铁、传力弹簧与机械阀的集成设计。

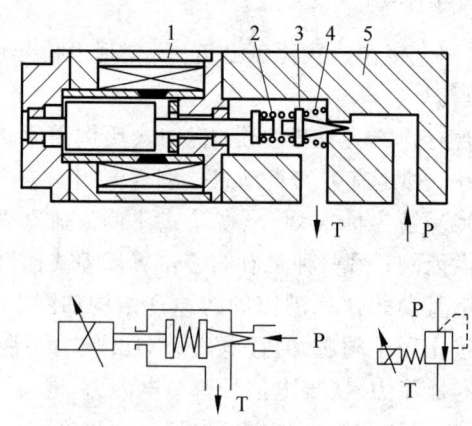

1—力调节比例电磁铁；2—传力弹簧；3—阀芯；4—预压力对消弹簧；5—阀体。

图 2-66　有弹簧无阀芯位置反馈直动式比例溢流阀原理结构

图 2-67 有弹簧无阀芯位置反馈直动式比例溢流阀结构方块图

有弹簧无阀芯位置反馈直动式比例溢流阀中传力弹簧 2 的功能是传递力,放大行程。其设计原则是依据放大行程要求设计弹簧刚度和线性度。

预压力对消弹簧的作用是在控制信号为零时,对消传力弹簧的预压力,其可以获取更小的阀最低压力。

无弹簧无阀芯位置反馈直动式比例溢流阀(见图 2-64)没有传力弹簧。它利用一定电流作用下电磁力基本不变的工作区间开启阀门,但是其比例电磁铁工作区间很小。

有弹簧和有阀芯位置反馈直动式比例溢流阀的原理结构如图 2-68 所示。其比例电磁铁加装有推杆位移传感器,比例电磁铁采用闭环控制可以高精度地控制推杆位移。通过高精度地控制弹簧的压缩量,可以高精度地控制阀芯上作用力,从而高精度地调节比例溢流阀的设定压力。

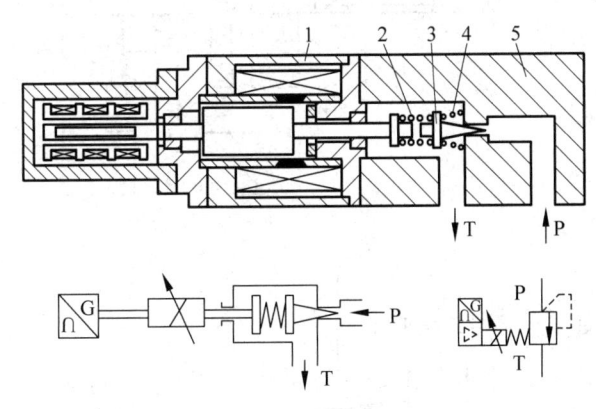

1—带位移反馈比例电磁铁;2,4—弹簧;3—阀芯;5—阀体。
图 2-68 有弹簧和有阀芯反馈直动式比例溢流阀原理结构

这种电磁溢流阀通过位移调节型比例电磁铁的闭环控制提高推杆运动精度,从而提高比例溢流阀的压力控制精度。其结构方块图如图 2-69 所示,比例溢流阀是位移调节型闭合控制比例电磁铁、转换弹簧与机械阀的集成设计。

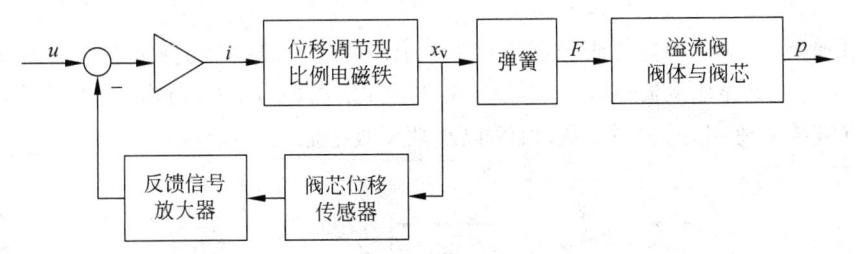

图 2-69 有弹簧和有阀芯反馈直动式比例溢流阀结构方块图

分析弹簧 2 的作用,其功能是位移-力转换元件。它的设计指标要求主要有两项:刚度和线性度。

另外这种电磁铁具有位置闭环负反馈,推杆位移精确度高,重复性好,具备抗比例电磁铁和放大器参数变化的干扰能力。最大调整压力时滞环小于1%,重复精度小于0.5%。

2.4.2 先导式比例溢流阀

受限于比例电磁铁的输出功率,比例电磁铁的控制能力是有限的,因此大流量比例溢流阀都是先导式比例溢流阀。

在阀结构与工作原理方面,先导式比例溢流阀与普通先导式溢流阀大体相似。其不同之处在于,先导式比例溢流阀的先导阀是比例溢流阀,它采用比例电磁铁代替普通溢流阀的螺杆弹簧手动调压机构,如图2-70所示。

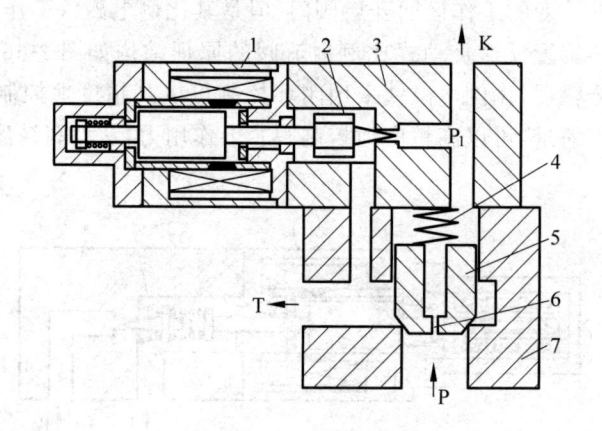

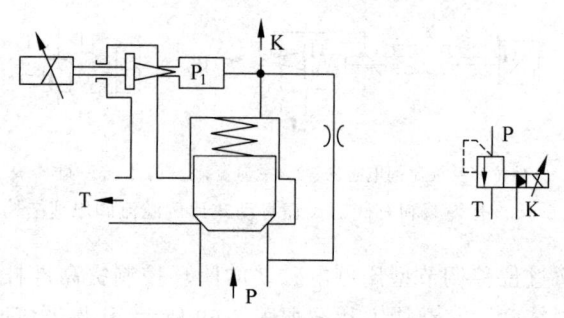

1—比例电磁铁;2—先导阀芯;3—先导阀体;4—弹簧;5—主阀芯;6—阻尼孔;7—主阀体。

图2-70 先导式比例溢流阀

在工作时先导式比例溢流阀控制主(溢流)阀,主阀是液控溢流阀,它采用B型液压半桥控制主阀芯。先导比例溢流阀系统结构可以用方块图(见图2-71)描述,先导式比例溢流阀与主阀(液控溢流阀)的关系是级联的,以小功率级控制大功率级。

图2-71 先导式比例溢流阀系统方块图

通常，制造商会在先导式比例溢流阀产品上加装一个普通直动溢流阀，与比例溢流阀（先导阀）并联作为安全阀。安全阀调整压力通常较比例溢流阀调整压力高10%。

2.4.3 直动式比例溢流型减压阀

普通直动减压阀是二通减压阀。理论上采用普通直动减压阀的原理可以得到比例直动二通减压阀。但是实际市场上很难见到比例直动二通减压阀，比较常见的是双直动式比例溢流型减压阀，也称双直动式三通比例减压阀。双直动式三通比例减压阀有三个油口，分别是P口、A口和T口。它是双联的，两个直动式三通减压阀是联动的，主要用于二级比例方向阀或比例多路阀的先导阀。

双直动式比例溢流型减压阀原理结构如图2-72所示。其A口或B口压力通过比例电磁铁设定，滑阀通过弹簧保持在中位，测压柱塞3和6与阀芯4处于力平衡状态。A口和B口与回油腔相连，液体可以无阻力回流油箱。

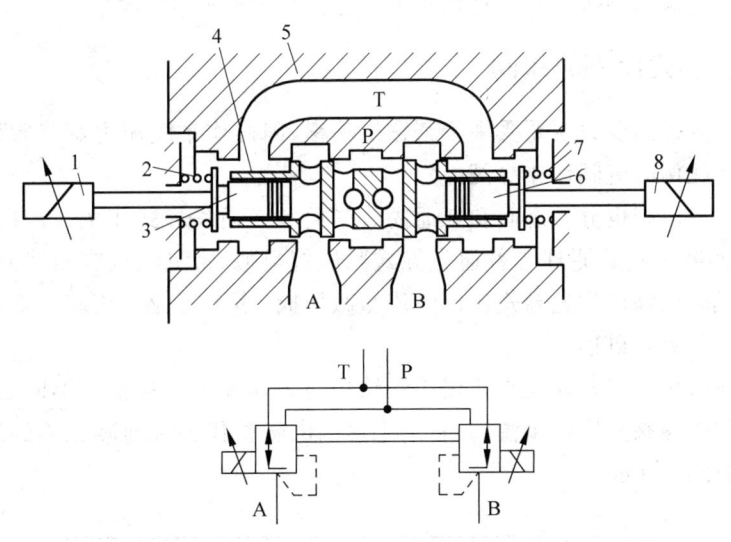

1,8—比例电磁铁；2,7—弹簧；3,6—测压柱塞；4—阀芯；5—阀体。
图2-72 双直动式比例溢流型减压阀原理结构

假设比例电磁铁1通电产生电磁力，电磁力推动测压柱塞3。测压柱塞3和6与阀芯4处于力平衡状态。电磁力将推动测压柱塞与滑阀整体向右移动，压缩量测弹簧7，则B口与P口通过渐变阀口连通，A口与T口通过渐变阀口连通。B口压力升高，作用在测压柱塞6上的压力升高，液压力将阀芯4推回中位，关闭阀口，断开P口与B口的连通，B口压力不再继续升高，电磁力、液压力与弹簧力（为简明忽略了重力、摩擦力和液动力）重新建立力平衡状态。若各种因素导致B口压力高于电信号调整压力，测压柱塞感受B口压力，推开阀芯4，将多余油液溢流掉，压力恢复到预先调定值。

比例电磁铁1断电，测压柱塞3和6与阀芯4复位。同样原理，比例电磁铁8通电可以调节A口设定压力。

通过上述工作原理描述可知每一个直动式比例溢流型减压阀结构可以用方块图（见图2-73）描述。简单地说，当减压阀出口压力低于电信号调整压力时，比例溢流型减压阀处于减压阀工况，油源经减压后向减压阀出口供油。当各种因素使减压阀出口压力高于电信号调整压力时，比例溢流型减压阀处于溢流阀工况，油腔内多余液压油经溢流阀回到油箱，压力降至电信号调整压力。比例溢流型减压阀是比例减压阀与比例溢流阀的集成设计，共用一个比例电磁铁。

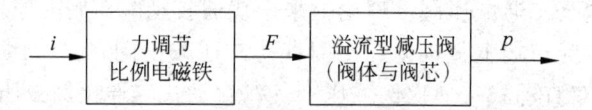

图 2-73　直动式比例溢流型减压阀结构方块图

双直动式比例溢流型减压阀适合做二级比例方向阀的先导阀。

使用类似的工作原理还可以设计（单）直动式比例溢流型减压阀，进一步通过阀口匹配与阀阻力回路设计，取消其中的弹簧，得到准零开口直动式三通比例减压阀。除此之外也可以设计先导式比例溢流型减压阀。这里不再赘述。

2.4.4　先导式比例减压阀

比例电磁铁的控制能力主要受限于其输出功率，因此作系统压力调节阀用的比例减压阀都采用直动式比例溢流阀作先导阀。

先导式比例减压阀也分二通阀和三通阀。二通和三通先导式比例减压阀都比较常见。二通先导式比例减压阀的原理与普通先导式减压阀类似，常见结构有板式阀和叠加阀等。三通先导式比例减压阀也称先导式比例溢流型减压阀，多为行业专用阀。下面以二通先导式比例减压阀为例展开讲述。

先导式比例减压阀与普通先导式减压阀结构与工作原理均相似。不同之处在于，先导式比例减压阀的先导阀是比例溢流阀，它采用比例电磁铁代替普通减压阀的螺杆弹簧手动调压机构，如图 2-74 所示。

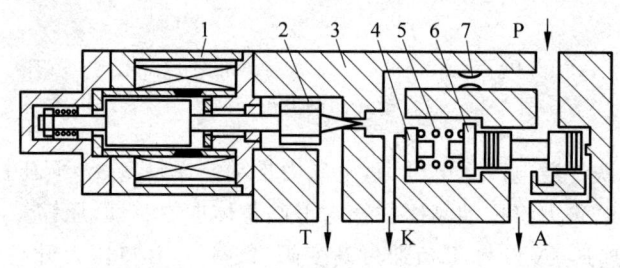

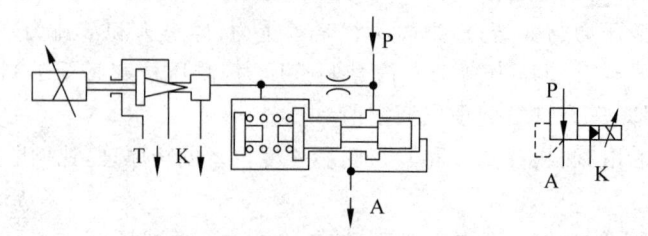

1—比例电磁铁；2—溢流阀芯；3—阀体；4—弹簧座；5—弹簧；6—减压阀芯；7—节流孔。

图 2-74　先导式比例减压阀结构与工作原理

先导式比例减压阀采用 B 型液压半桥控制主阀芯,系统结构可以用方块图(见图 2-75)描述先导式比例溢流阀与主阀(液控减压阀)的关系。

图 2-75 先导式比例减压阀系统结构方块图

先导式比例阀制造商通常会在先导式比例减压阀产品上与比例溢流阀(先导阀)并联,并加装一个机械溢流阀作为安全阀。安全阀调整压力通常较比例溢流阀调整压力高 10%。

2.4.5 产品特性描述、选型方法

常见的比例压力阀包括两大类,即比例溢流阀和比例减压阀。两种比例压力阀在产品特性描述和选型方面有许多共性。

1. 产品性能描述

目前,比例压力阀的制造商在描述产品性能方面尚不完全一致。这里将常见的比例压力阀技术参数作简明介绍。读者在选型和使用某种比例压力阀前,应仔细阅读其说明书。

为了便于快速了解比例压力阀的性能描述,现将其技术性能或参数分为六类:规格参数、工作条件参数、静态特性、动态特性、电气技术参数和安装参数。

1) 规格参数

规格参数主要说明了比例压力阀的结构类型和尺寸规格,其规格参数主要包括如下内容:

(1) 结构类型。阀结构类型说明了比例压力阀的功能和结构分类。按照功能通常可以将其分为溢流阀、减压阀和溢流型减压阀等,按照结构可以将其分为直动式和先导式等类型。

(2) 通径。沿用自电磁开关阀的通径,用于标定比例压力阀规格。通径表现了比例压力阀的通流能力。比例压力阀的通径常见序列为:6、10、16、25、32。

(3) 最大调整压力。最大调整压力是比例压力阀能达到的最大调节压力。常见的压力阀调压等级序列为:25、50、100、200、250、315、350、420 等。

(4) 最小调整压力。最小调整压力是比例压力阀能实现的最小调节压力。

2) 工作条件参数

工作条件参数通常给出了制造商关于比例压力阀正常工作必要条件的说明。

工作条件参数主要包括如下内容:

(1) 最大流量。最大流量指比例压力阀流过的最大流量,单位 m^3/s,工程上常用 L/min。

(2) 先导流量。先导级比例溢流阀流过最大流量,单位 m^3/s,工程上常用 L/min。比例阀先导流量往往比较小。例如,先导流量 0.6~1.2L/min。

(3) 工作液黏度。工作液黏度指阀正常工作的工作液黏度范围。例如,15~380mm^2/s。

(4) 工作液过滤要求。为保障控制阀可靠工作,工作液固体颗粒污染度应符合要求。例如,长寿命比例控制装备油液污染度要求不低于 ISO 4406 标准 20/18/15 或 GJB 420(等

同NAS1638)标准9级。

(5) 工作液温度。工作液温度指阀正常工作的工作液温度范围。例如,-20~80℃。工作液温度范围的影响因素主要包括密封件材料、工作液的黏度等几个方面。

(6) 环境温度。环境温度指阀正常工作的环境温度范围。例如,-20~70℃。

3) 静态特性

比例压力阀的静态特性经常采用曲线图和技术参数描述。

静态特性曲线图包括:指令-压力特性曲线、流量-压力特性曲线等。

静态参数包括:滞环、重复精度、直线度等,其作如下解释:

(1) 滞环。在正负额定电流之间,以小于动态特性起作用的速度循环(通常不大于0.1Hz),产生相同流量的正向和反向控制电流之差的最大值与额定电流之比被称为滞环,以百分数表示。例如,不大于±3%最大调整压力。

(2) 重复精度。对比例压力阀输入同样信号,比例压力阀输出压力会存在偏差。取压力偏差最大值与最大调整压力之比,以百分数表示即重复精良。例如,不大于±2%最大调整压力。

(3) 直线度(非线性)。表现比例压力阀压力调节的线性情况。取压力调节非线性偏差最大值与最大调整压力,以百分数表示。例如,不大于±3.5%最大调整压力。

4) 动态特性

比例压力阀动态响应特性通常用时间域的阶跃特性表示。一种比例压力阀的阶跃特性。

阶跃响应调整时间,阶跃响应输出从0%变化到100%的调整时间,单位s,工程上常用ms。

例如,阀阶跃响应输出从10%变化到90%的调整时间130ms;从90%变化到10%的调整时间110ms。

5) 电气技术参数

比例电磁铁流过电流产生磁场,进而产生电磁力推动液压阀芯产生压力控制效果。

比例压力阀的比例电磁铁有带阀芯位置传感器的,也有无阀芯位置传感器的。比例阀有嵌入控制电路板的,也有无控制电路板的。嵌入控制电路板的比例压力阀不需要为之选配比例放大器。

不带电路板的比例压力阀通常都有相应适合的比例放大器配套出售。比例压力阀产品技术资料会推荐适配的比例放大器的型号。比例放大器有多种类型,如板卡形式的、模块形式的,模拟的、数字的等。比例放大器与比例电磁铁或比例压力阀关系都非常密切。

(1) 嵌入电子电路或外接比例放大器的电气技术参数

① 供电电压。供电电压指内部集成电子电路的电源电压。通常标明额定工作电压、供电电压的下限和上限。

例如,额定工作电压24V,供电电压的下限21V和上限35V。

② 工作电流。工作电流指内部集成电子电路及电磁线圈的耗电电流。通常标明额定最大工作电流。例如,额定耗电最大电流1.5A。

③ 指令电信号。指令电信号指集成控制电路板的液压比例阀(或比例放大器)的电气控制指令信号。可以采用电压信号型式,例如,±10V,也可以采用电流信号型式,例如,

4～20mA。

④ 线圈电流信号。集成控制电路板的输出线圈电流信号。

⑤ 电气连接类型。说明电气插头的国际标准(ISO)类型及插针定义。

(2) 不带集成控制器或电路板的比例压力阀的电气技术参数

① 工作电流。工作电流指每个电磁线圈的耗电电流。通常标明额定最大工作电流和最小工作电流。例如,额定耗电最大电流 1600±10%mA,短时峰值电流 100mA。

② 线圈电阻。线圈电阻指电磁线圈电阻值。一般给出 20℃冷态线圈电阻值,例如,5.5Ω。热态线圈电阻值,例如,8Ω。

③ 电气连接类型。说明电气插头的国际标准(ISO)类型及插针定义。

6) 安装参数

安装技术参数主要包括如下内容:

(1) 油口尺寸或接口板的国际标准(ISO)类型。

(2) 比例压力阀的外形尺寸及安装维护空间尺寸。

(3) 比例压力阀的安装方向要求。

2. 选型方法

通常,依次进行如下几个方面问题探讨,完成比例压力阀选型过程。

(1) 确定比例压力阀的类型。通常,依据液压系统原理,确定比例压力阀是比例溢流阀还是比例减压阀。依据流量需求,确定是直动比例压力阀还是先导比例压力阀。

(2) 依据调节压力需求,确定比例压力阀的最大调节压力。通常,使阀的实际最大调节压力对应的输入信号接近额定输入信号 90%;使阀的实际最小调节压力对应的输入信号超出比例压力阀的死区。有些比例溢流阀的死区是最大输入信号的 20%～25%。

(3) 依据计算最大溢流量,确定比例压力阀的最大流量。比例压力阀的最大流量应略大于计算最大溢流量。

(4) 复核比例压力阀的响应速度,确认符合系统要求。

(5) 复核比例压力阀其他技术参数,确认符合系统要求。

3. 使用常识

在压力阀的基本工作原理方面,尽管比例压力阀与普通压力阀有许多相同或相似的地方,但也需要特别注意比例压力阀与普通压力阀的许多不同之处,现列举比例压力阀的应用常识如下:

(1) 不同压力等级的比例溢流阀的比例电磁铁规格相似或相同。通过调整阀座孔(或先导阀阀口)直径实现直动比例溢流阀的不同压力等级。压力等级越高,阀孔直径越小。

(2) 用作先导级的直动溢流阀通常阀芯行程很小,流量也很小。

(3) 比例溢流阀的最小调节压力大于零。在压力等级和溢流流量不同的情况下,比例溢流阀的最小调节压力可能是不同的。

(4) 阀芯位置反馈直动溢流阀与无阀芯位置电反馈比例溢流阀特性是有所不同的。

(5) 比例溢流阀的溢流压力不仅与输入控制信号有关,还与溢流流量有关。实质是与阀芯位置有关。

2.5 比例流量阀

常见的普通液压流量阀是节流阀和调速阀,他们都采用螺栓调节阀芯位移,从而改变阀的通流面积。用带推杆位移反馈的位移调节型比例电磁铁替换调节普通流量阀阀芯位移的螺栓,可以产生电信号比例调节阀通流面积的比例流量阀。

下面首先介绍比例节流阀原理,然后介绍比例调速阀原理。

2.5.1 比例节流阀原理

一种典型的带阀芯位置反馈的直动式比例节流阀原理结构如图 2-76 所示。比例电磁铁 2、量测弹簧 8、位移传感器 1、阀芯位置负反馈比较器 3 和电磁铁比例放大器 4 构成位置调节比例电磁铁。比例电磁铁驱动带有渐变节流口的滑阀阀芯。电气信号可以调节阀芯渐变节流口的开度,实现比例节流阀的功能。

比例节流阀的结构和工作原理与带阀芯位置反馈方向阀基本相同,唯一区别在于比例节流阀主要使用了阀口按控制信号比例渐变的通流面积,因此不但原理上单级比例节流阀等同二位比例方向阀,实际选型也可以混用。图 2-76 是一种二位四通比例方向阀,也是两个联动的比例节流阀。

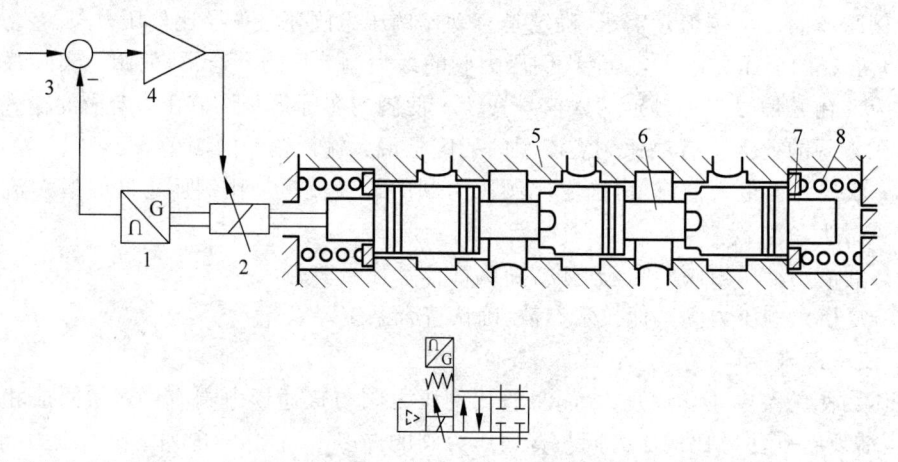

1—位移传感器;2—比例电磁铁;3—阀芯位置负反馈比较器;4—电磁铁比例放大器;5—阀体;6—阀芯;7—定位挡片;8—量测弹簧。

图 2-76 带阀芯位置反馈的直动式比例节流阀原理结构

带阀芯位置反馈的直动式比例节流阀系统结构可以用方块图(见图 2-77)描述,其展示了位置调节电磁铁比例电磁铁与节流滑阀的关系。阀芯位置反馈提高了阀芯位置调节精度,同时也提高了阀口开度调节精度。

直动式比例节流阀的阀芯由比例电磁铁直接驱动。直动式比例节流阀的调控流量比较小,其采用与二级比例方向阀相似的原理与结构,同时采用液压阻力回路的 A 型半桥或 B 型半桥与比例方向阀结合,以设计二级或三级先导型比例节流阀,这里不再赘述。

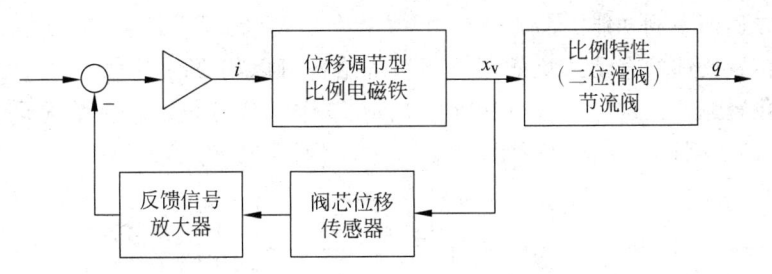

图 2-77 带阀芯位置反馈的直动式比例节流阀系统结构方块图

2.5.2 比例调速阀

图 2-78 所示为带位移传感器的位置调节比例电磁铁单级调速阀,该比例调速阀采用标准的叠加阀安装结构与尺寸,其在阀体 9 中安装了两个阀芯,分别完成阀口开度调节和节流阀口压差调节。

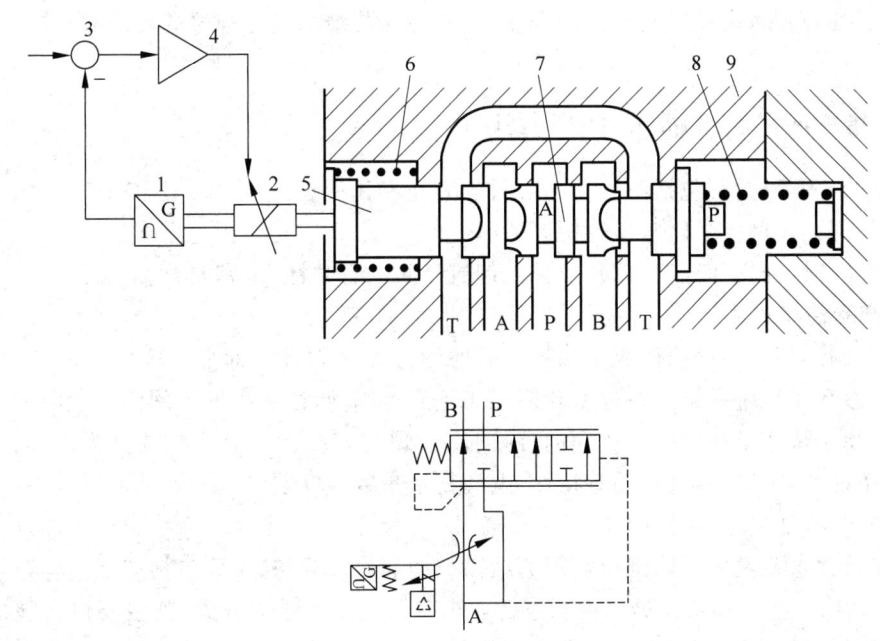

1—位移传感器;2—比例电磁铁;3—阀芯位置负反馈比较器;4—电磁铁比例放大器;5—节流阀芯;6—弹簧;7—滑阀阀芯;8—量测弹簧;9—阀体

图 2-78 带位移传感器的位置调节比例电磁铁单级调速阀

阀芯 5 是节流阀的阀芯。比例电磁铁 2、量测弹簧 8、位移传感器 1、阀芯位置负反馈比较器 3 和电磁铁比例放大器 4 构成位置调节比例电磁铁的位置闭环控制系统。位置闭环控制系统驱动带有渐变节流口的滑阀阀芯 5,电气信号可以调节阀芯渐变节流口的开度,实现比例节流阀的功能。

滑阀阀芯 7 是压力调节阀芯,量测弹簧 8 设定节流阀口两侧压差。通过阀芯阀口设计和阀体油路设计可以实现图 2-78 职能符号描述的压力控制机能。这个比例调速阀有三个有效油口,具备三通调速阀功能。其中 P 口用于限制节流口入口处最高压力。关闭 P 口,这个阀具备二通调速阀功能。

带阀芯位置反馈的直动式比例调速阀系统结构可以用方块图(见图 2-79)描述。图中具体描述了位置调节比例电磁铁与调速阀滑阀的关系。阀芯位置反馈提高了阀芯位置调节精度,同时提高了阀口开度调节精度。

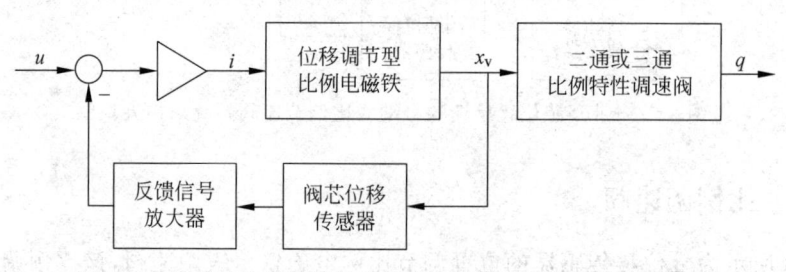

图 2-79 带阀芯位置反馈的直动式比例调速阀系统结构方块图

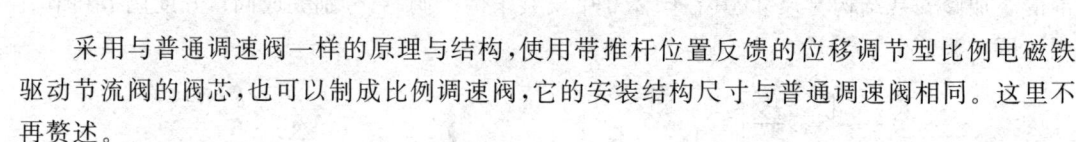

采用与普通调速阀一样的原理与结构,使用带推杆位置反馈的位移调节型比例电磁铁驱动节流阀的阀芯,也可以制成比例调速阀,它的安装结构尺寸与普通调速阀相同。这里不再赘述。

2.5.3 产品特性描述、选型方法

常见的比例流量阀包括两大类:比例节流阀和比例调速阀。相比较而言,比例调速阀更为常用,因此比例流量阀常指比例调速阀。

在产品特性描述和选型方面,两种比例流量阀既有共性,也有差异。

1. 产品性能描述

目前,制造商在描述比例流量阀的产品性能方面并无统一标准。这里将常见的比例流量阀技术参数作简明介绍。在选型和使用比例流量阀前,读者须详细阅读其说明书。

为了便于快速了解比例流量阀的性能描述,现将其技术性能或参数分为六类:规格参数、工作条件参数、静态特性、动态特性、电气技术参数和安装参数。

1) 规格参数

规格参数主要说明了比例流量阀的结构类型和尺度规格,主要包括如下内容:

(1) 结构类型。阀结构类型说明了比例电磁流量阀的结构分类,其主要包含阀口形式、是否含有阀口压差控制阀、进油压力补偿还是出口压力补偿等。

结构类型中通常还包括线性阀与非线性阀、是否带有单向阀等。

(2) 通径。沿用电磁开关阀的通径,用于标定电磁比例流量阀规格。电磁比例流量阀的通径序列为:6、10、16、25、32。

(3) 额定工作压力。额定工作压力是制造商标定电磁比例流量阀的规格。例如,额定工作压力为 21MPa。

(4) 最大流量。额定流量是在额定工作压力下,对应电流最大时的负载流量,单位 m^3/s,工程上常用 L/min。

注意液压阀的功率域。在一定条件下,功率域可以定义液压阀的适用范围。

2) 工作条件参数

(1) 阀口压降。阀口压降是制造商标定电磁比例流量阀规格所用的额定阀口压降。例如,额定工作压力为 0.8MPa。

(2) 最小阀压降。这项指标是带有阀口压差控制阀的比例流量阀工作时,保证阀口压降的比例流量阀的最小压差。

(3) 工作液黏度。工作液黏度指阀正常工作时所能允许的工作液黏度范围。例如,$15\sim380\text{mm}^2/\text{s}$。

(4) 工作液过滤要求。为保障比例流量阀可靠工作,工作液固体颗粒污染度应符合要求。例如长寿命比例控制装备油液污染度要求不低于 ISO 4406 标准 20/18/15 或 GJB 420(等同 NAS1638)标准 9 级。

比例流量阀进油口前面压力管路通常应安装名义过滤度精度不低于 $10\mu\text{m}$ 的无旁通阀的滤油器。

(5) 工作液温度。工作液温度指比例流量阀正常工作所允许的工作液温度范围。例如,$-20\sim80℃$。

(6) 环境温度。环境温度指比例流量阀正常工作所允许的环境温度范围。例如,$-20\sim50℃$。

3) 静态特性

比例流量阀的静态特性经常采用曲线图和技术参数描述。

静态特性曲线图包括:指令-流量特性曲线、进口压力-流量特性曲线、出口压力-流量特性曲线、温度-流量特性曲线等。

静态参数包括:最小流量、滞环、重复精度等,作如下解释:

(1) 最小流量。最小流量是在一定工作压力下,比例流量阀输出的最小稳定流量,单位 m^3/s,工程上常用 L/min。

(2) 滞环。在正负额定电流之间,以小于动态特性起作用的速度循环(通常不大于 0.1Hz),产生相同流量的正向和反向控制电流之差的最大值对额定电流之比被称为滞环,以百分数表示。例如,小于±1%最大流量。

(3) 重复精度。在流量调整范围内,各个流量调整点处多次调整后出现的最大误差量。例如,小于 1%最大流量。

4) 动态特性

比例流量阀动态响应特性通常用时间域的阶跃特性表示。用于闭环控制的比例流量阀动态响应特性也可以用频率域的频率特性(Bode 图)表示。

5) 电气技术参数

比例流量阀有一个单极化方向比例电磁铁。这类阀有带阀芯位置传感器的,也有不带阀芯位置传感器的;有带控制电路板的,也有不带控制电路板的。有控制电路板的比例方向阀不需要为之选配比例放大器。

不带电路板的比例流量阀一般都有相应配套的比例放大器出售。比例流量阀产品的技术资料也会推荐相关比例放大器的型号。比例放大器有多种类型,如板卡形式的、模块形式的、模拟的、数字的等。比例放大器与比例电磁铁和液压阀关系都非常密切。

若比例流量阀内部嵌入了电子电路,或者外接比例放大器则其电气参数将包括:供电电压、工作电流、指令信号、阀芯位置信号、插头型式等。与比例方向阀对应参数类似,这里不展开阐述。

不带集成控制器或电路板的比例流量阀的主要电气技术参数实际上是比例电磁铁的技术参数，主要包括：工作电流、线圈电阻、电气连接类型等。与比例方向阀对应参数类似，这里不展开阐述。

6）安装参数

安装技术参数主要包括如下内容：

(1) 油口尺寸或接口板的国际标准(ISO)类型。

(2) 液压控制阀的外形尺寸及安装维护空间尺寸。

(3) 液压控制阀的安装方向要求，水平或竖直。

2. 选型方法

通常，依次进行如下几个方面问题探讨，完成比例流量阀的选型过程。

(1) 确定比例流量阀的结构。比例流量阀的结构差异首先表现为油口数量不同，选型时需要依据功能需求选择二通比例流量阀或三通比例流量阀。

(2) 是否带有压力补偿器及采用阀前补偿或阀后补偿。节流阀没有压力补偿器，不具有稳定流量功能；调速阀结构具有压力补偿器，具有稳定流量功能。调速阀结构还可以分为节流阀前补偿和节流阀后补偿两种。

(3) 是否可以设计节流阀口压差。节流阀口压差较小，节能，控制力弱；节流阀口压差比较大，控制力强，抗干扰能力强，比较耗能。

(4) 依据液压执行机构流量，确定比例流量阀的型号。依据液压执行机构流量和实际节流阀口压差，计算比例流量阀的实际最大流量。然后对比制造商提供的比例流量阀资料，特别是注意阀的功率域，确定其型号。通常依据重载，阀口压降最小时，液压执行元件所需流量作为公称流量。可获得更宽的调节范围，更高分辨率。这样得到调节范围内的滞环也小些。

(5) 复核比例流量阀的压力等级是否满足要求。依据液压系统实际工作压力，对比制造商提供的比例流量阀资料，确定压力等级满足要求。

(6) 复核比例流量阀其他技术参数，确保符合系统要求。

3. 使用维护常识

尽管在流量阀的基本工作原理方面，比例流量阀与普通流量阀有许多相同或相似的地方，但是也需要特别注意比例流量阀与普通流量阀的不同之处，在此列举比例流量阀的使用维护常识如下。

(1) 双向流量控制时，须仔细核实比例流量阀正反向流量控制功能是否一致。带有阀口压差控制阀的比例流量控制阀正反向流量控制功能是不同的。

(2) 比例节流阀及二通比例流量阀在定压系统中可以获得较好的流量控制功能。

(3) 在中压和高压液压系统中，使用节流控制可能会产生较大的能量损失，特别是节流阀口压差较大时能量损失更大。

(4) 带有阀口压差控制阀的比例流量控制阀的实际工作压差应大于其最低工作压差。

2.6 比例放大器

比例放大器,也称比例控制放大器,是比例电磁铁或电磁比例阀等的控制和驱动装置。严格地说,比例放大器是比例控制阀电控器,它不仅具有控制信号驱动功率放大功能,还包容了死区补偿、加斜坡信号、信号转换等许多控制功能。比例放大器可以将电子发讯器或指令发生器与比例液压阀连接起来,构成控制指令通路。依据控制信号通路形式,比例控制系统可分为开环比例控制系统和闭环比例控制系统两类。

比例阀的开环控制系统如图2-80所示。在系统中,比例放大器接受控制指令,依据比例控制设计方案,对电信号进行信号变换或电平变换、信号运算和功率放大等,最终驱动与控制比例电磁铁,实现控制目标。

比例阀的闭环(伺服)控制系统如图2-81所示。在系统中,比例放大器除了完成与开环比例控制类似的对比例电磁铁的驱动功能外,还要接受阀芯位移反馈传感器的信号,将当前阀芯控制指令与反馈传感器检测的阀芯实际位置信号进行比较,实现比例电磁铁驱动阀芯的伺服闭环控制。

本节内容首先概述比例放大器的基本情况,然后基于系统模块化结构阐述比例放大器的工作原理和结构组成,接下来深入阐述比例放大器的各个组成模块工作原理,最后介绍典型比例放大器的信号通道。

图2-80 比例阀的开环控制系统

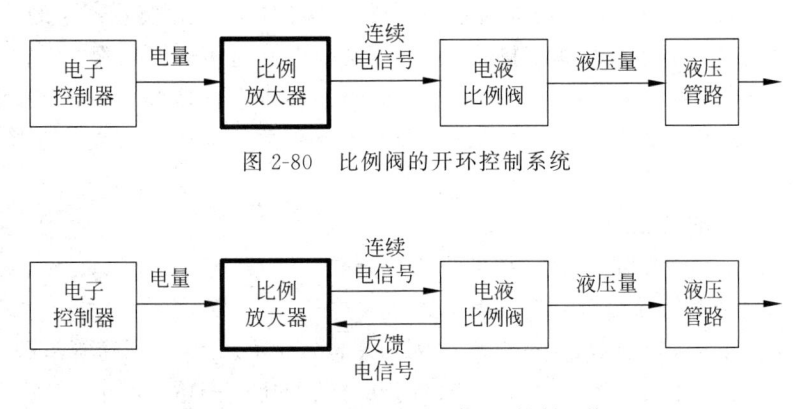

图2-81 比例阀的闭环(伺服)控制系统

2.6.1 概述

由于比例电磁铁具有明显的死区和滞环等非线性特性,为了实现控制效果需要对比例电磁铁的非线性特性进行补偿。比例放大器较伺服放大器而言,具有更多功能,其不仅仅是电信号放大器和功率驱动器,还包含对比例电磁铁特性(例如死区特性)的补偿器,以及阀芯位移信号的反馈控制器。

1. 比例控制放大器功能与技术需求

(1) 具有驱动比例电磁铁负载的能力。比例放大器需要以足够大的电流信号驱动比例电磁铁的衔铁运动,需要足够的电功率克服液压力、弹簧力、惯性力、液压卡紧力、液动力等负载阻力。比例控制放大器的基本功能是将0~10V直流电压信号转变为0~2.1A直流电流信号,驱动比例电磁铁。

(2) 功率放大器的功放级(简称功放级)具有深度电流负反馈。为了克服比例电磁铁线圈反电动势的影响,平稳输出控制电流,功率放大器的功放级常常采用具备深度电流负反馈的恒流源电路。

(3) 闭环比例放大器需要反馈信号通道。如果比例阀具备阀芯位移传感器,则比例放大器应具备反馈控制信号通道,并连接相应类型传感器,将微弱的反馈传感器的输出信号进行放大,通过对阀芯控制,构建比例阀负反馈控制系统。如阀芯位移闭环控制。

(4) 能够接受多种控制指令信号。比例控制放大器能够与多种控制指令信号源匹配连接,特别是近年来控制系统网络化使得匹配的连接还新增了网络通信接口。

(5) 具备信号变换与调理功能。比例控制放大器具备电压-电流变换、信号幅值调节、信号电平调节等信号变换与调理功能。

(6) 具备死区补偿电路。如果比例电磁铁具有死区非线性特性,则比例放大器应具备相应的补偿电路以减弱或消除比例电磁铁的死区非线性特性。

(7) 具备阀芯颤振信号。为了减少静摩擦力等影响,比例阀阀芯驱动电流信号常常叠加一定幅值和频率的颤振信号。工程上常用额定电流 $0.075 \sim 0.125A$,频率为 $50 \sim 250Hz$ 的三角波或方波作为颤振信号。信号幅值以消除滞环影响和克服铁磁材料涡流损耗为度。信号频率应避开机械系统固有频率。

(8) 可以选择是否产生斜率可调的斜坡信号。比例控制放大器提供可选功能,能够将阶跃输入信号转变为斜率可调的斜坡信号,避免或减缓被控物理量突变产生的冲击。

(9) 输入阻抗大,便于信号源阻抗匹配;输出阻抗与比例电磁铁匹配。

比例放大器与比例电磁铁或比例电磁阀之间存在多种参数匹配与协调,因此比例放大器与比例电磁阀之间需要匹配设计。不同制造商的比例放大器不一定具有互换性,不同产品的比例放大器也不一定具有互换性。

2. 比例放大器的类型

比例放大器有多种类型,通常按照如下方式分类。

1) 按照输出控制信号通道数目分类

按照输出控制信号通道数目,可以将比例放大器分为单通道、双通道等类型。

单通道比例放大器用于控制只有一个比例电磁铁的比例阀(如比例压力阀或比例流量阀等)。

若比例阀(如三位比例方向阀)有两个电磁铁,则需要采用双通道比例放大器。双通道比例放大器的两个通道不是通常对等的,有主次之别。

例如,控制三位比例方向阀的双通道比例放大器工作时,两个通道不同时工作,依据电信号极性选通其中一个比例电磁铁的驱动与控制通道。

例如,压力-流量复合阀(PQ阀)双通道比例放大器进行压力控制时,压力控制通道输送的信号是比例控制信号,流量控制通道传输的是定值信号。

2) 按照开环控制或闭环控制用途分类

按照适用于液压阀比例电磁铁的开环控制或闭环控制,可以将比例放大器分为开环比例放大器和闭环比例放大器两类。

闭环比例放大器用于比例阀的比例电磁铁闭环控制,其含有反馈信号通道,包括:可以接收反馈传感器输出信号的接口；用于测量(反馈)信号放大调理电路。此外还包括比较环节和控制器模块等。

开环比例放大器用于比例阀的比例电磁铁开环控制。开环比例放大器没有反馈信号通道，也没有可以接收反馈传感器输出信号的接口。

3) 按照控制信号类型分类

按照控制信号是否含有数字信号，可以将比例放大器分为模拟式比例放大器和数字式比例放大器两类。数字式比例放大器又可以分为数字信号放大器和PWM放大器(也称开关时放大器)。

含有数字信号运算的放大器为数字信号放大器。功率放大环节采用PWM(脉宽调制)工作模式的为PWM放大器。

不含上述数字信号和脉冲信号的比例放大器为模拟式比例放大器。

PWM放大器功耗小，驱动能力大，体积小，特别适合集成在液压阀上。目前比例放大器多为PWM放大器。

数字信号放大器又可以分为含微处理器的比例放大器和不含微处理器的比例放大器。随着数字器件的不断发展，比例放大器中引入了微处理器单元。数模转换和模数转换环节微处理器单元可以与比例放大器的模拟信号部分交换信息，可以利用软件完成数据处理，能够方便完成复杂的信号处理任务，且具有很大的灵活性和方便性，其具有更加广泛的通用性。微处理器比例放大器还方便提供各种网络通信接口，便于实现电控系统的网络化。

4) 按照控制电磁铁驱动方向分类

按照控制电磁铁驱动方向，可以将比例放大器分为单向比例放大器和双向比例放大器两类。

单向比例放大器用于单极化方向比例电磁铁的驱动与控制；双极化方向比例电磁铁的驱动与控制使用双向比例放大器。

5) 按照安装方式分类

按照控制比例放大器的安装方式，可以将比例放大器分为模块式、板卡式和集成式三种类型。

模块式比例放大器为独立应用模块，其通过电缆与导线与电气控制连接，接收控制指令；同时通过电缆和导线与比例阀连接，控制比例阀动作。

板卡式比例放大器外观为控制卡形式，其通过插拔方式安装在控制柜的卡座上，并通过卡座上电连接器与比例阀和电气控制建立信号连接。

集成式比例放大器作为比例阀的控制电路板，集成安装在比例阀内部。

2.6.2 比例放大器工作原理及结构组成

比例控制放大器是电子产品，制造商往往将其设计制造为多用途产品，通过跳线、预设配置指令、软件等方式改变或调整比例放大器功能，使之适应多种用途。因比例液压阀种类很多，比例放大器也有多种类型。

综观全局，各种类型比例放大器的基本工作原理也具有一些规律性。从比例放大器的工作原理来看，以单比例电磁铁的开环驱动与控制情况为起始，讲述比例放大器工作原理与结构更为清晰明了。

如前所述,比例放大器可以分为开环比例放大器和闭环比例放大器两类。开环比例放大器用于控制不带反馈传感器的比例电磁铁或比例阀;闭环比例放大器用于控制带反馈传感器的比例电磁铁或比例阀。

1. 开环比例放大器

开环单通道比例放大器用于驱动不带位置反馈的单比例电磁铁液压阀,如比例压力阀、比例流量阀和比例方向阀等。

比例放大器是围绕比例电磁阀的性能特点以及比例控制系统的需求来设计的。下面从比例电磁铁为起点,依次阐述比例放大器各个组成模块的功能,进而阐述比例放大器的工作原理,如图 2-82 所示。

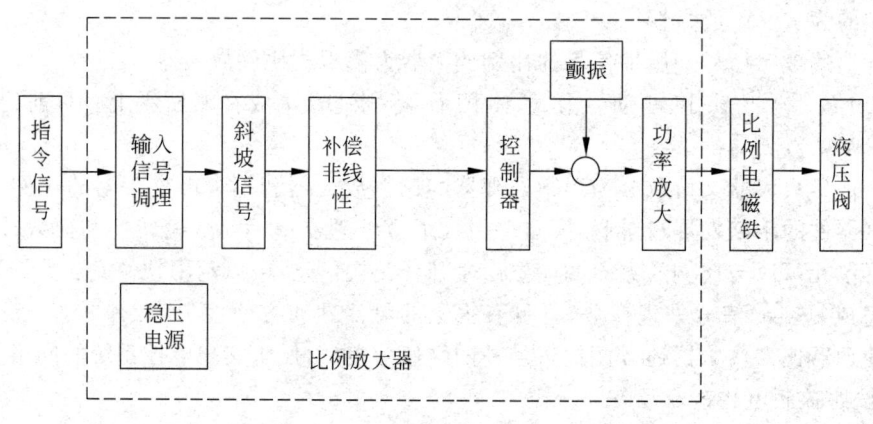

图 2-82 开环比例放大器方块图

比例电磁铁需要大功率电流信号驱动,因此比例放大器的末级模块是功率放大器。其实质是具有深度电流负反馈的大功率电压-电流转换器。

比例阀阀芯位置可灵活地无级调节,如需要克服阀芯与阀体之间的静摩擦,则可引入颤振信号,使阀芯始终在控制点附近小幅度往复运动,避免阀芯运动出现爬行等不连续现象。

控制器用于改变信号幅值与相位,从而调节电磁铁控制液压阀的特性。

比例阀的死区非线性明显,需要加装非线性补偿环节。通过人为引入特定非线性环节矫正液压阀具有的非线性特性,从而使非线性补偿器至液压比例阀的控制特性具有较好的线性或符合期望的特性要求。

在实际工程应用中,比例液压控制系统中指令控制信号经常给出的是阶跃信号,少量复杂控制器可以给出渐变的连续量控制信号。因此依据需要可以选用斜坡函数模块,对阶跃信号进行平滑处理,产生一定斜率的渐变控制信号,避免阶跃信号产生的控制量冲击。

工程应用场合中的控制信号可能来自不同类型的控制装置,可能是电压信号,也可能是电流信号;可能是连续量信号,也可能是开关量信号。比例放大器需要通过其输入信号调理模块来接收各种控制信号,并使之与后续控制模块信号匹配。常见输入信号调理模块的功能包括电流信号输入、电压信号输入、开关量信号输入、网络接口、遥控接口等,其可以使比例放大器更加通用,适应更多应用场合。

比例放大器工作时需要电源模块为各个组成模块提供电能供给。

2. 闭环比例放大器、比例控制放大器基本工作原理与内部组成

本节将以 LVDT 位移传感器检测阀芯位移的单电磁铁三位四通比例方向阀控制为例，阐述闭环比例放大器工作原理，如图 2-83 所示。

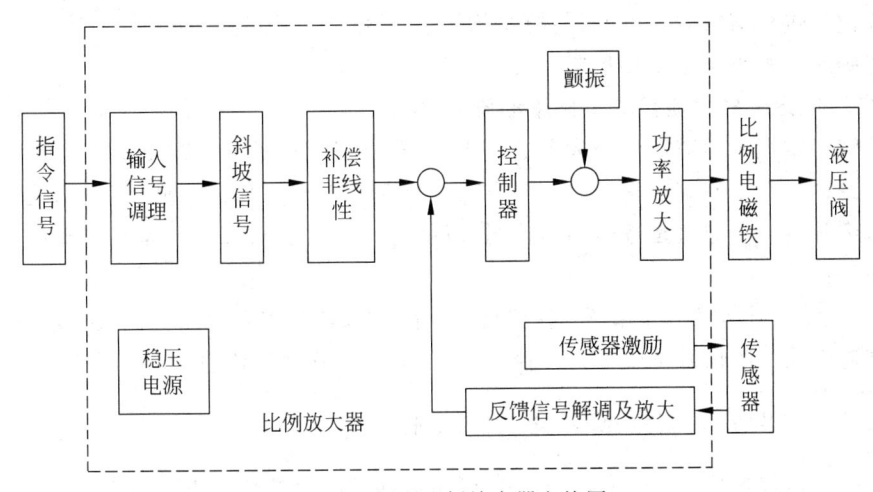

图 2-83 闭环比例放大器方块图

与开环比例放大器相比，闭环比例放大器具有液压阀负反馈控制所需要的反馈信号通道、比较环节和闭环控制器等额外模块。

反馈传感器 LVDT 需要外接振荡信号源。在振荡信号激励下，LVDT 线圈输出含有位置信号的调制电信号。这个信号经过解调模块分离出位置信号，并对位置信号进行放大处理。以负反馈形式将其引入控制器前的比较环节，构建阀芯位移负反馈闭环控制。

负反馈闭环控制具有稳定被控制物理量、减小非线性、提高响应速度等优点。因而比例阀闭环控制可以具有更好的性能。但是闭环控制也具有成本高、存在稳定性问题等不足。

比例控制放大器是电子产品，制造商往往将其设计制造为多用途产品。通过跳线方式，预设配置指令方式，甚至软件方式等改变调整其功能，使之适应多种用途。因比例液压阀种类多，故与之对应的比例放大器也有多种类型。但是这些比例放大器的基本工作原理往往有一定的规律性。

但是从比例放大器的工作原理阐述看，以单比例电磁铁的驱动与控制情况为例，讲述过程比较清晰明了。

开环单通道比例放大器用于驱动不带位置反馈的单比例电磁铁液压阀，如比例压力阀等。

不带阀芯位置反馈控制的比例放大器工作原理方块图如图 2-82 所示。其控制指令是二选一的，要么采用开关指令，要么选用模拟指令。

比例放大器可以接收开关信号控制指令。开关信号控制指令是比例控制起始和终止的开关指令，其通过斜坡信号发生电路转换为连续量。

控制指令可以是连续量控制指令，代表比例电磁阀动作的电压信号或电流信号。然后电压指令或电流指令将转变为统一的电压控制信号。

为了克服比例电磁铁的非线性，需要对模拟控制信号预加补偿。首先经过控制器改变信号的幅值和相角，然后在控制信号上施加颤振信号克服阀芯静摩擦等不利因素，对控制信

号进行功率放大,使其具备驱动比例电磁铁的能力,最终控制相应比例特性的液压阀。

带阀芯位置反馈控制的比例放大器工作原理方块图如图 2-83 所示。与图 2-82 相比,图 2-83 增加了(阀芯位移)反馈信号处理电路与反馈控制电路,并将反馈传感器检测的实际阀芯位移信号进行信号放大处理,与控制信号进行比较后得到偏差信号,将其送至控制器,最终构建阀芯位置负反馈闭环控制。

3. 多通道比例放大器基本工作原理与内部组成

在理解和掌握单通道比例放大器的基础上,不难理解多通道比例放大器。

双电磁铁比例方向阀在每一时刻只有一个比例电磁铁工作。因此,双通道比例放大器在每一时刻只有一个通道是选通的。这时,双通道比例放大器实质上是只有正向或反向一个通道在工作。

PQ 阀具有两个比例电磁铁分别控制压力与流量,其采用双通道比例放大器,通常实际压力控制通道输送的信号是变值比例控制信号,流量控制通道传输的是定值信号。

2.6.3 比例放大器组成模块工作原理

比例放大器包含功率放大单元、阀芯位移检测电路、阀芯位移 PID 控制器、死区补偿电路、模拟量输入单元、开关量输入信号单元等。下面分别介绍它们的工作原理。

1. 功率放大单元原理

功率放大单元是比例电磁铁的驱动与控制电路,它的核心是功率放大器,其原理及示意图如图 2-84 所示。目前比例功率放大多采用 PWM 功率放大器,其具有功放管功耗低,电功率利用率高等特点。PWM 功率放大器同时还是一种小体积的节能型功率放大器。

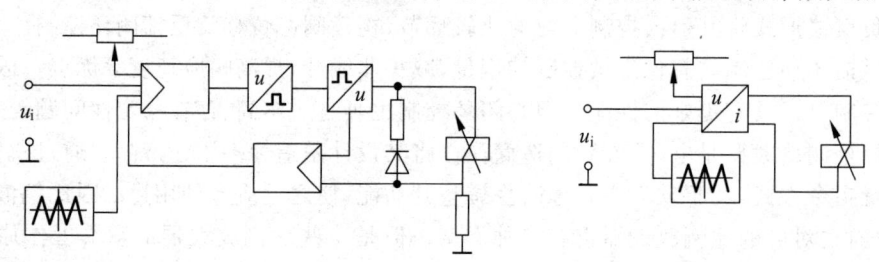

图 2-84 功率放大器原理及示意图

功率放大器的基本功能是将电压信号转变为电流信号,并使其具有足够功率驱动比例电磁铁。功率放大单元通常具有电流深度负反馈,能够稳定输出电流。

除了信号功率放大功能,功率放大单元还具有初始电流设定以及接收颤振信号输入等功能。

初始电流设定电路主要用于产生比例电磁铁的预励磁电流、调整比例电磁铁的零位死区大小或避开死区。

颤振信号主要用于克服阀体(或阀套)与阀芯间的静摩擦干扰。

2. 位移检测原理

位移检测装置的主要功用是检测阀芯(或比例电磁铁推杆)的位移,将其转变为电信号,并对电信号进行放大,用于建立阀芯位置控制闭环控制系统。

阀芯位移检测常采用 LVDT 作为传感器。LVDT 的结构由铁芯、衔铁、初级线圈、次级线圈组成。初级线圈、次级线圈分布在线圈骨架上,线圈内部有一个可自由移动的杆状衔铁,如图 2-85 所示。当衔铁处于中间位置时,两个次级线圈产生的感应电动势相等,这样输出电压为 0;当衔铁在线圈内部移动并偏离中心位置时,两个线圈产生的感应电动势不等,有电压输出,其电压大小取决于位移量的大小。为了提高传感器的灵敏度,改善传感器的线性度、增大传感器的线性范围,设计时可将两个线圈反相串接,使两个次级线圈的电压极性相反,这时 LVDT 输出的电压是两个次级线圈的电压之差,这个输出的电压值与铁芯的位移量成线性关系。

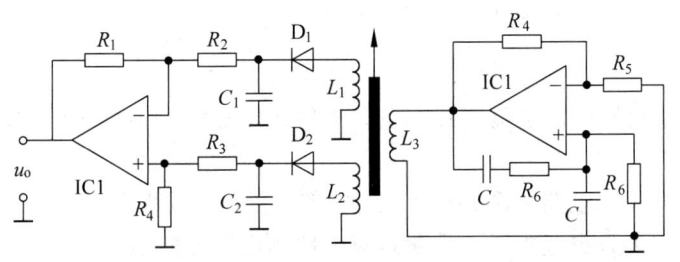

图 2-85　LVDT 位移检测原理及示意图

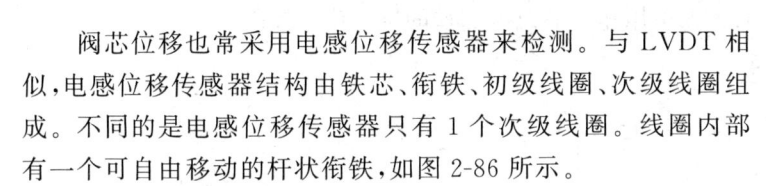

阀芯位移也常采用电感位移传感器来检测。与 LVDT 相似,电感位移传感器结构由铁芯、衔铁、初级线圈、次级线圈组成。不同的是电感位移传感器只有 1 个次级线圈。线圈内部有一个可自由移动的杆状衔铁,如图 2-86 所示。

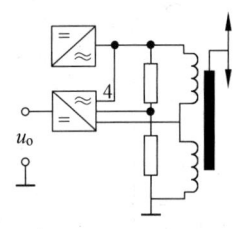

3. 反向器原理

反向器用于翻转控制信号的电平。例如将正值电压信号变换为数值相等的负值电压信号。

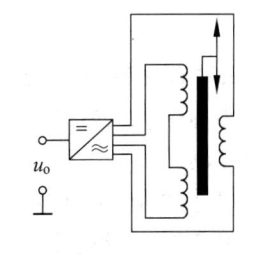

图 2-86　电感传感器位移检测原理及示意图

在比例放大器中,反向器用于控制信号反相变换,以适应单向极化比例电磁铁不能接受反相电信号驱动的现实。

反向器原理及示意图如图 2-87 所示。反向器是典型的集成运放反相端输入的放大电路,其放大倍数为 1,此时电路的功能只是反相。若放大倍数不是 1,则兼具反相器功能和放大器功能。

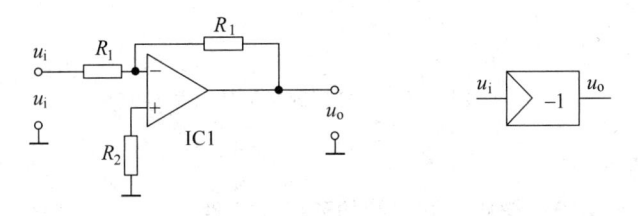

图 2-87　反向器原理及示意图

4. 加法器原理

在比例控制放大器中,加法器主要有两种用途:一是作为反馈控制系统的比较器,构建负反馈控制系统;二是用作多路电压信号的输入接口,进行多路电压信号的加法运算。

图 2-88 所示为反相加法器原理及示意图。反相加法器与反相器结合可以得到同相加法器。

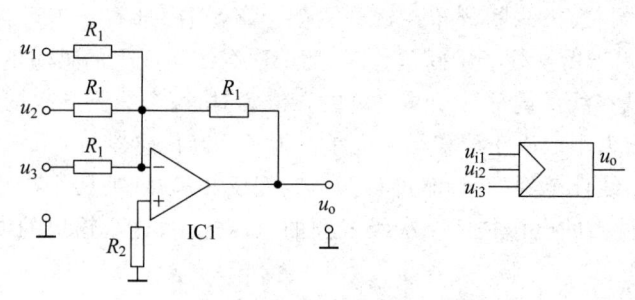

图 2-88　加法器原理及示意图

5. PID 控制器原理

阀芯位移反馈控制和闭环比例控制都需要控制器。PID 控制器是一种常用的控制器，它能够满足多数工程实际需求。

串并联混合式 PID 控制器运算电路如图 2-89 所示，它有三个运算放大器分别进行控制器的 P、I、D 分量运算。若去除 I、D 分量的某一分量运算电路则可以方便地得到 P 控制器、PI 控制器和 PD 控制器。

PID 控制器在比例控制放大器中用作阀芯或电磁铁的推杆位移控制。

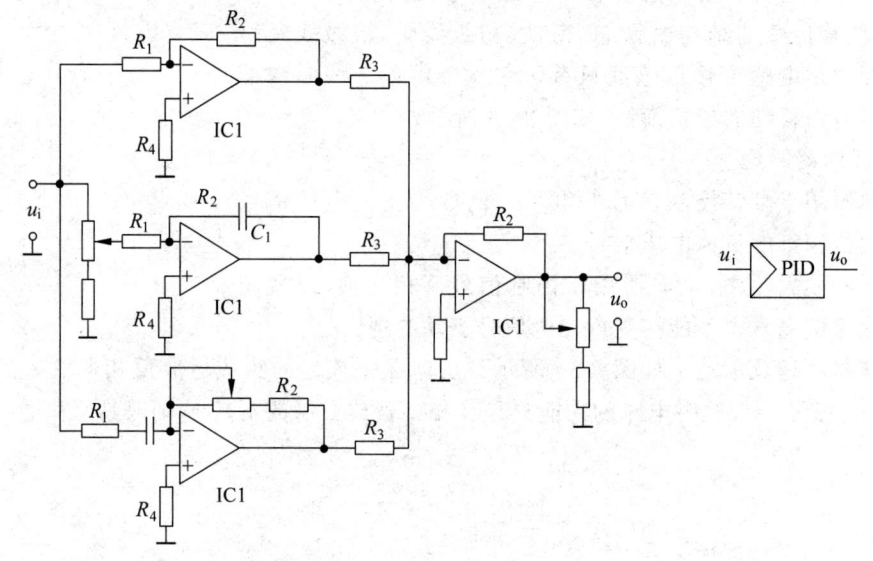

图 2-89　PID 控制器运算电路

6. 死区补偿器原理

死区补偿器主要用于补偿比例方向阀的死区非线性。

死区通常位于输入/输出特性曲线的原点附近一个较小的范围内。当控制信号较小时，会落入死区范围，此时则对外没有信号输出。死区补偿的原理就是当控制信号变化到死区边界时，对其施加一个阶跃信号，使其能够恰好跨越死区范围，保障输入信号变化过程中始终有信号输出，并可能保持一定的线性特性。

死区补偿器由跨越死区的阶跃信号发生器和调节增益比例放大器两部分组成。

死区补偿的阶跃信号发生器电路原理及示意图如图 2-90 所示。第一级控制阶跃输出的方向。第二级调节输出信号的幅值。

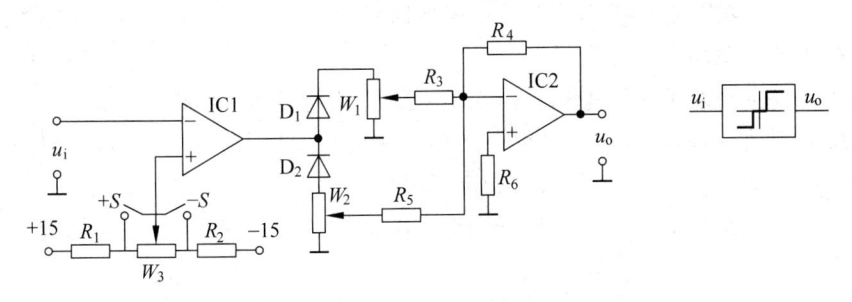

图 2-90　死区补偿的阶跃信号发生器电路原理及示意图

调节增益比例放大器电路原理与反相器原理相同,只是反馈电阻换成了电位器。改变电位器阻值,改变放大增益。

将调节增益比例放大器和跨越死区的阶跃信号发生器集成设计在一起,即构成死区补偿器,死区补偿器原理及示意图如图 2-91 所示。

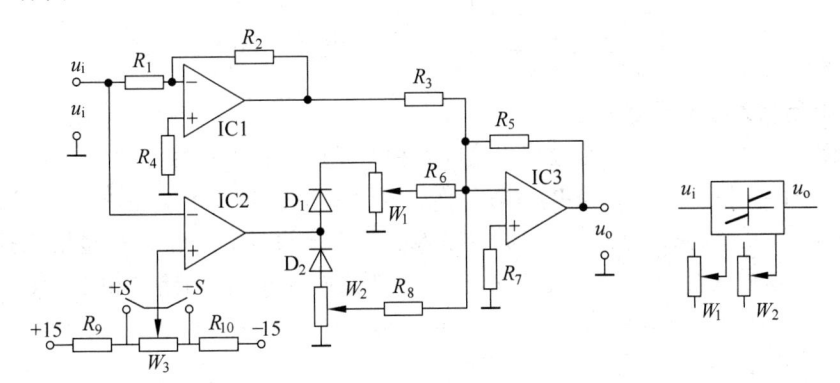

图 2-91　死区补偿器原理及示意图

比例滑阀的流量死区特性得到正确补偿的情形如图 2-92(a)所示,死区得到过渡补偿的情形如图 2-92(b)所示。图中虚线为比例滑阀的流量特性,实线为死区补偿后的流量特性。

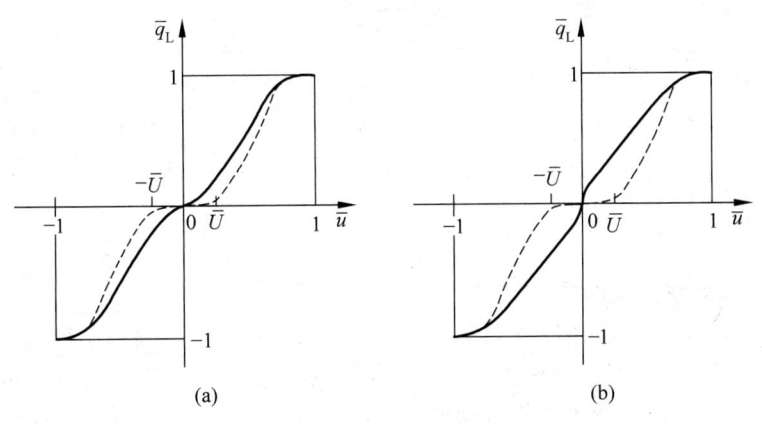

图 2-92　死区补偿示意图

7. 斜坡信号发生器原理

斜坡发生器的功能是依据启停开关信号或阶跃信号,生成渐变和连续的控制信号,避免阶跃信号产生的运动冲击。

斜坡信号发生器的工作原理是当输入信号是阶跃信号时,斜坡信号发生器产生一预先设定斜率的斜坡信号,输出缓慢上升或下降的控制电信号,用渐变电信号驱动比例电磁铁,产生渐变的液压量变化,从而避免运动冲击现象。

斜坡信号发生器及示意图(见图 2-93)的基本结构是积分器,需要调节积分系数从而调节积分输出。

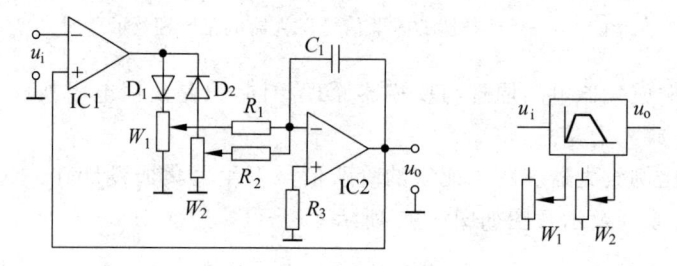

图 2-93 斜坡信号发生器原理及示意图

8. 模拟量输入单元电路原理

模拟量输入单元的功能是通过接口接收各种常见的模拟电信号。

一种典型的模拟量输入单元电路原理及示意图如图 2-94 所示。它将电压信号差动输入电路、电压信号加法输入电路、电流信号输入电路集成设计为一个模拟量输入接口电路,实现比例放大器的通用性。图中电路具有一路电流输入端 i_i,四路同相电压输入端,u_{i1}、u_{i2}、u_{i3} 和 u_{i4}。其中一路差动输入端为 u_{i4} 和 u_{i5}。

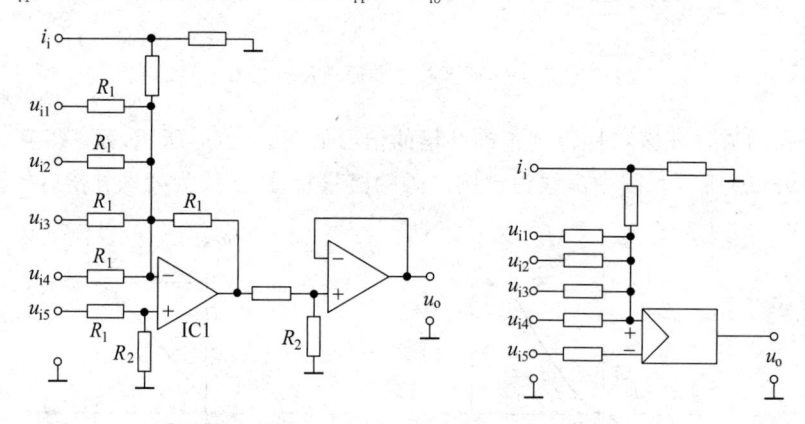

图 2-94 模拟量输入单元电路原理及示意图

9. 开关量输入单元电路原理

一种开关量输入单元电路原理及示意图如图 2-95 所示,该图展示了四路开关量触发的指令值预选定电路,其主要用于行程开关触发的开环定位控制。它具备常见的液压执行元件伸出与缩回双向的两个位置定位运动控制功能,整体电路由四套继电器 KA 和电位器 W 构成的预设电压电路构成,并预设电压控制阀口开度,以控制执行器速度。

这类电路的典型应用是具备四路开关量输入单元电路的比例放大器控制四通比例方向

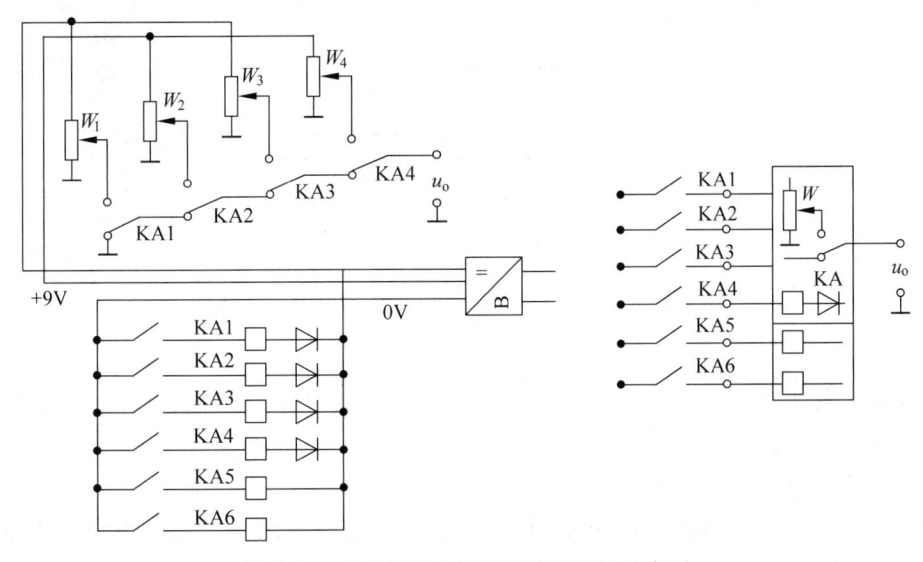

图 2-95 开关量输入单元电路原理及示意图

阀,其进一步控制液压缸的系统简图如图 2-96 所示。

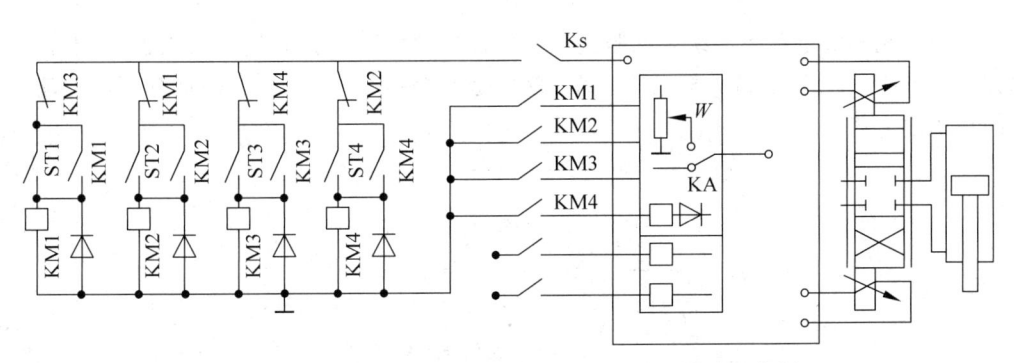

图 2-96 具备四路开关量输入单元的比例放大器应用案例

行程开关 ST1 压下,接通。起动后,继电器 KM1 接通,液压缸杆伸出,速度升至 v_1,然后等速运动。速度 v_1 由继电器 KM1 对应的预设电位器 W1 调节。活塞杆伸出运动至 ST3 压下,接通。致使继电器 KM3 接通,KM1 断开。液压缸杆继续伸出,但是速度减至 v_2,然后等速运动。速度 v_2 由继电器 KM3 对应的预设电位器 W3 调节。当液压缸杆继续伸出至 ST4 压下,KM4 接通,KM3 断开。施加负向加速度,活塞杆继续伸出,减速至零。然后继续以同样的负向加速度反向升速至 v_4,然后等速运动。速度 v_4 由继电器 KM4 对应的预设电位器 W4 调节。当液压缸杆继续缩回至 ST2 压下,接通。速度 v_4 由继电器 KM2 对应的预设电位器 W2 调节。施加正向加速度,活塞杆继续缩回,运动速度减至 v_3,然后等速运动。活塞杆继续缩回至 ST1 压下,接通。致使继电器 KM1 接通。施加正向加速度,液压缸杆继续缩回,速度减至零,继续以同样的减速度反向升速至速度 v_1,然后等速伸出运动。速度 v_1 由继电器 KM1 对应的预设电位器 W1 调节。

如此往复运动,其速度循环图如图 2-97 所示。该循环将运行直到起动开关 Ks 打开为止。

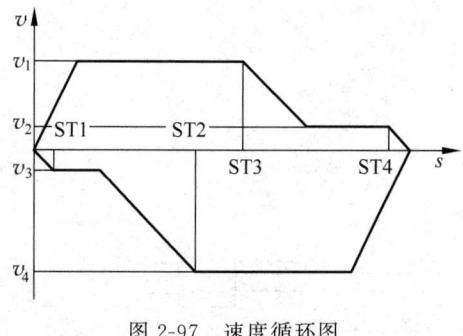

图 2-97 速度循环图

由于比例放大器中只有一个斜坡信号发生器,因此速度升高的加速过程的加速度相同,减速的加速度也相同。

10. 其他电路

比例放大器还可以包括电源电路和电缆故障监测电路等,除此之外还可能包括总线接口电路和遥控接口电路等。

2.6.4 典型比例放大器

采用功能模块电路图示绘制伺服阀用伺服控制放大器(简称,伺服放大器)主要信号通道如图 2-98 所示。伺服放大器较为简单,仅仅是一个信号放大单元,是具有深度电流负反馈的功率放大器。

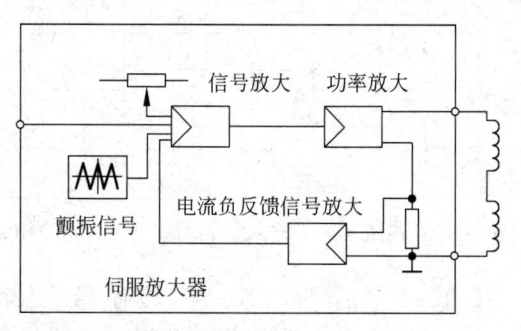

图 2-98 伺服放大器主要信号通道

与伺服放大器相比,比例放大器功能内涵较多,除了功率放大单元,还包括死区补偿单元、斜坡信号生成单元、信号输入单元等,同时其还可能包括信号限幅单元、阀芯位置反馈单元等。

可供选择的比例放大器种类较多,不同制造商提供的产品,略有差异。下面列举一些典型比例放大器的主要信号通路,阐述比例放大器的主要原理。

实际比例放大器除了主要信号通路,往往还包括电源、总线接口、电缆故障监测、斜坡信号接入与接出、调节器释压电路等部分。

特别说明:在电磁力与弹簧力作用下,比例液压阀中电磁铁推杆与阀芯是一起运动的。从液压阀看来,阀芯运动等同于电磁铁推杆的运动,阀芯位置反馈等同于电磁铁推杆的位置反馈。从比例电磁铁看来,推杆位置反馈等同于阀芯位置反馈。

1. 压力阀和节流阀用开环单路比例放大器

压力阀和节流阀用开环单路比例控制放大器是一种相对简单的比例放大器,其主要用于具有一个比例电磁铁的压力阀,其阀芯阀体为座阀结构。这种类型的比例放大器也用于一些比例节流阀。

没有阀芯位置(或称电磁铁推杆位置)反馈的比例放大器的主要信号通道是单向的,主要信号通道如图 2-99 所示。其依次包括斜坡信号发生器、饱和特性限幅环节、PID 控制器、电压信号转换为电流信号的功率放大器等部分。功率放大器需要具备初始电流设定,斜坡信号发生器可以通过跳线或电信号选用。

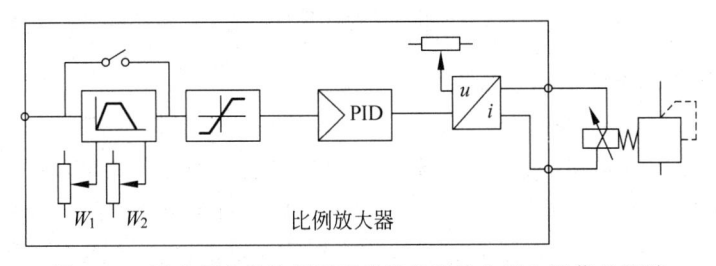

图 2-99 压力阀和节流阀开环单路比例放大器主要信号通道

2. 压力阀和节流阀用闭环单路比例放大器

压力阀和节流阀用闭环单路比例放大器主要用于驱动带位置反馈的单比例电磁铁液压阀,如比例压力阀、比例流量阀(比例节流阀和比例调速阀)等。

比例放大器的主要信号通道如图 2-100 所示。与不带阀芯位置反馈的开环单路比例放大器相比,闭环单路比例放大器增加了位移传感器的信号调制和解调电路,增加了构建阀芯位置反馈的比较器。

比例放大器中的(PID)控制器作为闭环控制器,可以调节阀芯(或电磁铁推杆)位置控制系统的性能。

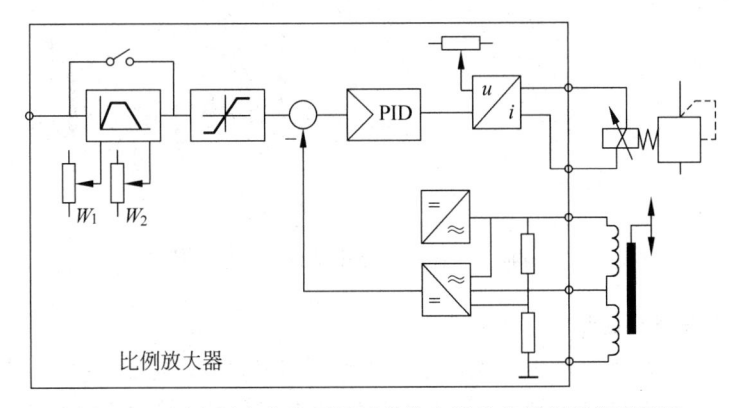

图 2-100 压力阀和节流阀闭环单路比例放大器主要信号通道

3. 方向阀用开环单路比例放大器

方向阀用开环单路比例控制放大器用于驱动不带位置反馈的只有一个比例电磁铁的二位滑阀结构比例阀(比例方向阀)。如二位三通比例方向阀、二位四通比例方向阀等。

这种比例放大器主要用于驱动滑阀结构比例放大器,与座阀结构比例阀用比例放大器相比,其增加了死区非线性补偿环节和颤振信号,并提高了灵敏度,减少了滞环,如图 2-101 所示。斜坡信号发生器可以通过电信号选用。

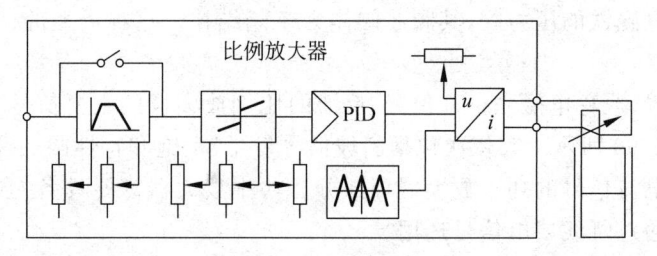

图 2-101　方向阀用开环单路比例放大器主要信号通道

4. 方向阀用闭环单路比例放大器

方向阀用闭环单路比例控制放大器用于驱动具有阀芯(推杆)位置反馈传感器的只有一个比例电磁铁的比例方向阀,如二位三通比例方向、二位四通比例方向阀等。

比例放大器的主要信号通道如图 2-102 所示。与方向阀所使用的无推杆反馈单路比例控制放大器相比,这种比例放大器增加了阀芯位移反馈通道,包括位移传感器的信号调制和解调电路、构建阀芯位移反馈的比较器等。

比例放大器中的(PID)控制器作为闭环控制器,主要用于调节阀芯(或电磁铁推杆)位移控制系统的性能。

阀芯位移反馈控制的应用减少了阀芯控制的非线性和滞环,提高了控制精度。

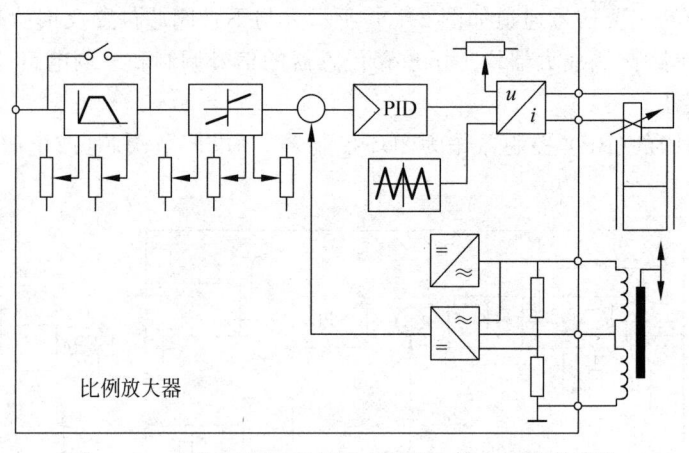

图 2-102　方向阀用闭环单路比例放大器主要信号通道

5. 方向阀用开环双路比例放大器

方向阀用开环双路比例控制放大器用于驱动不带阀芯(或电磁铁推杆)位置反馈的、具有两个比例电磁铁的三位滑阀结构比例阀(比例方向阀)。如三位三通比例方向阀、三位四通比例方向阀等。

这种比例放大器的主要信号通道如图 2-103 所示,其在 PID 控制模块后面,另分出一路信号,经过反相器模块改变信号极性,然后送给三位比例方向阀的另外一个电磁铁。

分析两个比例电磁铁的比例方向阀,可知其两个比例电磁铁是分别工作的。因此,这种双通道比例放大器,同一时刻只有一个通道参与控制过程。

斜坡信号发生器可以通过跳线或电信号选用。

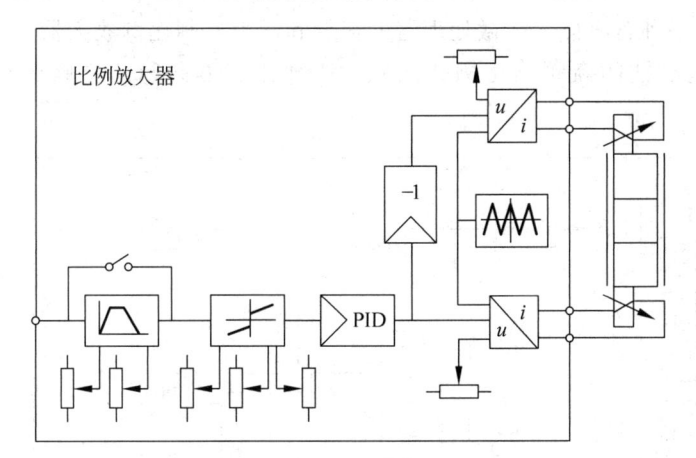

图 2-103　方向阀用开环双路比例放大器主要信号通道

6. 方向阀用闭环双路比例放大器

方向阀用推杆反馈双路比例控制放大器用于驱动具有阀芯(推杆)位置反馈传感器和两个比例电磁铁的比例方向阀。如三位三通比例方向阀、三位四通比例方向阀等。

比例放大器的主要信号通道如图 2-104 所示。与方向阀用无推杆反馈双路比例控制放大器相比,这种比例放大器增加了阀芯位移反馈通道,包括位移传感器的信号调制和解调电路、构建阀芯位移反馈的比较器等。

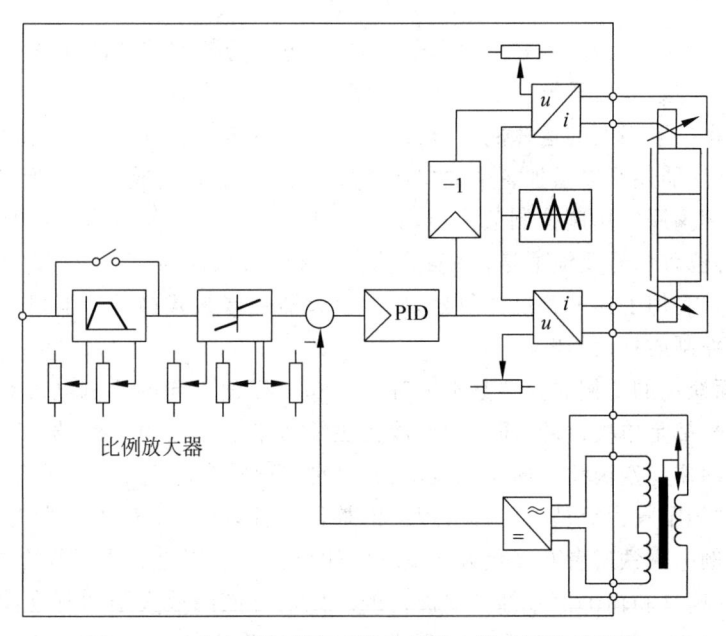

图 2-104　方向阀用闭环双路比例放大器主要信号通道

比例放大器中的(PID)控制器作为闭环控制器,主要用于调节阀芯(或电磁铁推杆)位移控制系统的性能。

阀芯位移反馈控制的应用减少了阀芯控制的非线性和滞环,提高了控制精度。

7. 高频响比例方向阀用微处理器控制比例放大器

图 2-105 是一种含有嵌入式微处理器的流量和压力控制比例放大器。其主要用于装有单向极化比例电磁铁的高频响比例方向阀。这种比例方向阀的主阀通常是三位或四位滑阀。

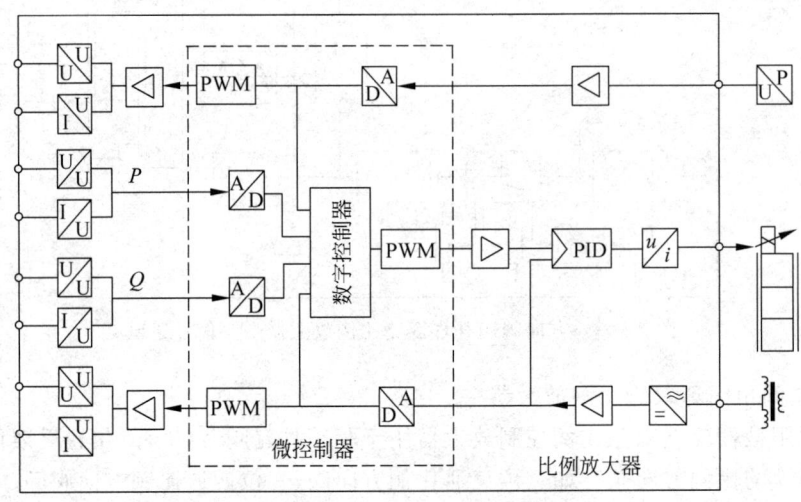

图 2-105 高频响比例方向阀用微处理器比例放大器主要信号通道

放大器具有两路反馈通道，一路为阀芯位置信号反馈通道；另一路为压力传感器信号反馈通道。

比例放大器的核心为嵌入式微处理器，其控制方式为数字控制，因此模拟传感器信号需要经过模拟信号与数字信号转换器转变为数字信号，然后才能为该数字控制器使用。

微处理器提供了强大的运算能力，可以运行复杂的控制算法。如果与高频响比例方向阀配合，则该处理器还可以增加各个油口压力反馈信号通道，构成一种含有各个油口压力反馈的高频响比例阀用的比例控制放大器，如图 2-106 所示。此类放大器将具有五路反馈通道，一路为阀芯位置信号反馈通道，另四路为比例阀 P 口、A 口、B 口和 T 口的压力传感器信号反馈通道。利用上述五路反馈信号，比例放大器的嵌入式微处理器可以实施更加精准和更多功能的控制或补偿策略。

至此，前面谈过的比例放大器基本上都是驱动单极化方向的比例电磁铁。他们的功率放大级输出信号都是单极性的，通常功率放大级输入信号也是单极性的。高频响比例方向阀还有一种作动器是双极化方向比例电磁铁，这种电磁铁实际上是一种直驱力马达，相当于特别大功率的"伺服阀力矩马达"，具有很高的控制性能，几乎没有死区非线性。因此，这种双极化方向比例电磁铁或者双极化方向高频响比例方向阀用比例放大器的功率级是双极性的，且它的输入信号和输出信号都是双极性的。比例方向阀放大器的驱动功率远大于伺服放大器的驱动功率。这里不再深入和展开讨论双极化方向高频响比例方向阀的比例放大器。

2.6.5 比例放大器选型方法

有些比例液压阀上集成安装了比例放大器，有些比例液压阀没有集成安装比例放大器。

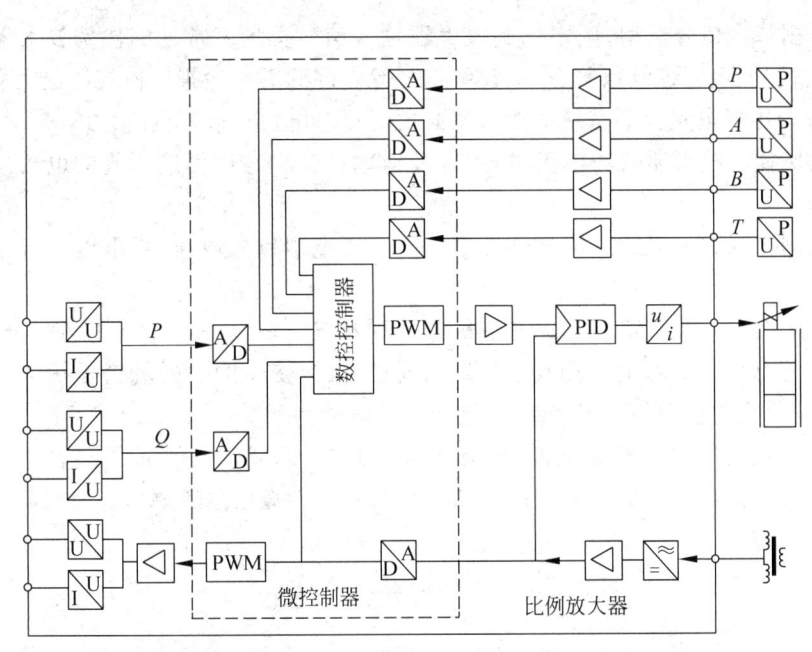

图 2-106　五路反馈微处理器比例放大器主要信号通道

未集成比例放大器的液压阀需要为之选配比例放大器。比例液压阀上集成比例放大器的明显优点是比例放大器与比例阀调配状态好,使用方便。明显的不足是其中一个部件出现故障时需整体更换,维护费用高。

比例液压阀的关键是比例电磁铁,而比例电磁铁非线性特性较显著,因此比例阀性能改善依赖于比例放大器的校正与补偿设计。与电液伺服放大器相比,比例放大器具有更复杂的系统结构与功能,其与比例电磁铁及阀芯位移传感器等关系密切。

厂商提供的比例液压阀产品资料通常会推荐与之匹配的比例放大器型号。比例放大器原则上选型应遵照比例液压阀制造商的产品说明来进行。

如若确实需要进行比例放大器选型,通常需要依次进行如下几个方面问题的探讨。

(1) 确定比例放大器的结构形式。依据安装需求,确定比例放大器的结构形式,可选四种类型:直板式、模块式、插头式和集成式。

(2) 依据比例电磁铁数目,确定比例放大器的通道数目。单比例电磁铁液压阀需选用单通道比例放大器;双比例电磁铁液压阀需选用双通道比例放大器。多路比例阀通常需要多通道比例控制放大器。

双路比例控制放大器可以控制三位比例方向阀,其同时最多只有一路控制信号工作,可控制两个比例电磁铁中的一个。

(3) 依据比例电磁铁极化方向,确定比例放大器的输出信号极性是单向?还是双向。

(4) 依据比例电磁铁或阀芯是否有位移传感器,确定比例放大器是否需要阀芯位移反馈通道,并同时考虑阀芯位置传感器与比例放大器反馈信号的匹配情况。还需要考虑压力等其他类型信号的反馈情况。

(5) 依据液压阀控制功能,确定比例放大器的特别功能。比例放大器的特别功能包括:非线性补偿、斜坡信号发生器、加颤振信号、PQ 阀控制等。

(6) 依据指令信号类型,确定比例放大器输入信号类型。常见的比例放大器输入信号类型有开关信号、电压连续信号、电流连续信号等。因此需要检查比例控制放大器输入信号电平是否符合主机电气控制系统的要求。必要时可对电信号进行调理。

(7) 比例控制放大器的功率级类型,以及功率级输出与比例液压阀的电气参数的匹配状况。

(8) 比例控制放大器所需供电电源电压与主机电源供电电压、供电电流容量等的匹配状况。

(9) 比例控制放大器安装方式与主机的匹配状况。在装备上安装比例电子放大器时,应避免将电子部件安放在电机和其他强磁场附近,因为变化的强磁场会干扰电子产品的正常工作,特别是会干扰模拟电子产品。

控制信号线与反馈信号线应加装屏蔽并正确接地,以减少外界电磁干扰。

以上是比例阀与比例放大器选配中的常见问题。特殊用途还要另外增加新的考量。

2.7 本章小结

液压比例阀及其比例放大器是液压比例技术走向实用的关键。比例液压阀和比例放大器在比例控制技术中处于核心地位。

与普通液压(开关)阀相比,液压比例阀的特点突出表现为比例电磁铁驱动阀芯和比例调节特性的液压阀以及二者的集成。从液压阀设计层面看,普通液压(开关)阀也是动力学系统,也需要用液压(反馈)控制系统理论分析与综合。液压比例阀同样是动力学系统,同样需要用液压(反馈)控制系统理论分析与综合。不仅如此,比例液压阀还包括了更多非线性特性。本书没有在这些细节处用更多篇幅来介绍这些特性,只是从比例阀应用场合和技术需求的角度来分析,可得知多数比例系统更关注稳态特性。

本章阐述了比例液压阀的关键技术基础——比例电磁铁;阐述了比例液压阀技术要点;阐述了比例方向阀、比例压力阀和比例流量阀的基本原理、结构特点及选型方法;阐述了比例放大器基本原理、结构和类型等。液压比例阀种类繁多,型号数量庞大。此外涉及的仅是其中最典型的一部分,其他将不再赘述。

思考题与习题

2-1 如何用图示描述先导式比例溢流阀的结构?

2-2 能否实现通过更换比例电磁铁或弹簧来改变直动比例溢流阀的压力等级?

2-3 如何用图示描述先导比例减压阀的结构?

2-4 能否用额定 10MPa 的比例溢流阀调定系统为压力 0.5MPa?

2-5 四通阀控非对称缸在油源升压、无载荷、不控制时,活塞杆是否会缓慢伸出?如是,则如何消除这种现象?

2-6 为什么普通液压比例方向阀有死区,具有非线性特性?如何消除或补偿之?

2-7 常见的普通二级比例方向阀有几种结构?请分别用原理图说明这些结构的特点。

2-8 什么是非对称比例方向阀?它如何实现?用在哪里?

2-9　电液比例控制对比例放大器有何基本要求？

2-10　用图示说明压力阀用带阀芯位置反馈的比例放大器的结构，并说明其工作原理

2-11　简述比例放大器中斜坡信号发生器的功能及其工作原理。

2-12　与伺服放大器相比，比例放大器有何特点？

主要参考文献

[1] WHITE F M. Viscous fluid flow[M]. New York：The McGraw-Hill companies, Inc. ,1991.

[2] BACKE W. The present and future of fluid power[J]. Journal of System and Control Engineering，1993,207：193-207.

[3] HUNT T, VAUGHAN N. The hydraulic handbook[M]. Boulevard：Elsevier Advanced Technology,1994.

[4] Rexroth. 液压传动教程比例阀与伺服阀技术（Re 00291）[M]. 美因茨河畔洛尔：博世集团力士乐液压与自动化有限公司,2003.

[5] Eaton Hydraulics(Vickers). Products(Proportional valves)[EB/OL]. [2019-08-01]. http：//www.eaton.com/Eaton/ProductsServices/Hydraulics/Valves/IndustrialValves/index.htm.

[6] Parker Hannifin Corporation. Hydraulic proportional valve[EB/OL]. [2019-08-01]. https：//ph.parker.com/us/17593/en/hydraulic-proportional-valves-hvd.

[7] Bosch Rexroth. Products (Proportional servo valves)[EB/OL]. [2019-08-01]. http：//www.boschrexroth.com/en/xc/products/product-groups/industrial-hydraulics/proportional-servo-valves/index.

[8] 沈阳液压件厂. 产品展示（液压阀产品）[EB/OL]. [2019-08-01]. http：//www.sy-yyjc.com/product.asp? bid＝6.

[9] 北京华德液压工业集团有限责任公司. 产品中心（液压阀产品）[EB/OL]. [2019-08-01]. http：//www.huade-hyd.com.cn/cn/pro.asp.

[10] 太重榆次液压工业集团有限责任公司. 产品中心（液压阀）[EB/OL]. [2019-08-01]. http：//product.tzyy.com.cn/index/yyf.htm.

[11] 韩广兴. 电子工程师实用手册[M]. 北京：电子工业出版社,2013.

第 3 章 比例控制液压回路及方式

在液压比例控制系统中,控制功能常常需要通过液压回路实现。比例控制基本回路由电液比例阀和液压管路与元件网络构成功能单元,是在工程实践中形成了一些功能应用的惯常组合。液压基本回路可以理解为功能单元的液压回路,而液压比例阀是通过液压基本回路形成相对独立控制功能单元,液压控制系统中比例控制液压基本回路如图 3-1 所示。

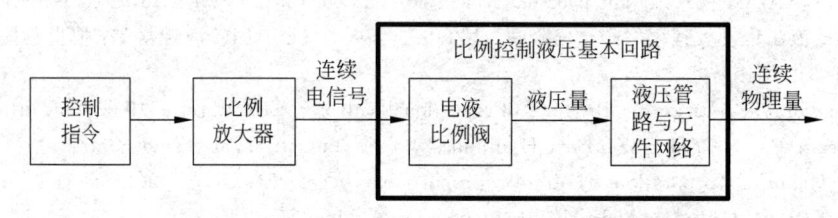

图 3-1 液压控制系统中比例控制液压基本回路

比例控制液压回路因液压比例阀的出现而形成。一些液压比例阀与普通液压阀可以互换,譬如比例溢流阀,用比例阀替换液压基本回路中对应的普通阀可以将普通液压基本回路变为比例控制液压基本回路。还有一些液压比例阀具备了新功能,譬如比例方向阀。具备新功能的比例液压阀在工程实践中也形成了一些具有特色的典型回路。

液压比例控制应用广泛,工程实践中有数量庞大的比例控制液压回路案例。比例控制液压回路可以分为运动比例控制液压回路、流量比例控制液压回路和压力比例控制液压回路三类。

本章从液压比例控制系统实际工程应用中归纳提取出典型电液比例控制液压回路。阐述比例控制液压回路原理、控制方式及功能特点,希望以此帮助读者较全面地认识液压比例控制系统的工作原理,进一步具备设计液压比例控制系统的能力,达到举一反三的效果。

本章主要介绍比例控制液压回路,包括运动比例控制液压回路、流量比例控制液压回路、压力比例控制液压回路等。

3.1 运动比例控制液压回路

运动比例控制液压回路主要采用液压比例方向阀控制。液压比例方向阀既可以控制工作液流动方向,也可以对进入或流出液压执行元件的工作液进行节流控制。在运动比例控制液压回路中,比例方向阀既可以控制液压执行元件运动方向,也可以控制液压执行元件的运动速度。

液压比例方向阀可以构建速度控制系统,闭环控制高性能比例方向阀也可以构建位置控制系统,接近伺服阀性能的比例方向阀可以构建压力或力控制系统。

3.1.1 基本的四通阀控液压缸运动比例控制

液压活塞缸主要有对称缸和非对称缸两类。控制液压缸活塞杆双向运动需要采用四通阀。控制方式有开环控制和闭环控制两类。除此之外单出杆液压缸还有差动连接方式。

1. 四通阀控对称液压缸开环比例控制

对称液压缸活塞两侧有效作用面积相等。空载时,同时向液压缸两腔供给压力相同的液压油,活塞杆不动。

四通阀控对称液压缸开环比例控制液压回路如图 3-2 所示。对称液压缸控制采用对称阀来控制。比例方向阀中位机能通常选用四个油口相互阻断的 O 型(Rexoth 称为 E 型)。当比例方向阀断电时,比例方向阀将处于中位,液压缸保持不动。

四个行程开关作为到位发讯器监测活塞杆运动到位情况,如图 3-2 所示。

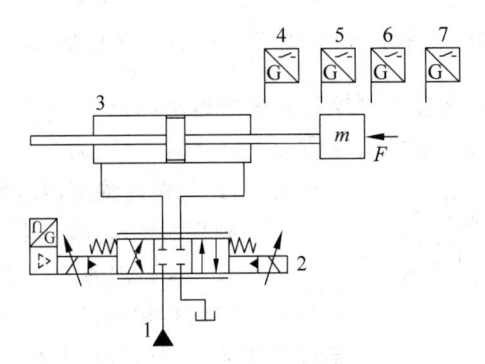

1—油源;2—电磁比例方向阀;3—液压缸;4~7—行程开关。
图 3-2 四通阀控对称液压缸开环比例控制液压回路

若采用四个开关量输入单元的专用比例控制放大器则可以实现一种廉价和功能简单的控制系统,开关量指令比例方向阀开环控制系统如图 3-3 所示。它可以直接接收四个行程开关发出的开关量信号,实现液压执行器伸出与缩回双向运动定位。

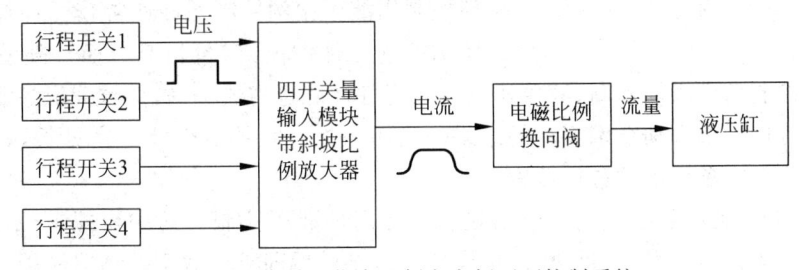

图 3-3 开关量指令比例方向阀开环控制系统

行程开关通常输出布尔量开关量信号至逻辑控制器,逻辑控制器是开关量信号指令元件,其可以是可编程逻辑控制器(PLC),也可以逻辑运算网络等。它接收到位发讯器的开关信号,然后才通过逻辑运算产生开关量控制指令,也就是各个电磁铁通电与断电指令。

电磁铁通电与断电指令送给带斜坡函数发生器的双通道比例放大器,生成渐变连续量控制信号。该信号控制电磁铁的电磁力,从而控制阀芯位置,进一步控制进入液压缸的流量,达到控制液压缸速度与位置的作用。这种开关量指令比例方向阀开环控制系统如

图 3-4 所示。

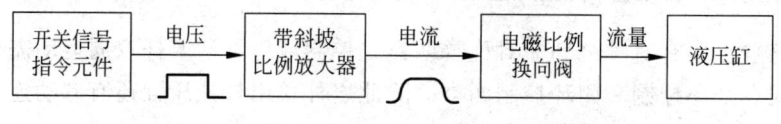

图 3-4 开关量指令比例方向阀开环控制系统

如果开环控制系统的指令元件是(连续量)模拟信号的,则比例放大器可以采用没有斜坡信号发生器的双通道比例放大器,或关闭比例放大器中的斜坡信号发生器。这种模拟量指令比例方向阀开环位置控制系统如图 3-5 所示。

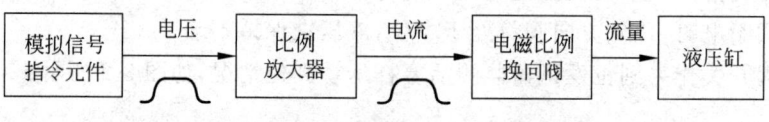

图 3-5 模拟量指令比例方向阀开环位置控制系统

与液压传动系统相比,液压比例控制系统的运动冲击小,运行平稳,具备渐变起动或停止,到位控制精度较开关阀控制的液压传动系统更高。

2. 四通阀控对称液压缸闭环比例控制

四通阀控对称液压缸闭环比例控制的液压回路如图 3-6 所示。从原理图的职能符号上看,它与图 3-2 系统的液压回路是相同的。不同的是图 3-2 所示的开环系统采用四个到位发讯器检测四个运动控制点处液压缸活塞杆是否到位,而图 3-6 所示的四通阀控对称液压缸闭环比例控制系统则安装了活塞杆位移传感器,通过该传感器实时检测活塞杆的位置。

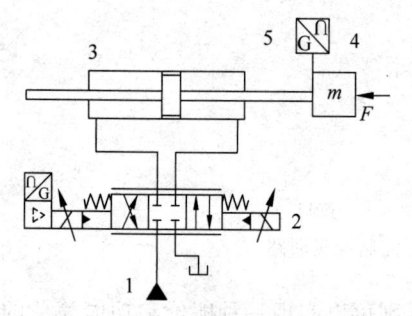

实际上,闭环液压控制系统(见图 3-6)与开环控制系统(见图 3-2)所用液压比例控制元件可能是不同的。闭环控制用液压比例控制元件通常较开环控制系统液压比例控制元件性能好、价格高。而且随着系统动态

1—油源;2—电磁比例方向阀;3—液压缸;
4—被控对象;5—位移传感器。

图 3-6 四通阀控对称液压缸闭环比例控制的液压回路

性能指标或控制精度指标提高,液压比例控制元件性能也需要提高,导致液压控制系统造价随之提高。应用需求推动技术变革的结果便是闭环控制系统以性能优良见长,开环控制系统以满足系能需求条件下的造价低廉见长。

目前,工业装备中数字控制器应用较多。在闭环液压控制系统中模拟量位移传感器 5 输出模拟量作为检测信号,经过 A/D 转换变为数字量后即可供数字控制器使用。实际应用中通常采用带阀芯位置反馈的电磁比例方向阀(或者高频响比例方向阀)构建模拟量反馈信号闭环比例控制系统,如图 3-7 所示。

在上述闭环系统中,数字控制器发出数字量控制指令,并与数字量的位移传感器信号作差运算来产生数字量偏差信号,并经过模拟量输出模块(也可以采用具有模拟量控制信号的工业控制计算机、嵌入式计算机、单片机、运动控制器等的 D/A 转换器)输出连续量偏差指令信号,并传输给比例放大器。比例放大器在处理这些信号后输出模拟量电流信号,将其传给电磁比例方向阀的比例电磁铁,比例电磁铁依据信号要求渐变地驱动比例方向阀阀芯运

动,输出连续渐变的液体流量,最终驱动液压缸的活塞杆和位移传感器。

在数控装备中,数字量位移传感器(如光栅尺)输出数字量表示的连续信号,这些信号作为反馈信号可以供数字控制器直接使用,数字量反馈信号闭环比例控制系统如图3-8所示。在实际工程中通常采用高频响小死区的电磁比例方向阀构建闭环控制系统回路,并使用数字量输入模块(也可以采用具有数字量输入功能的工业控制计算机、嵌入式计算机、单片机、运动控制器等)接收数字量位移传感器信号,作为反馈信号。

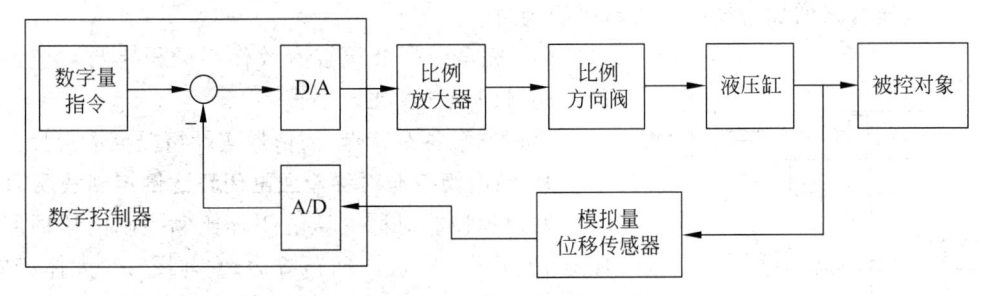

图 3-7 模拟量反馈信号闭环比例控制系统

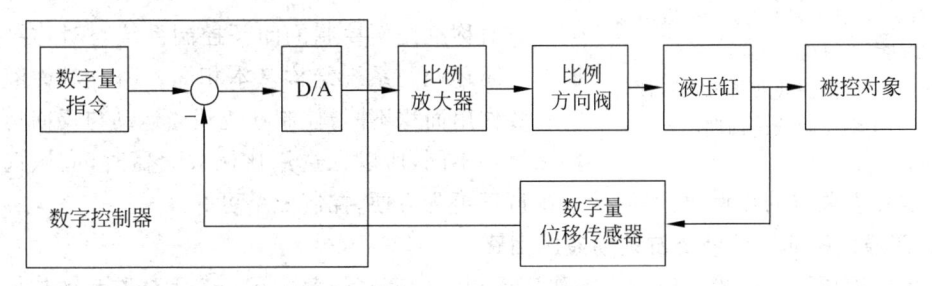

图 3-8 数字量反馈信号闭环比例控制系统

3. 四通阀控非对称液压缸开环比例控制液压回路

非对称液压缸活塞两侧的有效作用面积不相等,无杆腔有效作用面积大。空载情况下,当比例方向阀处于中位,四通阀内泄漏将造成液压缸活塞杆缓慢伸出,同时泄漏量大小决定液压缸活塞杆伸出速度。

在四通阀控非对称液压缸开环比例控制的液压回路中,应采用与非对称液压缸匹配的非对称液压阀控制,否则将容易产生过压与气蚀等现象。

在实际工程中通常采用不带反馈的电磁比例方向阀构建开关量指令信号比例方向阀开环控制系统回路,四通阀控非对称液压缸开环比例控制液压回路如图3-9所示。为了避免空载阀芯中位缸杆伸出,四通滑阀应采用特殊结构。中位时液压缸两腔之间节流通道的通流量为3%额定流量,活塞杆保持不动(Rexroth公司称为W型中位机能)。

此处的开关量指令信号比例方向阀开环电气控制系统与图3-3相同。因非对称液压缸的有效

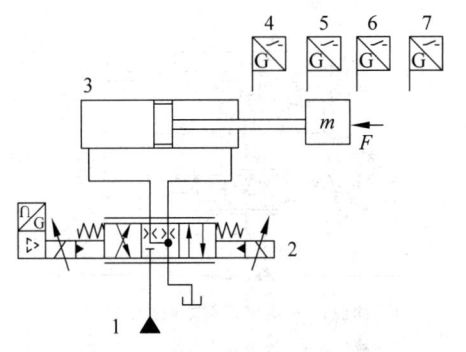

1—油源;2—电磁比例方向阀;3—液压缸;
4~7—行程开关。

图 3-9 四通阀控非对称液压缸开环比例控制液压回路

作用面积不同,控制系统正向运动与反向运动的特性也有些不同。如果选用可以独立调节正向斜坡函数和反向斜坡函数的比例放大器,系统调试将会更为灵活方便。

非对称液压缸控制,容易出现超压与气蚀现象。为了避免超压与气蚀现象出现,通常采用如下方案:

(1) 限制负载变化范围,使其不足以产生超压或气蚀。

(2) 增大液压缸有效作用面积,提高液压动力元件的驱动能力。

(3) 液压管路增加防气蚀与防超压的阀组。

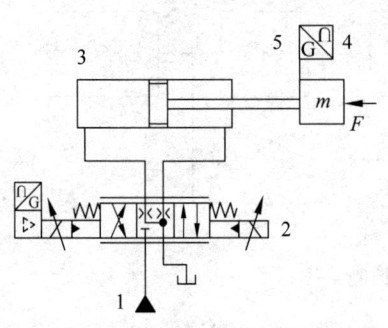

(4) 完全匹配液压缸有效作用面积比与对应控制阀的阀口面积梯度比。

上述方案各有特点,需依据实际情况灵活选择。

4. 四通阀控非对称液压缸闭环比例控制液压回路

四通阀控非对称液压缸闭环比例控制液压回路如图 3-10 所示。在液压回路方面,它与图 3-9 大体相同。区别是闭环控制需要位移传感器实时检测液压缸活塞杆的位置。

非对称缸比例控制的闭环控制系统与对称缸比例控制的闭环控制系统结构基本相同。因非对称液压缸的有效作用面积不同,控制系统正向运动与反向运动的环路增益不同,所以在选用比例放大器时,应该选用正反向增益独立调节的比例放大器,使系统调试更为方便,控制效果更好。

1—油源;2—电磁比例方向阀;3—液压缸;4—被控对象;5—位移传感器。

图 3-10 四通阀控非对称液压缸闭环比例控制液压回路

5. 四通阀控非对称液压缸差动液压回路

单出杆液压缸差动连接时的有效作用面积是活塞杆的截面积。若无杆腔有效作用面积是有杆腔有效作用面积的两倍,则需要通过差动连接来保障液压缸活塞杆正反向运动有效作用面积相等或近似相等。

采用特别设计右位和中位机能的三位四通阀控非对称液压缸差动液压回路如图 3-11 所示。

采用 O 型(Rexoth 称为 E 型)中位机能的三位四通非对称比例方向阀控非对称液压缸闭环控制差动液压回路如图 3-12 所示。

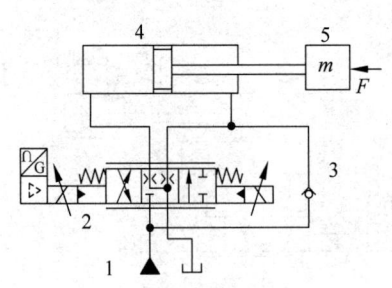

1—油源;2—电磁比例方向阀;3—单向阀;4—液压缸;5—被控对象。

图 3-11 四通阀控非对称液压缸差动液压回路

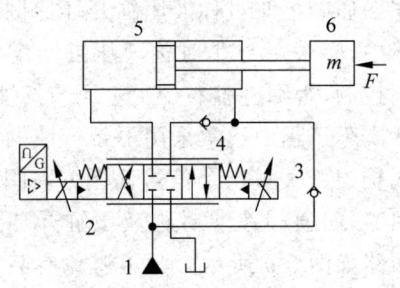

1—油源;2—电磁比例方向阀;3,4—单向阀;5—液压缸;6—被控对象。

图 3-12 非对称比例方向阀控非对称液压缸闭环控制差动液压回路

3.1.2 阀控非对称缸运动比例控制的超压和吸空保护

在外载荷波动大,可能偶尔会出现液压缸压力超压和吸空情况。在液压比例方向阀控制液压缸的基本回路上需要增加防止液压缸两腔压力超压和吸空的设计,防超压和吸空的比例控制液压回路如图3-13所示。

溢流阀3和4为安全阀,其作用便是防止液压缸两腔压力出现超压现象。单向阀5和6为补油阀,将于液压缸活塞杆在外力拖动下被动运动产生吸空时补油,保证活塞两侧始终充满油液。

液压回路系统既可以采用闭环控制也可以采用开环控制。采用闭环控制方式时需加装位移传感器;采用开环控制方式时需加装到位发讯器。

当液压回路系统配装了位移传感器(见图3-13),用于实时检测液压缸活塞杆位移情况,控制方式为闭环位置控制。若液压回路还配装了压力传感器,则进一步增加压力补偿控制,改善控制系统性能。

当控制精度要求较低且抗干扰能力要求不高时,液压回路也可以采用开环控制方式,将图中位移传感器换成行程开关,用行程开关作为发讯器,当活塞杆到位时发出到位信号,传输给开关量控制器。

1—油源;2—电磁比例方向阀;3,4—安全阀;5,6—补油单向阀;7—液压缸;8—负载;9—位移传感器;10,11—压力传感器。

图 3-13 防超压和吸空的比例控制液压回路

液压回路及控制方式具有如下特点:

(1) 单出杆非对称液压缸占用空间小,便于在机械装备上安装布置液压缸;

(2) 需防止非对称液压缸两腔出现超压与吸空现象;

(3) 液压回路可以采用闭环控制方式,也可以采用开环控制方式;

(4) 如前面所述,比例方向阀的连续量渐变控制指令可以利用比例放大器的斜坡函数生成,也可以通过连续量控制器生成;

(5) 连续量控制器除了接收连续量控制信号,也可以进行更加复杂和优化的运动轨迹控制。

3.1.3 负向载荷平衡

大型或超大型负向载荷情况也是常见的液压驱动与控制的载荷形式。在停机或者断开控制时,负向载荷会驱动液压缸运动,因此在控制过程中,负向载荷很可能会造成液压执行元件两个方向运动不对称。

1. 外控平衡阀的比例控制液压回路

装备机械机构设计要求:非对称液压缸铅垂安装,外控平衡阀的比例控制液压回路如图3-14所示,图中活塞杆向上举升超重负载。该设计下液压缸可采用非对称三位四通比例方向阀控制,其有效作用面积比会与比例方向阀阀口面积梯度比匹配。

使用具有加速和减速斜坡信号的连续信号控制电磁比例方向阀2进行换向动作可以避

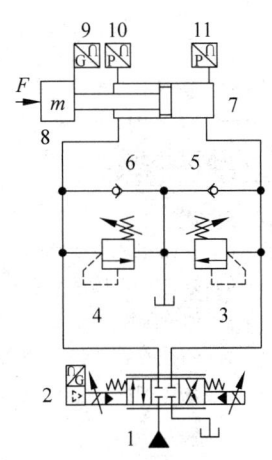

免大质量载荷惯性造成的运动冲击。

大负向负载向下作用在液压缸活塞杆上,因此有杆腔可能产生吸空现象,此时需要加装补油单向阀 7 进行补油,防止吸空。同时无杆腔也可能产生超压现象,因此还需要加装溢流阀 6 限制无杆腔压力上限。

为了防止大负向负载驱动液压缸活塞杆向下运动,可以在液压缸无杆腔与比例方向阀之间加装外控平衡阀 3。

这种液压回路可以采用开环控制,也可以采用闭环控制。

如果液压缸驱动仅需要实现较低控制精度的举升运动,则液压回路系统可以采用开环控制,另需加额外装到位发讯器。

该液压回路及控制方式具有如下特点:

(1) 单出杆非对称液压缸竖直布置,无杆腔承受大重力载荷;

(2) 大重力载荷需要平衡,以防止停机负载自动下滑;

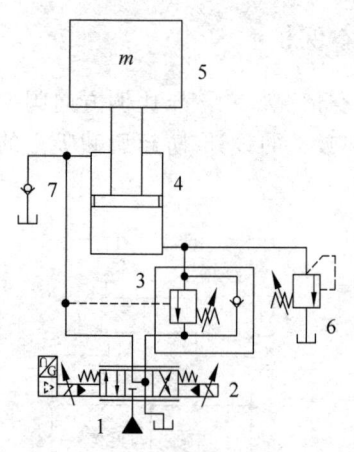

1—油源;2—电磁比例方向阀;3—平衡阀;4—液压缸;5—大质量负载;6—溢流阀;7—补油单向阀。

图 3-14 外控平衡阀的比例控制液压回路

(3) 非对称比例方向阀控制非对称液压缸时需进行匹配设计,同时注意防止或减弱气穴和超压现象;

(4) 可以利用比例放大器的斜坡函数生成比例方向阀的连续量渐变控制指令,也可以通过连续量控制器生成之;

(5) 控制方式可以采用开环控制,也可以采用闭环控制(需加装位移传感器),具体应依据精度指标选择。

2. 内控平衡阀的比例控制液压回路

装备机械机构设计要求:非对称液压缸铅垂安装,内控平衡阀的比例控制液压回路如图 3-15 所示,图中活塞杆向上提拉重负载。该设计下液压缸将采用非对称三位四通比例方向阀控制,其有效作用面积比为 2∶1。同时比例方向阀也为非对称三位四通比例方向阀,阀口面积梯度比为 2∶1。

使用具有加速和减速的连续信号控制比例方向阀 2 的换向动作,避免大质量载荷惯性造成的运动冲击。

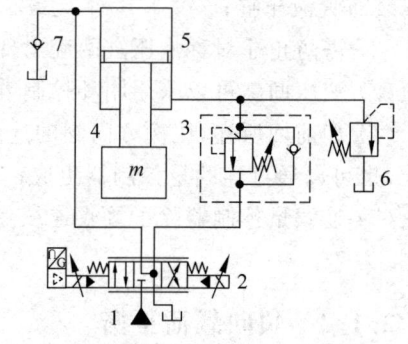

由于大负向负载向下作用在液压缸活塞杆上,因此无杆腔可能产生吸空现象,需要加装单向阀 7 进行补油以防止吸空。且由于有杆腔可能产生超压现象,因此还需要加装溢流阀 6 以防止超压。

另外为了防止大负向负载驱动液压缸活塞杆运动,还可在液压缸有杆腔与比例方向阀之间加装单向内控平衡阀 3。

1—油源;2—电磁比例方向阀;3—平衡阀;4—质量负载;5—液压缸;6—溢流阀;7—补油单向阀。

图 3-15 内控平衡阀的比例控制液压回路

这种液压回路及控制方式具有如下特点：

(1) 单出杆非对称液压缸竖直布置,有杆腔承受大重力载荷;

(2) 需要平衡大重力载荷,以防止停机时负载自动下滑;

(3) 由于非对称比例方向阀控制非对称液压缸,故需对这两者进行匹配设计,且需要注意防止或减弱气穴和超压现象;

(4) 比例方向阀的连续量渐变控制指令可以由比例放大器的斜坡函数生成,也可以由连续量控制器生成;

(5) 液压回路的控制方式既可以采用开环控制,也可以采用闭环控制(需额外加装位移传感器),具体应依据精度指标选择。

3. 内控平衡阀的差动连接比例控制液压回路

装备机械机构设计要求：液压缸铅垂安装。该设计下比例方向阀将控制液压缸活塞杆向上提拉重负载,内控平衡阀的差动连接比例控制如图 3-16 所示,其液压缸有效作用面积比为 2∶1,而比例方向阀为对称三位四通比例方向阀。

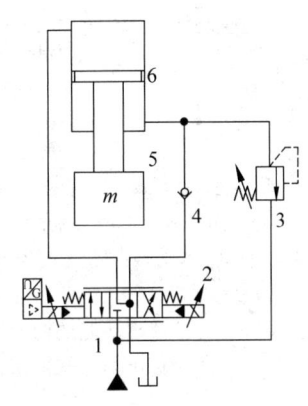

为防止大负向负载驱动液压缸活塞杆运动,可在液压缸有杆腔与比例方向阀之间加装内控平衡阀 3。活塞杆伸出时,液压回路为差动连接。

液压回路及控制方式具有如下特点：

(1) 单出杆非对称液压缸竖直布置,有杆腔承受大重力载荷;

(2) 大重力载荷需要平衡,以防止停机负载自动下滑;

(3) 为确保对称比例方向阀能有效控制对称液压缸,需对两者进行匹配设计;

(4) 有杆腔有可能出现超过系统供油压力的现象,故超压数值需额外设计;

1—油源；2—电磁比例方向阀；3—内控平衡阀；4—单向阀；5—质量负载；6—液压缸。

图 3-16　内控平衡阀的差动连接比例控制

(5) 比例方向阀的连续量渐变控制指令可以由比例放大器的斜坡函数生成,也可以由连续量控制器生成;

(6) 其控制方式既可以采用开环控制,也可以采用闭环控制(需额外加装位移传感器),具体应依据精度指标选择。

3.1.4　负载运动位置锁止

在断电工况或中止运动控制工况时,一些装备需要实现运动负载锁止不动。因液压执行元件不同,锁止运动负载的液压回路也是不同的。

1. 四通阀控液压缸比例控制液压回路

具备锁止功能的四通阀控液压缸比例控制液压回路如图 3-17 所示,这是一种常见的比例控制液压回路。由于这种回路的直线运动负载需要液压缸驱动,因此其液压缸活塞杆双向运动需要四通阀控制。

如果液压缸内泄漏量很小,那么可以通过锁止液压缸两个油口锁住液压缸活塞杆,使其不运动。电磁换向阀 7 断电时,液控单向阀 4 和 5 可以将液压缸两个油口锁止。反之,电磁换向阀 7 通电时,液控单向阀 4 和 5 可以将液压缸两个油口打开,此时比例方向阀可以控制液压缸运动。

在液压源故障的情况下,蓄能器 8 可以保障外控液压锁(电磁换向阀 7、液控单向阀 4 和 5)可靠地工作,锁住负载。

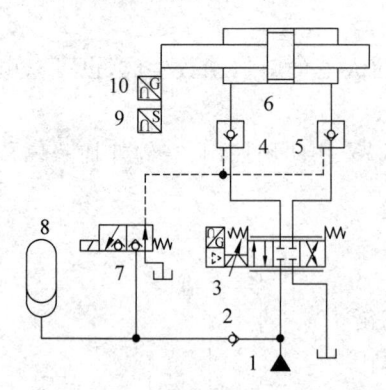

图 3-17 所示的比例控制液压系统加装了位移传感器和速度传感器,其控制方式是闭环控制。如果系统控制性能要求低一些,特别是仅需要两点间到位控制时,则可以采用开环控制,并将位移传感器更换为到位发讯器以降低制造成本。

此外还可以使用渐变斜坡的连续信号控制电磁比例方向阀,通过输出渐变流量高压液压油来驱动液压缸拖动负载平缓起动与停止,可以有效避免运动冲击。

具备锁止功能的四通阀控液压缸比例控制液压回路及控制方式主要具有如下特点:

(1) 双向驱动执行负载,可以连续变速;
(2) 需要停机制动负载;
(3) 电磁换向阀控制液控单向阀构成电控锁阀,可以控制液压缸活塞杆锁止;
(4) 液压回路可以采用闭环控制方式,也可以采用开环控制。

1—油源;2—单向阀;3—比例方向阀;4,5—液控单向阀;6—液压缸;7—电磁换向阀;8—蓄能器;9—速度传感器;10—位移传感器。

图 3-17 具备锁止功能的四通阀控液压缸比例控制液压回路

2. 四通阀控抗反拖动马达比例控制液压回路

四通阀控抗反拖动马达比例控制液压回路如图 3-18 所示,其是一种常见的比例控制液压回路。该液压回路旋转负载需要液压马达驱动,故马达双向旋转需要四通阀控制。同时由于旋转负载需要连续变速或者位置控制,因此马达需要采用三位四通比例方向阀控制。

在停机或者中止控制时,液压回路需要锁住运动负载使其不运动。但是,由于马达内泄漏量较大,不能通过锁止马达两个进出油口锁住马达轴。因此,在实际应用中需要采用机械制动器锁止马达轴。通常机械制动器控制方案是供油打开锁止制动器,卸油锁止液压马达轴。

为了防止外负载拖动液压马达使马达两腔出现超压现象,需要在液压回路中设置溢流阀 11 和 12 对马达油腔压力上限进行限压。

为了防止外负载拖动液压马达使马达两腔出现吸空现象,还需要进一步设置单向阀 6 和 7 进行补油。单向阀开启压力应很小。

液控单向阀(2、4、5)用于隔离比例方向阀 3。当电磁换向阀 13 断电,液压单向阀(2、4、5)将被关闭,比例方向阀也会与液压系统隔离,此时可以单独拆卸更换比例方向阀。在电磁换向阀 13 通电后,液压单向阀(2、4、5)打开,同时也将打开液压制动缸 9 和 10,然后比例方向阀 3 接入液压系统,对马达 8 进行控制。

依据控制性能要求不同,图 3-18 所示液压回路系统可以采用闭环控制,也可以采用开环控制。依据控制方式不同,闭环控制方式需加装位移传感器;开环控制方式需加装到位发讯器。

即便采用简单的开环控制方式,使用渐变斜坡的连续信号控制电磁比例方向阀也能输出渐变流量高压液压油来驱动液压马达,并拖动负载平缓起动与停止。这种设计可以避免运动冲击。在停机后,马达采用机械制动器锁止,这一措施可以防止负载位置改变。

在故障等情况下,若负载拖动液压马达旋转,则单向阀可以避免液压马达吸空。此外液控单向阀还可以保护比例方向阀,在电磁换向阀13断电后可使比例方向阀与其他部分隔离开来,避免其承受液压力,也使其更换较为方便。

图3-18是一个功能完整的四通阀控液压马达的比例控制液压回路,其液压回路及控制方式主要具有如下特点:

(1)双向驱动旋转负载,支持连续变速;
(2)需要停机制动负载;
(3)双向超越载荷拖动液压马达时,可有效防止吸空与超压;
(4)电磁换向阀控制液控单向阀构成电控锁阀,控制比例方向阀的接入和接出;
(5)液压回路可以采用闭环控制方式,也可以采用开环控制。

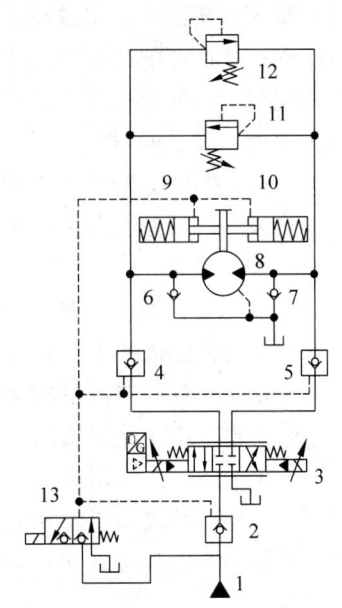

1—油源;2,4,5—液控单向阀;3—比例方向阀;6,7—单向阀;8—马达;9,10—液压制动缸;11,12—防过载安全阀;13—电磁换向阀。

图3-18 四通阀控抗反拖动马达比例控制液压回路

3.1.5 比例控制系统的冗余设计

中低频大功率振动台激振器驱动与控制系统的液压回路为模拟量指令比例方向阀开环控制液压回路(见图3-19),它具有两套控制阀组,是典型的冗余设计。

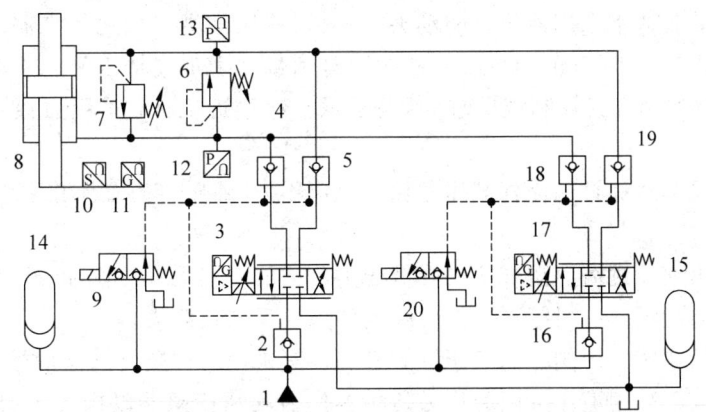

1—油源;2,4,5,16,18,19—液控单向阀;3,17—高频响比例方向阀;6,7—安全阀;8—液压缸;9,20—电磁换向阀;10—速度传感器;11—位移传感器;12,13—压力传感器;14—高压蓄能器;15—低压蓄能器。

图3-19 模拟量指令比例方向阀开环控制液压回路

该液压基本回路为对称四通电磁高频响比例方向阀3或17控制对称液压缸8的阀控缸回路。

其中激振液压缸 8 进出油口并联安全阀(6、7),用于避免两腔压力出现超压现象。其液压缸 8 则受控于高频响比例方向阀 3 和 17,只是其中一个是冗余备份。电磁换向阀 9 控制液控单向阀(2、4、5),进一步控制高频响比例方向阀 3 的起动与休眠。电磁换向阀 20 控制液控单向阀(16、18、19),进一步控制高频响比例方向阀 17 的起动与休眠。最后是高压蓄能器 14 和低压蓄能器 15 吸收压力冲击。

振动台液压回路系统的控制方式是闭环控制,位置闭环内部具有速度反馈环路和压力反馈环路。

该液压回路及控制方式具有如下特点:
(1) 在不允许停机的重大应用场合,冗余设计能够在运行过程中切换控制阀;
(2) 电磁换向阀与液控单向阀构成电控锁阀,控制比例方向阀的接入和接出;
(3) 振动台液压回路采用闭环控制方式;
(4) 液压控制元件采用高频响比例方向阀;
(5) 闭环控制系统采用连续量控制信号。

冗余设计液压回路系统可以采用闭环控制方式,也可以采用开环控制方式。

3.1.6 阀控非对称缸的单腔运动/力控制

非对称缸控制液压回路面临较多困难,如比例方向阀面积梯度比与液压缸有效作用面积比需要匹配的问题,液压缸两腔的吸空与超压的问题等。

当上述技术矛盾难以达成妥协时,可以考虑采用液压缸单腔驱动与控制方案。即液压缸一腔采用恒压载荷,另一腔采用比例方向阀节流控制,其控制方式可以采用位置控制,也可以采用力控制。

与三通阀控非对称缸液压动力元件原理相似,这种液压控制回路的不足之处是控制能力较弱,动态响应较慢。

1. 有杆腔位置或力控制

大型夹持装备通常采用液压缸驱动夹持手爪,液压缸则采用比例控制。具体控制过程中当活塞杆伸出时,手爪展开;当活塞杆缩回时则带动手爪夹持工件。一般来说控制方面要求:采用位置控制方式控制液压缸,驱动手爪平稳接近工件;采用力控制方式控制液压缸,夹住工件。

系统方案是非对称缸的无杆腔压力保持恒定压力,液压缸的有杆腔采用位置或力控制,如图 3-20 所示。

液压源压力油经过溢流型减压阀降低压力后向液压缸无杆腔供油,产生较小恒定压力,并伸展手爪,形成液压缸有杆腔位置/力控制的恒定反向负载力。

高频响电液比例方向阀控制液压缸有杆腔。其采用的位置传感器信号可以构建位置反馈控制系统。其还采用液压缸两腔压力传感器作为反馈传感器以构建压力控制系统,控制夹持工件的夹持力。

正常工作时,电磁溢流阀是安全阀,用于限制夹持力;异常情况则用于泄压,打开手爪。液压基本回路为四通电磁比例方向阀 6 控制非对称液压缸 12 有杆腔的节流控制回路。液压回路系统控制方式可以采用闭环控制。其主要利用液压缸两腔的压力传感器构建压力闭环控制系统,同时利用位移传感器构建位置闭环控制系统。

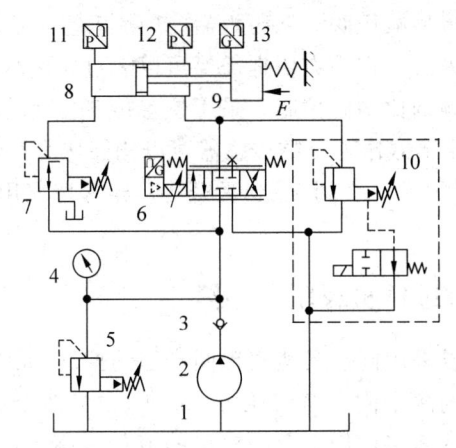

1—油箱；2—定量泵；3—单向阀；4—压力表；5—溢流阀；6—电磁比例方向阀；7—溢流型减压阀；
8—液压缸；9—被控对象；10—电磁溢流阀；11,12—压力传感器；13—位移传感器。

图 3-20 非对称缸无杆腔恒压有杆腔位置或力控制回路

该液压回路及控制方式具有如下特点：
(1) 断电时液压杠杆伸出；
(2) 液压活塞杆具备快速伸出功能；
(3) 无杆腔恒压，电液比例控制有杆腔；
(4) 其没有阀控非对称缸常见的超压和吸空问题。

2. 无杆腔位置或力控制

重载举升装备的液压缸一般采用铅垂安装，系统方案是非对称缸的有杆腔保持恒定压力，液压缸的无杆腔采用位置或力控制，如图 3-21 所示。液压缸工作行程可以分为前半程和后半程。前半程需要液压缸驱动实现高精度控制举升运动，位置反馈信号为液压缸活塞上连接的位置传感器；后半程则需要切换为压力控制加载工况，压力反馈信号取自液压缸两腔压力传感器。

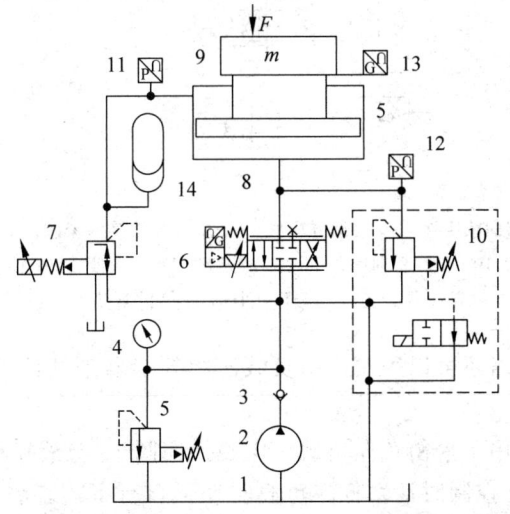

1—油箱；2—定量泵；3—单向阀；4—压力表；5—溢流阀；6—电磁比例方向阀；7—比例溢流型减压阀；
8—液压缸；9—被控对象；10—电磁溢流阀；11,12—压力传感器；13—位移传感器；14—蓄能器。

图 3-21 非对称缸有杆腔恒压无杆腔位置或力控制回路

油源压力经过比例溢流型减压阀降低压力后,产生恒定压力,并通入液压缸有杆腔,在活塞上产生恒值向下作用力。该作用力依据需要可以通过比例减压阀电控调节。

液压缸无杆腔采用高频响比例阀控制。采用位置传感器信号可以构建位置反馈控制系统;采用液压缸两腔压力传感器作为反馈传感器可以构建压力控制系统,控制举升力。

正常工作时,电磁溢流阀是安全阀,限制举升力;异常情况用于泄压,下落液压缸活塞及负载。

3.1.7 同步回路与进口负载压力补偿

液压比例控制系统可以采用同步马达实现同步运动控制,如图3-22所示。该回路下比例方向阀3控制竖直安装的两个同规格液压缸13和14,且两个液压缸活塞杆需要实现同步运动。之后采用同步马达8将比例方向阀输出的流量以高精度的方式一分为二,分别供给两个液压缸的无杆腔,然后即可驱动两个液压缸活塞杆同步运动。

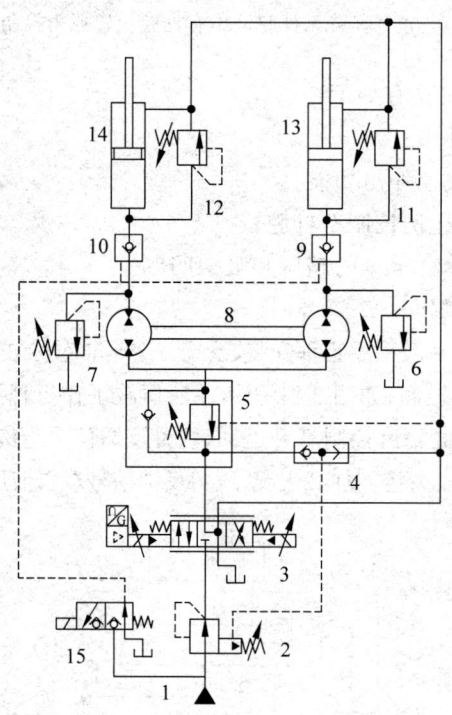

1—油源;2—压力补偿器的减压阀;3—比例方向阀;4—压力补偿器的梭阀;5—平衡阀;6,7—安全阀;
8—同步马达(分流器);9,10—液控单向阀;11,12—溢流阀;13,14—液压缸;15—电磁换向阀。

图3-22 开环同步运动控制回路

该同步运动控制回路还可以采用进口负载压力补偿器来补偿负载压力变化,避免速度波动。

外控平衡阀5主要用于平衡负向负载。电磁换向阀15与液控单向阀9和10构成电控锁阀,可防止停机或中止控制时活塞杆在负载驱动下自行下落。溢流阀6和7主要用于实现对同步马达的超压保护。溢流阀11和12主要用于实现对液压缸的超压保护。

采用同步马达的比例控制液压回路系统控制方式可以采用开环控制,该液压回路及控制方式具有以下特点：
(1) 单出杆非对称液压缸竖直布置，无杆腔承受重力载荷；
(2) 液压比例方向阀通过同步马达控制两液压缸的无杆腔，实现同步驱动；
(3) 采用外控平衡阀平衡重力载荷；
(4) 采用负载压力补偿器稳定活塞上升速度；
(5) 采用电磁阀控制液压锁(液控单向阀)锁住负向负载作用的液压缸；
(6) 同步马达的比例控制液压回路采用开环控制方式；
(7) 可以利用比例放大器的斜坡函数平缓启停液压执行器，也可以通过连续量控制器生成渐变控制指令。

3.1.8 带负载压力补偿器的运动比例控制

比例方向阀连续变化阀口时，其功能与节流阀相同。通过比例方向阀的流量会因比例方向阀两侧压差变化而变化。在比例方向阀阀口开度保持不变条件下，当负载压力升高时，负载流量将会减少，进而使负载速度降低，反之依然。这种情况造成了负载压力波动会引起负载运动速度波动。

为了稳定在比例方向阀开口保持不变时的负载速度，需要在运动控制液压回路中增加负载压力补偿器，构成负载压力补偿回路。

1. 基本的进口负载压力补偿液压回路

基本的进口负载压力补偿液压回路是在基本的四通阀控液压缸回路上增加进口负载压力补偿器之后构成的，如图 3-23 所示。

进口负载压力补偿器由梭阀 4 和液控减压阀 2 构成。梭阀监测液压缸两腔之中较大负载压力的变化。液控减压阀以此为依据成比例地调节比例方向阀进口压力，保持比例方向阀进油的阀口两侧压差处于恒定状态。从而稳定液压缸运行速度，使之不受负载压力变化的影响。

进口负载压力补偿器也有明显的缺陷：在减速制动过程中，当减速制动等造成的制动压力高于弹簧设定的进口检测阀口处的压差时，进口负载压力补偿器将不能工作。由于非对称缸两腔有效作用面积不同，因此在同样大小外力作用液压缸两腔产生的压力是不同的。在这种情况下需要注意区分调节液控减压阀的压力信号源，明确其是否与设计目标一致。

2. 单方向负向载荷情况的进口负载压力补偿

在单方向的负向载荷情况下，需要在阀控缸液压控制回路中安装制动阀。采用进口负载压力补偿的液压控制回路中压力补偿器与制动阀的比例控制如图 3-24 所示。

3. 内控平衡阀液压回路的进口负载压力补偿

如果运动控制回路中含有内控平衡阀如图 3-25 所示，则检测最高负载压力变化的梭阀需要设置在内控平衡阀与比例方向阀之间。

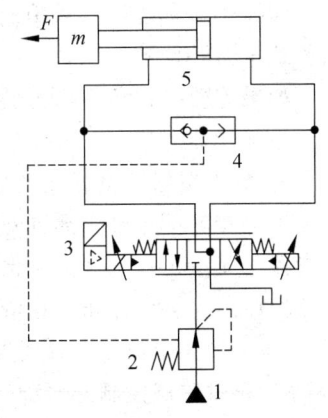

1—油源；2—液控减压阀；3—电磁比例方向阀；4—梭阀；5—液压缸。

图 3-23 基本的进口负载压力补偿液压回路

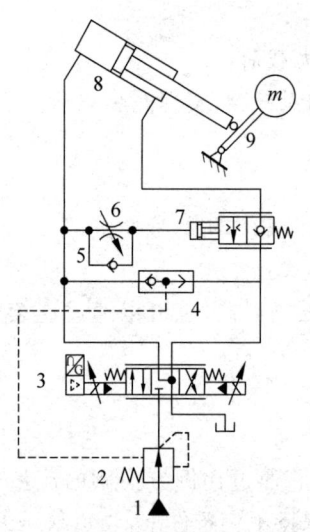

1—油源；2—液控减压阀；3—电磁比例方向阀；
4—梭阀；5—单向阀；6—可调节流阀；7—制动阀；
8—液压缸；9—机械机构负载。

图 3-24　压力补偿器与制动阀的比例控制

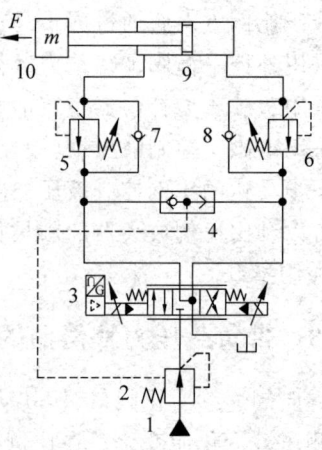

1—油源；2—液控减压阀；3—电磁比例方向阀；
4—梭阀；5,6—内控平衡阀；7,8—单向阀；9—液压缸；10—负载。

图 3-25　内控平衡阀液压回路的进口压力补偿

4. 防超压与吸空的阀控缸液压回路进口负载压力补偿

在外载荷波动大的情况下，液压缸两腔需要设置防止超压的溢流阀和防止吸空的补油单向阀。

如果需要进一步平缓因外载荷波动引起的负载速度波动，则可以采用图 3-26 所示的防超压与吸空的液压回路，设计进口负载压力补偿器。同时采用梭阀 4 获取较高负载力的变化信号，并用其控制液控减压阀 2，使比例方向阀的供油阀口压差保持恒定。

5. 差动回路的进口负载压力补偿

阀控非对称缸可以采用差动连接比例控制液压回路。但是差动回路不能采用出口截止型负载压力补偿器。

如果需要平稳负载压力波动引起的负载速度波动，可按照图 3-27 所示方案加装进口负载压力补偿器。

6. 截止型出口负载压力补偿液压回路

工程实际中也经常遇到双方向负向载荷情况。对于双方向负向负载的情况，进口压力补偿器是无法工作的。这种情况下可以采用出口负载压力补偿方案。

出口压力补偿器布置在液压缸出口的一个或两个油口上，位于液压缸与控制阀之间，如图 3-28 所示。出口压力补偿器可以有效保持比例方向阀出口至油箱的压力差不变。

7. 非对称阀控制非对称缸液压回路出口负载压力补偿

非对称阀控非对称缸比例控制液压回路，需要尽量实现非对称阀阀口面积梯度比与液压缸有效作用面积比的完全匹配。

如果液压缸两腔负载压力差别较大，可按照图 3-29 所示方案加装出口负载压力补偿器。

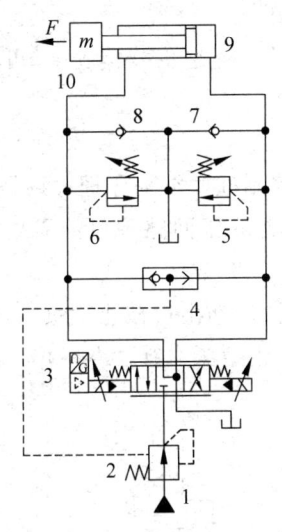

1—油源；2—液控减压阀；3—电磁比例方向阀；4—梭阀；5,6—安全阀；7,8—补油单向阀；9—液压缸；10—负载。

图 3-26　防超压与吸空的液压回路的进口压力补偿

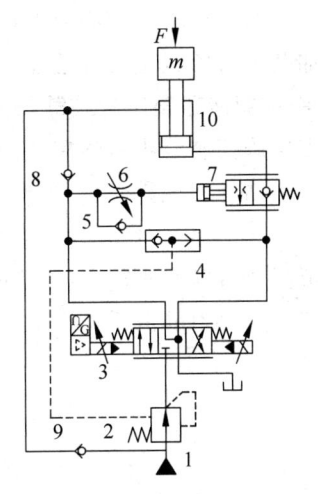

1—油源；2—液控减压阀；3—电磁比例方向阀；4—梭阀；5—单向阀；6—可调节流阀；7—制动阀；8,9—单向阀；10—液压缸。

图 3-27　差动回路的进口压力补偿

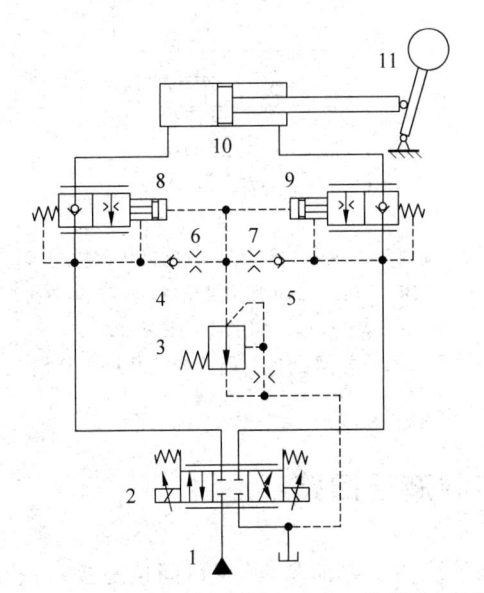

1—油源；2—电磁比例方向阀；3—出口负载压力补偿器；4,5—单向阀；6,7—阻尼器；8,9—外控平衡阀；10—液压缸；11—双向负向负载。

图 3-28　出口负载压力补偿液压回路

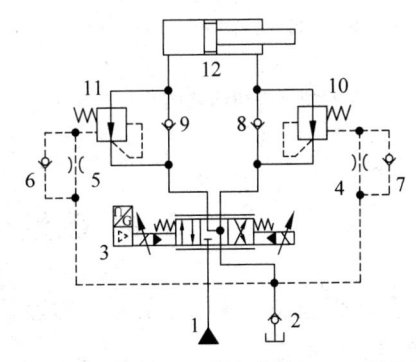

1—油源；2—背压阀；3—比例方向阀；4,5—固定节流口；6~9—单向阀；10,11—压力补偿阀；12—非对称液压缸。

图 3-29　非对称阀控非对称缸液压回路出口压力补偿

8. 差动回路的出口负载压力补偿

非对称液压缸活塞有效作用面积比为 2∶1，在其采用差动回路时等效为对称液压，故可以采用对称比例方向阀控制。

阀控非对称缸可以采用差动连接比例控制液压回路。但是差动回路不能采用出口截止型负载压力补偿器。

液压缸活塞杆伸出运动为阻性负载。在缩回运动时为超越负载情况下,可按照图 3-30 所示方案加装出口负载压力补偿器。

9. 单腔控制液压回路的负载压力补偿

比例方向阀控制液压缸的单个油腔与比例方向阀控制柱塞缸的原理大致是相同的。他们往往需要借助外力或重力使液压缸缩回或复位。此类液压回路中可能需要制动阀平衡重力。

这种情况下可以参照图 3-31 设置进口负载压力补偿器和出口截止型负载压力补偿器。上升过程中进口压力补偿器工作;下降时则需要出口截止型压力补偿器工作。

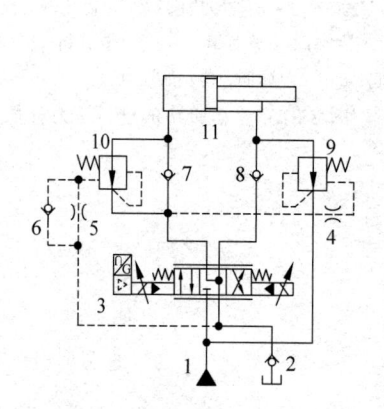

1—油源;2—背压阀;3—电磁比例方向阀;4,5—固定节流口;6~8—单向阀;9,10—压力补偿阀;11—非对称液压缸。

图 3-30　差动回路的出口压力补偿

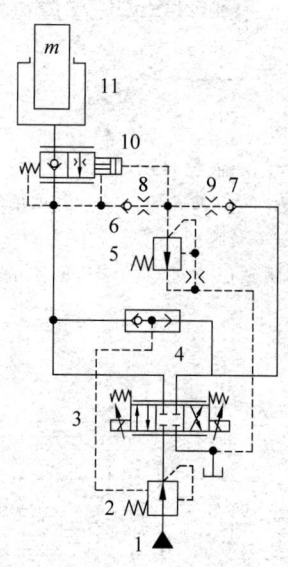

1—油源;2—液控减压阀;3—电磁比例方向阀;4—梭阀;5—出口截止压力补偿器;6,7—单向阀;8,9—节流阀;10—制动阀;11—柱塞缸。

图 3-31　柱塞缸控制回路的负载压力补偿

3.2　流量比例控制液压回路

流量比例控制液压回路的被控物理量是液压系统的支路流量,其可以间接地控制液压执行器的运动速度。

流量比例控制液压回路的控制元件是比例流量阀。比例流量阀只能控制液压执行器的运动速度,不能改变液压执行器的运动方向。两位比例方向可以用作比例节流阀,用于构建流量比例控制回路。

用比例流量阀替换普通手动调节流量阀后即可通过流量比例阀来控制液压回路的流量,实质上就是应用流量比例控制技术。

流量比例控制液压回路主要有比例节流阀流量控制液压回路、比例调速阀流量控制液压回路等几种类型。

3.2.1 比例节流阀流量控制液压回路

用比例节流阀替换普通节流阀,从节流控制原理上讲可以分为进口节流比例控制、出口节流比例控制和旁路节流比例控制等三类基本的节流速度控制液压回路。

基于比例节流阀的流量比例控制液压回路具有如下特点:
(1) 效率低,多应用于小功率小流量场合;
(2) 流量控制响应相对较快;
(3) 负载压力变化会引起负载流量变化;
(4) 制造成本低。

1. 进口节流比例控制液压回路

进口节流速度比例控制液压回路如图 3-32 所示。该液压系统是恒压系统,以溢流阀 4 为调压阀。

单向阀的方向性确定经过单向比例节流阀 7 流入马达液流不能通过单向阀,而必需流经比例节流阀。通过电信号调节比例节流阀开口度,与溢流阀 4 设定压力相配合,调节流经比例节流阀的流量,进而控制马达转速。流出马达的液流则可以流经单向阀分流,几乎不受比例节流阀开度影响。

2. 出口节流比例控制液压回路

出口节流速度比例控制液压回路如图 3-33 所示。该液压系统也是恒压系统,同样以溢流阀 4 为调压阀。

单向阀的方向性确定经过单向比例节流阀 7 流出马达液流不能通过单向阀,而必需流经比例节流阀。通过电信号调节比例节流阀开口度,与溢流阀 4 设定压力相配合,调节流经比例节流阀的流量,进而控制马达转速。流入马达的液流则可以流经单向阀分流,几乎不受比例节流阀开度影响。

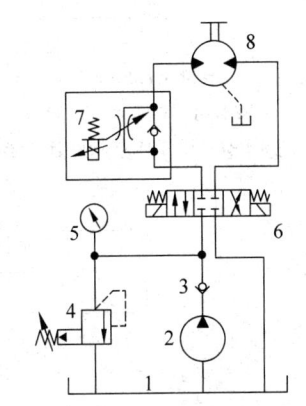

1—油箱;2—定量泵;3—单向阀;4—溢流阀;5—压力表;6—电磁换向阀;7—单向比例节流阀;8—液压马达。

图 3-32 进口节流速度比例控制液压回路

3. 旁路节流比例控制液压回路

旁路节流速度比例控制液压回路如图 3-34 所示,该液压系统是变压系统,以溢流阀 4 为安全阀,定量泵输出流量近似恒定。

在该系统中比例节流阀 7 并联在马达工作油口上,流向液压马达的流量可以经过比例节流阀分流。通过电信号调节比例节流阀开口度,调节流经比例节流阀 7 的流量,从而改变流经液压马达 8 的流量,进而控制马达转速。

4. 节流比例控制液压回路的控制方式

节流比例控制液压回路的控制多采用开环方式,比例节流阀开环速度控制系统如图 3-35 所示。理论上,添加速度传感器,也可以构建闭环控制系统。

3.2.2 比例调速阀流量控制液压回路

在基于比例节流阀的流量控制液压回路中,负载压力的变化会引起负载流量变化,从而引起负载运动速度的变化。比例调速阀能够自动补偿负载压力变化,使比例调速阀中节流控制阀口两侧压差保持不变,从而使流过调速阀的流量不因负载压力变化而变化。因此,在

1—油箱；2—定量泵；3—单向阀；4—溢流阀；5—压力表；6—电磁换向阀；7—单向比例节流阀；8—液压马达

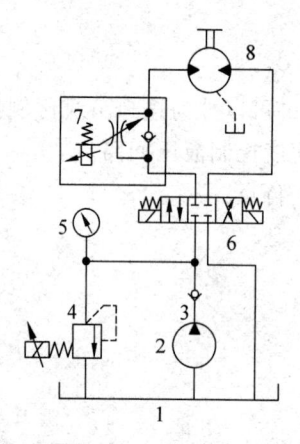

图3-33 出口节流速度比例控制液压回路

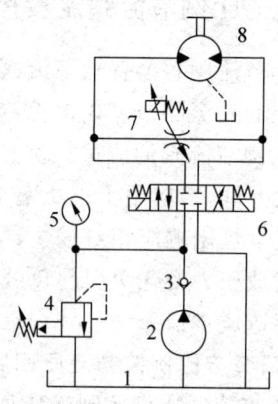

1—油箱；2—定量泵；3—单向阀；4—溢流阀；5—压力表；6—电磁换向阀；7—比例节流阀；8—液压马达

图3-34 旁路节流速度比例控制液压回路

图3-35 比例节流阀开环速度控制系统

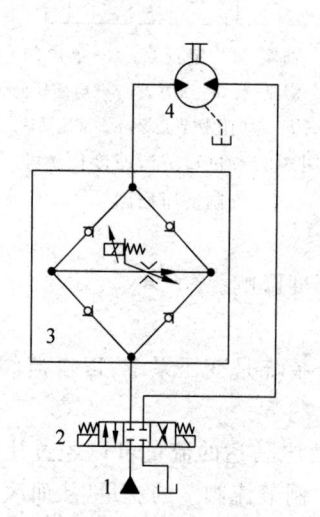

1—油源；2—电磁换向阀；3—比例调速阀的整流桥路阀组；4—液压马达

图3-36 比例调速阀速度控制

基于比例调速阀的流量控制液压回路中，负载压力变化不会引起负载流量变化。

比例调速阀控制的马达调速回路中比例调速阀速度控制如图3-36所示，其马达旋转方向由电磁换向阀2控制，马达旋转速度则通过比例调速阀的整流桥路阀组3控制。

液压桥路用于调整流经比例调速阀的液流流向。马达正向转动时为进口节流，马达反向转动时为出口节流，进出马达的流量均由比例调速阀控制。

比例调速阀的流量控制液压回路的控制方式通常为开环控制，开环比例调速阀速度控制系统如图3-37所示。理论上，也可以添加速度传感器，构建闭环控制系统。

图3-38为控制三支液压缸同步的比例调速阀速度控制液压回路，其液压缸运动方向由电磁换向阀2控制，液压缸运动速度则通过比例调速阀控制。

各个比例调速阀的控制方式通常均为闭环控制，闭环液压缸同步比例调速阀速度控制系统如图3-39所示。在这些闭环系统中，反馈传感器既可以采用位移传感器，也可以采用速度传感器。若同步控制精度要求不高，则其控制方式也可以采用开环控制。

如果液压同步控制系统仅有两支液压缸，仅需控制两支液压缸同步，且液压缸速度仅需恒定为速度，则可以采用与图3-38类似的方案。其中一个流量控制阀采用比例调速阀，另一个流量控制阀采用普通调速阀。用这两个阀来分别控制这两支液压缸。

图 3-37 开环比例调速阀速度控制系统

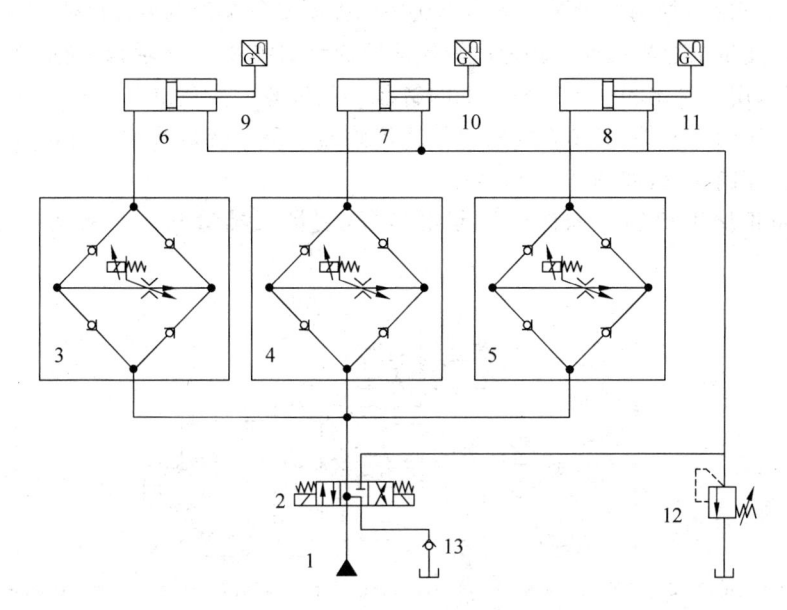

1—油源；2—电磁换向阀；3～5—比例调速阀的整流桥路阀组；6～8—液压缸；
9～11—位移传感器；12—安全阀；13—背压阀。

图 3-38 控制三支液压缸同步的比例调速阀速度控制液压回路

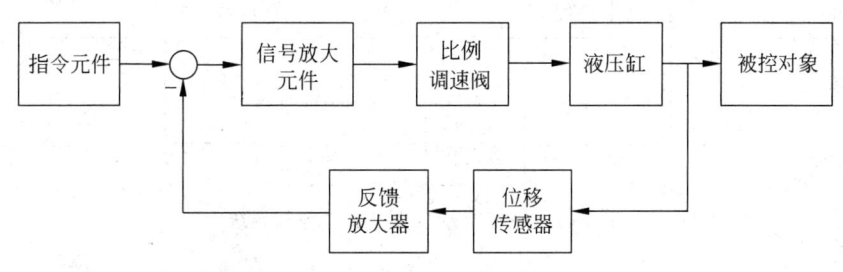

图 3-39 闭环液压缸同步比例调速阀速度控制系统

3.2.3 变量泵流量比例控制液压回路

流量比例控制变量泵有很多种，变量泵流量比例控制液压回路也有很多种。这里以点带面，主要阐述变量泵排量比例或伺服控制液压回路和容积节流式流量比例控制液压回路这两种液压回路。

与基于比例液压阀的流量比例控制液压回路相比，基于变量泵的流量比例控制液压回路具有如下特点：

(1) 效率高，多应用于大功率大流量场合；

(2) 流量控制响应相对较慢；

（3）制造成本高。
1. 变量泵排量比例或伺服控制液压回路

变量泵排量比例或伺服控制液压回路是使用比例方向阀或伺服阀实施变量泵排量控制的液压回路。在博世力士乐（Bosch Rexroth）公司的变量泵产品中，HS5 型为比例阀控制变量泵，HS 型为伺服阀控制变量泵。下面以比例阀控制变量泵为例展开讲述。

比例阀的变量泵容积调速开环速度控制液压回路如图 3-40 所示，其变量泵的变量缸中含有对中弹簧，用于设定和调节无压力下的斜盘零位位置。变量缸与比例方向阀构成四通阀控对称缸液压动力元件，其斜盘摆角由位移传感器检测。变量泵的变量机构采用闭环变量泵排量比例控制系统，如图 3-41 所示。

泵的排量正比于比例方向阀的控制电信号，变量泵排量归一化的调节特性曲线如图 3-42 所示。

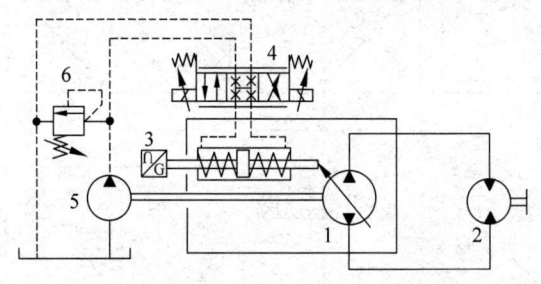

1—双向变量泵；2—双向液压马达；3—位移传感器；4—比例方向阀；5—辅助油泵；6—溢流阀。

图 3-40 变量泵容积调速开环速度控制液压回路

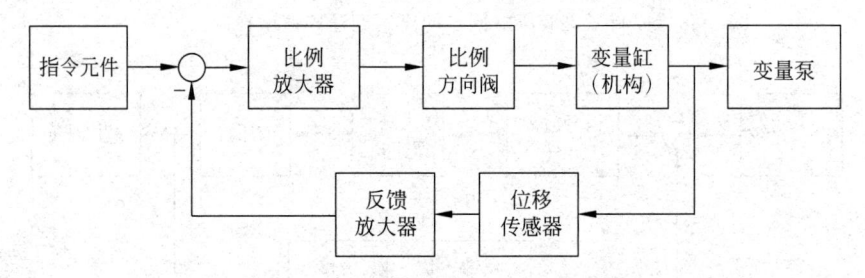

图 3-41 闭环变量泵排量比例控制系统

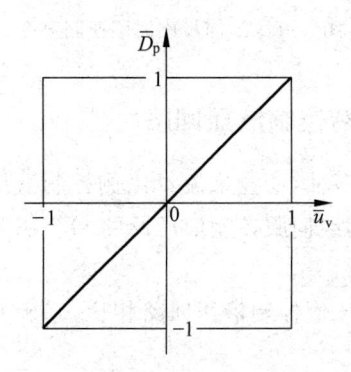

图 3-42 变量泵排量归一化的调节特性曲线

2. 容积节流式流量比例控制液压回路

使用比例节流阀将容积调速与节流调速结合起来的调速液压回路被称为比例容积节流式流量控制液压回路。其特点是兼具容积调速和节流调速的优点。变量泵容积调速开环速度控制液压回路如图 3-43 所示，它是一种典型的容积节流式流量比例控制的液压回路，其系统控制元件是比例节流阀，而其变量液压泵自身则采用机械液压式闭环恒压控制。

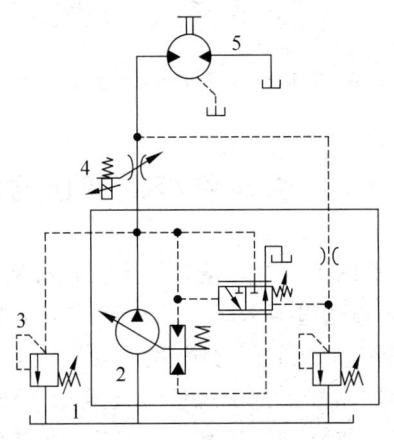

1—油箱；2—恒压变量泵；3—安全阀；4—比例节流阀；5—液压马达。
图 3-43　变量泵容积调速开环速度控制液压回路

液压回路控制方式有开环控制和闭环控制两种。变量泵容积调速开环速度控制系统如图 3-44 所示，其可用于控制精度较低的应用场合，具有制造成本低的优点。

图 3-44　变量泵容积调速开环速度控制系统

闭环控制系统需要加装速度传感器来检测马达输出轴转速，变量泵容积调速闭环速度控制液压回路如图 3-45 所示。其可以马达转速信号为反馈信号构建闭环控制系统，变量泵容积调速闭环速度控制系统如图 3-46 所示。闭环控制系统的特点是控制精度高，响应快，但制造成本较高。

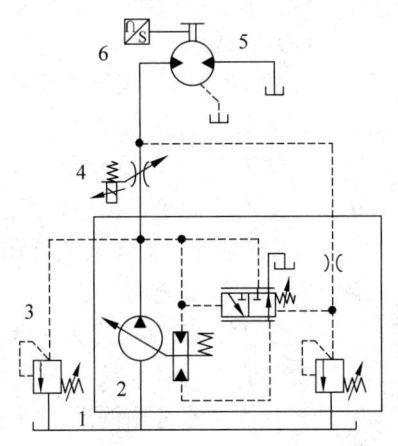

1—油箱；2—恒压变量泵；3—安全阀；4—比例流量阀；5—液压马达；6—速度传感器。
图 3-45　变量泵容积调速闭环速度控制液压回路

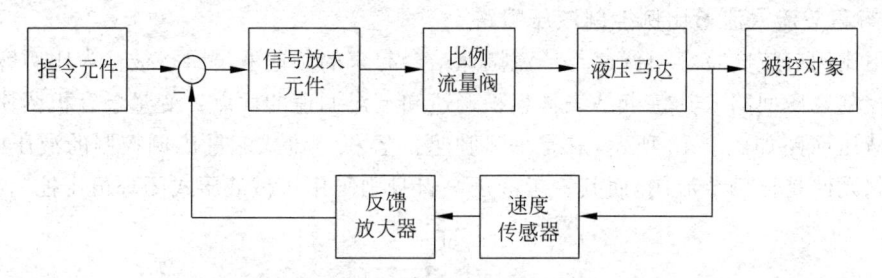

图 3-46　变量泵容积调速闭环速度控制系统

3.3　压力比例控制液压回路

在液压系统中,压力是常见的被控物理量。压力比例控制液压回路的被控物理量是系统压力或系统局部压力。也可以通过压力间接控制液压执行器输出力或力矩。

在用比例压力阀替换普通手动调节压力阀后,将可以通过电气信号来调节与控制液压系统的压力,这便是压力比例控制技术。实现这一技术有多种方法:如采用比例溢流阀或比例减压阀可以调节压力、通过节流孔的开度控制实现压力控制、采用比例溢流阀控制恒压变量泵的变量机构控制液压系统的供油压力等。

典型的压力比例控制液压回路主要有比例溢流阀控制液压回路、比例减压阀控制液压回路和比例阀控变量泵压力控制液压回路等几种。

压力比例控制液压回路主要应用于液压站、加载系统、工业级力控制系统、数控机床夹具的夹紧装置等。

3.3.1　比例溢流阀压力控制液压回路

基于比例溢流阀的压力控制液压回路可以分为两大类:直动溢流阀压力比例控制液压回路和先导溢流阀压力比例控制液压回路。

基于比例溢流阀的压力比例控制液压回路具有如下特点:

(1) 效率低,多应用于小功率小流量液压站;

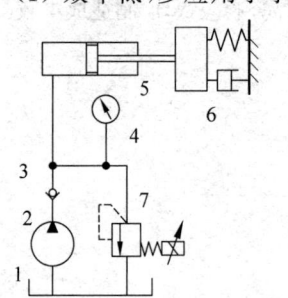

(2) 压力控制响应相对较快;

(3) 制造成本低。

1. 直动式溢流阀压力比例控制液压回路

定量泵并联溢流阀是一种常见的调压液压回路。在流量较小情况下,直动式比例溢流阀与定量液压泵并联可以构建压力比例控制液压回路,如图 3-47 所示。

为安全起见,实际系统可在比例溢流阀旁并联普通直动溢流阀以作为安全阀。

1—油箱；2—定量泵；3—单向阀；4—压力表；5—液压缸；6—被控对象；7—直动式比例阀。

图 3-47　直动式比例溢流阀压力比例控制液压回路

2. 先导式溢流阀压力比例控制液压回路

较大流量定量泵液压源上需要使用大流量比例溢流阀控制压力。大流量比例溢流阀采用先导式溢流阀结构,即采用先导压力来控制主溢流阀,其通常有两种实现方案。一种方案是采用普通先导式溢流阀作为主要压力控制阀,其上自带先导阀(普通直动溢流阀)作安全阀,在其外控压力口接直动式比例溢流阀作为外控先导压力控制元件,如图3-48所示。另一种方案是采用先导式比例溢流阀作为主要压力控制阀,其上自带先导阀(直动式比例溢流阀)作外控先导压力控制元件,在其外控压力口接普通直动式溢流阀作为安全阀,如图3-49所示。

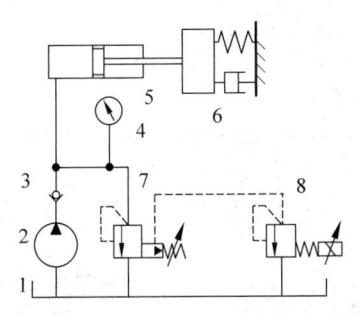

1—油箱;2—定量泵;3—单向阀;4—压力表;5—液压缸;6—被控对象;7—普通先导式溢流阀;8—直动式比例溢流阀。

图3-48 直动式比例溢流阀作先导压力控制液压回路

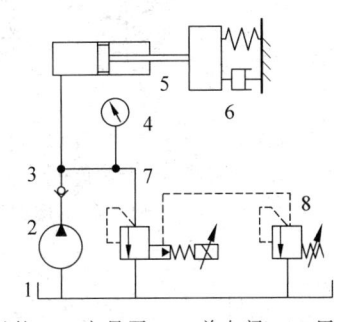

1—油箱;2—定量泵;3—单向阀;4—压力表;5—液压缸;6—被控对象;7—先导式比例溢流阀;8—普通直动式溢流阀。

图3-49 先导式比例溢流阀作先导压力控制液压回路

在溢流阀调压范围内,定量泵供油比例溢流阀调节压力的液压回路具备电信号控制的无级调压性能。如控制方式采用开环控制,则其控制系统结构如图3-50所示。此时液压回路的压力控制性能取决于比例溢流阀的性能。另外,也可以为液压回路增加压力传感器,构建闭环压力控制回路,提高控制精度,增强抗干扰能力。

指令元件 →电压→ 比例放大器 →电流→ 比例节流阀 →压力→ 液压缸 →力→ 被控对象

图3-50 定量泵加比例溢流阀的开环控制系统

3.3.2 比例节流阀旁路压力控制液压回路

由于受比例溢流阀的元件性能所限,在表压力接近零附近时,定量泵与比例溢流阀压力控制回路的压力控制特性将会较差。

然而精密加载系统需要从表压力为零起始精确加载,因此可以采用图3-51所示的比例节流阀旁路节流压力控制液压回路。在该回路中,控制元件为比例节流阀,并采用压力传感器作为反馈元件,最终构建闭环的压力控制系统,闭环比例节流阀旁路节流压力控制系统如图3-52所示。

3.3.3 减压阀压力比例控制液压回路

采用减压阀构建的压力控制液压回路主要用于从高压力液压系统中获得较低压力液压能源供给。

常见的由减压阀构成的压力比例控制液压回路有两种实现方案。一是采用直动式比例

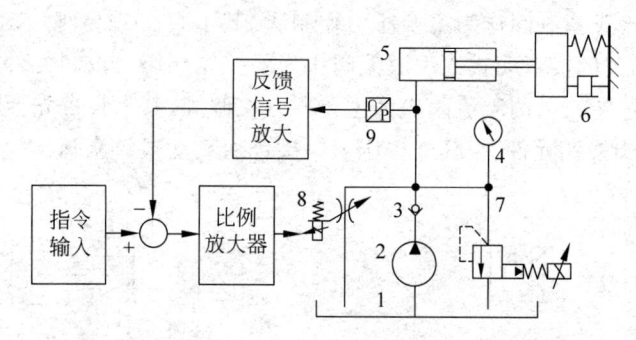

1—油箱；2—定量泵；3—单向阀；4—压力表；5—液压缸；6—被控对象；7—先导式溢流阀；8—比例节流阀；9—压力传感器。

图 3-51　比例节流阀旁路节流压力控制液压回路

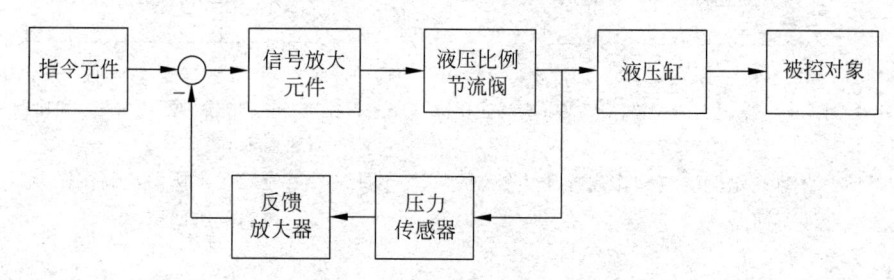

图 3-52　闭环比例节流阀旁路节流压力控制系统

溢流阀作先导阀来控制普通先导减压阀的压力比例控制液压回路，如图 3-53 所示；另一方案则是采用先导比例减压阀的压力比例控制液压回路，如图 3-54 所示。

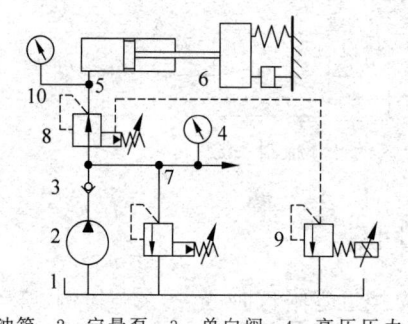

1—油箱；2—定量泵；3—单向阀；4—高压压力表；5—液压缸；6—被控对象；7—先导式溢流阀；8—先导减压阀；9—直动式比例溢流阀；10—低压压力表。

图 3-53　直动式比例溢流阀先导控制普通减压阀液压回路

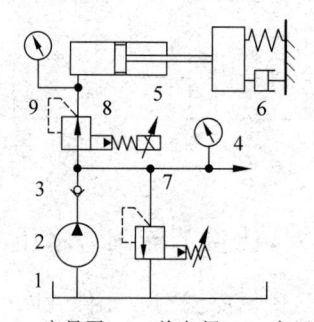

1—油箱；2—定量泵；3—单向阀；4—高压压力表；5—液压缸；6—被控对象；7—先导式溢流阀；8—先导比例减压阀；9—低压压力表。

图 3-54　先导比例减压阀的压力控制

由先导减压阀构成的压力控制回路在其调压范围内具备以电信号来控制的无级调压性能。若减压压力比例控制系统采用开环控制方式，开环比例减压的压力控制系统如图 3-55 所示，其压力控制性能取决于比例溢流阀的性能。当然，减压压力比例控制系统也可以增加压力传感器来构建闭环压力控制回路，此时要注意需采用具有积分特性的比例放大器。

受限于比例减压阀的工作原理与元件性能，高压液压回路与低压液压回路之间压力差应不小于1MPa。

上面探讨的减压阀压力控制液压回路是供油回路,即液压油单方向流出减压阀的回路。若需要实现液压油流出和流入减压阀,则需要将上面二通减压阀换成三通(溢流型)减压阀即可实现。

指令元件 →电压→ 比例放大器 →电流→ 比例减压阀 →压力→ 液压缸 →力→ 被控对象

图 3-55 开环比例减压的压力控制系统

3.3.4 变量泵压力比例控制液压回路

在变量泵的原有变量控制机构基础上,使用电磁比例溢流阀作为先导控制阀替换原有的手动螺杆弹簧压力调节装置来调节局部压力,以操纵变量机构,即可制成电信号控制的压力电液比例控制变量泵。

电液比例控制的恒压变量泵(或称为比例控制压力调节泵,简称压力调节泵)就是一种压力电液比例控制变量泵。本节将在电液比例控制的恒压变量泵的基础上阐述其开环压力比例控制液压回路和闭环压力比例控制液压回路。

与基于比例液压阀的压力比例控制液压回路相比,基于变量泵的压力比例控制液压回路具有如下特点:

(1) 效率高,多应用于大功率大流量液压站;
(2) 压力控制响应相对较慢;
(3) 制造成本高。

1. 开环压力比例控制液压回路

基于比例压力调节泵的开环压力比例控制液压回路如图 3-56 所示。比例溢流阀作为先导阀可以调节恒压变量泵 1 的输出压力。用原理简图表达变量泵自身反馈调节机构为图 3-56(a),用职能符号表达变量泵自身反馈调节机构为图 3-56(b)。

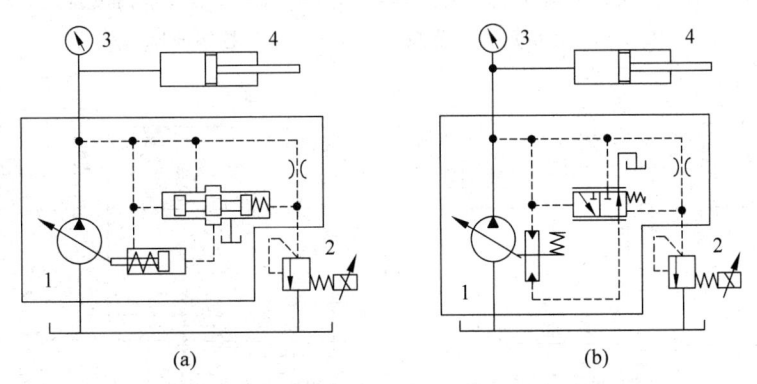

1—变量泵;2—直动比例溢流阀;3—压力表;4—负载油缸。
图 3-56 比例压力调节泵的开环压力比例控制液压回路

比例压力调节泵的开环压力比例控制系统如图 3-57 所示。

开环压力比例控制系统的压力流量特性如图 3-58 所示。恒压泵出口压力达到调节压

图 3-57 比例压力调节泵的开环压力比例控制系统

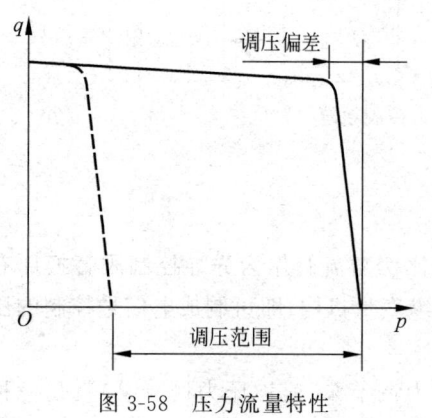

力后将具有流量卸荷特性,这一特性是当恒压变量泵达到调节压力后自动减小流量的特性。

比例控制压力调节泵压力控制回路广泛用于节能型液压源。

2. 闭环压力比例控制液压回路

基于比例压力调节泵的闭环压力比例控制液压回路如图 3-59 所示。

该液压回路的控制方式是闭环控制,其在比例压力调节泵的出口油路上加装有压力传感器,作为反馈传感器。

采用电气控制方式控制的比例溢流阀将构建一个闭环比例压力调节泵压力控制系统,如图 3-60 所示。该系统的压力流量特性如图 3-61 所示。

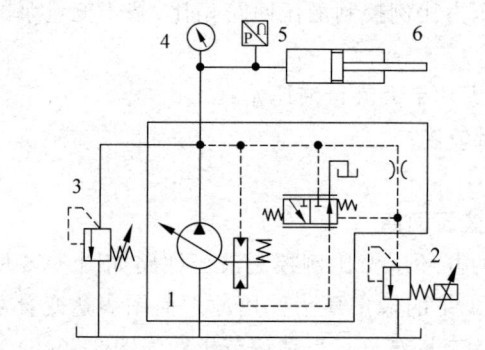

图 3-58 压力流量特性

1—变量泵;2—直动比例溢流阀;3—安全阀;4—压力表;5—压力传感器;6—负载油缸。

图 3-59 比例压力调节泵的闭环压力比例控制液压回路

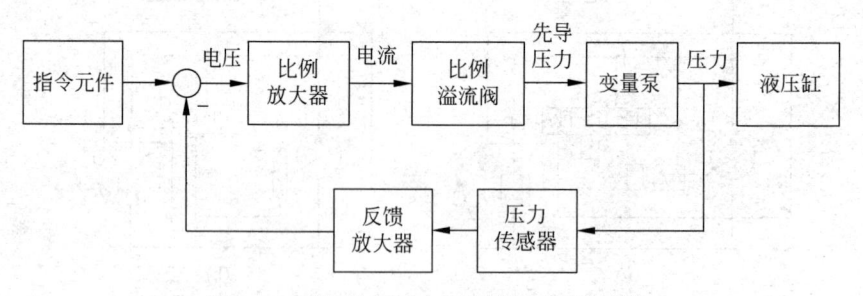

图 3-60 闭环比例压力调节泵压力控制系统

需要注意的是这种实际闭环控制比例控制压力调节泵的压力控制回路还要加装安全阀。

恒压变量泵的压力变化量取决于补偿阀的上限压力,其通常比较小,一般为 0.5MPa。

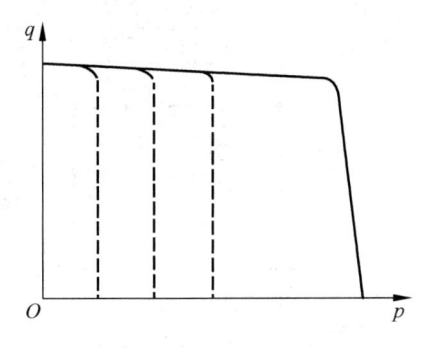

图 3-61　压力流量特性

3.4　本章小结

在液压比例控制系统中,控制功能的实现主要通过液压回路来实现。在工程实践中,依据主机系统对液压系统的功能和性能需求,围绕比例液压阀的功能与性能设计大量液压回路,形成了典型的比例控制液压回路。比例控制液压回路是液压比例阀应用的典型案例,也是成熟的控制功能实现方案。

本章的主旨是阐述比例控制的典型液压回路及其控制方式,从实际液压比例控制装备中选取了典型比例控制液压回路,涵盖了运动比例控制、流量比例控制和压力比例控制等三种类型的液压回路及其控制方式,阐述了各种比例控制液压回路的特点和应用场合等。

思考题与习题

3-1　采用 O 型中位机能三位四通比例方向阀控制非对称缸会出现什么现象?

3-2　如何避免非对称液压缸运动控制中产生的气蚀现象和超压现象?

3-3　液压比例控制系统的冗余设计思路是什么?

3-4　分析题 3-4 图所示比例控制液压回路的功能,简述这个液压回路应用场合。

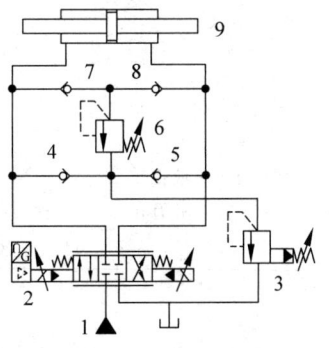

1—油源;2—电磁比例方向阀;3—背压阀;4,5,7,8—单向阀;6—溢流阀;9—液压缸。

题 3-4 图

3-5　分析题 3-5 图所示比例控制液压回路的功能,简述这个液压回路应用场合。

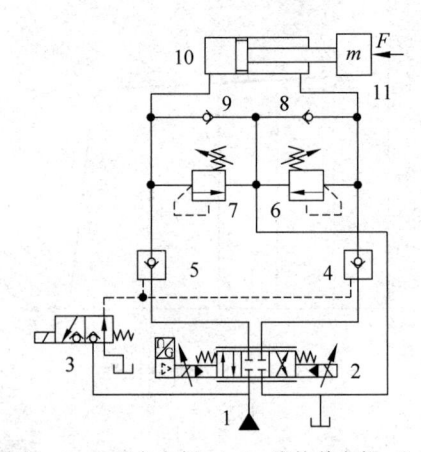

1—油源；2—电磁比例方向阀；3—电磁方向阀；4,5—液控单向阀；6,7—安全阀；8,9—单向阀；10—液压缸；11—负载。

题 3-5 图

3-6 分析题 3-6 图所示比例控制液压回路的功能,简述这个液压回路应用场合。

3-7 分析题 3-7 图所示比例控制液压回路的功能,简述这个液压回路应用场合。

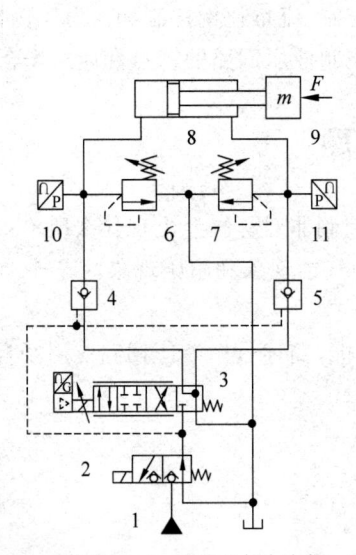

1—油源；2—电磁方向阀；3—电磁比例方向阀；4,5—液控单向阀；6,7—溢流阀；8—液压缸；9—负载；10,11—压力传感器。

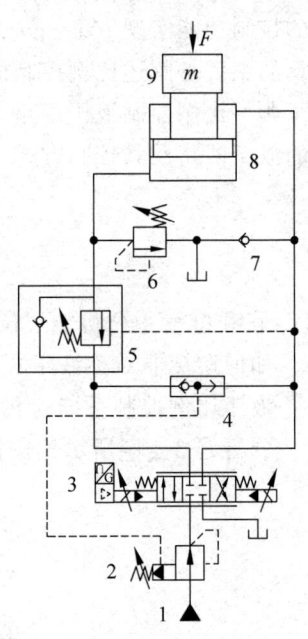

题 3-6 图

1—油源；2—液控减压阀；3—电磁比例方向阀；4—梭阀；5—单向平衡阀；6—溢流阀；7—单向阀；8—液压缸；9—负载。

题 3-7 图

3-8 分析题 3-8 图所示比例控制液压回路的功能,简述这个液压回路应用场合。

3-9 分析题 3-9 图所示比例控制液压回路的功能,简述这个液压回路应用场合。

3-10 分析题 3-10 图所示比例控制液压回路的功能,简述这个液压回路应用场合。

3-11 分析题 3-11 图所示比例控制液压回路的功能,简述这个液压回路应用场合。

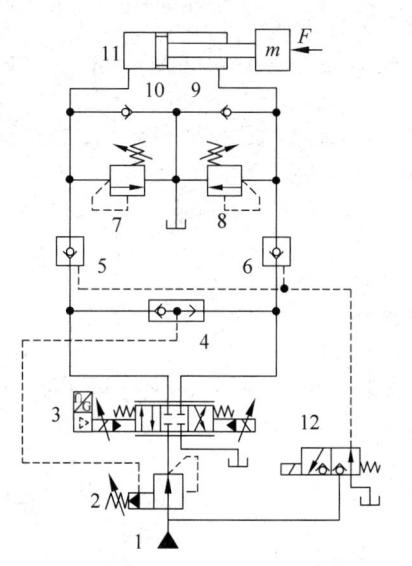

1—油源；2—液控减压阀；3—比例方向阀；4—梭阀；
5,6—液控单向阀；7,8—溢流阀；9,10—单向阀；
11—液压缸；12—电磁方向阀。

题 3-8 图

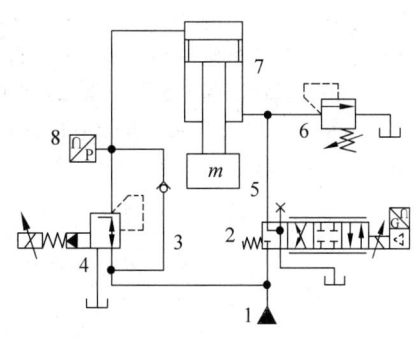

1—油源；2—电磁比例方向阀；3—单向阀；4—比例溢流型
减压阀；5—负载；6—溢流阀；7—液压缸；8—压力传感器。

题 3-9 图

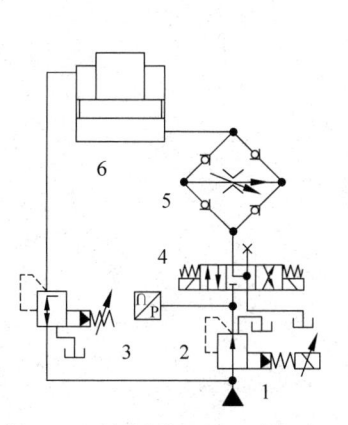

1—油源；2—比例减压阀；3—比例溢流型减压
阀；4—电磁方向阀；5—液压整流桥与调速阀；
6—液压缸。

题 3-10 图

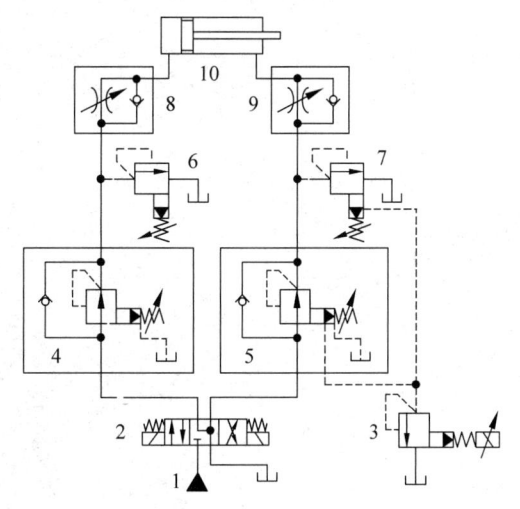

1—油源；2—电磁方向阀；3—比例溢流阀；4,5—单向减压阀；
6,7—溢流阀；8,9—单向节流阀；10—液压缸。

题 3-11 图

3-12　采用电液比例控制恒压泵作液压源有哪些优点？

主要参考文献

[1] ULRICH K T,EPPINGER S D. Product design and development[M]. The McGraw-Hill companies, Inc., 2004.

[2] 方庆琯. 现代冶金设备液压传动与控制[M]. 北京：机械工业出版社，2016.
[3] BOSCH. Electro-hydraulic closed loop control systems theory and application [M]. Stuttgart：Robert Bosch GmbH，1987.
[4] 吴晓明，高殿荣. 液压变量泵（马达）变量调节原理与应用[M]. 北京：机械工业出版社，2015.
[5] 吴根茂. 新编实用电液比例技术[M]. 杭州：浙江大学出版社，2006.
[6] KORDAK R. Hydrostatic drives with control of the secondary unit[M]. Lohr a. Main：Mannesman Rexroth AG，1996.
[7] 成大先. 机械设计手册（液压控制）[G]. 北京：化学工业出版社，2004.
[8] 成大先. 机械设计手册（液压传动）[G]. 北京：化学工业出版社，2004.
[9] 雷天觉. 新编液压工程手册[G]. 北京：北京理工大学出版社，1998.
[10] WATTON J. Modelling，monitoring and diagnostic techniques for fluid power system[M]. London：Springer-Verlag London Limited，2007.

第4章 比例液压控制系统设计

面向各行各业机电装备的不同需求,比例液压控制设计是生动的和丰富的,不是僵化的和教条的。试图反映比例液压控制设计的全貌是困难的。这里探讨比例液压控制系统设计流程和设计要点只是想给读者一个关于比例液压控制系统设计的宏观和概略描述。

电液比例控制系统是多义的概念,可以是包括多个电磁比例阀和控制多个液压执行器的复杂大型电液比例控制系统;也可以是仅包括一个电磁比例阀,控制一个液压执行器的基本电液比例控制系统。

为清晰起见,本章首先阐述了装备的复杂液压系统结构与设计任务分解方法。然后,以基本的液压比例运动控制系统为代表,探讨各种液压比例控制系统设计的共性问题。

4.1 装备液压控制系统结构与设计任务分解

液压系统不构成一个独立的装置或装备,它只是主机装备的附属构成,根据主机作业装置的驱动与控制需求,配套应用于相应的液压控制与传动模块中,这些包含了各种液压装置的集合构成了装备的液压系统。液压控制系统(特别是开环比例控制系统)与液压传动系统(含液压开关控制系统)很可能是集成设计在一起的。为了突出液压控制问题,且不会引起歧义,以下将装备液压系统称为装备液压控制系统。

装备液压控制系统往往是大系统(large scale systems)。其可能包含:开关控制液压回路、比例控制液压回路和伺服控制液压回路。比例液压控制往往仅是装备液压控制系统的一部分。为了方便理解装备液压控制系统的结构,这里简述几种液压控制的特点与他们的关系。

伺服液压控制(与液压伺服控制同义)是连续物理量控制,其静态性能与动态性能优良,经济性稍差。由于伺服液压控制对工作液的污染度控制要求很高,故通常被设计成独立的液压回路系统。

开关液压控制系统是通断两种状态的开关量控制,其内涵是动作顺序或者操作顺序的逻辑关系。典型的开关液压控制系统通常采用电磁换向阀为代表的液压开关阀作为控制元件来实现电信号开关量控制液压开关量。由于在结构组成与工作原理方面开关液压控制系统与液压传动系统没有本质区别,二者采用的液压元件也是相同的,故无特别说明时开关液压控制系统与液压传动系统是可以混用的概念。二者之间主要的不同点是设计目标与设计指标的差异。液压传动系统仅仅以动力传动为主,从动力传动性能方面提出设计指标要求,设计目标是用液压装置驱动主机的某个机构;开关液压控制则是以对主机实施控制为主,从控制动作先后次序逻辑、响应速度和精度等方面提出设计指标,设计目标是用液压形式控制主机的动作精度与节拍。

伺服液压控制与开关液压控制是明显不同的两种控制方式。伺服液压控制与开关液压控制之间的空白区域则由比例液压控制填充。比例液压控制有闭环控制和开环控制两种方式。闭环比例液压控制与伺服液压控制有较多相似和相近之处。在单元组件功能上，开环比例液压控制与液压开关系统可以进行元件或回路相互替换。不同的是开环比例液压控制采用电气信号进行控制，开关液压控制采用手动控制。

从系统设计或系统综合来看，装备液压控制系统可以看作是一种开关控制液压回路、比例控制液压回路和伺服控制液压回路的集成设计。因此，装备液压控制系统设计工作可以拆解为开关控制液压回路设计、比例控制液压回路设计、伺服控制液压回路设计和他们的集成设计等部分。

单说比例液压控制，因被控物理量不同，装备的比例液压控制系统需要采用压力比例控制基本回路、流量比例控制基本回路、运动比例控制基本回路等来实现相应物理量的控制功能。因此，装备比例液压控制系统的设计工作可以拆解为压力比例控制回路设计、流量比例控制回路设计、运动比例控制回路设计和他们的集成设计等部分，或归纳成两个步骤或两个部分。

第一步，执行器或物理量液压比例基本回路设计，即在比例液压控制基本回路功能层面，进行各个被控液压执行器或物理量的液压控制基本回路设计；第二步，装备液压控制系统集成设计。其中，装备液压控制系统集成设计阶段是装备层级设计阶段，是在装备控制系统的宏观层面对各个液压比例基本回路进行的集成设计。其主要内容是各个液压基本回路的工作(先后)次序关系与逻辑设计(不包含同步运动。通常，同步运动控制通过马达、同步液压缸、同步阀实现，并形成同步运动基本液压回路。)。经过液压基本回路的集成设计，最终得到装备液压系统。装备层级液压系统的控制问题多是顺序控制。顺序控制设计将在第6章液压装备顺序控制中详细讲述。

装备总体设计理念的关键是机械机构、液压系统、电气控制系统的一体化设计，需要扬长避短，擅长挖掘各个分系统的技术特点，高质量、高效率、高可靠性和低成本地实现装备功能。

在复杂大系统中，各个基本比例液压控制系统之间往往存在着各个运动控制的先后次序或者存在物理量控制的先后次序，先后次序控制属于顺序控制内容范畴，这些内容也将放在第6章讲述。如果撇开顺序控制的整体概念而是到具体细节中分析，则可发现复杂的电液比例控制系统往往可以分解为多个只含一个电磁比例阀的电液比例控制系统。

4.2 液压比例运动控制的一般设计流程

开环比例液压控制系统与闭环比例液压控制系统在个别设计工作环节上是有所不同的，其主要的表现在于液压系统结构不同，例如是否含有负载压力补偿器，也将导致系统设计方法是有所不同的。具体的液压比例运动控制回路或子系统设计工作大致可以分为如下几个步骤。

第一步，明确设计任务：依据主机设计或方案规划，明确液压控制系统的负载及工况，明确液压控制系统动态和静态性能要求。

第二步，控制系统方案设计：拟定控制系统及各个组成部分的解决方案。具体包括：设计控制系统结构布置图、液压系统原理图、控制系统原理方块图等。

第三步，运动过程设计：设计液压比例运动控制对象的运动过程。开环比例液压控制系统的运动过程设计与闭环比例液压控制系统的运动过程设计是不同的。

第四步,负载分析:在运动过程设计成果上,分析及折合负载。

第五步,稳态设计:系统稳态设计包括液压执行元件、液压控制阀、液压源等部分的规格参数设计。其中,液压执行元件、液压控制阀等的规格参数设计因系统是否含有负载压力补偿器而不同。

(1) 系统供油压力设计:确定系统供油压力和压力分配等。

(2) 液压执行元件规格参数设计:设计液压执行元件规格参数;设计负载压力、负载流量。

(3) 液压控制阀规格参数设计:确定液压控制元件规格参数。

需要注意,在含有负载压力补偿器的比例控制系统中,比例液压控制阀压差是定值。

第六步,精度分析和复核动态特性:

若是开环比例控制系统方案,则需要分析系统误差,并复核系统动态特性(计算动力元件固有频率。如果液压动力元件安装方式刚度不可看作刚体,或者如果液压动力元件与负载连接方式不可看作刚性连接,则需要计算机械系统固有频率,并将其与液压动力元件固有频率综合考虑)。

若是闭环比例控制系统方案,则需要依据系统稳定性和精度指标确定控制器参数,并复核系统动态特性。

第七步,结构设计:进行液压控制系统结构设计;进行阀块、管路等零部件结构设计;进行油源选型或设计。

第八步,系统安装、调试:安装比例液压控制系统,并调试其性能使之符合预期设计目标。

第九步,整理设计材料:整理撰写设计说明书、使用说明书等技术文件;整理设计图纸、技术条件等技术资料。

在实际工作中,应依次执行各个步骤展开设计工作。当某个步骤执行结果偏离预期设计目标时,则应视情况后退几步,通过修改相应的设计内容,完成预定设计目标。

4.3 比例液压控制方案设计

比例液压控制方案的设计需要依据主机设计或方案规划,在明确液压控制系统的负载及工况,明确系统动态和静态性能要求的基础上,拟定控制系统方案,然后绘制控制系统结构示意图、液压系统原理图、控制系统原理方块图等,最后谋划各个组成部分关键技术问题的解决方案。

系统设计宗旨是满足主机要求的功能与性能。系统方案设计的出发点,可以是充分发挥系统组成元件的工作性能,也可以着重追求系统工作状态更加可靠。前者着眼于元件与系统的效能,后者着眼于安全可靠。从产品研发的社会现实看,系统方案设计还需要兼顾成本低、效率高、结构简单、使用维护方便、质量轻、体积小等特点。

4.3.1 明确设计任务

在开展比例液压控制系统设计之前,或承接比例液压控制系统设计任务之初,液压控制系统的设计师应积极主动了解主机用途、工作原理和工作条件等,协商主机对液压控制系统的技术要求及指标参数等。或者通过阅读电液控制系统设计任务书和主机设计任务书等技术文件及相关资料,明确装备使用用途、特点和工作条件等。

除此之外还应了解液压装置在主机上的布局和主机对液压装置的限制要求。在此基础上,更需要根据主机要求明确设计任务。

1) 明确被控制的物理量或液压执行元件及控制规律

明确被控制的物理量,如位置、速度、压力等,明确执行元件的类型,液压缸或液压马达。

2) 明确运动规律

明确执行元件在一个运动周期内的运动规律,用曲线图(如位移循环图、速度循环图、工况图、外特性图等)或公式描述位移变化规律。

3) 明确负载特性

明确执行元件在一个运动周期内的载荷及其变化规律,用曲线图(如负载循环图、工况图、外特性图等)或公式描述载荷变化规律。另外需要额外注意液压缸安装方式及负向载荷问题。

4) 明确执行元件控制性能要求

控制精度指标要求通过设计控制系统误差实现。控制系统误差包括:由指令信号和负载力引起的稳态误差;由参数变化和元件零漂引起的静差;非线性因素(执行元件和负载的摩擦力,放大器和伺服阀的滞环、死区,传动机构的间隙等)引起的误差等。

5) 明确动态特性的要求

开环电液比例控制系统的动态响应较慢,动态特性指标要求较低。因此系统设计只是校核性地复核开环电液比例控制系统的动态特性。通常需要依据工程经验,进行液压动力元件固有频率和系统的加速度验算。

闭环电液比例控制系统的动态特性指标要求与电液伺服控制系统的类似,只是比例液压控制系统的动态性能指标相对低一些。

相对稳定性指标要求通常可用相位裕量和增益裕量等来描述,而快速性指标通常既可用阶跃响应的谐振峰值、超调量、上升时间、调整时间等来描述,也可用±3dB频率或相位滞后90°频率来描述。

6) 明确工作环境

明确比例液压控制系统的工作环境,如环境温度、周围介质、环境湿度、外界冲击与振动、噪声干扰等。

7) 明确其他要求

明确比例液压控制系统的其他要求,如尺寸质量、可靠性、寿命及成本等。

上述内容最终以技术文件的形式(包括协议书、任务书、技术协调卡等)确定下来。

4.3.2 拟定控制方案,绘制(回路)系统原理图

液压控制系统的设计方案主要是根据被控物理量类型、控制功率的大小、执行元件运动方式、静态性能指标、动态性能指标、工作环境条件、可靠性要求、生产成本与元件价格等因素做出决策。

普通机电装备生产成本与产品价格可能是拟定装备液压控制系统方案的决定因素。

总之，拟定控制系统方案需要综合考虑装备制造和使用等方方面面的需求和因素。方案设计过程可能不是顺序进行的，可能包含多次反复或迭代的过程。为了便于理清比例液压控制系统设计方案的制定思路，这里将比例液压控制系统方案设计关键节点的方案抉择内容及次序绘制成方案设计决策网络图，如图4-1所示。通过对图中各项关键问题的解决方案进行选择，将有助于完成比例液压控制系统关键问题的方案拟定，有助于完成比例液压控制系统方案设计工作。

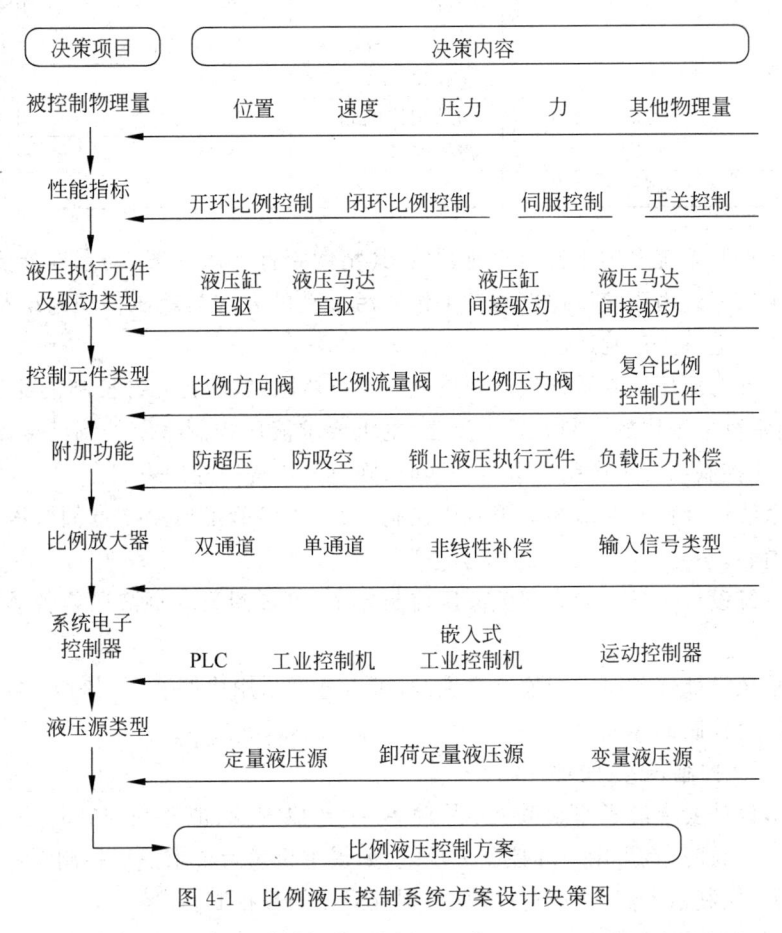

决策项目	决策内容
被控制物理量	位置　速度　压力　力　其他物理量
性能指标	开环比例控制　闭环比例控制　伺服控制　开关控制
液压执行元件及驱动类型	液压缸直驱　液压马达直驱　液压缸间接驱动　液压马达间接驱动
控制元件类型	比例方向阀　比例流量阀　比例压力阀　复合比例控制元件
附加功能	防超压　防吸空　锁止液压执行元件　负载压力补偿
比例放大器	双通道　单通道　非线性补偿　输入信号类型
系统电子控制器	PLC　工业控制机　嵌入式工业控制机　运动控制器
液压源类型	定量液压源　卸荷定量液压源　变量液压源
比例液压控制方案	

图 4-1　比例液压控制系统方案设计决策图

在具体设计过程中，需要按照方案设计决策网络图，从上到下依次进行各项关键问题的决策。

1) 被控物理量什么？

常见的比例控制的被控物理量有位置、速度、压力和力，对应比例控制系统称为电液比例位置控制系统、电液比例速度控制系统、电液比例压力控制系统和电液比例力控制系统。

被控制物理量通常是主机设计确定的。它是由装备功能、用途、工艺过程等决定的。

在确定被控物理量的同时，通常可依据设计经验知道液压执行器的类型。

2) 采用比例控制，还是伺服控制？

比例液压控制与伺服液压控制都是连续物理量控制，它们可以用性能指标区分。

开关液压控制是开关量控制，与连续量控制不同。

表 4-1 为控制系统类型及运动控制经验数据,依据液压控制系统的性能指标,参考该表进行控制系统类型决策。决策包括伺服控制、比例控制或开关控制的决策,也包括开环控制方式或闭环控制方式的决策。

表 4-1　控制系统类型及运动控制经验数据

项　目	伺服液压控制	比例液压控制	开关液压控制
结构	闭环	闭环	开环	开环
精度	<0.2mm	0.01～0.5mm	>0.3mm	>1mm
动态响应	快	比较快	一般	一般
系统特征	电液伺服阀	高频响比例阀	比例阀	开关阀
配套机构	精密	精密	中等	一般
制造成本	高	中	低	更低

比例液压控制系统多用于普通工业领域,其精度指标要求一般,动态性能要求较低,但是经济性要求较高。由于液压比例阀对工作液污染度的要求与液压传动系统相近或相同,故可以较低成本进行生产制造。

若主机设计对液压控制系统生产制造成本有严格限制,而且允许控制精度略低、响应速度略慢时,通常可采用比例控制方式。反之,主机要求液压控制系统控制精度高、响应速度快,而容许液压控制系统生产制造成本高些时,则可采用伺服控制方式。

若控制系统设计任务明确为伺服液压控制方案,可参阅上册第9章伺服液压控制系统设计的相关内容。

若控制系统设计任务明确为开关液压控制方案,可参阅第6章液压装备顺序控制相关内容。

若控制系统设计任务明确为连续量控制,可以考虑采用比例液压控制方案,继续下面的开环控制与闭合控制的控制方案决策。

3) 采用开环控制,还是闭环控制?

如果主机设计要求液压控制系统结构简单、生产成本低、能量利用好和经济性好,而对控制精度要求不高时,宜采用开环控制。反之,如果主机设计要求液压控制系统具备较高抗外界干扰能力、控制精度高、响应速度快时,则宜采用闭环控制。

开环比例控制系统控制精度经验数据:压力开环比例控制精度通常只能达到3%比例液压力阀最大调整压力;速度开环比例控制精度通常只能达到3%最大速度。

4) 执行元件采用液压缸,还是液压马达?

液压执行元件可分为直线执行元件和旋转执行元件等两类。直线执行元件通常指液压缸;旋转执行元件通常指液压马达。

被控物理量与液压执行元件有一定关联。在直接驱动方式时,被控物理量决定液压执行元件类型;在间接驱动方式时,产生被控物理量的工作机与液压执行元件之间可以有各种传动机构。液压缸输出的直线运动可以经过传动机构变为旋转运动;液压马达输出的旋转运动也可以经过传动机构变为直线运动。

机械结构设计方案通常已经选定了液压执行元件的类型,这里从液压系统设计的视角,对液压执行元件的类型进行复核。

液压缸结构简单，容易制造，各种规格液压缸的设计和自行生产制造均较方便。液压缸通常多用于直驱。

液压马达结构复杂，规格受限，设计难度较大，通常只能由专业厂商生产制造。因此由液压马达驱动负载的方案可能会出现现有液压马达产品因某些特定规格不符以至于无法满足当前直接驱动任务的情况。

在选择执行元件时，除了考虑运动形式以外，还需考虑运动行程和负载。例如，直线位移式比例液压系统运动行程较短、载荷较大，且具备液压缸安装空间时，宜采用液压缸直接驱动负载；当运动行程很长、安装空间受限、载荷略小时，液压执行元件宜采用液压马达间接驱动负载。

采用直接驱动或是间接驱动以及液压执行元件类型应从装备性能指标和制造成本两个方面综合决策。这两项设计方案决策需要依据装备的具体情况而定，不能一概而论。例如，短距离（如1m）直线液压驱动采用液压缸更合适；较长距离（如25m）直线液压驱动采用液压马达更合适。

5）控制元件类型决策

如何确定液压控制元件？选用比例方向阀、比例流量阀、比例压力阀、复合比例液压元件？

被控液压量类型、被控液压量数值、控制系统性能指标是确定液压控制元件的重要因素。主机安装空间、控制信号等也是考虑因素。

6）比例控制液压回路的附加功能决策

液压缸两腔是否需要防超压设计？是否需要防吸空设计？是否需要锁止功能？是否需要平衡负向负载？是否需要负载压力补偿器？这些都应依据主机机械机构和性能指标具体问题具体分析。

7）比例放大器类型决策

比例放大器选型的影响因素包括：控制信号通道数目；非线性补偿功能；控制信号的类型是连续信号还是开关信号；连续控制信号是电压还是电流；比例液压阀型号等。

8）系统电子控制器类型决策

系统电子控制装置类型决策可从PLC、工控机、运动控制器等选项中做出选择，从控制率复杂程度、控制系统功能和成本等几个方面考虑。

9）采用定量油源，还是变量油源？

液压源选型一般从安装空间、制造成本、能量损耗、系统功率、控制系统要求等几个方面考虑。

在完成上述决策后，绘制液压控制系统的液压原理图，绘制液压控制系统组成方块图，用文字表示图中各个组成环节，并标记输入/输出信号。

快捷的比例液压控制系统方案决策可参考图4-1。从上至下，依次完成各个关键问题的选项，将得到一个关于比例液压控制系统的粗略描述。这就是比例液压控制系统设计方案的骨架。经过进一步细化即可使之出炉。

比例液压控制系统方案设计涉及多方面的能力与知识基础，其所需的液压控制系统方案设计能力可以在实践中慢慢培养。

经过对上述比例液压控制系统的关键内容的选择决策后，便可以建立起一个独立的单回路液压控制系统。

如果所研制的装备是多回路系统或复杂大系统,则通过上述过程确定的液压控制系统方案还要再进一步进行大系统的集成设计。

4.4 运动过程设计

运动控制系统的优良性能特征是运行平稳,到位时间短,到位精度高。液压比例运动控制需要通过对被控对象运动过程的展开设计,实现平稳、快速到位的性能,并具有满足装备所需要的到位精度。

4.4.1 被控制对象运动过程设计

运动控制系统采用比例液压控制,其运动过程往往是有规律的,且其控制系统属于有规律运动过程的运动控制系统。这类系统的运动过程往往可以分为加速阶段、匀速阶段和减速阶段等。其中最简单的运动过程规划采用匀加(减)速斜坡函数,带有匀加速斜坡函数的运动过程如图 4-2 所示。带有平缓渐变加速度的斜坡函数的运动过程如图 4-3 所示。若以同样的最大加速度和匀速段速度运行相同的行程,则后者需要更长的时间。

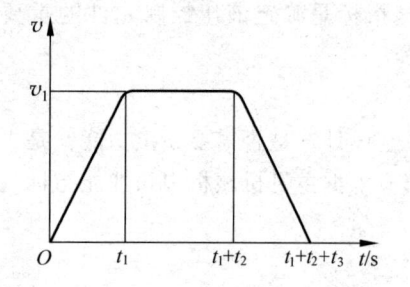

图 4-2 带有匀加速斜坡函数的运动过程

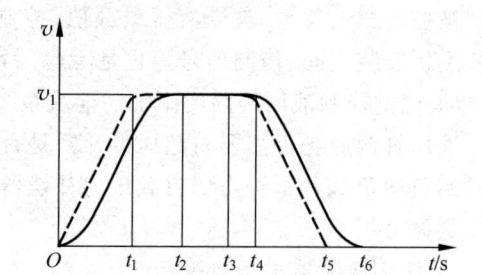

图 4-3 带有平缓渐变加速度的斜坡函数的运动过程

匀加速过程中,以加速度 a_a 对负载加速,经过时间 t_a 后得到速度 v_a,见式(4-1)。期间,加速距离 S_a 见式(4-2)。

$$v_a = a_a t_a \tag{4-1}$$

$$S_a = \frac{a_a t_a^2}{2} \tag{4-2}$$

4.4.2 匀加速运动的加、减速度时间

运动控制往往需要具有快速到位的性能。在时间特性方面,需要研究运动过程中各种影响时间消耗的因素,以及运动时间对各种因素的灵敏度,进一步针对性地探索缩短运行时间的策略与方案。

从图 4-4 可以看出:在运动过程中,加速阶段的运动速度比较低。从图 4-5 看出:在运动过程中,加速阶段的运动距离比较短。

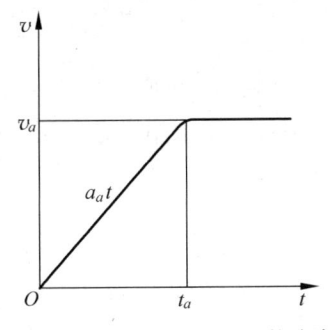

图 4-4 匀加速和匀速过程的速度

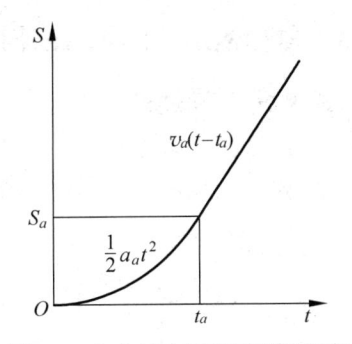

图 4-5 匀加速和匀速过程的距离

式(4-3)描述了加速阶段中加速度 a_a、速度 v_a 和加速时间 t_a 三者的关系,也可以形象表达为图 4-6。

$$t_a = \frac{v_a}{a_a} \tag{4-3}$$

从加速时间看,获得较合理加速时间的运动过程设计需要确定加速度 a_a、速度 v_a 和加速时间 t_a 三者的合理取值范围,即需要设计合理的斜坡函数。一般来说,增大加速度对缩短加速时间的作用不大。

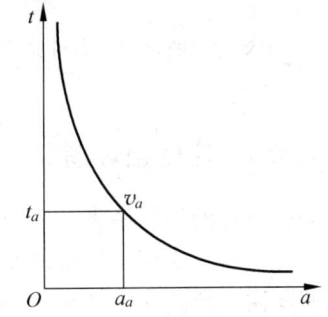

然而,加速度值不是设计人员可以随意选定的。限制加速度的因素很多,液压驱动力和液压机构的综合固有频率是其中非常重要的两项。

供油压力和液压执行元件的规格参数(如液压缸有效作用面积或液压马达排量)可以影响液压驱动力。牛顿第二定律描述了液压驱动力与加速度的关系。

图 4-6 匀加速时的加速时间与加速度

液压动力元件固有频率 ω_h 和机械机构固有频率 ω_m 则可以影响液压机构的综合谐振频率 ω_0。从避免共振起见,ω_h 与 ω_m 要分开。提高 ω_m 通常比较容易,若 $\omega_m > 10\omega_h$,则可以将与液压动力元件相连接的机械机构看作刚体。若 $10\omega_h > \omega_m \geqslant 5\omega_h$,则依据工程经验机械连接刚度对系统固有频率影响不大,$\omega_0 \approx \omega_h$。若 $5\omega_h > \omega_m \geqslant 3\omega_h$,那么工程上机械连接刚度对系统固有频率影响可以用式(4-4)评估。

$$\omega_0 = \frac{\omega_h \omega_m}{\omega_h + \omega_m} \tag{4-4}$$

对于液压系统的设计而言,液压机构的综合固有频率就是限制液压执行器驱动负载并产生加速度的重要因素。如果液压机构的综合固有频率不高,却把加速度选定得较高,那么系统将发生振荡。对运动控制的执行器而言,振荡便意味着运动不平稳。

工程上常用式(4-5)作为加速时间限制的经验公式,将 t_a 代入式(4-3)可得加速度 a_a。同时,加速度也应受到液压驱动力的限制。

$$t_a \geqslant \frac{20 \sim 30}{\omega_0} \tag{4-5}$$

4.4.3 匀加速运动的加、减速度距离

从加速距离看,运动过程设计需要确定加速度 a_a、速度 v_a 和加速距离 S_a 三者之间的关系,见式(4-6),其可以形象地表达为图 4-7。需要注意的是加速距离是随初速度的平方值变化而变化的,运动初速度增大一倍,对应加速距离增大 4 倍。

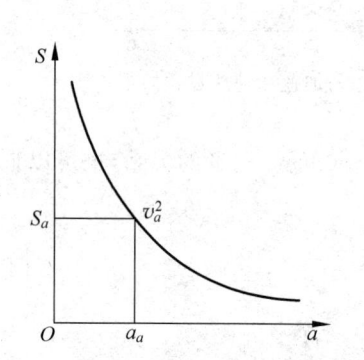

$$S_a = \frac{v_a^2}{a_a} \tag{4-6}$$

从加速距离来看,获得较合理加速距离的运动过程设计需要确定加速度 a_a、速度 v_a 和加速距离 S_a 三者的合理取值范围,需要设计合理的斜坡函数。一般来说,增大加速度对减少加速距离的作用不大。

与加速过程类似,装备也经常控制或驱动被控对象作减速运动,使之从一个较高的速度减速至一个较低的速度,甚至使之停下来。减速过程往往需要运动相当长的一段距离。在实际工程设计中,这一减速运动距离往往是人为设计的。依据实际工程经验,在一般情况下人们初步设计的减速运动距离总是偏短。

图 4-7 匀加速时的加速距离与加速度

4.4.4 速度循环图

运动过程的设计结果可以用速度循环图来描述。速度循环图是描述装备工作时其液压执行器运动速度周期性变化的曲线图。

速度循环图的横坐标是运动行程或每个循环周期内的时间,纵坐标是液压执行器的运动速度。

在关于时间的速度循环图的横坐标为时间。曲线为开放曲线,且是周期性重复的曲线。曲线起点为原点,终点在以时间为周期的横轴上。

关于行程的速度循环图的横坐标为行程,曲线起点和终点均为原点。曲线为封闭曲线。装备工作过程就是沿着这条封闭曲线周而复始不断循环。

4.4.5 运动过程设计结果的实现方式

运动比例控制系统的渐变加速过程和渐变减速过程一般来说有两种方案:一种是采用软件方式实现;另一种是硬件方式实现。

以软件方式来实现运动过程设计结果需要运算功能强大的计算机。该方式采用数学公式描述渐变的运动过程,使用计算机通过模拟量输出端口控制线性放大器,驱动比例方向阀实现比例液压控制。这种方式的优点是可以发挥计算机强大的运算能力,使用更加复杂的增速或减速斜坡信号函数,便于实现更加复杂的运动规律控制,比较适合研究性应用。不足之处是硬件装置复杂、成本高,使用不简便等。

以硬件方式来实现运动过程设计结果需要利用比例放大器自带的电子斜坡信号发生器。绝大多数比例放大器都集成了电子斜坡信号发生器,而且性能优良的电子斜坡信号发生器不会有明显的温度漂移,可以通过电位器调整斜坡信号的斜率。这个方案仅需要采用

顺序逻辑控制器发出启停开关量信号,通过带斜坡信号发生器的比例放大器将其转变为渐变加速和减速的连续信号,以此信号控制比例方向阀,实现运动比例控制。这个方式的优点是硬件装置成本低,控制软件编写简单,与工业控制匹配性好,调试变量方便,可靠性高。不足之处是功能简单,不具备更复杂的运动轨迹控制能力。

斜坡发生器调整原则是最短斜坡时间需要至少大于两倍比例方向阀响应时间,在此需要特别注意。

4.5 负载分析

比例液压控制系统设计的基础是对运动负载情况的认知。

机械装备运动采用比例液压控制时,其运动过程往往是有规律的。简单的运动过程往往可以分为加速阶段、匀速阶段和减速阶段(可能有多个减速段)等三类。

液压比例运动控制系统的负载分析需要结合负载与液压执行器运动过程的特点来开展分析讨论。

4.5.1 典型负载与负载模型

比例液压控制系统在驱动机械机构时的实际负载往往很复杂,通常并不容易直接建立负载模型,更遑论直接用作设计依据条件了。比较简便的方式是利用典型负载模型的组合建立负载模型,对实际负载进行定量模拟计算。

1. 典型负载模型

以机械平动为例,机械机构各个运动副之间常见的典型负载可以分为如下几类:干摩擦力 F_c、黏性摩擦力 F_B、惯性力 F_m、弹性力 F_K、位能负载(重力)W、作业力 F_W 等力载荷以及质量载荷 m。复杂机械机构的载荷不是集中载荷,是非常分散的。在液压驱动与控制系统设计时,通常将上述分散在机械机构各处的载荷折算到液压执行器上。

需要注意机构传动比对力载荷和质量载荷的影响是不同的。力载荷折算是与传动比成反比的;而质量载荷折算是与传动比的平方成反比的。

为了使设计过程与方法阐述得更加清晰与简捷,可依据比例液压控制系统应用特点将液压执行元件上作用的载荷归为三类:质量、稳态力和作业力。

比例液压控制的重要任务之一是驱动质量,实现加速或减速。总的运动质量是计算惯性力和固有频率的物理量。

采用比例液压控制的装备往往用于完成特定作业任务。大多数作业任务都是在匀速条件下进行,作业力 F_W 是装备在作业过程中,电液比例控制系统液压执行元件受到的反作用力。

稳态力 F_{st} 在此具有特定的涵义,它指液压执行元件处于稳态运动时驱动的除了作业力之外的其他力载荷的合力。

针对稳态力,这里通过例子进行解释。譬如一质量块上下运动时,因质量而产生的重力是稳态力的一部分。若质量块水平运动时,则重力不是稳态力,但因重力而可能产生的摩擦力是稳态力的一部分。

与另外两种载荷相比,液压执行元件上受到的稳态力较为复杂和多变。稳态力通常用负载模型表示,见式(4-7)。

$$F_{st}=F_c+F_B+F_K+W \tag{4-7}$$

对于机械转动情况,读者可以自行推演出类似结论,这里不再赘述。

在加速阶段、匀速阶段和减速阶段,液压执行元件上受到负载模型是不同的,各种典型力模型不一定能因量值比较大而成为主要负载。

2. 匀速阶段负载模型

在匀速阶段,负载运动速度相等,惯性负载 F_m 不会出现。作业力 F_w 可能仅在装备实施作业时出现。稳态力 F_{st} 包括多项力载荷,匀速阶段稳态力分析需注意下面情况:

若是竖直方向匀速机械运动,惯性负载不会出现,重力产生的干摩擦力也不存在。若其他夹持力能产生干摩擦,则干摩擦力是存在的。

若是水平方向匀速机械运动,则位能负载不会出现,但重力会产生干摩擦力。

若是其他角度方向的匀速机械运动,则需注意倾斜角度对负载力的影响。

3. 加、减速阶段负载模型

若负载运动速度发生较快和较大变化,惯性负载 F_m 可能会成为主要负载。否则,惯性力可能较小,甚至可以忽略。

稳态力 F_{st} 包括多项力载荷,加、减速阶段稳态力分析需注意下面情况:

若是竖直方向的机械运动,则不存在重力产生的干摩擦力。但是若其他夹持力能产生干摩擦,则可能会存在干摩擦力。

若是水平方向机械运动,则不会出现位能负载。

由静止开始的机械运动需要考虑重力产生的干摩擦力。

若是其他角度方向的机械运动,需注意运动方向倾斜角度对负载力的影响。

上述仅是对一般理想情况展开的讨论。在工程实践中,负载力分析需要依据具体情况进行具体的定量分析。

4.5.2 负载循环图

比例液压控制系统的负载情况可以用装备的负载循环图来描述。负载循环图可以描述周期性变化的负载在一个周期内的变化规律。

负载循环图的横坐标是运动行程或每个循环周期内的时间,纵坐标是液压执行器驱动的载荷。

关于时间的负载循环图的横坐标为时间,曲线起点为原点,终点在以时间为周期的横轴上。曲线为开放曲线,是周期性重复的曲线。

关于行程的负载循环图的横坐标为行程,曲线起点和终点均为原点,曲线为封闭曲线。装备工作过程就是沿着这条封闭曲线周而复始地不断循环。

4.6 阀控比例系统稳态设计

阀控比例系统的稳态设计是以比例液压控制系统处于稳态为设计条件,以此来设计比例控制系统的液压执行元件、液压控制元件和液压源的主要规格参数,确定比例液压控制系统的基本框架。

全新设计一个完整的液压控制系统往往存在过多的未知参数,很容易使控制系统设计工作无从入手。因此,新研发系统的稳态设计通常很难做到一蹴而就,可能需要经过多次反复修改或迭代过程才能接近完善。故这里将稳态设计简单可分为两个阶段进行,即初步设计和精细设计。

下面首先阐述阀控比例控制系统的稳态初步设计,然后扼要介绍阀控比例控制系统精细设计的方法与内容。

4.6.1 阀控对称缸比例控制系统稳态设计

阀控对称缸比例控制系统是相对简单的比例控制系统。其原因在于对称液压缸在伸出和缩回两个工况下的力学特性和运动学特性是相同的。

1. 系统供油压力设计

液压控制系统中,从液压源提供的油压 p_s 去除回油压力 p_r 后,所得出的 $p_s - p_r$ 即为工作压差,该值可用来参考实施对负载的驱动与控制。

依据工程实践经验:一般性能要求普通的比例液压控制系统的合理负载驱动与控制压力分配原则为:1/3 工作压差用于驱动负载,记为 Δp_1;1/3 工作压差用于驱动加速或减速,记为 Δp_2;1/3 工作压差用于运动控制阀,使运动控制阀具备足够的控制能力,记为 Δp_v。

上述工作压差分配原则是较为粗略的。尽管如此,它却有着重要的实用意义。在不掌握更多设计参数条件下,它使设计活动可以进行。

在掌握了设计装备的一些具体情况的条件下,可以对具体问题具体分析,以对液压比例系统压力分配情况作适当调整与修正。一般性的定性调整指南是若比例液压控制系统动态响应要求高,则适当增加运动控制阀的压差。若控制系统动态响应较低,则适当减少运动控制阀的压差。

依据装备结构确定回油 p_r,并依据式(4-8)计算供油压力 p_s。

$$p_s - p_r = \Delta p_1 + \Delta p_2 + \Delta p_v \tag{4-8}$$

供油压力的确定一般应遵从行业习惯或参考同类型装置,并兼顾供油流量的合理性。在一般工业应用的比例液压控制系统中,供油压力可在 6~35MPa 的范围内选取。移动机械比例液压控制系统供油压力可能比固定机械装备的比例液压控制系统低,比如 25MPa。

2. 液压执行元件规格参数设计

对于液压执行元件来说,较高的工作压差可以减小液压执行元件的规格尺寸,在后续设计工作中,连带还能减少液压控制元件、液压动力元件、液压能源装置和连接管道等部件的质量和尺寸。

依据运动过程设计结果可以知道运动过程中的加速度 a。例如,运动过程设计选定为匀加速斜坡曲线,速度从零开始加速至 v,加速时间为 t_a,利用式(4-9)可以计算加速度 a。

$$a = \frac{v}{t_a} \tag{4-9}$$

在加速阶段,压差 Δp_2 作用在有效作用面积 A 上使质量为 m 的负载产生了加速度 a,其数量关系见式(4-10)。

$$A = \frac{ma}{\Delta p_2} \tag{4-10}$$

匀速运动阶段负载压差 Δp_1 见式(4-11),其用于克服匀速段工作载荷 F_L 和摩擦载荷 F_f。

$$A = \frac{F_L + F_f}{\Delta p_1} \tag{4-11}$$

匀速运动阶段活塞运动速度 v 最大,需要的流量 q_L 见式(4-12)。

$$q_L = Av \tag{4-12}$$

3. 液压控制阀压差设计

无负载压力补偿的阀控对称缸比例控制系统中,用于阀口控制的压差 Δp_v 是阀压降。该阀压降是变值,受负载压力影响。

在有负载压力补偿的阀控对称缸比例控制系统中,负载压力补偿器能够使比例方向控制阀阀口压差保持恒定,因而使阀流量仅受比例方向阀开度控制。

依据工程实践经验:压力补偿器的压降 Δp_c 通常设计为 0.8MPa。回油压力 p_r 为 0.5MPa。

4. 比例液压控制系统稳态参数的精细设计

依据上述初算结果,结合各种工况下装备的实际参数选定比例液压控制阀,然后可以进行比例液压控制系统工作压力的精细设计。

比例液压控制系统精细设计应依据实际液压系统的阀控对称缸或阀控非对称缸的工作机理,精细设计液压系统各处压力和流量,确保在各种工况下,液压系统各处压力与流量均处于合理值域之中。

比例液压控制系统稳态参数的精细设计工作颇为复杂,在实际设计时推荐采用液压系统建模仿真方法。

4.6.2 阀控马达比例控制系统稳态设计

液压马达的两个油腔通常为对称结构,阀控马达系统设计可参考对称阀控对称缸比例控制系统的设计方法,仅需将活塞杆位移换为马达输出轴转角;活塞有效面积换为马达(弧度)排量;负载质量换为负载转动惯量,然后就将得到阀控马达比例控制系统稳态设计方法。

阀控马达系统也可以采用负载压力补偿器,其设计可参考负载压力补偿的对称阀控对称缸系统设计。

4.6.3 阀控非对称缸比例控制系统稳态设计

非对称液压缸在活塞杆伸出和缩回两个工况下的力学特性和运动学特性是不同的,与阀控对称缸比例控制系统比较,阀控非对称缸比例控制系统的设计工作更加繁琐。

阀控非对称缸比例控制系统稳态设计可参照阀控非对称缸伺服控制系统稳态设计进行。具体即:设计液压执行元件的规格参数;设计比例液压控制阀压降;确定液压比例方向阀的规格参数。

阀控非对称缸系统也可以采用负载压力补偿器。在伸出与缩回两个工况下,液压缸的有效作用面积不同,液压缸两腔压力不同,因此采集负载压力信息并构建负载压力补偿器时,需要充分考虑非对称缸压力的不同。

阀控非对称缸系统也可以采用差动连接方式构建的、伸出和缩回两个工况有效作用面积相同或近似相同的系统。

4.6.4 确定液压比例方向控制阀的参数及选型

电磁比例方向阀有多种类型。有些只适用于开环比例控制,有些既适用于开环比例控制,也适用于闭环比例控制。在性能指标及其描述方法上,开环控制用电磁比例方向阀与闭环控制用电磁比例方向阀有所不同。在价格方面,不同用途的比例方向阀也有较大差别。

电磁比例方向阀选型的基本依据是阀压降及其对应的负载流量。比例方向阀选型原则是在满足负载流量要求的条件下,尽量提高电磁比例方向阀的控制分辨率,兼顾电磁比例方向阀的响应速度及控制精度。

1. 额定流量参数

首先应依据液压比例方向阀类型与液压控制系统特点,初选比例方向阀的阀压降 Δp_v。

在比例方向阀的阀压降 Δp_v 下,比例方向阀公称负载流量 q_R 可按照式(4-13)计算。

$$q_R = q\sqrt{\frac{\Delta p_v}{\Delta p_w}} \tag{4-13}$$

依据比例方向阀的阀压降 Δp_v 及其下的公称负载流量 q_R,可以查阅比例方向阀产品技术资料,可获得比例方向阀的工作曲线,如图 4-8 所示。该工作曲线描述了在不同阀压降情况下控制电流与流量的变化规律。

对照比例方向阀的工作曲线,可以确定液压比例方向阀的型号。

为了使液压比例方向阀具有较高的分辨率,满足流量要求时,液压比例方向阀选型应使阀口最大开度电流不小于额定电流的 75%。

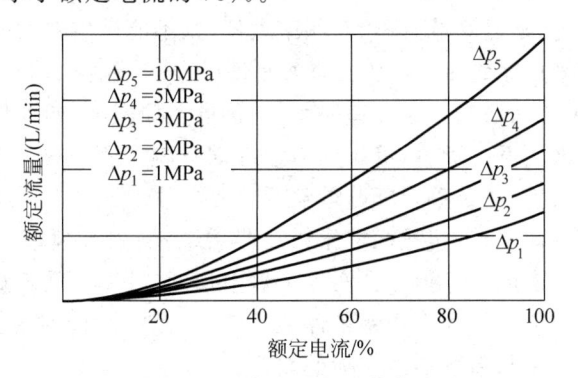

图 4-8 比例方向阀工作曲线

2. 动态特性

开环控制用的电磁比例方向阀的动态特性可以从阶跃响应曲线上获取数据。

闭环控制用的电磁比例方向阀可以用阀的伯德图的 $-90°$ 频率表示动态特性,也可以从阶跃响应曲线上获取数据。

3. 其他考虑因素

在选择电液控制阀时，通常还应考虑以下因素：
(1) 可能达到的控制精度；
(2) 中位机能；
(3) 响应时间；
(4) 是否需要加颤振信号、可靠性、价格等。

4. 数学模型

依据系统与电液比例方向阀的频宽对比情况，确定电液比例方向阀的传递函数。

4.7 比例阀控制系统固有频率分析

对液压系统设计而言，液压动力元件的固有频率是重要设计指标。考虑到开环控制系统加速能力和闭环控制系统的稳定性，液压动力元件的固有频率更是其重要影响因素。

事实上，对液压控制系统的动态特性有重要影响的不仅是液压动力元件的固有频率，也还包括液压动力元件与机械基座的连接柔度。一般来说，固定装备液压动力元件与机械基座的连接刚度比较容易增大到近似刚性连接的程度。移动装备液压动力元件与机械基座的连接刚度较小，但是通常也能满足使用需求。

4.7.1 液压动力元件固有频率的作用

从现有大量机械装备来看，液压传动系统或开关液压控制系统等都可以被看作是静态系统，它们的液压动力元件的固有频率 $\omega_h < 25\text{rad/s}$；而电液比例控制系统的液压动力元件固有频率经常处于 $25 \leqslant \omega_h \leqslant 95\text{rad/s}$；对动态系统要求更高的装备，如 $3g$ 加速度的液压振动试验台的液压动力元件固有频率 $\omega_h \geqslant 190\text{rad/s}$。

液压动力元件的固有频率是限制液压执行器驱动负载产生加速度的一个重要因素。如液压机构（机械与液压作动器系统）的固有频率太低，则不能产生较大的运动加速度。

对开环比例控制液压系统而言，液压动力元件（液压控制阀、液压执行元件、负载的组合）固有频率是传动装置品质与最小加速时间（或称最大加速度）的评价尺度。

对闭环比例控制液压系统而言，液压动力元件固有频率不仅是闭环回路前向控制信号通道动态品质的评价尺度，还是确定环路增益的重要参数。

比较精确地计算液压机构（机械和液压作动器系统）的固有频率，需要知道系统的阻尼特性，如机械摩擦、油液黏度等。但是在实际工程中，这些量往往是未知的。因此，经常需要采用液压动力元件系统无阻尼固有频率来评估系统动态特性，同时也常常用经验建立液压动力元件无阻尼固有频率与系统性能指标的联系。

4.7.2 常见比例控制液压基本回路的固有频率计算方法

前面章节中阐述了阀控对称缸、阀控非对称缸、阀控马达等基本液压控制回路的液压动力元件的固有频率计算方法。这里进一步阐述在不考虑液压动力元件与机械基座连接柔度的情况下，液压比例运动控制经常采用的几种比较特殊的液压回路的液压动力元件固有频率计算方法。

首先，令符号 β_e 表示（考虑管路及容器壁刚性）的工作液弹性模量，m_t 表示运动部分总质量。

1. 进口负载压力补偿器的阀控非对称液压缸

为了提高阀控非对称缸系统的运动平稳性，经常可采用进口负载压力补偿控制方案。进口负载压力补偿器阀控非对称缸的液压系统原理如图 4-9 所示。在负载压力补偿控制中，每一时刻只能用液压缸活塞一侧的密封容器产生液压弹簧。其中，有杆腔产生的液压弹簧刚度较小，因此液压动力元件的固有频率用有杆腔参数计算。这时，液压动力元件固有频率 ω_h 用式 (4-14) 计算。

$$\omega_h = \sqrt{\frac{\beta_e}{m_t} \frac{A_2^2}{A_2 S + V_{dead2}}} \tag{4-14}$$

式中，A_2 为液压缸有杆腔有效作用面积，m^2；S 为液压缸行程，m；V_{dead2} 为与有杆腔相连的死腔容积，m^3。

2. 差动回路液压动力元件固有频率

在图 4-10 所示差动回路阀控非对称缸液压系统中，当液压缸伸出时有杆腔不形成液压弹簧，因此差动回路的液压动力元件固有频率 ω_h 用式 (4-15) 计算。

$$\omega_h = \sqrt{\frac{\beta_e}{m_t} \frac{A_1^2}{A_1 S + V_{dead1}}} \tag{4-15}$$

式中，A_1 为液压缸无杆腔有效作用面积；S 为液压缸行程；V_{dead1} 为与无杆腔相连的死腔容积。

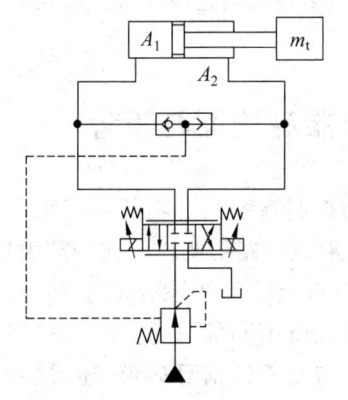

图 4-9 进口负载压力补偿器阀控非对称缸的液压系统原理

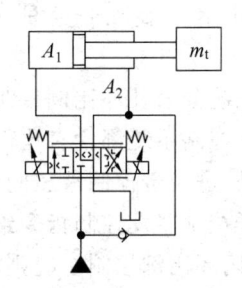

图 4-10 差动回路阀控非对称缸液压系统

3. 阀控马达

假设马达内部结构对称，采用对称比例方向阀控制的液压马达如图 4-11 所示。

阀控马达液压动力元件固有频率 ω_h 用式 (4-16) 计算。

$$\omega_h = \sqrt{\frac{\beta_e D_m^2}{J_t} \left(\frac{1}{0.5 D_m + V_{dead1}} + \frac{1}{0.5 D_m + V_{dead2}} \right)} \tag{4-16}$$

式中，D_m 为马达排量；J_t 为旋转运动部件总惯量；V_{dead1}、V_{dead2} 分别为与马达 A、B 两腔相连的死腔容积。

4. 进口负载压力补偿器的阀控马达

为了提高阀控马达系统的运动平稳性,可采用进口负载压力补偿控制方案。进口负载压力补偿器阀控马达液压系统原理如图 4-12 所示。

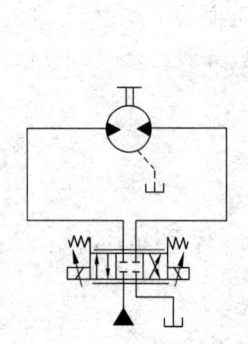

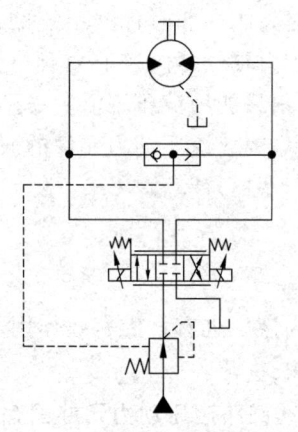

图 4-11　对称比例方向阀控制的液压马达　　图 4-12　进口负载压力补偿器阀控马达液压系统原理

采用进口负载压力补偿器的阀控马达液压动力元件固有频率 ω_h 用式(4-17)计算。

$$\omega_h = \sqrt{\frac{\beta_e D_m^2}{J_t}\left(\frac{1}{0.5 D_m + V_{\text{dead}}}\right)} \tag{4-17}$$

式中,D_m 为马达排量;J_t 为旋转运动部件总惯量;V_{dead} 是与马达 A 口或 B 口相连的死腔容积。

4.8　比例控制系统电子控制器等选型与设计

比例控制系统分为开环比例控制系统和闭环比例控制系统两种。从系统组成上看,两种类型电液比例控制系统都含有比例放大器、比例阀、液压回路等组件。比例放大器驱动与控制比例电磁铁,进一步控制液压阀和液压系统。但仅有上述组件是不够的,构建电液比例系统还需要电子控制器发控制指令给比例控制放大器。所不同的是,开环比例控制系统不需要反馈元件,闭环比例控制系统则需要反馈元件,并需要反馈信号通道,还需要电子控制器处理反馈信号。

开环比例控制系统在完成比例液压控制系统稳态设计、动态特性设计和比例液压阀选型后,其比例放大器能够通过比例阀控制液压系统。另外构建完整控制系统可能还需选配电子控制器,向比例放大器发送控制指令。

闭环比例控制系统在完成比例液压控制系统稳态设计、动态特性设计和比例液压阀选型后,不仅需要为比例控制系统选配反馈元件及其信号放大器(用于构建闭环系统反馈通道),还需要选配带反馈信号输入的电子控制器(用于构建闭环系统)。

比例反馈控制系统的反馈元件及其放大器选型原则与电液伺服控制系统类似,只是比例控制系统反馈元件的动态响应等技术指标可能允许略低。选型方法可以借鉴行事,这里不再详细赘述。

电子器件或电子电路工作往往还需要电源。

上述各项为构建电液比例控制系统所必需，经常可通过选型采购方式获得。这里对他们的情况作扼要阐述。

4.8.1 比例控制系统结构与电子控制器

从系统的规模来看，比例控制液压回路系统往往仅仅是装备(液压)控制系统的一个组成部分。比例控制液压回路系统与其他液压控制系统或电气控制系统都是装备控制(大)系统的组成部分。

如若比例控制系统的控制指令处理或控制策略运算不是特别复杂，从制造成本看该系统不适合独享一台数字控制计算机，仅用一个数字控制器或是其上一个控制信号通道即能满足控制需求。

1. 开环比例控制液压系统结构及电子控制器

开环比例液压控制系统的核心元器件可以被看作是比例液压阀和比例放大器等，他们通过比例控制液压回路构成(运动、压力、流量等)被控物理量的比例控制功能单元，也称比例控制液压系统。其中运动比例控制的被控对象、液压执行元件和液压比例方向阀为液压动力元件。

比例阀放大器可以接收控制指令信号。这类控制指令信号可以是连续量，也可以是开关量，可以通过电气连接、网络连接、遥控接口等方式交互信息。

比例液压阀通过比例控制液压回路来调控被控物理量。

开环比例控制具有被控物理量连续平缓变化、系统结构简单、构成元器件少、调试方便、成本低等优点。同时，它也具有开环控制的共性不足。

开环比例控制可以采用PLC、工业控制机和嵌入式工业控制机等作为电子控制器。以改善运动平稳性为主要设计目的的开环比例控制多采用PLC作电子控制器，更为简单的开环比例控制可采用行程开关作为发信器，将既定的控制逻辑集成在比例放大器上，完全不需要另设独立的电子控制器。只需要各个行程开关按照既定控制逻辑触发运动状态转换，然后通过比例放大器控制液压执行器运动即可。

2. 闭环比例控制液压系统结构及电子控制器

闭环比例控制液压系统与开环比例液压控制系统类似，但其往往有更好的控制性能。闭环控制系统具有控制信号的前向通道和反馈信号通道，并通过闭环电子控制器(含信号比较器)将控制信号的前向通道与反馈信号通道连接起来构成环路。

闭环电子控制器是系统中一个重要组成部件。它承担控制策略或控制算法指派实施的任务。当前，多用数字电子计算机作为闭环电子控制器，充分发挥其强大的浮点运算能力，运算复杂的控制算法。

比较适合用作闭环比例液压控制的闭环电子控制器的是嵌入式工业计算机、液压轴运动控制器、工业控制计算机等。功能简单的闭环比例控制也可以用PLC配模拟量输入/输出模块作为闭环电子控制器。

专用装备的(含液压轴)多轴运动控制器也称数控系统。它往往具备开环控制、闭环控制等多种控制方式，可以进行连续物理量控制和开关物理量控制。

一些生产批量较大的装备往往为之配套开发了专用闭环比例阀放大器，其将闭环电子控制器的闭环控制功能与比例阀的控制功能合为一体,可以有效减少系统构成元器件的数目,压低故障率,大幅度降低制造成本。

4.8.2 电子控制器选型要求

开环比例液压控制系统的控制器可以是开关量的控制器,如 PLC;也可以是输出连续量电信号的控制器,如工业控制机。这两种控制器都需要选配具有接收相应输入信号的比例放大器。

闭环比例液压控制系统的控制器需要能够输出连续量电信号,并同时可以接收连续量电信号输入作为反馈信号。

数字电子系统通常不用动态特性评价其响应速度,而往往是依据如下要求选择相应数字电子部件。

(1) 数字控制器或工业控制机输出控制信号的类型及电平应与比例放大器相匹配;

(2) 数字控制器或工业控制机的类型应与主机总体设计匹配;

(3) D/A 转换频率应不低于 20 倍的电液比例阀相位滞后 90°频率,最好超过 100 倍;

(4) 使用 12 位或 16 位 D/A 转换器,低数位 D/A 转换器会影响实际电液比例控制的分辨率;

(5) 如采用 PLC 作控制器,其扫描频率应该不低于 20 倍的电液比例阀相位滞后 90°频率。

4.8.3 运动控制器

运动控制器(motion controller,MC),也称轴控制器,通常是指在工程领域应用的能够将预定控制方案、规划指令转变成装备机构机械运动的专用控制器。它能够实现电机轴或液压轴的位置控制、速度控制、加速度控制、转矩或力控制等。

目前,运动控制器通常会具备强大的联网或通信能力,可以与 PLC 和人机接口(HMI)建立通信,构建装备控制系统。有些运动控制器与 PLC 融合在一起,构成运动逻辑控制器(motion logic controller,MLC)。

运动控制器采用 ARM 或 DSP 等作为微处理器,采用功能模块化架构,方便用户依据特定的工程需求通过增减模块的方式调整功能。运动控制器可选配的功能模块丰富,常用的功能模块包括数字信号 I/O 模块、模拟信号 I/O 模块、开关量 I/O 模块等。

运动控制器构建的通用闭环控制液压轴系统如图 4-13 所示,可选配位移传感器检测活塞杆位移,也可选配液压缸两腔压力传感器检测液压缸两腔压力。一些运动控制器甚至具备检测供油压力和回油压力的反馈信号通道。

运动控制器配套控制软件内置有丰富的控制算法和控制模式,支持位置/压力双闭环控制和切换。下面扼要地介绍运动控制器的主要功能。

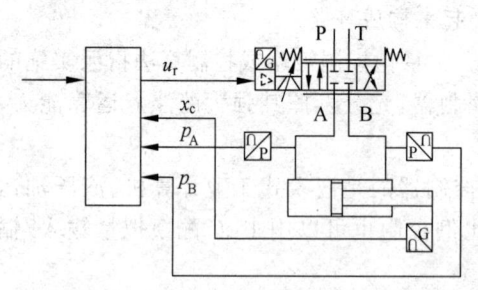

图 4-13 运动控制器构建的通用闭环控制液压轴系统图

1. 运动控制功能

在运动控制方面,运动控制器构建的闭环比例液压控制系统具备如下功能:

(1) 支持点到点的定位运动控制;

(2) 支持电子齿轮功能;

(3) 支持凸轮曲线或样条曲线运动功能;

(4) 支撑正弦或余弦往复运动功能。

2. 反馈信号接口功能

运动控制器具备丰富的反馈信号接口类型,支持与位移传感器、转角传感器、速度传感器和压力传感器等交互多种信号,这些信号包括:

(1) SSI 同步串行接口;

(2) 模拟电压信号±10V;

(3) 模拟电流信号 4~20mA。

3. 网络通信功能

运动控制器通常具有丰富的网络通信功能,其配备标准的以太网接口,支持 EtherNet/IP、Profinet、Modbus/TCP 及 Scorse Ⅲ 等通信协议,支持构建分布式控制系统,甚至支持构建跨网络的闭环控制系统,能够与 PLC、IPC(同步串行接口)和 HMI 等设备通信,组成大系统。

4. 运动控制器软件

运动控制器通常会配备专用的参数设定、装备调试、故障诊断和控制编程的图形化软件包。在普通个人电脑安装运动控制器专用软件后,可以通过以太网、USB 或 RS-232 串口等与运动控制器建立通信。普通个人电脑上运行的专用调试软件能够对运动控制器配置参数进行设定和调整,还能够对安装运动控制器的装备进行在线调试,也能够对运行状态进行诊断,并能够进行运动控制编程。

运动控制器通常采用基于指令或函数的编程方式,具有编程效率高,程序稳定可靠等优点,方便用户开发专用软件和维护装备。

5. 液压控制系统集成化趋势

当前液压控制系统有一种日趋集成化的趋势,通过更加专业的运动控制器将液压控制系统做成一个基于液压控制技术的运动控制节点或模块,经常被称为液压轴。

若将液压轴进行高密度集成,则可将液压控制器做成一个电子电路板并集成在液压控制阀上,再将液压控制阀集成设计在液压执行元件上。这样高度集成设计的复合液压元件只需要接上液压源就可以接收电子控制信号,产生机械动作。

液压控制系统被集成进入复合液压元件内部后,液压控制系统便实现了元件化。

4.8.4 电源

电源不明显显现在电液比例控制系统回路中,但是电液比例系统中各种电子装置往往都需要电能供应,因此也都需要电源。

电源选型设计受制于主机和被供电的对象。电液比例控制系统所需电源依据供电对象的区别而不同,很难统一。一般来说可以分为两类:低压直流电源和动力电源。

传感器、电子放大器普遍采用直流低压电源。普通比例液压控制系统采用高性能数字开关电源即可;高精度高频响比例液压控制系统宜采用模拟电源,不应选用数字开关电源,因为后者容易引入高频方波噪声。

电源的电压分单极性电压和双极性的电压等类型。单极性电压又分为正电压、负电压等两类。

常用低压直流电压数值主要有 5V、10V、12V、15V、18V、24V 等几种。

4.9 基本液压回路的集成设计

基本液压回路的集成设计可以将多个液压执行器的液压基本回路或者多个物理量的液压控制回路综合设计为一台装备的液压系统。

4.9.1 集成设计方式

简单的基本液压回路可以通过集成连接成为较复杂的液压回路。集成连接的方式包括:并联、串联、独联和混联等。

移动装备多采用多路阀运动控制液压回路;固定装备多采用比例方向阀或电磁换向阀运动控制液压回路。因为比例方向阀运动控制回路和多路阀运动控制回路不同,液压回路集成连接的实现方式也有所不同。

1. 并联

将各个执行器控制液压回路的供油口接在一起,连接液压源。将他们的回油口接在一起,连接油箱,这种方式被称作并联。

比例方向阀的运动控制液压回路并联方案示意图如图 4-14 所示。多路阀的运动控制液压回路并联方案示意图如图 4-15 所示。

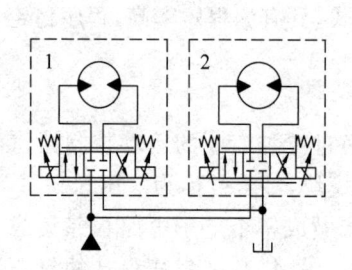

1—基本回路 A;2—基本回路 B。

图 4-14 比例方向阀的运动控制液压回路并联方案示意图

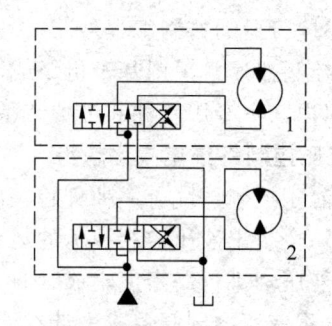

1—基本回路 A;2—基本回路 B。

图 4-15 多路阀的运动控制液压回路并联方案示意图

分析图示例子,并联的液压控制回路具有以下特点:

(1) 可以实现液压执行器同时联动,也可以实现单动;

(2) 各个液压执行器回路的供油压力相同,经常采用恒压网络方案或类似结构;

(3) 并联关系的每个液压执行器控制回路供油流量之和等于油源供油流量。同时联动时,每个液压执行器实际供油流量变小,运行速度降低,且负载变化影响各个执行器流量分配,各个执行器流量相互干扰,可能需要考虑加装压力补偿器。

2. 串联

执行器控制液压回路的供油口与回油口依次序首尾相接即为串连。该方式下第一个执行器控制液压回路的供油口接液压源,前一个执行器控制液压回路的回油口接后一个执行器控制液压回路的供油口,最后一个执行器控制液压回路的回油口接油箱。

比例方向阀的运动控制回路串联方案示意图如图 4-16 所示。多路阀的运动控制串联方案示意图如图 4-17 所示。

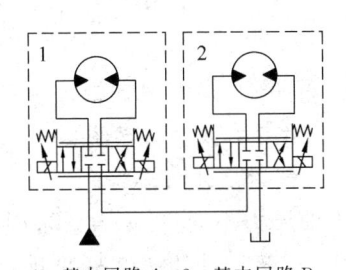

1—基本回路 A;2—基本回路 B。
图 4-16 比例方向阀的运动控制液压回路串联方案示意图

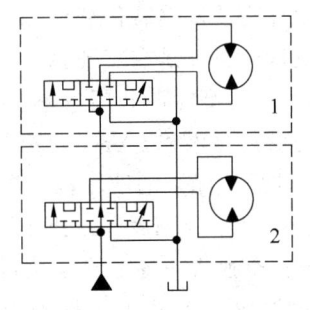

1—基本回路 A;2—基本回路 B。
图 4-17 多路阀的运动控制液压回路串联方案示意图

分析图示例子,串联的液压控制回路具有以下特点:
(1) 可以实现液压执行器同时联动,也可以实现单动;
(2) 各个液压执行器回路的供油流量相同,排量相同的各个执行器的转速相同;
(3) 串联关系的每个液压执行器控制回路压降之和等于油源供油压力。联动时,每个液压执行器实际工作压降变小,驱动负载能力降低,且各个执行器驱动能力相互干扰。

3. 独联

在独联的液压油路连接方式下,液压泵在任何时间内只向多个液压执行元件控制回路中的一个进行供油。

比例方向阀的运动控制回路独联方案示意图如图 4-18 所示,其采用一个三通开关阀选通其中一个比例方向阀控制回路。多路阀的运动控制独联方案示意图如图 4-19 所示。

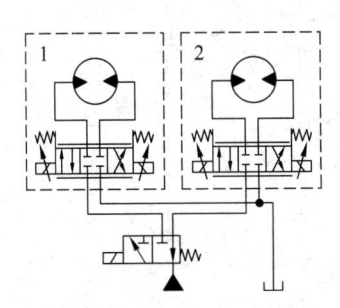

1—基本回路 A;2—基本回路 B。
图 4-18 比例方向阀的运动控制液压回路独联方案示意图

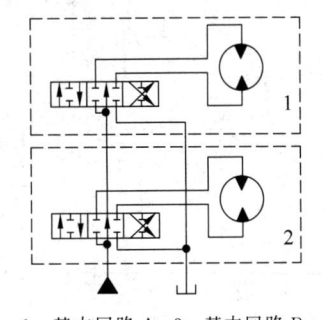

1—基本回路 A;2—基本回路 B。
图 4-19 多路阀的运动控制液压回路独联方案示意图

分析图示例子，独联的液压控制回路具有以下特点：

(1) 不能实现液压执行器同时联动，只能实现液压执行器单独动作，或分别单独动作；

(2) 各个液压执行器回路的供油流量相同；

(3) 各个液压执行器控制回路压降等于油源供油压力。

4. 混联（复联）

混联也称复联，该方式是并联、串联、独联等液压回路集成设计方式的组合。混联方式回路集成设计需要依据装备功能和动作节拍进行专门设计。

混联设计的目标是在实现相同功能和性能的条件下减少元件使用数量，简化系统结构，减少制造成本，提高能源利用效率。

混联的设计思想和方法比较纷繁芜杂，并没有统一的设计指南，其通常作如下考虑：

(1) 供油压力相同的液压执行器控制回路可以采用并联方式进行系统集成。并联集成后，各个执行器之间若不存在同时运动，则系统集成方式实质是独联。

(2) 若实质独联的各个液压执行器控制回路的供油压力不同，可以考虑采用减压回路和增压回路调整各个液压执行器控制回路的供油压力，在供油压力相同点进行并联（或独联）。

(3) 若并联的联动执行器液压控制回路不是恒压系统，则存在各个执行器负载压力不同、各个执行器运动控制之间相互干扰等现象，因而需要采用压力补偿器相互隔离。

4.9.2 开环控制液压回路集成设计

装备的功能和用途不同，其液压控制系统的结构也不同。各种装备的液压回路集成设计思想和方法比较纷繁芜杂，这里以液压机的液压系统（见图 4-20）集成设计为例，展示如何将几个基本液压回路集成设计成为一个整体的方法，以点带面展示液压回路集成设计一般方法。

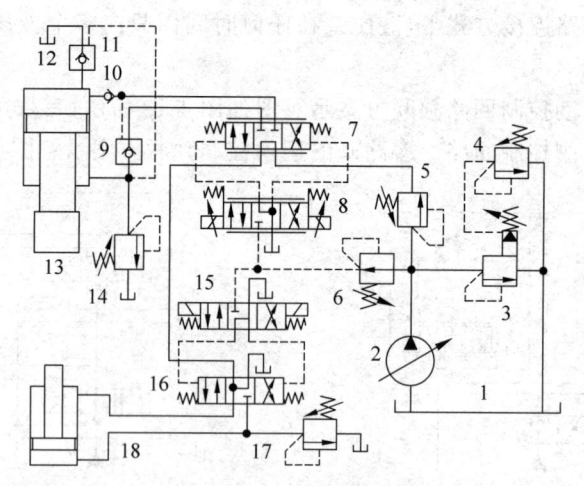

1—下置油箱；2—恒压变量液压泵；3—先导式溢流阀；4—远程调压溢流阀；5—顺序阀；6—减压阀；7—比例方向阀（主阀）；8—比例方向阀（先导）；9—液控单向阀；10—单向阀；11—充液阀；12—上置油箱；13—下压液压缸；14—背压阀；15—电磁换向阀（先导阀）；16—液控换向阀；17—背压阀；18—顶出液压缸。

图 4-20 液压机液压系统图

1. 运动控制基本液压回路

由于液压机有两个液压执行器：下压液压缸和顶出液压缸，因此液压机的液压系统有两个基本的阀控缸主运动控制液压回路。同时也因为液控比例方向阀 7 和液控换向阀 16 均需要用液压控制其主阀芯运动，所以其同样有两个阀芯运动控制液压回路。以上共四个四通阀控缸运动控制基本液压回路，其中两个是比例液压控制，另外两个是开关液压控制。

1）主运动控制基本液压回路

下压液压缸 13 铅垂布置，由于液压缸活塞及模具质量大，所以有较大负向载荷，且有杆腔下置。下压运动控制主液压回路由比例方向阀（主阀）7 控制下压液压缸 13；液控单向阀 9 和背压阀 14 防止负向负载引起活塞（及磨具等）下落；上置油箱 12、充液阀 11 和单向阀 10 对下压液压缸无杆腔充液，防止吸空。这就是下压运动控制基本液压回路的工作流程。

顶出液压缸 18 铅垂布置，液压缸活塞杆等质量小，负向载荷小，且无杆腔下置。下压运动控制主液压回路由液控换向阀 16 控制下压液压缸 18 构成。

2）阀芯运动控制基本液压回路

电磁比例方向阀（先导阀）8 控制比例方向阀（主阀）7 构成阀芯运动比例控制液压回路；电磁换向阀（先导阀）15 控制液控换向阀 16 构成阀芯运动开关控制液压回路。

2. 压力控制基本回路

液压机作业时，下压运动时系统压力 25MPa，顶出运动时系统压力 4.5MPa。阀芯运动控制系统压力 7MPa。其共包含三个基本压力控制液压回路。

1）下压压力控制液压回路

通过恒压变量泵 2 设置 25MPa 系统压力，配置溢流阀 3 和 4 为安全阀。这是一个压力控制基本回路。

2）顶出压力控制液压回路

液压泵（恒压变量泵处于最大排量）2 与溢流阀 17 构成 4.5MPa 压力控制基本液压回路。

3）阀芯先导控制压力控制液压回路

电磁比例方向阀 8 和比例方向阀控制阀芯运动的系统压力为 7MPa，比系统压力低，且需要稳定的压力。因此，设计减压阀压力控制液压回路由减压阀 6 和系统油源构成。

3. 主运动控制液压回路集成设计

液压机工作循环中，下压运动与顶出运动一般会分开进行，不会出现联动情况。其主运动流量较大，压力较高。由于液压机是生产制造装备，故需要进行节能设计。

如采用串联方案将下压液压缸控制液压回路与顶出液压缸运动控制液压回路集成设计成为一个整体液压回路，则可将之称为主运动控制液压回路。

4. 阀芯运动控制液压回路集成设计

阀芯运动控制液压回路流量小，压力低，而且压力相同，因此可采用并联方案将比例方向阀 7 的主阀芯运动控制液压回路与液控换向阀 16 的主阀芯运动控制液压回路集成设计成为一个整体液压回路，其通常被称为阀芯运动控制液压回路。

5. 主运动控制液压回路的压力控制液压回路集成设计

该设计是利用串联油路连接方式的特性与特点，将下压运动（25MPa）压力控制液压回路和顶出运动（4.5MPa）压力控制液压回路集成设计在主运动控制液压回路上，构成一个整体液压回路。

6. 阀芯运动控制回路的压力控制回路的集成设计

该设计是利用减压阀压力控制回路的特性和结构特点,先将减压阀减压液压回路与方向阀主阀芯运行控制液压回路串联,然后将他们一起与主运动控制液压回路并联。

为了避免主运动控制液压回路节能卸荷对阀芯控制运动液压回路系统压力的干扰,增加顺序阀 5,如图 4-20 所示。

7. 多执行器液压系统的完善设计

该设计是安全保护设计,主要目的是为系统增加超压安全保护,同时还需要检查液压系统局部各处是否出现负压,必要增加补油设计。

4.9.3 闭环比例控制液压回路集成设计

位置、速度、力闭环控制通常均采用恒压系统。

闭环比例控制液压回路采用并联方式进行系统液压回路集成设计,构建恒压网络液压系统结构,其可将多个闭环比例液压控制系统集成为一个整体的液压控制系统。

具体地讲,系统集成设计可以采用多种实施方案。例如,可以将各个液压闭环比例控制系统设计为供油压力相同的恒压系统,然后将这些恒压系统并联构建一个恒压网络。当然,其也可以构建多个不同压力的恒压网络,然后采用压力控制回路补偿恒压网络间的压力差,并将他们集成连接为一个整体。

为了避免闭环比例液压控制系统之间相互干扰以造成的供油压力波动,需采用单向阀和蓄能器隔离各个执行器控制液压回路。

4.10 减小负载运动速度波动设计

负载的变化会使液压系统负载压力也发生变化。这种负载压力变化将引起电磁比例方向阀的节流控制阀口两侧压差发生变化,进而导致电液比例控制系统的运动速度产生波动。

平稳比例控制液压执行元件运动速度的主要方法是对负载压力进行补偿,稳定液压比例方向阀两侧压力差,从而稳定流过比例方向阀的流量,进一步稳定液压执行器的运动速度。

负载压力补偿器平稳负载运动速度的方法可以独立使用,用于平稳一个液压执行器的速度比例控制系统,也可以用于多个执行器的速度控制回路,还可以与其他液压控制技术进一步集成,实现运动复合控制。

4.10.1 负载压力补偿器的工作原理及分类

在比例方向阀控制液压执行元件的压力补偿系统中,比例方向阀与压力补偿器构成一个功能组合。比例方向阀是流量控制阀,压力补偿器主要由压力补偿阀和压力检测元件两部分构成。压力补偿阀或称压力调节阀,压力调节阀的压差跟随负载压力或供油压力变化而反向变化,从而稳定比例方向阀的阀压降。

比例方向阀可以接收连续量电信号,控制其阀口开度同步发生连续变化,对液压执行元件实施节流调速控制。在没有压力补偿器的情况下,负载压力变化将引起节流阀口两侧压差发生变化。在同样阀口开度情况下，比例方向阀阀口两侧的压差不同，将导致流经比例方向阀阀口的流量不同，从而改变进入液压缸的流量，使液压缸活塞速度发生变化。在安装压力补偿器的情况下，负载压力补偿器检测负载压力，通过定差减压阀原理保持电磁比例方向阀的进出阀口之间的压差不变，从而稳定了进出液压执行元件的工作液流量，进一步稳定了液压执行元件的运动速度，使其不因负载变化而大幅度变化。

依据负载压力补偿器的压力调节阀油口数目以及其在比例方向阀油路上的位置，可将负载压力补偿器分为三类：

(1) 进口二通压力补偿器。进口二通压力补偿器是一种液控减压阀，其安装在比例方向阀与液压泵之间的进阀油路上，常采用梭阀来检测比例方向阀与液压执行元件之间较高压力管路的压力值。

(2) 进口三通压力补偿器。进口三通压力补偿器是一种液控溢流阀，其并联安装在液压源调压溢流阀旁，常采用梭阀来检测比例方向阀与液压执行元件之间较高压力管路的压力值。

(3) 出口压力补偿器。压力补偿器多采用液控减压阀，其安装在电液比例方向阀与液压执行元件之间，可检测液流经过比例方向阀回油箱时阀口两侧的压降值。

显然，上述三种负载压力补偿器的原理与结构是有差别的，下面分别展开阐述。

4.10.2 二通进口负载压力补偿器

二通进口压力补偿器主要用于固定装备中。一个典型的具有二通进口压力补偿器的运动控制液压回路如图 4-21 所示。当负载压力波动或油泵压力发生变化时，液压缸进油口油路上比例方向阀阀口的压降保持为常数。也就是说，这时泵压力的升高不会引起流量的增大，因此，负载压力得到了补偿。

在二通进口压力补偿器中，压力补偿阀常采用滑阀结构，如图 4-22 所示。压力补偿阀的

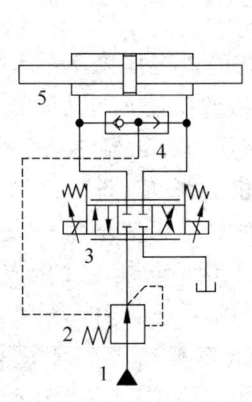

1—油源；2—压力补偿阀；3—比例方向阀；4—梭阀；5—液压缸。

图 4-21 具有二通进口压力补偿器的运动控制液压回路

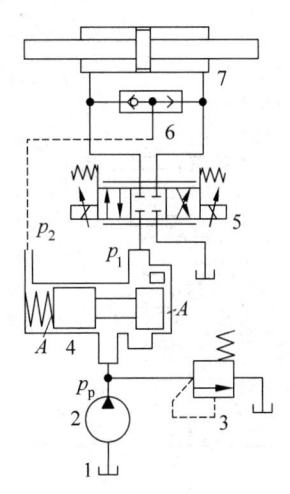

1—油箱；2—液压泵；3—溢流阀；4—压力补偿阀；5—比例方向阀；6—梭阀；7—液压缸。

图 4-22 二通进口压力补偿器滑阀结构示意图

阀口为压力调节阀口或压力补偿阀口；比例方向阀的阀口为流量控制阀口。流量控制阀口与压力调节阀口是串联的。

当阀芯处于平衡位置时，式(4-18)成立。

应当指出，当阀芯处于平衡位置而负载压力变化时，作用于流量控制阀口的压力降 $\Delta p_c = p_1 - p_2$ 将保持为常数，见式(4-19)。如忽略液动力，则可视阀芯为处于平衡状态。

$$p_1 A = p_2 A + F_s \tag{4-18}$$

$$\Delta p_c = p_1 - p_2 = \frac{F_s}{A} \tag{4-19}$$

当弹簧很软并且阀芯调节位移很短时，压力补偿阀工作过程中弹簧力 F_s 的变化量很小，故流量控制阀的阀口两侧压力差近似为常数。

只有当弹簧被进一步压缩时，调节阀芯才使压力调节阀口的过流截面发生变化。由此推断，只要外加压力差 $p_p - p_2$ 大于 $\frac{F_s}{A}$，压力补偿阀就能起到稳定流量控制阀口压降的作用，很好地平稳负载流量。

压力补偿阀弹簧决定了补偿阀的补偿压差 Δp_c。二通进口压力补偿阀压差流量特性曲线图如图 4-23 所示。

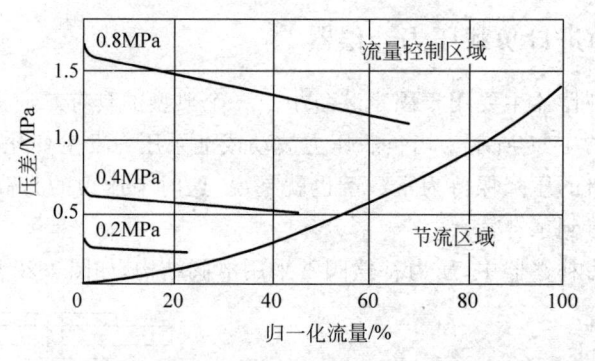

图 4-23 二通进口压力补偿阀压差流量特性曲线图

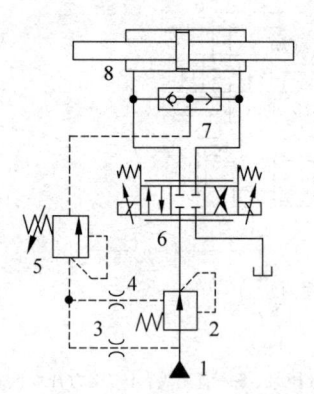

1—油源；2—压力调节阀；3,4—固定节流口；5—溢流阀；6—比例方向阀；7—梭阀；8—液压缸

图 4-24 压力可调二通进口压力补偿器

依据比例方向阀的恒定压降下的节流特性曲线可知，流过比例方向阀的流量 q 与其压降 Δp_v 是密切相关的。若通过负载压力补偿器的流量增大，比例方向阀中的液流阻力也会增大，同时比例方向阀压降 Δp_v 也会增大。此时只有相应增大压力补偿器的压差 Δp_c，才能实现流量调节功能。比例方向阀的额定流量须与压力补偿器的压力补偿能力相匹配。

二通进口负载压力补偿器的流量控制阀压降 Δp_v 通常会被设计为 0.8MPa。在无法确定压力补偿器压差的情况下，可以将负载压力补偿器的压差设计为可调方案，如图 4-24 所示，并增加溢流阀用于调压。采用二通进口负载压力补偿器可以将比例控制阀的流量分辨率提高 10 倍以上，大幅度提高运动控制的

4.10.3 三通进口负载压力补偿器

三通进口负载压力补偿器需要与定量泵配合使用,其具有功率损失小的优点,主要用于固定的装备中。图 4-25 所示为三通进口压力补偿器。三通进口负载压力补偿器的负载压力检测取样点与二通压力补偿器一样,其分辨率和等流量特性也与二通进口压力补偿器一样。在某些情况下,三通进口负载压力补偿器与二通进口压力补偿器能够实现互换。

在使用三通进口压力补偿器时,起限压作用的压力调节阀采用无面积差的滑阀式座阀结构,如图 4-26 所示。此时,比例方向阀的流量控制阀口与压力调节阀口是并联的。

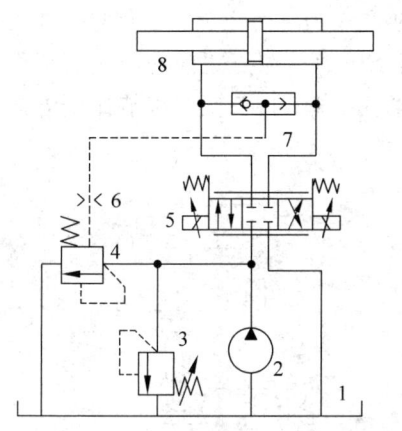

1—油箱;2—液压泵;3—溢流阀;4—压力调节阀;5—比例方向阀;6—固定节流口;7—梭阀;8—液压缸。

图 4-25 三通进口压力补偿器

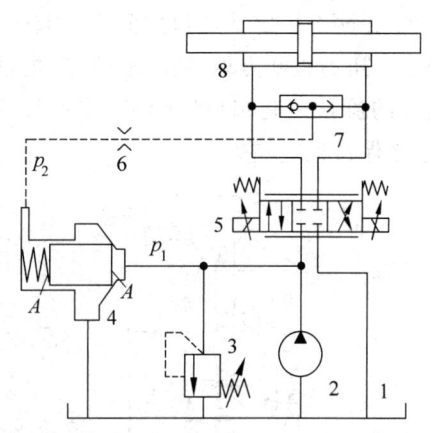

1—油箱;2—液压泵;3—溢流阀;4—压力调节阀;5—比例方向阀;6—固定节流口;7—梭阀;8—液压缸。

图 4-26 三通进口负载压力补偿器

在控制阀芯处于平衡位置,且不考虑摩擦力液动力时,压力调节阀的阀芯平衡方程与式(4-18)相同。

三通进口负载压力补偿器的流量控制阀压降 Δp_v 通常会被设计为 0.8MPa。

这样,在流量控制阀口上的压力差也就保持恒定,并得到一个与负载压力变化无关的负载流量。

在使用二通进口负载压力补偿器时,液压系统最高压力需由溢流阀调定。液压泵始终以最高压力供油,溢流阀始终处于溢流状态。

与之相反,在使用三通进口负载压力补偿器时,其进口的工作压力仅需比负载压力高出一个流量控制阀口处的压降 Δp,因而其功率损失较小。

若比例方向阀使用 W 型阀芯,则当阀芯处于中位时,阀 A 口和 B 口与油箱相连,油液以所设定的 Δp 压差下于液压泵与油箱之间循环。

4.10.4 出口压力补偿器

在电磁比例方向阀进口配置压力补偿器的缺点是很明显的。当液压执行元件减速时或受到超越负载被反拖动时,压力补偿器的补偿作用与系统的补偿需求相反。若是在负载很大,且负载方向变向的工况下,采用进口压力补偿器进行负载压力补偿的方案会受到制约,这种情况下可采用出口压力补偿器方案。

图 4-27 描述了一种典型的出口负载压力补偿器的工作原理,其使用比例方向阀控制液压缸活塞杆缩回运动,比例方向阀与油箱间的背压阀建立起 0.3MPa 压力。该压力作为一个压力控制信号,为压力补偿器提供较低的基准压力。压力补偿器另一个压力检测点取自比例方向阀的油口。上述两个压力检测点之间的压差表征了比例方向阀的流量控制阀口压降,它驱动负载压力补偿器的阀芯运动,负反馈调节比例方向阀压差,使其保持恒定。

这种出口负载压力补偿方案的流量控制阀压降 Δp_v 通常被设计为 0.8MPa。

图 4-28 描述了另一种出口负载压力补偿器的工作原理,其使用比例方向阀控制液压缸活塞杆缩回运动,比例方向阀与压力补偿器之间的液压油可以经过两个固定节流口流向液压油箱,在两个固定节流口之间建立起较低的压力,使之作为一个压力控制信号。压力补偿器另一个压力检测点取自比例方向阀的油口,上述两个压力检测点之间的压差表征了比例方向阀的流量控制阀口压降,其驱动负载压力补偿器阀芯运动,负反馈调节比例方向阀压差,使之保持恒定。

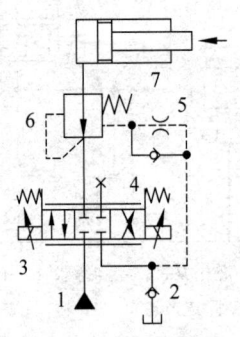

1—油源;2—背压阀;3—比例方向阀;4—单向阀;5—固定节流口;6—压力补偿阀;7—液压缸

图 4-27 出口负载压力补偿器的工作原理(一)

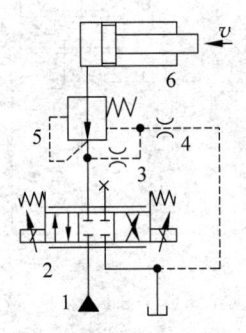

1—油源;2—比例方向阀;3,4—固定节流口;5—压力补偿阀;6—液压缸

图 4-28 出口负载压力补偿器的工作原理(二)

这种类型出口负载压力补偿方案的流量控制阀压降 Δp_v 通常会被设计为 1.5～1.8MPa。在无法确定压力补偿器压差的情况下,可以将负载压力补偿器的压差设计为可调方案,如图 4-29 所示,此时可增加溢流阀用于调压。

图 4-30 是一种实用的截止型出口负载压力补偿液压回路,其出口压力补偿器布置在液压执行器与液压控制阀之间,可以对液压执行器的两个油口(或其中一个)进行补偿,使比例方向阀 A 口或 B 口至液压油箱的压差保持为常数。

截止型出口负载压力补偿器兼具液控单向阀的闭锁功能,可以托住负向载荷。但是需要注意,对单出杆非对称缸液压执行器系统而言,这种闭锁功能可能会造成液压缸有杆腔超压的危险。为了避免液压缸有杆腔出现超压现象,可以采用带有平衡阀的进口压力补偿方案。

4.10.5 负载压力补偿器设计

装备功能不同,使用工况不同,其性能要求也不同。因此负载压力补偿设计需要具体问题具体分析。下面便将阐述负载压力补偿器的实际设计方法。

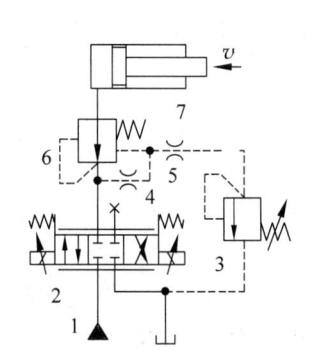

1—油源；2—比例方向阀；3—溢流阀；4,5—固定节流口；6—压力补偿阀；7—液压缸

图4-29 可调压的出口负载压力补偿器原理

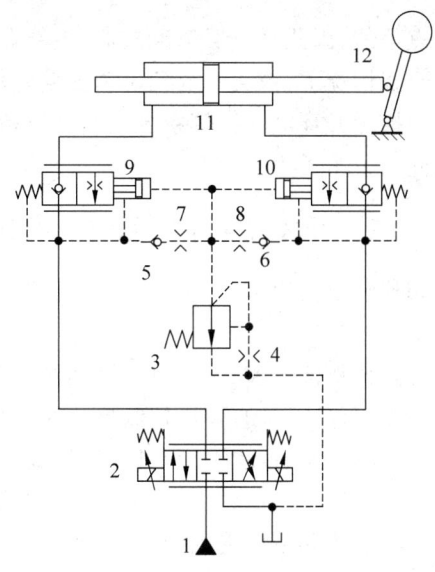

1—油源；2—比例方向阀；3—压力补偿阀；4—固定节流口；5,6—单向阀；7,8—固定节流口；9,10—制动阀；11—液压缸；12—负载

图4-30 截止型出口负载压力补偿液压回路

压力补偿器设计过程可以分为四步：

第一步：确定负载压力补偿液压回路方案。

依据技术指标要求，结合设计经验，确定负载压力补偿液压回路的方案。

第二步：设计比例方向阀的实际阀压降。

假设装备比例液压控制系统需要压力补偿的管路实际流量为 q。查阅比例方向阀产品样本进行选型。设选取的比例方向阀额定流量为 q_N，额定阀压降为 Δp_{vN}，每个控制边压降为 $0.5\Delta p_{vN}$，则设计比例方向阀的实际阀压降见式(4-20)。

$$\Delta p_v = \left(\frac{q}{q_N}\right)^2 \Delta p_{vN} \tag{4-20}$$

第三步：分析负载，估算负载力引起的负载压力波动范围。

通过分析载荷，定量分析负载力波动范围，推算负载压力波动量 Δp_D。

第四步：匹配设计减压型逻辑元件或溢流型三通压力补偿器。

在负载压力补偿液压回路方案的基础上，依据速度平稳控制的实际需求，合理确定压力补偿器的压力调节范围 Δp_c。使其覆盖负载压力波动量 Δp_D，甚至比例方向阀的实际压降为 Δp_v。依据压力补偿器的最小可调压差特性曲线，结合实际流量 q 进行压力补偿器选型。完成负载压力补偿器的匹配设计。

从系统动态特性看，加速过程很快或运动速度较快(通常大于1m/s)的系统不适合采用压力补偿器。

4.11 开环控制系统到位精度控制设计

开环控制系统具有结构简单、制造成本低、调试简便等优点，因此电液比例控制广泛采用开环控制方式。但是，开环控制没有位移传感器，不能实时检测控制系统的实际运动位移与目标点偏差,因此其位置精度较低,不能自动补偿外界干扰产生的位置偏差。在载荷变化或外界干扰情况下,该类系统到位精度偏差较大。

本节探讨开环电液比例系统控制到位精度的方法,协调开环控制系统快速到位与到位精度之间的技术矛盾。

4.11.1 开环控制系统到位精度分析

以阀控缸电液比例运动控制系统为例,下面将分析开环比例液压控制系统到位精度的控制方案。

在开环比例液压控制系统中,液压缸活塞以速度 v_1 向前运动,到达位置目标点 x_1 时,行程开关发出停止运动信号,控制比例阀减少阀口开度,直至比例阀控制活塞停止运动。为了使制动、停止运动过程平稳,可在比例放大器中设置斜坡函数,通过电位器调节斜坡函数的斜坡时间参数,之后系统将在点 x_2 处停止运动,如图 4-31 所示。

开环运动控制系统受到干扰时,明显的结果是运动速度发生改变。此处忽视造成该现象的原因,当液压缸活塞运动速度变化为 v_2 时,假设比例控制放大器减速斜坡函数不变,平均减速度是相同的,则控制系统的活塞运动停止位置为 x_3,如图 4-32 所示。显然运动停止位置 x_3 不同于预先设计的停止位置 x_2。上述例子说明:如果采用图 4-31 所示的运动控制规律的作为装备的运动控制系统方案,那么在装备使用过程中,一旦液压缸活塞杆运动速度发生变化,则活塞杆到位精度也将发生变化。

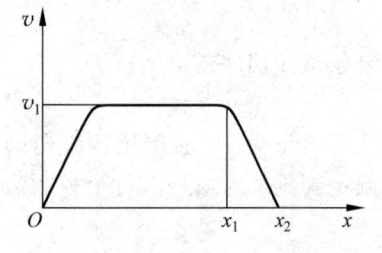

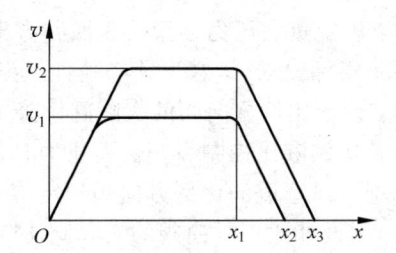

图 4-31 斜坡函数减速运动过程　　图 4-32 相同行程开关位置,相同减速斜坡函数的运动过程

为使不同运行速度的开环电液比例控制系统的活塞能够在同一位置点停下来,可以保持减速斜坡函数不变,并将发出停止运动的行程开关位置改为 x_3,如图 4-33 所示;也可以保持发出停止运动的行程开关位置 x_1 不变,而改变减速斜坡函数,如图 4-34 所示。

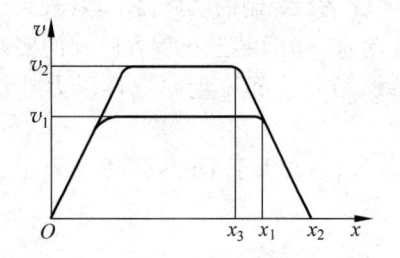

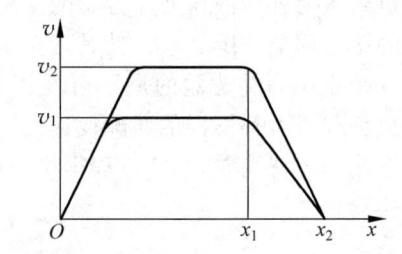

图 4-33 相同停止位置,相同减速斜坡函数的运动过程　　图 4-34 相同停止位置,相同行程开关位置的运动过程

通常情况下,装备在调试合格经验收后交付用户使用。在装备使用过程中,如果经常需要调整比例放大器中斜坡函数的参数或者经常需要调整到位行程开关的位置来确保到位精度,那么该设计将是极其不方便用户使用的,甚至是不可行的。

4.11.2 开环控制系统到位精度控制方案

在开环控制调节下,采用预制动的控制方案可以大幅度提高定位精度。在活塞杆运动行程内,设置一点 x_1 作为预制动触发位置点,如图 4-35 所示。在位置点 x_1 活塞杆开始沿着预先设定的斜坡函数减速后,减低速度至较低速度 v_1,并以该速度移动至定位行程开关位置 x_2,触发定位减速,按设定减速斜坡函数减速至停止运动。

上述开环系统到位精度控制方案的设计思想是在预制动位置和定位行程开关位置之间规划设计速度调整的时间和行程。尽管初始运动速度在 v_2 和 v_3 之间变化,但其在定位行程开关点总是从相同的速度 v_1 开始,以相同斜坡函数进行减速至运动停止。因此这类系统具有较高的定位精度。

此控制方案的优点是不需要实时检测活塞运动的位移,也不需要预先知道减速前运动速度,故成本低,简便易行。但其缺点是减速过程需要较长的时间和行程,因此在一定程度下会影响运动的效率。

工程上常采用加速度平缓渐变的斜坡曲线作为运动过程曲线,其加速度和速度变化曲线如图 4-36 所示,可平滑起动,平稳停止。

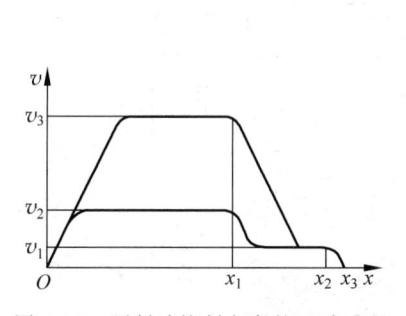

图 4-35　预制动控制方案的运动过程

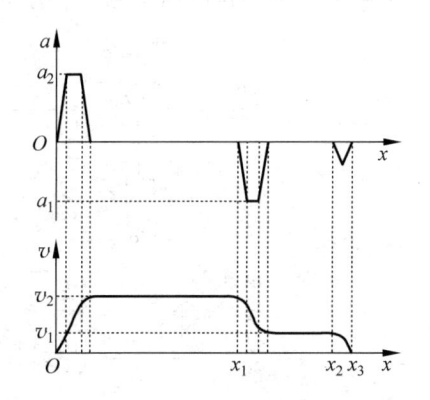

图 4-36　加速度平缓渐变斜坡曲线的运动过程

4.11.3 与到位距离相关的制动控制方案

与到位距离相关的制动控制方案的基本设计原理是感知到位距离情况,并生成调节控制指令的信号,依据到位距离情况调节运动控制指令逐渐减小,直至运动停止。这种比例运动控制的制动过程不是通过时间斜坡函数实现的,而是通过模拟式触发器或电位器实现的。这种运动的控制方式通常是开环控制。

模拟式触发器是一种模拟量输出的电子接近开关,其与楔形制动挡块配合使用,如图 4-37 所示。模拟式触发器检测其与楔形挡块间距离,并随着挡块间距离减小而使输出电压变小,其特性曲线如图 4-38 所示。用该信号调整比例方向阀的控制信号,可以实现与到位距离相关的制动控制。

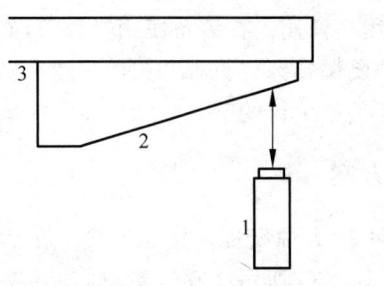

1—模拟式触发器(电子式接近开关);2—挡块;3—移动滑台。

图 4-37 模拟式触发器工作原理

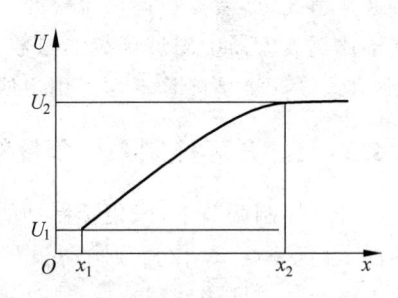

图 4-38 模拟式触发器输出信号

与到位距离相关的制动控制系统结构如图 4-39 所示。该系统的制动距离与制动速度的平方呈正比,因此当模拟式触发器输出与距离成正比的电压信号后,可以通过开方器将其处理为与速度成比例的电信号。电子开方器具有运算时间短,成本低等优势。

与到位距离相关的制动系统是一种全程非位置负反馈系统,其也是开环控制系统。需注意的是,其仅在制动区域内实现与位置相关。这种控制方案可以较大幅度提高开环比例液压控制系统的到位精度。但是,其到位精度与闭环控制系统相比还是比较低的。

开环控制系统的与到位距离相关的制动控制系统的抗干扰能力是有限的。若要实现对干扰因素的更好补偿,则需要构建闭环控制系统。

另外还有一种到位距离检测装置是纵向布置电位器,限于篇幅,在此将不再赘述。

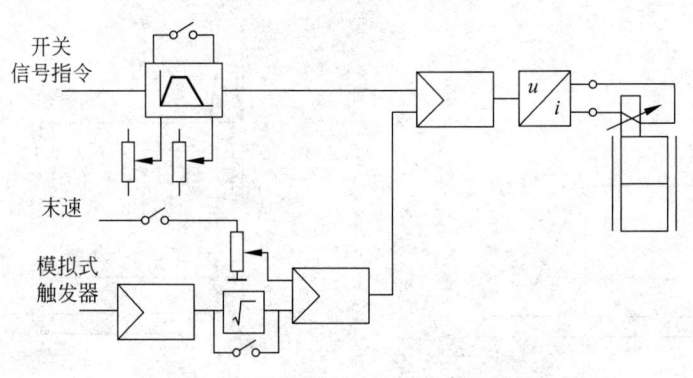

图 4-39 与到位距离相关的制动控制系统

4.11.4 油液黏度变化对到位精度的影响

液压系统的工作液是经过特性改良的液体,它通常会具有较好黏度·温度特性。但尽管如此,温度对液压系统工作液黏度的影响也是巨大的,这点可以从工作液的黏度温度特性上清晰地看出来。

当液压系统工作液黏度发生变化时,流经控制阀的流量会随之发生变化,流入液压执行器的流量也会随之发生变化,造成液压执行器的运动速度发生变化。

人们通常更加关注工作液黏度变化所导致的液压阀压差的改变,以及进一步导致的流过液压阀流量的改变。实际上,工作液从液压泵开始,经过运动控制阀和液压执行元件返回油箱过程中,也流经了两条液压源的管路和两条液压执行元件管路,其间经过管接头、管路和油路块等,他们在这一过程中随工作液温度变化产生的压降变化要远大于比例方向阀的压降变化。

在此将实际测试一个液压系统,当工作液温度从 20℃ 变化到 50℃ 时,液压源的管路压降变化了 0.3MPa,液压执行元件的管路压降变化了 0.2MPa。与方向阀的压降损失变化相比并不明显。这是因为比例液压阀的控制阀口通常被制作为薄刃口形式,此形式减少了工作液黏度变化对其性能的影响。

假设当工作液温度从 20℃ 变化到 50℃ 时,油源供油压力保持不变,比例方向阀自身压降损失不变,负载也保持不变,那么因工作液黏度变化而造成的管路损失变化将改变比例方向阀的压差,使其压差增加 0.5MPa。

为了阐述便利,可以简单地认为比例方向阀的压差变化将直接改变流入对称液压缸的流量,进而改变活塞杆的速度。此时活塞杆速度与比例方向阀的压差之间的关系见式(4-21)。

$$v_2 = v_1 \sqrt{\frac{\Delta p_{v1}}{\Delta p_{v2}}} \tag{4-21}$$

式中,Δp_{v1} 和 Δp_{v2} 之比是比例方向阀压差,对应的活塞杆速度分别为 v_1 和 v_2。

假设 20℃ 时活塞杆速度 1m/s,比例方向阀的压差为 5MPa。50℃ 时比例方向阀的压差为 5.5MPa。经过计算,活塞杆速度为 0.953m/s。速度变化率接近 5%。

如果 20℃ 时比例方向阀的压差为 1MPa。50℃ 时比例方向阀的压差为 1.5MPa。经过计算,活塞杆速度为 0.816m/s。速度变化率接近 18%。

上面算例表明:提高比例方向阀的压差有利于提高运动控制效果。降低工作液温度或黏度等变化所造成的比例方向阀压差变化或减低运动速度变化,都能够进一步降低到位精度变化的可能性。

阀控液压执行元件动力学系统的调节机理是运动加速度大,运动控制阀压降大;运动加速小,运动控制阀压降小。

从能量消耗方面来看,比例方向阀压差增大会使消耗在比例方向阀上的能量增大,因此导致比例液压控制系统的使用经济性变差。这是仅从液压阀的能量耗损情况处得到的结论。

液压系统作为机械装备的组成部分,其经济性设计指标通常需要结合多方面因素综合定量评价,如实际节流控制时间与运动停止时间的比值等。也要考虑装备使用经济性与生产效率的关系。

4.11.5　不同电信号死区时间对到位精度的影响

在开环控制系统中并没有相应的反馈机制对到位精度进行检测和调整。因此,在运动速度较高的开环比例控制系统设计与调试中,需要关注电信号从开关信号指令发出到比例方向阀的信号处理时间,该时间要短,且变化较小。

例如,电信号传输死区时间变化 10ms 将对运动速度为 1m/s 的控制系统产生 10mm 的误差,对运动速度为 0.1m/s 的控制系统产生 1mm 的误差。

与之类似,运动控制指令信号生成到机械运动实现的信号通道上所有环节的时间响应的变化都将导致到位精度的改变。

4.12　本章小结

比例液压控制设计工作是一种需要主动创新的工作。创新的性质决定了这一设计工作是综合的、集成的过程,而非僵化的和教条的简单重复。比例液压控制系统的多样使其设计过程和方法更加灵活多变。

本章概述了将多执行器多控制变量的复杂装备比例液压控制系统分解为单回路或单执行器简单比例液压控制系统的方法,阐述了比例液压控制系统设计的基本流程,包括首先进行运动过程设计和负载分析、在其上进行比例液压控制系统稳态设计等,通过固有频率分析评估比例液压控制系统的动态性能,阐述了比例液压控制系统的电子控制器、反馈元件、电源等选型要点。除此之外,还阐述了将比例液压控制基本回路集成设计为一个整体的多执行元件或多控制回路的装备液压控制系统的方法,并在之后简单阐述了比例液压控制系统运动平稳控制方案和到位精度控制方案。

思考题与习题

4-1 装备液压控制系统设计分为哪两个阶段?其各自完成的设计任务是什么?

4-2 电液比例控制系统的一般设计流程是什么?

4-3 如何明确装备电液比例控制设计任务?

4-4 如何拟定电液比例控制系统方案?

4-5 开环电液比例控制系统的稳态设计包括哪些内容?闭环电液比例控制系统的稳态设计呢?

4-6 比例液压控制基本回路集成为装备液压控制系统的油路连接方式有哪几种,各有何特点?

4-7 简述负载压力补偿器的工作原理,并简述负载压力补偿器的几种类型。

4-8 如何提高开环电液比例控制系统的位置精度?

主要参考文献

[1] 詹姆希迪 M.陈中基,黄昌熙译.大系统建模与控制[M].北京:科学出版社,1986.
[2] ULRICH K T,EPPINGER S D. Product design and development[M]. The McGraw-Hill companies, Inc.,2004.
[3] 李壮云.液压元件与系统[M].北京:机械工业出版社,2011.
[4] 骆涵秀.试验机的电液控制系统[M].北京:机械工业出版社,1991.
[5] 王积伟,章宏甲,黄谊.液压与气压传动[M].北京:机械工业出版社,2013.
[6] CHAPPLE P J. Principles of hydraulic system design [M]. Oxford:Coxmoor Publishing Company,2003.
[7] 成大先.机械设计手册(液压控制)[G].北京:化学工业出版社,2004.
[8] Rexroth. Installation,commissioning and maintenance of electro-hydraulic servo and high-response control valves[M]. Re 07700/12.02.
[9] PARK R W. Contamination control-A hydraulic OEM perspective [C]. Workshop on total contamination control centre for machine condition monitoring monash university,1997.

第 5 章　液压装备顺序控制系统设计

在机器装备或者机器系统中,被控制的物理量不仅有连续变化物理量,也有接通/断开两种状态的开关物理量。例如,数控机床上,既需要采集位移传感器、速度传感器等输出的连续量信号对进给系统的速度和位移实现闭环控制,也需要监测行程开关、接近开关、急停开关等开关量传感器,依据设定的逻辑随时对其进行中断或终止运行等开关量控制操作。

机器装备的使用或运行通常需要符合程序化的规定或要求。全自动装备或程序控制装备所完成的控制过程将构成一套工艺过程。这套工艺过程是依次执行的子工艺过程的序列,或是依次进行的操作动作序列。子工艺过程可以由连续量控制,也可以由开关量控制。操作动作同样可以进行连续量的运动控制,也可以进行开关量启停操作。全自动化的机器装备控制的主体是子工艺过程的序列或操作动作序列的控制或管理。机器装备的宏观控制往往是这些开关量的逻辑次序问题,因此工业界称这种控制为顺序控制。

与普通机器装备一样,液压装备也需要顺序控制,液压系统的开关物理量控制也易于构成顺序控制。以通断、启停等动作协调控制或逻辑次序控制为代表的顺序控制也是液压系统中最基本的控制类型之一。

本章主要讲述液压装备中的顺序控制,包括顺序控制的结构、液压开关阀与控制回路的原理、顺序控制的逻辑设计、顺序控制系统的控制器和顺序控制系统的整体设计。

5.1　顺序控制系统结构

本节将从一个液压伺服控制的装备案例讲起,探讨除了液压伺服控制之外的装备控制,也就是包括启停装备等的顺序控制,以及顺序控制与液压伺服控制的关系。

作为一个简单案例的装备顺序控制系统图如图 5-1 所示,其是一台典型液压控制的装备。其只包含一个液压位置伺服控制系统。这样的装备也是常见的,如电液位置控制实验台。为使液压伺服控制系统正常工作,装备需要配备液压源。在伺服控制前,需要经过一系列程序化操作起动装备(主要是起动液压源);在伺服控制结束后,同样需要经过一系列程序化操作关闭装备(主要是关闭液压源)。这部分控制有人工控制和 PLC 自动控制两种方式。

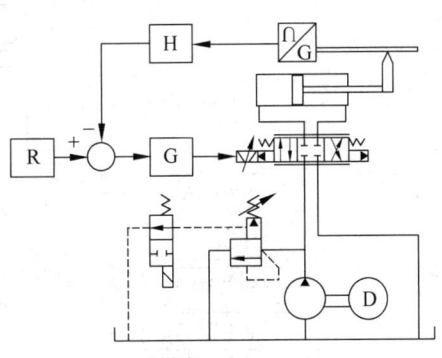

图 5-1　装备顺序控制系统图

液压源内部安装了电动机、电磁溢流阀(电磁换向阀与先导溢流阀的组合)、电液伺服阀等部件,其都采用电气控制。

装备运行时,依次进行油泵起动、电磁溢流阀通电、液压伺服控制、电磁溢流阀断电、电机停机等操作。从机电控制方面来看,上述装备操作过程中包含了电机启停的电气控制、电磁溢流阀的液压开关量控制、电液位置伺服系统的液压连续量控制等,这些装备控制操作时序图如图 5-2 所示。装备依次经历油泵电机运行、液压升压、液压伺服控制待机、伺服控制运行、液压伺服控制待机、液压系统卸压、油泵电机运行停止等系统状态,装备状态时序图如图5-3所示。

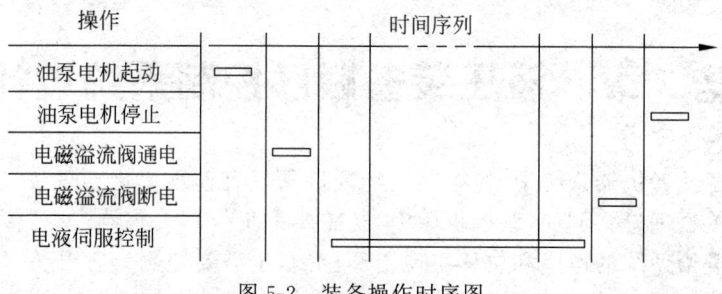

图5-2 装备操作时序图

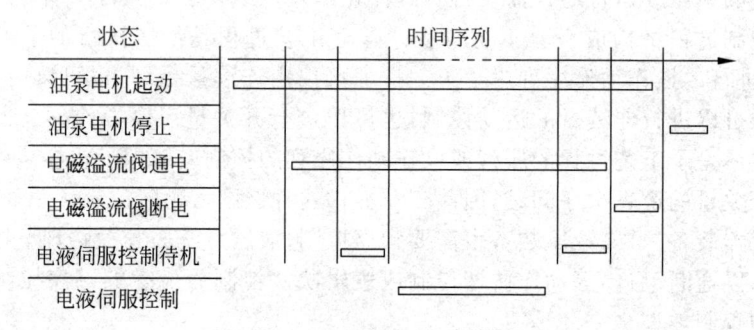

图5-3 装备状态时序图

若采用人工控制方式运行装备,需要操作人员预先学习装备操作流程,牢记操作规程。装备运行时,按照装备操作流程和规程,依次序操作装备控制柜上的按钮等控制指令输入装置,采用目视、耳听方式监控装备状态,控制装备运行状态依规定次序转换。

若采用PLC自动控制方式运行装备,可采用触摸屏作为控制指令输入装置,其装备顺序控制系统结构图如图5-4所示。按下起动按钮,装备可以自动进行启机和停机操作。装

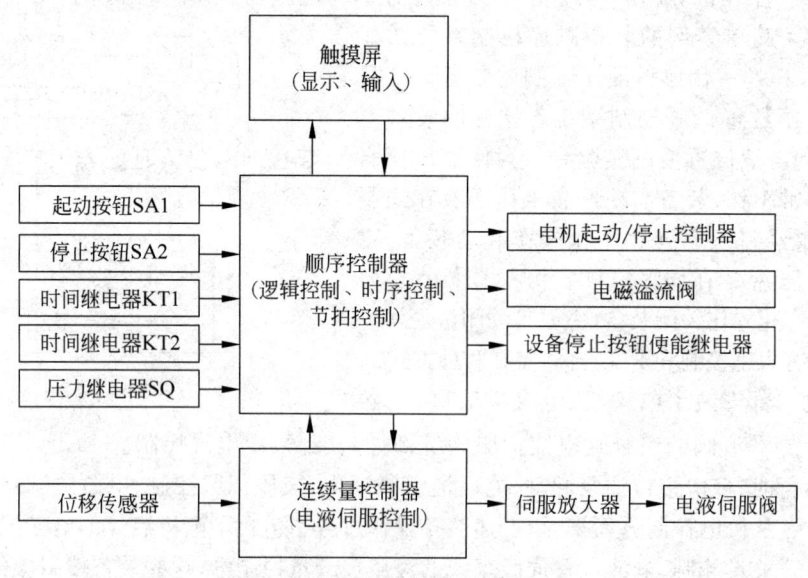

图5-4 装备顺序控制系统结构图

备状态流程图如图 5-5 所示。具体流程为：电控柜总电源 QF 通电，装备处于停机状态；装备起动按钮 A1 按下，油泵电机起动，触发时间继电器 TK1 计时；时间继电器 TK1 计时结束触发电磁溢流阀通电，液压系统升压；压力升高到预定值，压力继电器 SQ 触发系统进入电液伺服控制待机状态。在电液伺服控制待机状态可以起动电液伺服控制（同时关闭停机按钮 SA2 使能）；电液伺服控制结束打开停机按钮 SA2 使能。按下停机按钮 SA2，液压系统泄压，触发时间继电器 TK2 计时；时间继电器 TK2 计时结束触发油泵电机停机。

上面例子有助于理解顺序控制与液压开关量控制、液压连续量控制（液压比例控制和液压伺服控制）以及电气控制的关系。

依据机器装备功能需求不同，顺序控制系统既可能比较复杂，也可能比较简单。复杂的顺序控制系统可以包含多个开关量输出，控制多个液压阀，从而控制多个液压执行元件，有时也可以具有多个开关量输入量，装备顺序控制系统图如图 5-6 所示。撇开液压执行元件之间的顺序逻辑关系考虑，即便再复杂的顺序控制系统也可以被划分为多个基本的组成单元，如图 5-7 所示为二位电磁换向阀开关控制系统方块图。其每个组成单元结构是类似的，都包含液压控制阀、液压执行元件、被控对象等。

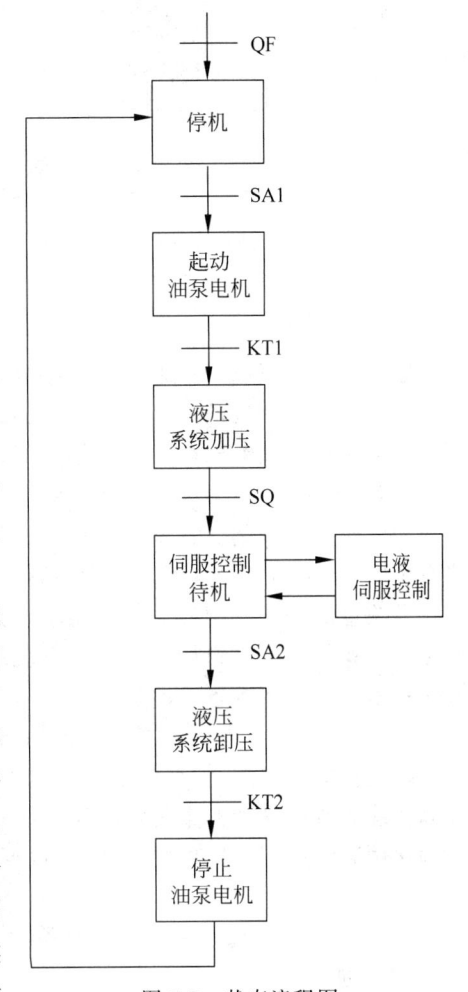

图 5-5 状态流程图

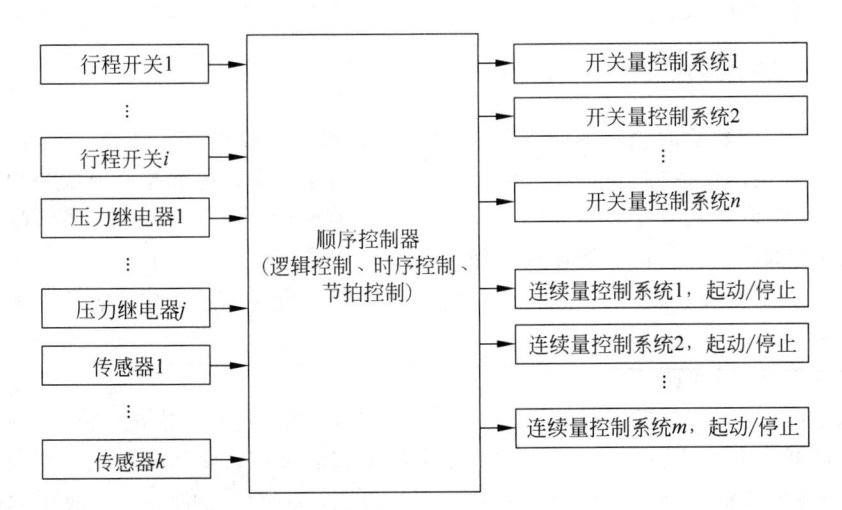

图 5-6 装备顺序控制系统图

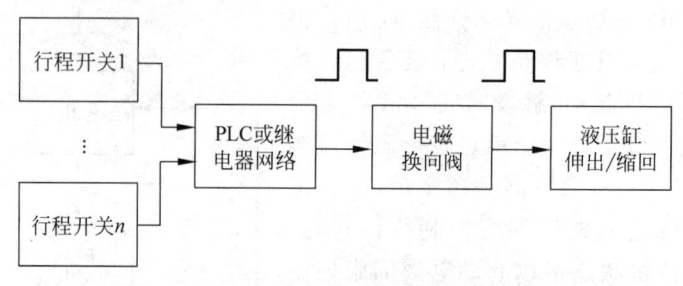

图 5-7　二位电磁换向阀开关控制系统方块图

顺序控制器可以采用继电器网络或 PLC。他们通常具备驱动液压电磁阀的能力，输出电信号可以直接连接液压阀电磁铁。如若顺序控制器不具备驱动液压电磁阀的能力，则也可以增加一个中间继电器或功率放大器，提升驱动负载能力。

假若（经常是这样）装备控制系统包含电机控制，则其动力电机控制元件需要采用继电器或交流接触器控制。在系统实现方式的细节上，电气开关控制系统与液压开关控制系统略有不同，但是不妨碍液压开关量控制可以方便地与电气顺序控制融为一体。

开关量的顺序控制实质是以逻辑代数（布尔代数）为基础的逻辑控制。实现逻辑控制最便利的方式是电气逻辑控制。液压系统的顺序逻辑控制采用电气逻辑控制方式，可以兼具液压技术与电气技术各自的长处。

进一步而言，如果上述液压控制系统的系统压力经常需要调整，并且采用电气调节方式，那么通过触摸屏设定系统压力。这种需求在自动化的试验研究装备中是常见的。液压控制系统的改进设计方案是将液压系统中的电磁溢流阀换成比例溢流阀，同时在电气系统中为比例溢流阀配装比例放大器，通过模拟量输出模块输出控制信号给比例放大器。

5.2　顺序控制元件与回路原理

液压开关阀是装备液压顺序控制的控制元件。液压开关控制基本回路是液压顺序控制功能实现的基本功能单元。

5.2.1　顺序液压控制元件原理

现代顺序控制系统的顺序控制逻辑通常用 PLC 或工业控制机实现，功能等同于继电器网络，但具有更高的灵活性和柔性。因此，顺序控制元件通常是能够接收开关量电信号的液压控制元件。最常用的顺序控制元件是电磁（开关）液压阀。广义上看，具备接收开关量控制电信号的比例放大器与比例液压阀的组合也是一种顺序液压控制元件。

下面从电磁（开关）液压阀讲起。从结构上看，电磁（开关）液压阀包括液压开关阀和普通电磁铁两部分。

1. 电磁液压开关阀原理

顺序液压控制系统的核心控制元件是液压开关阀。液压开关阀是一类液压阀，其功能各异，工作原理也各有不同，是数量庞大的一类液压阀的统称。液压开关控制阀与普通液压传动控制阀有很多情况下是共用的（相同的），只是关注的应用目的不同。液压元件制造厂商的产品线中，液压开关控制阀与普通液压传动控制阀是同一类产品。这里不再详细讲述每一种液压控制元件，仅列出典型液压控制开关阀并对其做扼要说明。

1) 液压开关阀工作原理

液压开关阀的工作原理可以用二位二通换向阀来说明。二位二通换向阀(见图 5-8)可谓较为简单的开关阀。二位的含义是它有两个工作位置。它每个位置的两个油口之间的内部通路有一种状态。显然,两个油口的通路状态有两个:导通(见图 5-8(a))或截止(见图 5-8(b))。因此二位二通换向阀的二位含义可以理解为阀有两个工作状态,可以在两个工作状态之间切换。

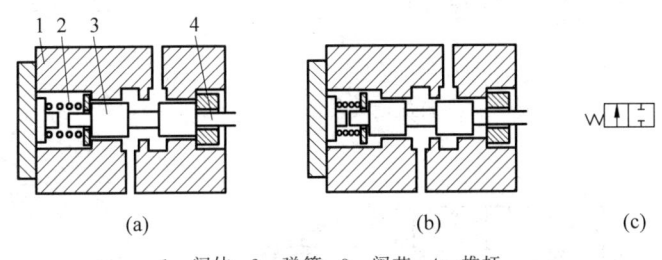

1—阀体;2—弹簧;3—阀芯;4—推杆。

图 5-8 二位二通换向阀的二状态及职能符号

液压开关阀的工作原理可以归结为液压开关阀的两个工作状态,其工作过程是在各个工作状态之间切换,完成液压量的控制功能。

液压开关阀也可以组合的方式产生多状态控制功能,这种多状态开关阀总是可以分解为两个工作状态的组合。

基于同样的工作原理,其也可以实现更多油路的通断控制,或者实现油路联通状态的切换控制。

除了滑阀结构,液压开关阀也可以采用其他结构,如座阀结构。

2) 液压开关阀的作动器

液压开关阀的作动器是推动液压开关阀阀芯运动的装置。它可以是电磁的、液动的、气动的、机动的或人力的。通常情况下,现代自动化装备中应用最多的是普通电磁阀。普通电磁阀采用普通电磁铁控制液压开关阀。普通电磁铁是液压开关阀较常用的作动器。普通电磁铁有直流电磁铁和交流电磁铁两类。直流电磁铁与比例电磁铁更相近。下文以直流电磁铁为例,讲述普通电磁铁及电磁液压开关阀。

普通直流电磁铁控制液压开关阀的工作原理可以用二位二通电磁换向阀说明。假设开关控制的电磁铁是普通直流电磁铁,由于普通直流电磁铁在吸合时磁路中几乎没有气隙 δ,故磁铁吸力可用式(5-1)描述。

$$F_M = \frac{\mu_0 A}{2f}\left(\frac{I-I_0}{x+l_e}\right)^2 n^2 \tag{5-1}$$

式中,μ_0 为磁导率自由空间,WA/m;A 为间隙的横截面积,m^2;f 为漏磁系数和面积替换系数;i 为输入电流,A;i_0 为电磁铁初始电流,A;x 为电枢与铁芯之间的线性间隙,m;l_e 为等效磁阻长度,WA/m;n 为线圈匝数。

同样输入电流,普通电磁铁产生吸力较大,但是若衔铁稍有移开产生气隙 δ,则吸力锐减,如图 5-9 所示。

普通电磁铁是一种开关信号控制元件,如图 5-10 所示。它只有两个控制状态,即通电和断电,原因是普通直流电磁铁的衔铁只有吸合和断开两个工作状态。普通电磁铁与复位

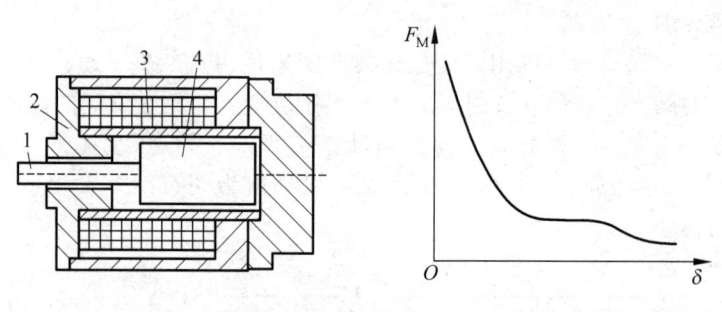

1—推杆；2—极靴；3—线圈；4—衔铁。

图 5-9　普通直流电磁铁及其电磁力-气隙特性

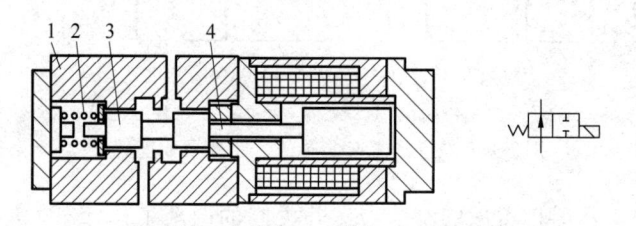

1—阀体；2—弹簧；3—阀芯；4—电磁铁。

图 5-10　二位二通电磁换向阀及其职能符号

弹簧配合，则其电磁铁的衔铁有两个工作位置，可以用于驱动与控制具有两个工作位置的开关阀，实现电信号控制液压阀工作状态的切换。

3) 电磁液压开关阀工作原理

普通电磁铁的输入控制信号只有两种状态，通电和断电。通电时，电磁线圈对衔铁产生电磁吸力，推杆输出推力；断电时，电磁吸力消失，推杆推力也消失。

普通电磁铁用在二位二通换向电磁换向阀上，推动阀芯运动实施阀芯工作位置切换(见图 5-10)。通电时，电磁铁推动阀芯运动，压缩弹簧；断电时，电磁铁推动阀芯电磁力消失，弹簧推动阀芯复位。机械结构限定阀芯的两个工作位置。电磁铁作为液压阀的作动器(执行器)，是电气信号与机械位置的转换元件，推动液压阀阀芯运动实现机械位置与液压功能的信号转换。

2. 典型液压开关阀原理

顺序控制系统最常用的控制元件是电磁换向阀。这里，以常见的四通电磁换向阀为例，阐述液压开关换向阀的顺序控制功能，并通过几个电磁换向阀与其他液压阀集成设计构成新功能的例子，说明液压开关阀的功能拓展方法和原理。

1) 二位四通换向阀

最常用的四通电磁换向阀是"O 型"中位机能的电磁换向阀。电磁换向阀的功能与电磁铁的数量是相关的。电磁阀的电磁铁数目就是电磁阀的输入端口数目。

图 5-11　二位四通电磁换向阀职能符号

二位四通电磁换向阀如图 5-11 所示，它具有一个电磁铁，具有一个输入信号端口，输入端口信号有两个状态：通电或断电。电磁换向阀的滑阀有两个工作位置(即常位、换向位)，电磁换向阀具有两种控制状态。若定义电磁铁通电状态为 1，断电状态为 0，则二位四通电磁换向阀的工作状态控制规律见表 5-1。

表 5-1　二位四通阀工作状态表

DT1	A 口状态	B 口状态
0	供油	回油
1	回油	供油

2) 三位四通换向阀

三位四通电磁换向阀如图 5-12 所示,它具有两个电磁铁,具有两个电信号输入端口,每个输入端口信号有两个状态:通电或断电。电磁换向阀的滑阀有三个工作位置(即左位、中位、右位),因此这类电磁换向阀具有三种控制状态。每个工作位置,四个阀口间各形成一种油口连通状态。若定义电磁铁通电状态为 1,则断电状态即为 0。三位四通电磁换向阀的结构原理不允许两个电磁铁同时通电,其工作状态控制规律见表 5-2。

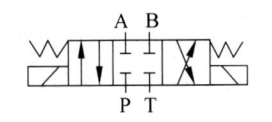

图 5-12　三位四通电磁换向阀职能符号

表 5-2　三位四通阀工作状态表

DT1	DT2	A 口状态	B 口状态
0	0	关闭	关闭
1	0	供油	回油
0	1	回油	供油

3) 电磁溢流阀

电磁换向阀与先导式溢流阀集成在一起,可以构成具有电磁卸荷功能的电磁溢流阀。电磁溢流阀如图 5-13 所示,它具有一个电磁铁,具有一个输入信号端口,输入端口信号有两个状态:通电或断电。与之对应,电磁换向阀具有二种控制状态。在电磁铁断电状态下,先导式溢流阀的先导级压力油腔与油箱连通,电磁溢流阀卸压;在电磁铁通电状态下,先导式溢流阀的先导级压力油腔不与油箱连通,先导阀控制主阀压力,电磁溢流阀升压。电磁溢流阀调压回路如图 5-13 所示,工作状态控制规律见表 5-3。

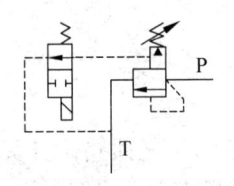

图 5-13　电磁溢流阀

表 5-3　电磁溢流阀工作状态表

DT1	状态
0	卸压
1	升压

4) 节流阀接入接出功能单元

与电磁溢流阀道理相同,通过油路块将电磁换向阀与流量控制阀集成设计在一起,也可以方便地实现节流阀接入与接出。

例如,二位二通电磁换向阀与单向节流阀集成设计如图 5-14 所示。若定义电磁铁通电状态为 1,断电状态为 0,则电磁铁通电,节流阀接入,液压回路具备单向节流功能;电磁铁断电,节流阀接出,液压回路没有单向节流功能。二位二通电磁换向阀与单向节流阀组合的工作状态控制规律见表 5-4。

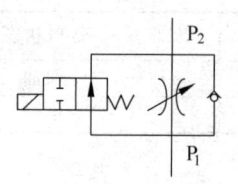

图 5-14 二位二通电磁换向阀与单向节流阀的组合

表 5-4 二位二通电磁换向阀与单向节流阀组合的工作状态表

DT1	状态
0	未单向节流
1	单向节流

5)其他情况

依据实际工程需要,采用同样的原理,电磁换向阀可以与其他液压元件集成设计出更多种功能的开关量控制的液压功能单元,可以构建功能更加强大的液压控制网络单元。

开关控制系统不仅仅可以实现系统启停、运动方向改变、节流与否等状态切换控制,也可以实现更复杂的开关量控制功能和更多的控制状态。

3. 开关量控制信号的比例放大器与比例液压阀的组合

如比例控制章节所述,一些比例放大器可以接收开关量控制信号,比例放大器可以按照预先设置产生连续量控制信号来控制比例液压阀,从而对装备的液压系统实施控制。因此,开关量控制信号的比例放大器与比例液压阀的组合可以被视为一种广义液压顺序控制元件。可以说,液压比例控制丰富了原本开关量液压阀主导的顺序控制内涵。

限于篇幅,本节不再展开液压比例控制与顺序控制相结合的相关内容,以下所展示讲述的内容仍然以开关液压阀的顺序控制为主。

5.2.2 开关控制液压回路基本原理

顺序控制系统总是按照某种控制逻辑,顺序地起动或停止开关控制液压回路。开关液压控制功能常通过一些基本液压回路实现,称为开关控制基本液压回路。举例说明如下。

采用二位四通电磁换向阀构成的开关控制系统液压回路如图 5-15 所示。二位四通电磁换向阀具有一个输入信号端口,其电磁换向阀具有两种控制状态,控制系统结构如图 5-7 所示。

采用三位四通电磁换向阀构成的开关控制系统液压回路如图 5-16 所示。三位四通电磁换向阀具有两个输入信号端口,电磁换向阀具有三种控制状态。若以几个行程开关的检测结果作为换向控制的条件,则其控制系统结构如图 5-17 所示。

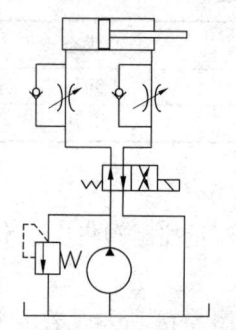

图 5-15 二位四通电磁换向阀液压回路 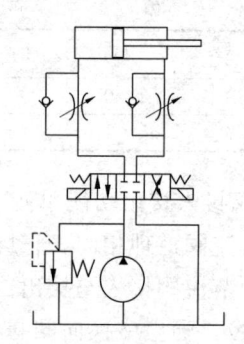   图 5-16 三位四通电磁换向阀液压回路

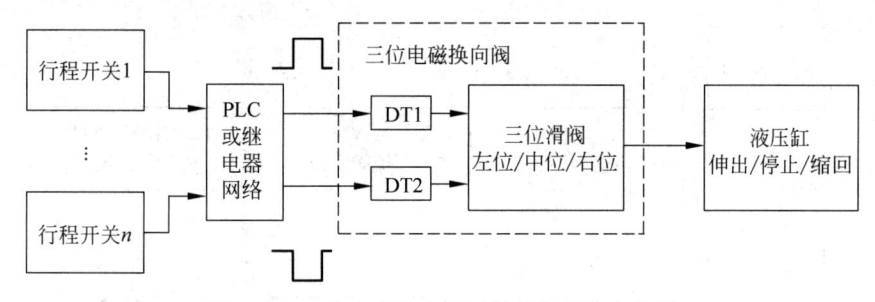

图 5-17　三位电磁换向阀开关控制系统方块图

电磁溢流阀构建的压力控制液压回路如图 5-18 所示,其采用开关量电信号控制电磁溢流阀上的二位二通电磁阀。二位二通电磁阀通电时,控制电磁溢流阀升高液压系统压力;二位二通电磁阀断电时,电磁溢流阀卸荷液压系统压力。控制系统采用开环控制方式,结构如图 5-19 所示。

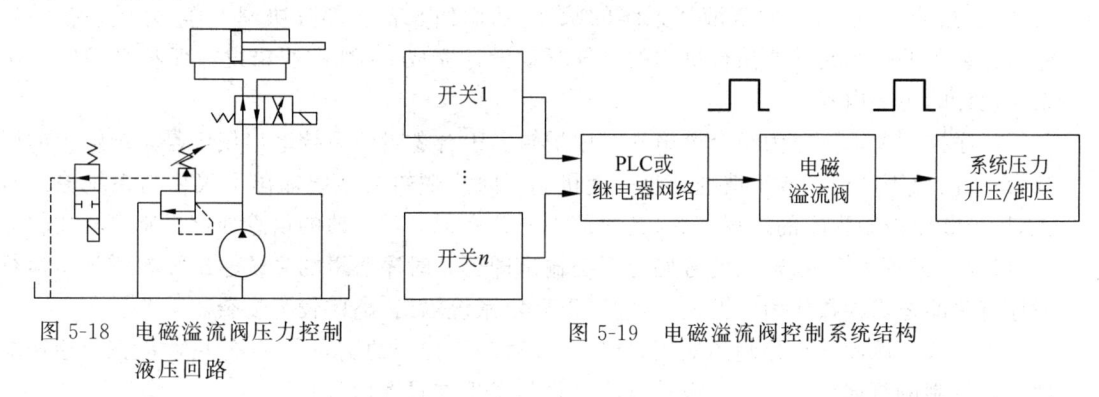

图 5-18　电磁溢流阀压力控制液压回路

图 5-19　电磁溢流阀控制系统结构

由二位二通电磁换向阀与单向节流阀组合构建的速度切换控制(流量切换控制)液压回路如图 5-20 所示。其采用电信号开关量的通电与断电来控制进入无杆腔的油液是否经过节流阀调节流量,该控制系统结构如图 5-21 所示。

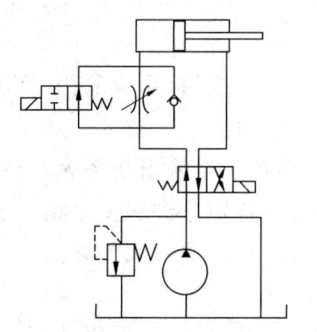

图 5-20　速度切换控制液压回路

采用与上述例子相同的原理,可以使用液压开关阀构建功能多样、种类丰富的开关控制液压回路。

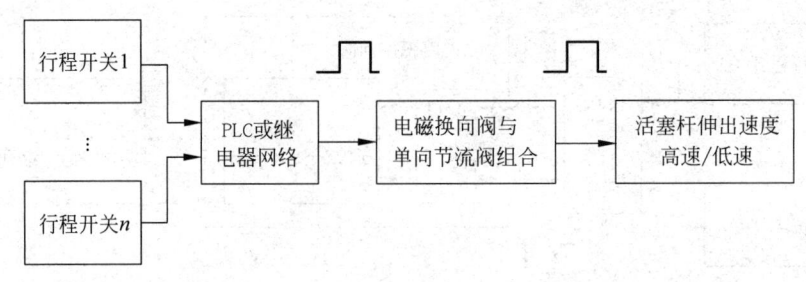

图 5-21　速度切换控制系统结构图

5.3　顺序控制逻辑设计

液压装备的顺序控制的作用是按照装备功能或装备使用工艺决定的逻辑顺序,依次序改变压力、流量、液流方向等液压系统的状态,从而使装备各部分协调工作,完成装备的功能。在装备的控制元件或执行机构的电气驱动设计完成后,顺序逻辑设计便将是顺序控制系统设计的主要内容。

顺序控制逻辑可分为组合逻辑和时序逻辑。组合逻辑的系统输出仅仅是系统输入的函数,系统内部不含记忆或反馈的信息处理机制。时序逻辑的系统输出不仅仅与系统输入有关,还与顺序控制程序的进程有关,其内部需要含有记忆或反馈的信息处理机制。相比较而言,组合逻辑较为简单,输入信号确定系统输出即可。时序逻辑的系统输出需要增加与运行时序有关的逻辑参数作为辅助输入,才可以确定系统输出,整体较为复杂。

面向液压顺序逻辑控制的应用,首先应探讨顺序控制的实现方式,然后才应探讨液压顺序逻辑控制的具体设计方法。设计方法总是与实现方式密切联系。

5.3.1　液压顺序逻辑控制实现方式

工业发展史上出现过并仍然被应用的顺序控制系统的逻辑控制实现方式主要有如下几类:

1) 液压元件实现逻辑运算

液压元件可以实现逻辑与门、逻辑或门、逻辑非门、逻辑禁门,也可以实现单输出、双输出记忆元件(单稳态元件、双稳态元件)。

液压元件实现逻辑运算的突出特点是输出功率大,与液压系统设计集成性好,可以浑然一体。但是,其逻辑实现稍显困难。特别是逻辑关系稍微复杂时,该逻辑实现更加困难。同时,液压元件也具有制造成本高、体积大、质量大的缺点。一旦制成成品,改变逻辑困难。

2) 气动元件实现逻辑运算

气动元件也可以实现逻辑与门、逻辑或门、逻辑非门、逻辑禁门,也可以实现单输出、双输出记忆元件(单稳态元件、双稳态元件)。

与液压逻辑元件相比较,气动逻辑元件具有制造成本略低、体积略小、重力较轻、抗爆燃等优点。

但与电气逻辑实现方式比较,气动逻辑元件仅在抗爆燃等方面有优势,可用于弹药库或矿井装备。其他应用场合,气动逻辑与电气逻辑元件相比并没有优势。

3) 低压电气元件实现逻辑运算

早期,低压电气元件如电气继电器、接触器、定时器曾经是机床等顺序逻辑控制设备的主要控制方式。

其突出特点是低压电气元件具有与液压控制元件相匹配的驱动功率,逻辑运算系统结构直观、方便灵活。但是,与数字电子元件相比,低压电气元件体积大、功率消耗大、质量大。

4) 数字电子元件实现逻辑运算

采用数字电子元件设计顺序逻辑需要开发电路板,设计功率放大环节以提高输出信号驱动能力,并需要设计输入信号隔离环节。

其突出特点是数字电子元件实现逻辑运算关系相对固定,不易调整或改变。数字电子元件逻辑运算方式的制造成本较 PLC 低许多,一般用于定型产品。

5) PLC 实现逻辑运算

PLC 是 20 世纪 60 年代发展起来的一种可编程的顺序逻辑控制器,用于替代传统的继电器控制装置。

其突出特点是采用微处理器进行逻辑运算,采用软件编程的方式实现逻辑控制,具有功能强大、控制逻辑更改方便的优点。PLC 控制器驱动能力大,大功率节点可以直接驱动液压阀电磁铁或中间继电器。使用 PLC 控制器的顺序控制系统具有功耗低、结构紧凑、体积小、质量轻等优点。除此之外,PLC 控制器可搭配模拟量输入/输出模块,也具备一定的连续量控制能力。不足之处是 PLC 控制器的成本略高。

6) 工业控制计算机、嵌入式计算机实现逻辑运算

工业控制计算机是面向工业应用的专用计算机,是完整的计算机设备。嵌入式计算机是面向应用的定制专用计算机,是按照装备控制功能需求量体裁衣取舍的精简版专用计算机。

工业控制计算机、嵌入式计算机的主要功能是数字运算,具有强大的数学浮点运算能力,适合科学与工程运算。同时他们也可以进行布尔运算,适合顺序逻辑控制。因此,这类控制器特别适合实现连续量控制与顺序逻辑控制的混合编程,可以通过数据输入/输出卡或模块来实现模拟量、数字量、脉冲量等多种物理量的输入与输出。一般来说,工业控制计算机配置数据输入/输出卡进行逻辑控制的方案成本较高,嵌入式计算机则需要专门设计或定制。工业控制计算机、嵌入式计算机往往不能直接连接行程开关或电磁阀,需要输入/输出调理电路或功率放大器来提升带载能力。

5.3.2 顺序控制逻辑的设计方法

顺序控制逻辑设计是顺序控制的关键问题之一。实际装备的顺序逻辑控制内容通常是丰富与复杂的。其中一些顺序逻辑控制实现了装备的功能,另外一些顺序逻辑控制构成了保障装备正常工作的保护系统,可能还有一些顺序逻辑控制则为人们使用装备提供了便利。因此复杂装备的顺序控制逻辑设计可以分主次,分步骤多次迭代完成设计。

简单地看,顺序控制的逻辑设计是有规律可循的,可以遵循一定设计步骤完成。

1. 顺序控制逻辑设计方法

顺序控制的逻辑系统归根到底取决于装备使用的工艺要求。一些装备(如数控机床)具有固定工艺流程的,只需对应装备的工位和机构动作。另一些装备(如机械手)具备更为多

样的使用方式,更为灵活和多变的运行规律。无论哪一种情况,在进行顺序控制的逻辑设计前,应该掌握控制任务的具体要求,明确装备的执行器及动作流程,明确装备的控制信号源及其发讯规律。

常用的装备顺序控制逻辑设计方法有如下三种:

1) 功能添加法

功能添加法是一种基本和朴素的装备运动顺序控制设计方法。其基本设计思想是首先构建功能简单的基本控制系统,通过在其上添加新功能并保持原有功能的方式逐步建立起具备装备所需功能的顺序控制逻辑。

2) 信号动作状态图法

装备的运动过程可以被理解为信号触发动作的过程,信号动作状态图法是用图表作为工具,通过分析装备运行过程中各个操作动作与信号之间的逻辑关系来开展的顺序控制逻辑设计。

3) 步进控制逻辑设计法

装备的运动过程也可以被理解为按照次序步进迭代的过程,每一步骤的系统状态或执行机构动作都往往会发生变化。通过设计和规划步进控制逻辑可以实现装备运动逻辑控制。

上述装备顺序控制逻辑设计方法之间并不排斥,可以轮换使用、混用或套用。复杂装备的顺序控制逻辑比较复杂,单一的设计方法可能不方便解决所有技术问题。

顺序控制逻辑设计的基本要求是在满足系统信号传递特性的条件下,力求顺序控制逻辑系统简单,使用逻辑元件数量少。个别情况下为了减少逻辑元件的种类,也会采用顺序控制逻辑略微复杂的系统。

2. 功能添加法操作的一般步骤

功能添加法是一种朴素的设计方法。其设计思想源于功能进化的自然规律。由简至繁地通过迭代或更新换代逐步添加新功能的方式开展功能设计。新功能添加后必需保持原有功能不变。

功能添加法操作比较灵活,在不同的领域应用可以有不同的特点。这里通过举例方式,对功能添加法作扼要说明。

一台液压站的顺序控制通常包含:油泵电机的起动和停止控制操作;电磁溢流阀的通电升压和断电泄压控制操作;压力继电器检测系统压力,并依据预先设定的控制逻辑实施过压保护控制操作。

上述液压站的顺序控制逻辑设计如采用功能添加法,控制逻辑设计可以按照如下步骤完成。

第一步,设计功能非常简单的顺序逻辑控制。例如,设计油泵电机的起动与停止控制。这是三相异步电动机的基本控制问题,设计难度不大,且有大量资料可以参考。

第二步,在已有的顺序逻辑控制系统上,添加新的控制元件和信号回路,增加新功能,并使之与原有功能协调工作。例如,在油泵电机控制系统上,增加电磁溢流阀控制回路,实施对电磁溢流阀的控制。然后,实现油泵电机与电磁溢流阀之间控制操作动作顺序的逻辑关系,使他们协调工作。

第三步,不断重复第二步,一步一步逐渐添加新功能,直至添加完成装备需要的所有功能。在液压站顺序控制案例中,再次执行第二步,添加压力继电器的压力保护控制功能这一顺序控制逻辑。如此这般，直至液压站全部功能控制逻辑添加完毕。

从方法原理和操作步骤看，功能添加法比较适合在现有装备设计方案上面添加或修改顺序控制逻辑。

功能添加法应用非常广泛，其既可以方便地设计直观和简单的继电器控制逻辑，也可以方便地设计抽象与复杂的计算机控制逻辑等。功能添加法应用较为灵活，其不仅可以在实物系统上用实物元器件直接构建顺序逻辑控制系统，也可以使用元器件图示符号，在纸面上进行顺序逻辑控制系统设计。如果装备系统采用PLC等微处理器的编程控制，还可以将控制系统的软件与硬件一起采用功能添加法设计，通过在软件和硬件设计上同时逐次添加新功能的方式完成装备顺序控制系统设计。功能添加法的应用需要具备一定设计经验，若没有足够的设计经验，应用功能添加法是相当困难的。对于较复杂的生产工艺而言，应用功能添加法设计顺序控制电路可能会比较困难。

3. 信号动作状态图法操作的一般步骤

信号动作状态图法是一种图解法，它可以把各个控制信号（X）的存在状态和执行元件的动作（D）状态用图线（X-D状态图）较清晰地表达出来。

信号动作状态图法的一般操作如下：

第一步，画信号动作状态空白表。

画信号动作状态空白表需要在表格上端从左至右依据系统控制动作流程，列写装备全部动作状态。表格左端从上至下依次列写控制信号（X）及其对应动作（D）状态的组合。

第二步，填写信号动作的产生与消失图示。

在动作状态空白表中，按照装备工作流程（执行器动作次序），对应装备的工作状态，逐行画出控制信号线和执行元件动作线并标明他们的产生与消失，从而展示控制信号与执行信号的对应关系。

第三步，信号动作状态的组合逻辑设计操作。

显然，信号动作状态图表达了顺序逻辑控制。在每一个信号及其对应动作状态下，该动作的控制逻辑就是其组合逻辑。

如果，某一个动作不能由信号唯一确定时，也就是动作控制逻辑与动作循环顺序相关时，需增加记忆元件，辨别动作循环次序。这时顺序控制逻辑为时序逻辑。

第四步，控制逻辑的实施方案设计。

依据主机设计要求，选择顺序逻辑控制的实现方式。

面向逻辑元件（液压、气动、低压电气、数字电子等）的实现方式，应先选择逻辑元件，参照基本逻辑回路，构建顺序控制逻辑网络。

面向PLC等微处理器的控制程序编写，还需要设计程序控制率。此时需利用信号动作状态图，列写信号与动作的真值表，化简逻辑函数，才能得到编写控制程序的顺序逻辑控制率。

信号动作状态图具有直观和简捷的特点，可以直接描述装备信号与动作之间的关系。例如，从信号动作状态图中可以直接看出障碍信号，并分析消除障碍信号的可能性。用信号动作（X-D）状态图法设计顺序控制系统具有动作准确，故障诊断与排除比较简单的特点。因此，目前信号动作状态图在工程领域应用较为普遍，被工程技术人员熟知。

4. 步进控制逻辑设计法操作的一般步骤

步进控制逻辑设计法的基本思想是将装备的运行顺序逻辑看作步进迭代的过程。装备运行的当前步是之前完成各步按次序运行的累积结果。

步进顺序逻辑设计过程一般包括如下四个步骤。

第一步，设计步进逻辑过程及转步信号。

分析装备工艺流程的机构动作与系统状态，将装备的工作过程划分为若干迭代步，装备工作过程就是步进的过程。装备的顺序逻辑控制就是步进序列的控制。

显然，迭代步划分的规则是每一步的机构动作或系统状态不能与前后相邻步相同。

若没有工艺顺序要求限定步进次序，则应将系统设计为最少步进次数的，用最小步定理判别迭代步划分的合理性。

此处不妨用图 5-1 的液压源顺序控制系统解说步进逻辑设计法的操作。液压源工作状态顺序依次为起动油泵电机（K_1）、升压（K_2）、伺服控制待机（K_3）、卸压（K_4）、停止油泵电机（K_5）。设计转步信号依次为起动按钮的信号（ST_1）、起动电机 1 分钟后时间继电器的信号（ST_2）、伺服控制待机的信号（ST_3）、停机按钮的信号（ST_4）、卸压 30s 后时间继电器的信号（ST_5），如图 5-22 所示。

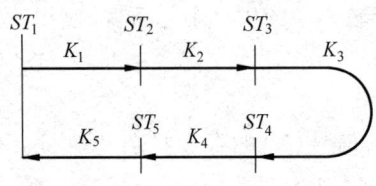

图 5-22　迭代步的电路原理图表示

第二步，设计顺序控制逻辑系统的输出方程。

依据装备的驱动需求或者运行动作来确定顺序逻辑系统的输出变量，用逻辑代数方程组表示的输出变量表达式就是输出方程，见式(5-2)。

$$y_n = \sum K_m \tag{5-2}$$

式中，y_n 为输出变量中第 n 个分量；K_m 为与输出变量中 y_n 分量相关的迭代步。

在复杂的顺序控制逻辑系统中，有些迭代步的进步与系统某个输出变量是相关联的，而有些则是无关联的。设计输出方程时可以剔除无关联的迭代步进步，以得到较为简单的输出方程表达式。

套用式(5-2)输出方程的公式，可以容易地列写出循环步进逻辑的输出方程。一般情况下，输出方程还需要按照实际工程情况采用功能添加法等作些修改，方能与工程实际一致。

针对图 5-1 中的液压源顺序控制系统而言，电机启停控制继电器为 KM_1，电磁溢流阀的控制继电器为 KM_2。

$$\begin{cases} KM_1 = K_1 + K_2 + K_3 + K_4 \\ KM_2 = K_2 + K_3 \end{cases} \tag{5-3}$$

实际液压源的起动按钮按下后，转步信号 ST_1 为真，起动油泵电机，同时采用时间继电器 KT_1 延迟 1 分钟发出电磁溢流阀电磁铁通电指令，它也是转步信号 ST_2。停止按钮按下后，转步信号 ST_4 为真，发出电磁溢流阀电磁铁断电指令，系统卸压，同时采用时间继电器 KT_2 延迟 30s 发出油泵电机停机指令，它也是转步信号 ST_5。据此修改输出方程为式(5-4)。

$$\begin{cases} KM_1 = K_1 + K_2 + K_3 + K_4 \\ KM_2 = K_2 + K_3 \\ KT_1 = K_1 \cdot ST_1 \\ KT_2 = K_4 \cdot ST_4 \end{cases} \tag{5-4}$$

第三步，设计控制方程。

控制方程是描述步进逻辑迭代步的逻辑代数方程组。

依据控制方程的定义,列写出装备顺序控制迭代步中每一步的描述方程,即步进逻辑公式,然后将其排列起来所得到一个方程组就是控制方程。因此,设计逻辑控制方程的关键是分析迭代步的控制逻辑,也就是步进逻辑公式的一般格式。

装备顺序控制发讯器的触发信号通常为时间或空间点。在检测点上时发讯器发出高电平控制指令;当系统偏离检测点时,发讯器发出低电平控制指令。装备顺序控制指令的有效区间是当前指令发出至下一新指令实施前的区间段。因此,第 n 迭代步的系统控制方程包含如下三类指令,他们之间的一般逻辑如下:

(1) 在第 $n-1$ 迭代步,执行第 n 步转步指令;

(2) 在第 n 迭代步,保持第 n 步指令有效;

(3) 在第 $n+1$ 迭代步,确保第 n 步指令无效。

第 n 逻辑迭代步的系统控制方程见式(5-5),也称步进逻辑公式:

$$K_n = (ST_n \cdot K_{n-1} + K_n) \cdot \overline{K_{n+1}} \tag{5-5}$$

式中,K_n 为第 n 迭代步;K_{n-1} 为第 $n-1$ 迭代步;K_{n+1} 为第 $n+1$ 迭代步;ST_n 为第 $n-1$ 迭代步向第 n 迭代步的转步信号。

步进逻辑公式也可用电路原理图 5-23 表示。因此,步进逻辑设计法得到的控制逻辑比较容易转化为逻辑控制电路图,也比较容易转换为梯形图控制程序,用于 PLC 控制编程。

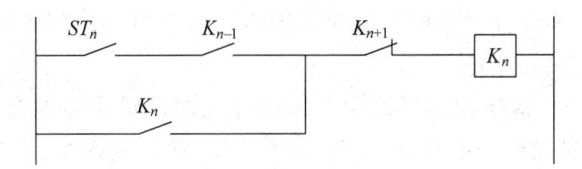

图 5-23 迭代步的电路原理图表示

步进逻辑公式(5-5)含有 3 个迭代步的控制信息,因此该公式应用于不少于 3 个迭代步的控制方程列写。

套用式(5-5)的步进逻辑公式,可以容易地列写出循环步进逻辑的控制方程。一般情况下,控制方程(特别是初始迭代步的控制方程式)尚且需要按照实际工程情况采用功能添加法等作些修改,方能与之一致。

针对图 5-1 中的液压源顺序控制系统,套用式(5-5)的步进逻辑公式,可以容易地列写出循环步进逻辑的控制方程见式(5-6)。

$$\begin{cases} K_1 = (ST_1 \cdot K_5 + K_1) \cdot \overline{K_2} \\ K_2 = (ST_2 \cdot K_1 + K_2) \cdot \overline{K_3} \\ K_3 = (ST_3 \cdot K_2 + K_3) \cdot \overline{K_4} \\ K_4 = (ST_4 \cdot K_3 + K_4) \cdot \overline{K_5} \\ K_5 = (ST_5 \cdot K_4 + K_5) \cdot \overline{K_1} \end{cases} \tag{5-6}$$

式(5-6)表达了 K_1、K_2、K_3、K_4、K_5 等逻辑状态依次循环的顺序控制逻辑,这与实际液压源工作顺序不符,其主要原因是实际液压源总是在停机下起动。依据实际情况修改控制方程见式(5-7)。

$$\begin{cases} K_1 = (ST_1 \cdot \overline{K_3} \cdot \overline{K_4} \cdot \overline{K_5} + K_1) \cdot \overline{K_2} \\ K_2 = (KT_1 \cdot K_1 + K_2) \cdot \overline{K_3} \\ K_3 = (ST_3 \cdot K_2 + K_3) \cdot \overline{K_4} \\ K_4 = (ST_4 \cdot K_3 + K_4) \cdot \overline{K_5} \\ K_5 = (KT_2 \cdot K_4 + K_5) \cdot \overline{K_1} \end{cases} \qquad (5\text{-}7)$$

第四步,控制逻辑的实施方案设计。

依据主机设计要求,选择顺序逻辑控制的实现方式。步进顺序逻辑设计法得到的顺序控制逻辑可以比较方便地转换为电路原理图,也方便控制编程。

面向逻辑元件(液压、气动、低压电气、数字电子等)实现方式,选择逻辑元件,参照基本逻辑回路,构建顺序控制逻辑网络。

面向 PLC 等微处理器的控制程序编写,还需要设计程序控制率。利用信号动作状态图,列写信号与动作的真值表,化简逻辑函数,然后即可得到编写控制程序的顺序逻辑控制率。

理论上讲无论顺序控制逻辑的运动轨迹多么复杂,只要给出装备的步进逻辑过程及转步信号,就可以套用步进逻辑公式的一般格式设计控制方程,进而设计顺序逻辑控制系统。

步进顺序逻辑设计法的特点是相对较为抽象,多用逻辑代数表达式来描述装备转步信号与输出控制逻辑,适合设计复杂的平面和立体连通运行轨迹的程序控制逻辑。该方法设计结果天然具有时序逻辑的特点。

这里不再针对图 5-1 液压源顺序控制系统讲述控制逻辑实施方案设计,读者可以依据需要自行演练绘制控制逻辑的电路原理图或编写 PLC 的控制程序。

5. 信号动作状态的组合逻辑设计操作

在一些情况下,如已知信号与动作之间的逻辑规律,则需要获取信号与动作之间的逻辑代数表达式,进一步设计信号与动作之间的逻辑规律。

组合逻辑设计的基本要求是在满足系统信号传递特性的条件下,力求设计出的逻辑系统简单,使用逻辑元件数量少。个别情况下,为了减少逻辑元件的种类,也会采用顺序控制逻辑略微复杂的系统。

组合逻辑设计过程一般包括如下三个步骤。

第一步,用真值表表示实际工程问题的逻辑关系。

首先应对顺序控制系统的各个执行元件动作与信号进行归纳整理,列写真值表。

真值表的竖列表示各个执行元件的动作信号或系统输入,横行表示各个执行元件的动作状态或系统状态。

第二步,依据真值表写出逻辑函数。

由真值表写出逻辑函数通常有两种方法:与/或法和或/与法。

1) 与/或法

采用与/或法得到的逻辑函数为积和式。其具体做法是将逻辑函数写成对应于输出为"1"的每组变量乘积项,然后再将他们加起来,若变量 x_i 是"1"便写成 x_i;若变量 x_i 是"0"则写成 $\overline{x_i}$。

2) 或/与法

采用或/与法得到的逻辑函数为和积式。其具体做法是将逻辑函数写成对应于输出为"0"的每组变量之和,然后再将他们乘起来。若变量 x_i 是"1"便写成 x_i;若变量 x_i 是"0"则写成 $\bar{x}$。

两种方法写出的逻辑函数是不同的,但是他们是等效的。实际工作中,若真值表中输出列中"1"元素对应的数目少于"0"元素对应的数目,用与/或法获得的逻辑函数较为简单。若真值表中输出列中"0"元素对应的数目少于"1"元素对应的数目,则用或/与法获得的逻辑函数较为简单。

第三步,化简逻辑函数。

依据真值表得到的逻辑函数能够表达顺序控制系统所需要的逻辑关系。然而,直接由真值表综合出来的逻辑函数往往不是最简形式,需要进一步简化。用化简后的逻辑函数构建的顺序控制回路通常比较简单、清晰,所用逻辑元件也较少。

逻辑函数的化简方法通常有两种:代数法和卡诺图法。

1) 代数法

代数法是利用逻辑代数(布尔代数)的基本定律,导出公式和恒等式对逻辑函数的最小项表达式后进行归并,减少表达式中的项数和每项的输入信号数目,直至化成最简式。

用代数法化简逻辑函数依赖经验和技巧。有些复杂函数可能不容易求得最简式。

2) 卡诺图法

卡诺图化简法是一种系统化的逻辑函数化简方法,它有统一规则可循,突出特点是几何直观性好。在变元较少(不超过六个)的情况下,卡诺图化简法比较方便,且能得到最简结果。

卡诺图化简逻辑函数的基本原理是依据逻辑代数关系式 $AB+A\bar{B}=A$,即两个"与"项中,如果只有一个变量相反,其余变量均相同,则这两个"与"项可以合并成一项,并消去其中互反的变量。

6. 基本辅助的顺序控制逻辑

基本辅助的顺序控制逻辑是指为了辅助与完善装备顺序控制系统正常工作而额外自行添加的那些顺序控制逻辑。基本辅助的顺序控制逻辑通常是装备制造商从安全保护和方便使用等方面考量,在装备顺序逻辑控制系统中主动增加的顺序逻辑控制内容,而不是用户提出的要求。

基本辅助顺序控制逻辑通常包括:

(1) 具有防止重复按动按钮的功能。按钮是最常用的人机交互工具。每个人在各种情况下操控按钮的情况都不同,因此防止按钮被重复按动是非常重要的功能。

(2) 具有点动功能。点动功能是每按下点动按钮一次,装备只向前运行一个很小的程序步。点动功能在装备调试或突发事件处理时经常使用。

(3) 具备快速归零功能。快速归零指令下达后,装备以最简路径和最快时间返回预定义装备原点。

(4) 具备续航功能。顺序逻辑运动控制系统经常要求具备暂停按钮。暂停按钮按下,装备运动就地停下来。暂停按钮复位,装备运动继续运行后续的程序步。

基本辅助顺序控制逻辑应在装备顺序逻辑控制主体设计完成后,采用功能添加法视情况逐一添加。

7. 顺序控制逻辑的校验与验证

依据各种设计方法得到的顺序控制逻辑还需经过校验与验证,检查顺序控制逻辑能否实现预期的动作次序要求,避免出现不当的动作。

开展装备功能的顺序控制逻辑验证与证实工作需要纵观装备全局,不能仅限于纸面文件。通常可以采用计算机仿真的方法完成装备顺序控制逻辑的验证与证实。

5.4 顺序控制系统的编程控制器

具有逻辑运算功能的装置理论上都可以成为顺序控制系统控制器。计算机技术的发展促进了逻辑控制器功能的增强。液压控制系统技术对逻辑控制器性能的要求也在逐步提高。

目前,机器装备顺序控制系统的控制器多采用 PLC,也有些采用工业控制计算机和嵌入式计算机。配备控制卡的通用计算机具备数字量控制和模拟量控制能力但因成本高,应用较少。生产批量大的装备如数控机床等可以研发专用控制系统。

5.4.1 PLC 控制器

PLC 是一种专门面向工业环境应用而设计的数字运算操作电子系统。PLC 采用一种可编程的存储器,在其内部存储并执行逻辑运算、顺序控制、定时、计数和算术运算等操作指令,通过数字量或模拟量的输入/输出来控制各种类型的机械装备或生产过程。

PLC 是计算机技术与自动化控制技术相结合而开发的一种适用于工业环境的新型通用自动控制装置,是作为传统继电器的替换产品而出现的。PLC 技术也在不断发展,随着微电子技术和计算机技术的迅猛发展,可编程控制器更多地具有了通用计算机的功能,不仅能实现逻辑控制,还具有了数据处理、通信、网络等功能。由于 PLC 可通过软件来改变控制过程,而且其具有体积小、组装维护方便、编程简单、可靠性高、抗干扰能力强等特点,目前已广泛应用于工业控制的各个领域,大大推进了机电液一体化和工业信息化的发展进程。

1. PLC 硬件及工作原理

PLC 是一种专用工业控制计算机。它以微处理器为核心,不同制造商生产的 PLC 略有不同,但是其基本结构是相同的,其硬件结构如图 5-24 所示。PLC 主要由中央处理器(CPU)、存储器、输入/输出(I/O)单元、电源、I/O 扩展端口、通信单元等构成。根据结构的不同,PLC 可以分为整体式和组合式(也称模块式)等两类。

PLC 的工作过程包括初始化和运行状态两个子过程。

通电后,PLC 首先要对硬件和软件进行初始化。初始化完成后,PLC 自动转入运行状态。

PLC 在进入运行状态后,将采用循环扫描的方式工作。在 PLC 执行用户程序时,CPU 对程序采取自上而下,自左向右的顺序逐次进行扫描,简单来说,PLC 中程序的执行是按语句排列的先后顺序进行的。每一个循环扫描工作过程如图 5-25 所示。

2. PLC 编程环境

PLC 的编程环境是由 PLC 制造商所设计的,因此不同品牌的 PLC 使用不同的编程软

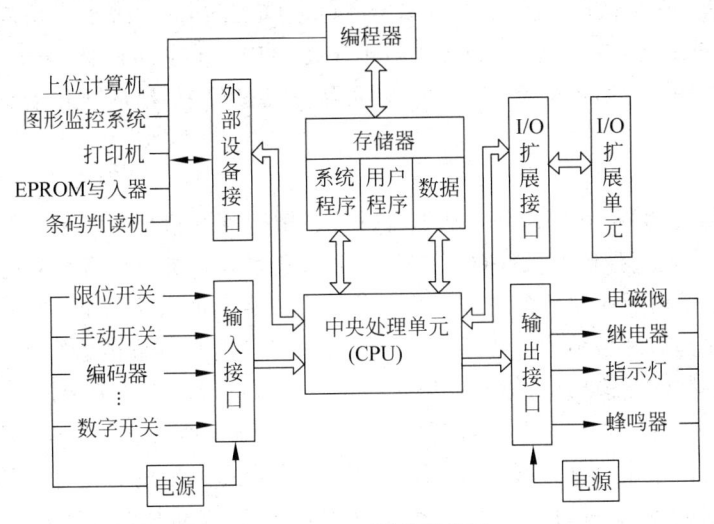

图 5-24　PLC 硬件结构图

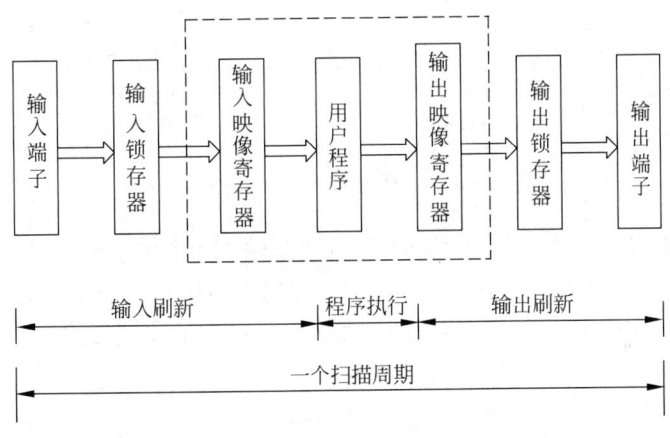

图 5-25　PLC 一个周期扫描过程

件,编程环境具有一些差异。

编程环境包含用户环境和能把用户环境与 PLC 系统联结起来的编程软件。只有熟悉编程环境,掌握编程语言,知晓 PLC 硬件配置,才能在编程环境中编写出 PLC 的用户程序。

用户环境包括:

(1) 用户数据结构。用户数据结构分为位数据、字节数据、字数据和混合型数据四种类型。

(2) 用户数据存储区。用户使用的每个输入/输出端,以及内部的每一个存储单元都被称为元件。各种元件都有其固定的存储区(例如输入/输出映像区),该存储区即存储地址。

(3) 用户程序结构。用户程序结构可分为线性程序、分块程序和结构化程序三种。

3. PLC 编程语言

PLC 通过程序实现对操作顺序的控制。编写控制程序使用的语言就是编程语言。编程语言有多种,他们都是用助记符编制而成的。助记符因 PLC 制造商不同而略有区别。

国际电工委员会(IEC)1994 年 5 月公布了 IEC1131-3 标准(PLC 的编程语言标准),详细说明了语句表(statement list,STL)、梯形图(ladder diagram,LAD)、功能块图(function block diagram,FBD)、结构文本(structured text,ST)、顺序功能图(sequential function chart,SFC)五种编程语言的句法和语意。在实际开发过程中,梯形图和语句表编程语言相对应用较多。

4. PLC控制方式

PLC是逻辑控制器,它的最基本功能是进行逻辑运算并给出布尔量控制信号。在液压系统中,PLC适合通过控制开关阀(On/Off Valve)和控制电机启停等方式完成生产工艺工序图所描述的依逻辑顺序执行的系列操作动作。顺序控制的宏是以PLC为中心,连接执行器和传感器构建起的网络结构。传感器和接近开关等将电气信号传输给PLC,PLC依据逻辑运算结果将控制信号输出,传输至液压执行器或电气执行器等开关量信号接收端。

PLC顺序控制输出的电压信号经过继电器或达林顿管功放器放大信号驱动功率后,信号控制电磁换向阀输出高压液压油驱动液压缸,产生带有冲击的活塞杆位移,如图5-26所示。PLC控制电磁换向阀的方案只能实现活塞缸双向运动控制,不能实现高精度定位控制。

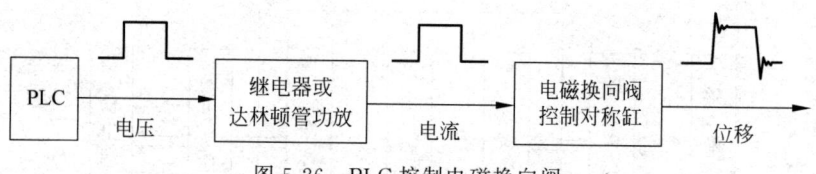

图5-26 PLC控制电磁换向阀

PLC顺序控制输出的电压信号可以经过开关量输入带斜坡信号发生器的比例放大器,增加斜坡信号的连续控制量,控制电磁比例方向阀输出高压液压油驱动液压缸,产生缓变活塞杆位移,如图5-27所示。这是一种开环控制方式。缓变的连续量控制方式消除了开关量指令控制可能产生的液压执行器运动冲击。

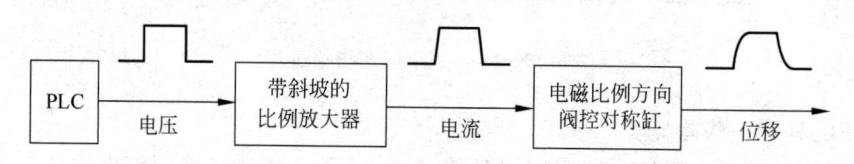

图5-27 PLC控制比例方向阀

PLC加装模拟量模块可以输出带有斜坡的电压信号,可以经过比例放大器增大带载能力,控制电磁比例方向阀输出高压液压油驱动液压缸,产生缓变活塞杆位移,如图5-28所示,这是一种开环控制方式。PLC加装模拟量模块输出缓变的连续量控制指令来避免产生的液压执行器运动冲击。

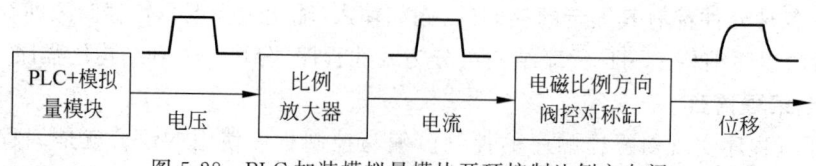

图5-28 PLC加装模拟量模块开环控制比例方向阀

PLC加装输入模拟量模块可以接收模拟量传感器信号,加装输出模拟量模块可以输出模拟量电信号。因此,可以利用PLC的数字计算能力构建数字反馈控制器,建立如图5-29所示的反馈控制系统。与开环控制相比,这种闭环控制方案能够获得跟踪效果更好的运动控制,但需注意信号采样频率及其实现方式。

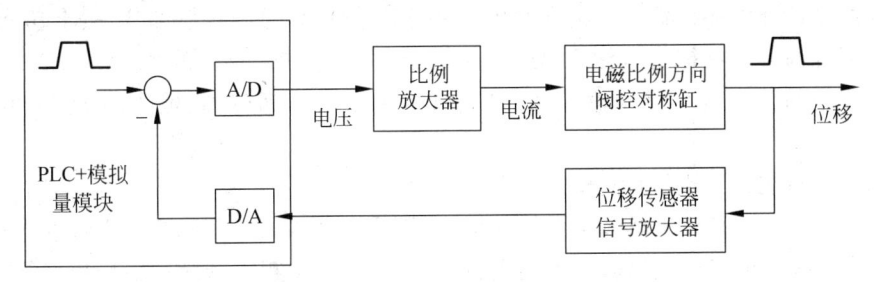

图 5-29　PLC加装模拟量模块闭环控制比例方向阀

5.4.2　工业控制计算机

工控机(industrial personal computer,IPC)即工业控制计算机,也称工业控制机,是一种采用总线结构,对生产过程及机电装备、工艺装备进行检测与控制的工业用途计算机的总称。工业控制机具有普通计算机的主要属性和特征,其具有主板、CPU、硬盘、内存、外设及接口等计算机组成部件,并有操作系统、控制网络和协议、计算能力、友好的人机界面等计算机基本功能特征。

工控行业的产品和技术非常特殊,属于中间产品和技术,其目的是为其他各行业提供稳定、可靠、嵌入式、智能化的工业计算机。

1. 工业控制机系统

工业控制机采用总线结构,如图5-30所示。

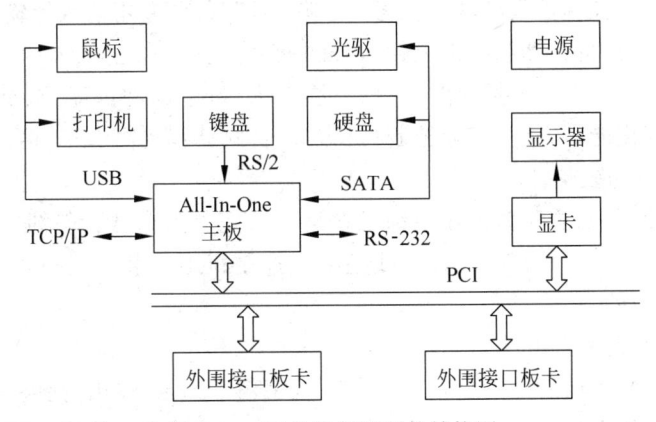

图 5-30　工业控制机硬件结构图

一台典型的工业控制机包括:加固型机箱、无源总线底板、工业电源、All-In-One主板、显示卡、硬盘、光驱、显示器、键盘和鼠标等部件。

2. 工业控制机结构

与普通个人计算机相比,工业控制机对工作稳定性和可靠性要求更高。这主要是由于工业环境条件相对恶劣,经常有粉尘、辐射、电磁和温度等干扰。工业控制机常采用19英寸(19in)标准工业机箱(符合IEARS-310)。

3. 外围接口部件

工业控制机通过外围接口板卡的拓展功能来满足各种工业控制现场的需要。

工业控制机外围接口板卡结构通常由三部分构成:PC总线接口部分、板卡功能实现部分和信号调理部分。模拟信号输入/输出接口板卡主要包括隔离、放大、A/D、D/A以及接口控制电路等部分。数字信号输入/输出接口板卡主要包括隔离、输入缓冲、输出锁存等部分。

常用工业控制机外围接口板卡包括如下几类:

(1) 输入接口板卡。包括数字量输入板卡、模拟量输入板卡和脉冲输入板卡等;

(2) 输出接口板卡。包括数字量输出板卡、模拟量输出板卡和脉冲输出板卡等;

(3) 通信接口板卡。包括串行通信接口板卡、网络通信板卡、现场总线通信板卡等;

(4) 信号调理模块。对现场各类输入信号进行预处理,对工业控制机输出信号进行隔离和驱动,并对电流信号与电压信号进行相互转变。

4. 工业控制机特点

与其他控制器相比,总线型工业控制机主要特点如下:

(1) 功能完备。总线型工业控制机是一台完备的计算机,具有通用计算机的全部功能;

(2) 通用性强,兼容性好。不同品牌的总线型工业控制机之间具有较强的通用性和兼容性;

(3) 丰富的软件支持。工业控制机软件包括操作系统、应用软件、数据库、网络通信工况软件包等,可以得到厂商非常广泛的软件产品支持;

(4) 通信功能强。工业控制机配备了通信卡和通信软件,具有丰富和强大的通信功能;

(5) 外围接口部件拓展工业控制机功能。工业控制机可选配备的接口部件是丰富的。安装接口部件的工业控制机具备数字信号、模拟信号和一些专用信号等输入/输出功能。借助软件,工业控制机具备计算和处理上述信号的能力;

(6) 可靠性高。在抗冲击振动能力、抗尘埃能力、抗电涌冲击能力、抗腐蚀气体能力以及适应环境温度变化能力方面,工业控制机比普通台式计算机高2~3倍。

5. 工业控制机的软件

撇开专用设计不谈,总线型工业控制机就是一台完整的台式计算机。几乎所有面向普通计算机的操作系统及软件都可以在总线型工业控制机上安装并运行,工业控制机具有广泛和丰富的软件支持。

6. 工业控制机顺序控制

总线型工业控制机通过外围接口板卡实现数字信号输入/输出,能够实施装备的顺序控制。但是外围数据板卡输出信号功率小,通常无法直接驱动继电器或电磁铁,需要依据控制信号类型,配备相应的功率放大器,如图5-31所示。

总线型工业控制计算机也可以通过外围接口板卡实现模拟信号输入/输出,因此其也可以进行模拟量控制。如可以通过比例放大器驱动电磁比例阀,实现液压比例控制;也可以通过伺服放大器驱动伺服阀,实现液压伺服控制等。

总线型工业控制机还可以调理电路,实现信号类型转换、电平变换、滤波抑噪、信号隔离等功能。

总线型工业控制机采用通用和标准化的数据输入/输出板卡或模块来构建控制系统,具有如下特点:

(1) 通用性强,各种组件与构件获得容易,方便构建面向各种装备应用的控制系统。

(2) 适应性强,通用数据输入/输出板卡与模块种类繁多,能够满足各种功能需求。

(3) 数据采集与控制方便,工业控制机体系完整,可以运行通用的操作系统,数据输入/输出板卡与模块软件资源丰富。

(4) 基于总线型工业控制机的控制装置质量大、体积大、成本高、结构欠紧凑。

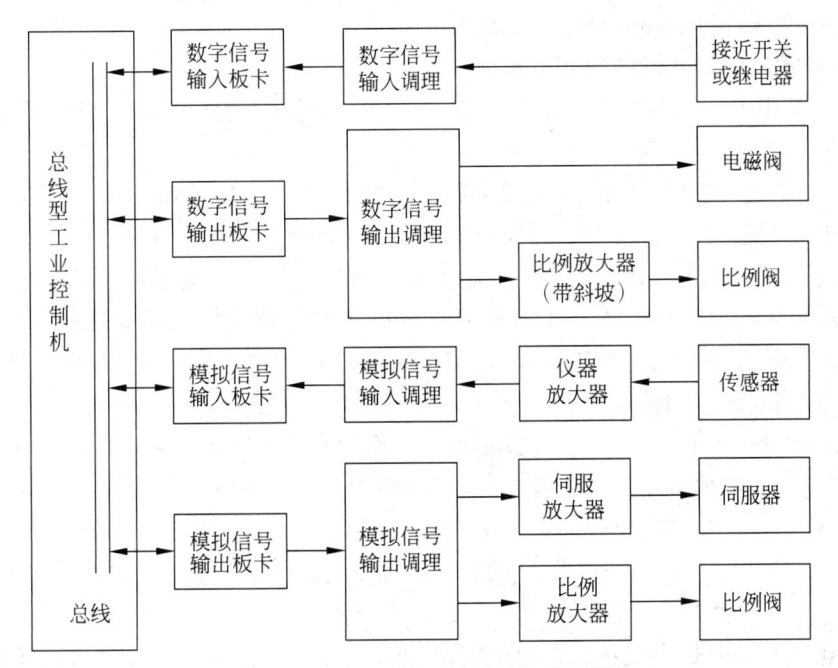

图 5-31 工业控制机控制系统结构图

5.4.3 嵌入式工业控制机

嵌入式工业控制机(embedded industrial computer,EIC)由嵌入式处理器、外围部件和嵌入式软件组成。嵌入式工业控制机通常以部件和模块的形式构成专用的测控、显示、运算和通信等装置,通俗称嵌入式系统。

嵌入式工业控制机特点是体积小、能耗低、外形可以因装备不同而异,符合量体裁衣的原则,按需定制、按需配置和按需重构。

1. 嵌入式工业控制机类型

嵌入式系统通常指以计算机技术为基础,以应用为中心,软件硬件可裁剪的专用计算机系统。嵌入式系统在功能、可靠性、成本、体积、功耗等方面要求都很严格。因此,从硬件规模上看,嵌入式系统可分为芯片级、模块级和系统级三类。他们面向不同规模产品的工业控制需求。

芯片级嵌入式系统的典型代表是 MCU(micro controller unit)、DSP(digital signal processor)、ARM(advanced RISC machines)和 SOC(system on chip)等。

模块级嵌入式系统通常是含有嵌入式微处理器的模块或工业控制机外围接口板卡。

系统级嵌入式系统是 PC104/PCI 或其他类型总线的专业工控计算机。与总线型工业控制计算机相区别，系统级嵌入式系统更加突出专用性。

2. 嵌入式工业控制机的软件

在设计简单应用程序时，嵌入式系统可以不使用操作系统。但是，在设计复杂应用程序时，可能需要一个操作系统来管理与控制诸如内存、多任务、周边资源等。对于使用操作系统的嵌入式工业控制机来说，其软件结构一般包括四个层面：装备驱动程序层、实时操作系统 RTOS 层、应用程序接口 API 层和应用程序层等。依据操作系统所提供的程序界面来编写应用程序，可大大减少应用程序员的编程工作负担。

3. 嵌入式工业控制机的顺序控制

嵌入式工业控制机也是数字计算机，其可以方便地接收和处理数字信号，因此适用于装备的顺序逻辑控制。

与总线式工业控制机类似，嵌入式工业控制机的外围接口电路驱动能力通常较弱，不能直接驱动电磁阀或电磁比例阀等，需要依据控制信号配备相应的功率放大器。

通过外围接口电路设计为嵌入式工业控制机增设模拟量与数字量的转换电路，可以实现模拟信号输入/输出，使嵌入式工业控制机可以接收模拟量传感器信号和进行模拟量控制。通过比例放大器驱动电磁比例阀，可以实现液压比例控制；或通过伺服放大器驱动伺服阀，也可以实现液压伺服控制。

在制造批量较大时，嵌入式工业控制机可以作为专用和嵌入式装备，设计专用的外围接口电路，实现功能与成本的进一步优化。

5.5 顺序控制系统设计

顺序控制既可能是小机器的自动化控制，也可以是大装备或大系统的操作流程（作业工序）控制。因此，简短地阐述顺序控制系统设计规律难免有所疏漏。本节内容只想就顺序控制系统设计过程给读者一个宏观和概略的描述。

5.5.1 顺序控制系统设计一般流程

顺序控制系统设计的一般流程如下：

(1) 明确设计任务与装备使用环境要求；

(2) 设计顺序控制系统方案；

(3) 设计执行系统；

(4) 设计信号及通道；

(5) 设计顺序控制逻辑、选择控制器及编程；

(6) 调试顺序控制系统；

(7) 整理设计资料。

面对多种多样的装备控制任务，顺序控制系统的设计过程往往不是直线的，存在交叉与反复，需要经过多次迭代才能达到较为理想的设计。

5.5.2 顺序控制系统设计步骤与内容

顺序控制系统在自动化液压系统或数控液压装备中应用广泛。其设计方法有规律可循，通常步骤如下。

1. 明确设计任务与装备使用环境要求

接到顺序控制系统设计任务后，首先应明确设计任务与装备使用环境要求，通常包括如下几个方面：

(1) 明确每一个控制输出操作或动作，以及对应的执行器；

(2) 明确发信装置，如行程开关、压力继电器、按钮开关等。连续量传感器也可以被视为一种发信装置；

(3) 明确物理量或运动状态控制要求；

(4) 明确顺序逻辑控制的次序与时序要求。明确每个工作周期中，各个被控物理量的先后次序，以及控制状态和控制时刻；

(5) 明确控制方式(手动、自动)；

(6) 明确使用环境要求，如温度、冲击及振动等。

2. 顺序控制系统方案设计

控制系统方案的设计通常包括如下内容：

(1) 物理量或动作(操作)次序；

(2) 信号与动作的逻辑关系；

(3) 控制器类型及数量，以及控制系统的层级划分；

(4) 顺序控制逻辑。

3. 执行系统设计

逐一设计各个执行器子系统，完成从接受指令信号至构建液压回路的子系统。并完成执行器指令信号与控制器输出信号的匹配设计。

4. 信号及通道设计

选配发信装置，匹配发信装置的输出信号与控制器输入信号，完成信号通道设计。

5. 顺序控制逻辑设计、控制器选型及编程

选择顺序控制逻辑实施方式，设计顺序控制逻辑。

如采用计算机程控方案，应先选择控制器型号，编写控制器信号地址分配表，然后在控制器编程手册指导下，依据顺序控制的逻辑函数和控制器信号地址分配表来编写控制程序。

6. 顺序控制系统调试

机械系统安装调试完毕后需要检验各个运行机构，应确保其运动灵活，无卡滞现象。

电气系统安装调试完毕后应检验各个执行机构能否正确接受控制器控制，检验各个发信装置是否能够正确将信号送抵控制器。

最后调试顺序控制系统，完成控制系统硬件与软件联调。

7. 设计资料整理

整理设计资料，形成设计文件。

5.6 本章小结

顺序控制是一种常见的液压控制类型。与连续量控制关注系统动作连续变化之动态过程品质的调节与控制不同,顺序控制关注系统不同状态与不同动作之间切换的次序与顺序控制。

复杂的顺序控制系统结构可以分解为多个以起动/停止为代表的开关量控制系统;液压开关量控制系统的控制元件是液压开关阀,基于液压开关阀控制的基本液压回路是顺序控制的基本单元;顺序控制逻辑有多种实现方式,也有多种设计方法;PLC、工业控制计算机、嵌入式工业控制机等都可以用作复杂顺序控制系统的控制器。

思考题与习题

5-1 何谓顺序控制?顺序控制的主要控制物理量是何种类型?
5-2 顺序控制的信号逻辑实现方式有几类?
5-3 顺序控制的逻辑函数设计的一般步骤是什么?
5-4 常用的顺序控制逻辑函数简化方法有哪几种?
5-5 顺序控制可能选用的控制器有哪些?
5-6 可编程逻辑控制器主要控制哪种物理量?能否控制模拟量信号,如何实现?
5-7 工业控制计算机如何控制开关量?
5-8 何谓顺序控制系统设计的一般流程?

主要参考文献

[1] BATESON R N. Introduction to control system technology[M]. Upper Saddle River: Pearson Education, Inc., 2002.
[2] 曾毅,陈阿莲,田伟,等. 运动控制系统工程[M]. 北京:机械工业出版社,2014.
[3] CHAPPLE P J. Principles of hydraulic system design[M]. Oxford: Coxmoor Publishing Company, 2003.
[4] DOEBELIN E O. Measurement systems application and design[M]. The McGraw-Hill companies, Inc., 1990.
[5] BISHOP R H. The mechatronics hand book[M]. Boca Raton: CRC Press., 2008.
[6] DRURY B. The control techniques drives and controls hand book[M]. London: The Institution of Engineering and Technology., 2009.
[7] Eaton Hydraulics(Vickers). Products(Directional control valves)[EB/OL]. [2019-08-01]. https://www.eaton.com/Eaton/ProductsServices/Hydraulics/Valves/IndustrialValves/Directional-Control-Valves/index.htm.
[8] Parker Hannifin Corporation. Hydraulic directional control valve[EB/OL]. [2019-08-01] https://ph.parker.com/us/17593/en/hydraulic-directional-control-valves-hvd.
[9] Bosch Rexroth AG. Products (On/Off valves)[EB/OL]. [2019-08-01] https://www.boschrexroth.com/en/xc/products/product-groups/industrial-hydraulics/on-off-valves.

[10] 北京华德液压工业集团有限责任公司. 产品中心（液压阀产品）[EB/OL]. [2019-08-01]. http://www.huade-hyd.com.cn/cn/pro.asp.

[11] 太重榆次液压工业集团有限责任公司. 产品中心（液压阀）[EB/OL]. [2019-08-01]. http://product.tzyy.com.cn/index/yyf.htm.

[12] 沈阳液压件厂. 产品展示（液压阀产品）[EB/OL]. [2019-08-01]. http://www.sy-yyjc.com/product.asp?bid=6.

[13] Bosch Rexroth AG. Rexroth IndralWorks 10VRS IndralLogic 2G PLC programming system application manual[M]. Lohr a. Main：Bosch Rexroth AG, 2010.

[14] Bosch Rexroth AG. Rexroth IndralMotion 13VRS commissioning manual[M]. Lohr a. Main：Bosch Rexroth AG, 2012.

[15] Bosch Rexroth AG. Rexroth inline block IO for SERCOS Ⅲ with analogy IOs and SSI interface[M]. Lohr a. Main：Bosch Rexroth AG, 2013.

第6章 液压控制的非线性

液压反馈控制系统中的非线性问题是影响系统特性的重要因素。在实际液压反馈控制系统调试中所看到的大部分奇特现象都可归结于某些非线性因素的影响。

与液压比例控制系统相比,液压伺服控制系统的非线性因素几乎可以被忽略。因此,液压比例控制系统的非线性特性是必需考虑的设计因素。液压比例控制系统中有些非线性特性是无法避免的,譬如比例方向阀阀口重叠造成的死区非线性特性。也有一些非线性特性是人为引入液压比例控制系统的。人为引入非线性环节的意图通常有两种:一是用人为引入非线性环节抑制或补偿液压控制系统的固有的非线性;二是利用非线性环节改善或更改线性系统的特性。

本章介绍液压控制系统中常见的非线性因素,阐述非线性特性对液压控制系统整体特性的影响,理清工程中实际现象的因果,并且填补本书前面章节关于液压控制系统理论、设计与实践之间的空白。

6.1 非线性系统动态过程特点

有些现象可直接归因于系统的非线性特性。例如,实际液压反馈控制系统测试中,如果出现下列现象,通常可以认定其包含非线性动态过程。

(1) 在输入不变的情况下,输出量可能会以固定的振幅和频率振荡。这种现象被称为极限环振荡。在一个不稳定的线性系统中,输出量将无止境地增大。不过在任何现实的系统中,振荡的幅度都将因饱和而受到限制。

(2) 在正弦输入的情况下,当输入的幅度或频率连续变化时,输出量的幅度可能出现不连续的跳跃,这种现象被称为非对称谐振或跳跃谐振。

(3) 当输入一个频率为 ω 的正弦信号时,输出量可能出现超谐波或者亚谐波振荡,甚至出现输入信号中不存在的频率的组合频率振荡。

这些现象不会出现在线性系统中。当系统处于稳态运行时,这些现象也可能是看不到的。对于欠阻尼系统来说,当输入信号快速变化时,容易检测出上述现象。因此非线性是非常普遍的特性。除极限环振荡外,不能简单地对非线性做出好坏的定论。

6.2 非线性控制系统研究方法

虽然所有实际的系统由于信号饱和的原因都有一定程度的非线性特性,但一般都有一个线性工作区域。不过也有一些元件,例如继电器,其非线性性状到了非常严重的程度,以致根本就不存在线性区域。在大多数非线性系统中,首要问题就是确定某些非线性元件对系统整体特性的影响。

目前,面向处理各种非线性系统的分析与研究,尚不存在普遍适用的通用的非线性理论和方法。但是针对一些特定的非线性问题，人们还是掌握了一些实用的分析研究方法。

液压系统是具有明显非线性特性的系统。自从液压伺服控制系统出现以来，针对具有非线性的液压伺服控制的分析与设计问题，人们先后尝试采用了各种研究方法，其中一些获得了较广泛的应用。这些方法主要是：线性化或小信号分析法、分段线性化分析法、描述函数分析法、相平面分析法、模拟计算机仿真分析法、数字计算机仿真分析法等。

6.2.1 线性化或小信号分析法

具体地说，线性化或小信号分析法就是通过假设信号幅值非常小，利用线性化的方法将非线性系统近似为线性系统之后展开研究的方法。

线性化或小信号分析法的基本思想是假定系统的变量只发生微小的偏移。在这样微小偏移下，系统的特性基本表现为线性，非线性特性表现不出来。然后即可将该非线性系统看作线性系统来处理。通过对系统工作空间内多个工作点处的非线性系统所对应的线性系统进行研究，评估非线性系统的性能。

显然，线性化或小信号分析法并不是一个解非线性微分方程的方法，而是用分析线性系统的方法近似分析非线性系统的方法。

在实际工程中，线性化或小信号分析法具有一定的方便易行的特点，是一种实际动态系统的常用工程分析方法。

6.2.2 分段线性化分析法

若非线性系统的线性化模型不适用于某非线性系统的全部范围时，可以考虑将非线性系统的全部范围划分为若干段，在每一段内分别应用线性化分析的方法。通过给微分方程引入恰当的初始条件，将各段的解合在一起就可获得全解。

分段线性化分析法适用于在某一范围可以用线性方程来近似描述的非线性系统。

6.2.3 描述函数分析法

描述函数分析法，简称描述函数法，是一种近似的线性化分析方法，它应用了线性理论中频率法的某些结论和方法，是频率法在非线性控制系统中的扩展。

应用描述函数法需要假设非线性控制系统经过变换和归化，可表示为一个典型单位反馈的非线性系统，这个单位反馈系统的前向通道由线性元件和非线性元件串联构成。

描述函数法的基本思想是用非线性元件输出中的基波分量代替实际的非正弦周期信号，而略去信号中的高次谐波。经过上述处理后，非线性元件就与线性元件在正弦信号作用下的输出具有形式上的相似，可以仿照幅相频率特性的定义，建立非线性元件的近似幅相特性，即描述函数。为此，要求非线性控制系统满足以下条件：

(1) 非线性元件须是无惯性的。

(2) 非线性元件特性是(关于原点)斜对称的。因此在正弦信号作用下，输出量的平均值等于零，没有恒定直流分量。

(3) 系统中的线性部分具有良好的低通滤波特性。这个条件对一般控制系统来说是可以满足的，而且线性部分阶次越高，低通滤波特性越好。这一点使得非线性元件输出量中的高次谐波通过线性部分后，其幅值被衰减得很小，近似认为只有基波沿着闭环通道传递。显然这种近似的准确性完全取决于非线性元件输出信号中高次谐波相对于基波成分的比例,高次谐波成分比例小,准确性就高,反之,误差就会较大。

根据描述函数法的基本思想和应用条件,可推导出非线性元件的数学模型,也就是描述函数。仿照线性理论中频率特性的概念可知,非线性元件的等效幅相特性可用输出的基波分量和输入正弦量的复数比来描述。应用描述函数法的重要工作是非线性元件描述函数的计算。

当非线性元件可以用描述函数表示后,则描述函数在系统中可以作为一个实变量或复变量的放大系数来处理。这样就可以应用线性系统中频率法的某些结论来研究非线性系统。但由于描述函数仅表示非线性元件在正弦信号作用下,其输出的基波分量与输入正弦信号的关系,因此它不能全面表示系统的性能,只能近似用于分析一些与系统稳定性有关的问题。例如,稳定性问题、自振荡产生的条件以及确定振幅和频率。

描述函数分析法是一种手工分析方式,是不借助分析软件工具便可以开展非线性分析的有效方法。

6.2.4 相平面分析法

相平面分析法是采用绘制被研究动态系统的相平面图,通过研究相轨迹揭示被研究系统特性规律的方法。

相平面分析法的基本思想是在所讨论的时间范围内,任一时不变动态系统都可以用各个任意给定的时刻系统的一组状态变量(相)描述其系统的特性,无论这个时不变动态系统是线性的,还是非线性的。

相平面分析法比较适用于二阶系统。二阶系统的状态变量是两个,可以选用系统变量及系统变量的导数作为状态变量。以状态变量的两个分量分别为横坐标和纵坐标,构成一个直角坐标平面,这个坐标平面被称为相平面。

每一组状态变量都对应相平面上的一个相点(描述点)。相点移动所形成的轨迹被称为相轨迹。相轨迹上用箭头方向表示随参变量时间的增加即系统的运动方向。

以各种可能的初始条件为起始点,可以得到相轨迹簇。相平面和相轨迹簇合称相平面图。

相平面分析法是一种求解非线性微分方程的图解法,可用于确定极限环和对阶跃函数的响应。但对于三阶以上的高阶系统来说,此法就显得相当繁琐。展开精细分析,液压反馈控制系统通常被看作数学模型阶次高于三阶的系统。

6.2.5 模拟计算机仿真分析法

模拟计算机仿真分析法是一种物理仿真方法,其使用积分电路、微分电路、加法电路等模拟运算电路作为工具,通过搭建与被仿真对象系统动态特性具有相似性的电路,进行仿真模拟研究。

模拟计算机仿真分析法需要将被研究系统描述为微分方程,并将该微分方程改写为积分形式的数学方程。然后,采用电子电路搭建积分器、微分器、加法器、减法器等数学运算环节,进一步构建被研究对象系统的微分方程的电子模型并运行之,通过电压表和示波器观测仿真模型在运行过程中的电信号,获知仿真结果。

物理仿真方法具有通用性,普遍适用于各种系统仿真,也包括一些非线性系统。对于那些复杂的控制问题,人们还总结出了对分析和设计都非常方便的方法。

在数字计算机没有出现或者尚不发达的年代,模拟计算机仿真分析方法是应用较多的,也是没有其他选项的选择。

6.2.6 数字计算机仿真分析法

现代计算机都是数字计算机,数字计算机能够完成早期采用模拟计算机进行的仿真工作,而且具有省时、方便、模拟精度高等特点,因此数字计算机仿真方法的推广应用导致模拟计算机已经消失,不再被人们使用。

现代计算机包含计算机硬件和软件两大部分。计算机软件包含操作系统和应用软件两部分。操作系统是帮助人们使用和管理计算机硬件的软件,应用软件是帮助人们处理和完成特定应用问题的软件。

现代计算机软件具备更加友好的用户界面,更加方便的操作方式,具有良好的用户体验。

现代计算机技术的硬件具有更大的存储能力,更快的运算速度。

现代计算机仿真软件具备强大的数学解算能力,具有多样的建模方式。商业的仿真软件通常经过测试与验证,具备一定的可靠性和可信度。

数字计算机仿真分析法已经成为动力学系统分析、动态过程分析、非线性系统分析等的重要手段。

数字计算机仿真分析法具有如下优点:

(1) 仿真是对被仿真对象的模拟,是被仿真过程的生动再现,使用数字计算机仿真具有直观性的特点。

(2) 仿真是一种工具。利用该仿真方法分析(含非线性的)液压控制系统,是使用软件工具分析液压控制系统。

(3) 该方法充分使用了前人融入仿真软件的专业知识与技能。数字计算机软件是一种载体,软件的版本不断更新,不断吸收人类在某一专业领域知识与技能。

(4) 数字计算机及其上运行的仿真软件包具备强大的数学解算能力,能够对非线性方程或模型进行解算。

(5) 一些仿真软件采用物理拓扑结构的建模方式,甚至不需要用户建立仿真对象的数学方程。

数字计算机仿真分析法同时也具有如下缺点:

(1) 仿真成本比较高。专用的仿真软件价格比较高。仿真计算机也需要较高的硬件配置。

(2) 仿真过程消耗时间。越是有难度的工程技术问题,仿真过程可能越是需要更长的时间来运算。

(3) 仿真需要大量数据。仿真的可信度建立在数据和方法的可信度上,但是一些数据可能较难获得。

(4) 仿真也需要专业领域的知识与技能。

(5) 人们容易过高地信任数字计算机的仿真结果。计算机几乎总是给人们以精确、准确、不错误的潜意识,人们容易过分地信任从计算机上得到的结果。现代数字计算机仿真往往采用动画方式展现被仿真过程,进一步强化了人类对计算机仿真的真实性错觉,更加潜意识地倾向认为仿真就是真实的现实。现代仿真软件高度发达,许多仿真软件为仿真模型参数提供了默认值。这一方面提高了用户使用的便捷性,另一方面也隐藏了系统仿真对某些数据的需求(当然,这些过程也是可以选择人为设定的),使人们容易误认为仿真过程没有用到这些数据,从而导致采用了不真实的数据进行仿真。一些方便用户的建模仿真方法(如物理建模方式)也可能隐藏了系统仿真的某些过程(当然,这些过程也是可以选择人为干预的),人们更容易采用仿真软件提供的默认仿真设置,很容易使结果偏离了被仿真过程的实际情况。在解释或理解仿真结果时,人们容易忽视仿真概念模型的假设和仿真软件底层的数学公式对当前被仿真对象的有效性。

本书下一章是液压控制系统计算机仿真专题,将具体地探讨计算机仿真的理论与方法。这里将不再对数字计算机仿真作展开讲述。

6.3 非线性连续系统数学模型

非线性系统的特征是系统不满足叠加原理,系统的输入/输出比取决于输入信号的幅值和形式。非线性系统特征的典型例子是含有非线性的系统对不同幅值的阶跃信号输入的响应可能是完全不同的。非线性系统的数学建模非常重要,特别是具有一般性的非线性系统数学模型。

本节阐述了非线性连续系统的一般数学模型,然后过渡到相对简单的工程适用的数学模型。

6.3.1 非线性连续系统一般数学模型

非线性连续系统的模型通常用非线性微分方程或非线性微分方程组描述。类似于线性系统情形,一个 n 阶单变量系统可以描述为

$$\boldsymbol{F}\left(t;\, y, \frac{\mathrm{d}y}{\mathrm{d}t}, \cdots, \frac{\mathrm{d}^n y}{\mathrm{d}^n t};\, u, \frac{\mathrm{d}u}{\mathrm{d}t}, \cdots, \frac{\mathrm{d}^m u}{\mathrm{d}^m t}\right) = 0 \tag{6-1}$$

系统初值为

$$y(t_0) = y_0,\, \frac{\mathrm{d}y}{\mathrm{d}t}(t_0) = \frac{\mathrm{d}y}{\mathrm{d}t}\bigg|_0,\, \cdots,\, \frac{\mathrm{d}y^n}{\mathrm{d}t^n}(t_0) = \frac{\mathrm{d}y^n}{\mathrm{d}t^n}\bigg|_0;$$

$$u(t_0) = u_0,\, \frac{\mathrm{d}u}{\mathrm{d}t}(t_0) = \frac{\mathrm{d}u}{\mathrm{d}t}\bigg|_0,\, \cdots,\, \frac{\mathrm{d}u^m}{\mathrm{d}t^m}(t_0) = \frac{\mathrm{d}u^m}{\mathrm{d}t^m}\bigg|_0$$

其中,y 为系统输出;u 为系统输出。对于物理可实现的系统,一般有 $m \leqslant n$。

上述微分方程中含时间变量,描述的是时变系统。对于非时变系统,习惯上称为自治的。相对应,若系统的描述方程中不显含独立时间变量,则称为自治系统。考虑到系统阶次为 n,应有 $\frac{\partial^n \boldsymbol{F}}{\partial^n t}$ 非奇异,因而式(6-1)可以等价地写作

$$\frac{\mathrm{d}^n y}{\mathrm{d}^n t} = \boldsymbol{H}\left(t;\, y, \frac{\mathrm{d}y}{\mathrm{d}t}, \cdots, \frac{\mathrm{d}^{n-1} y}{\mathrm{d}^{n-1} t};\, u, \frac{\mathrm{d}u}{\mathrm{d}t}, \cdots, \frac{\mathrm{d}^m u}{\mathrm{d}^m t}\right) = 0 \tag{6-2}$$

与线性系统不同的是,对于非线性系统式(6-1)和式(6-2),要考虑解的存在性、唯一性、解存在的区间和解对初值的依赖等问题。如果不对 F 或 H 加以一定的限制,这些条件有可能都不满足,即使存在唯一解,一般情况下,解也是无法用解析形式表达的,更不存在状态转移矩阵等性质。为了简化问题,这里不对以上问题加以讨论,而假设 F 或 H 具有期望的性质。以下只对式(6-2)加以讨论。

相应地,多变量非线性连续系统由 k 维类似于式(6-2)的高阶微分方程组描述。

对于一个 n 阶多变量非线性系统而言,其状态空间模型为以下一阶非线性方程组。

$$\begin{cases} \dfrac{\mathrm{d}x_1}{\mathrm{d}t} = f_1(t; x_1, x_2, \cdots, x_n; u_1, u_2, \cdots, u_m) \\ \qquad\qquad \vdots \qquad\qquad\qquad\qquad\qquad\qquad t \geqslant t_0 \\ \dfrac{\mathrm{d}x_n}{\mathrm{d}t} = f_n(t; x_1, x_2, \cdots, x_n; u_1, u_2, \cdots, u_m) \end{cases} \tag{6-3}$$

$$\begin{cases} y_1 = h_1(t; x_1, x_2, \cdots, x_n) \\ \qquad\qquad \vdots \\ y_k = h_k(t; x_1, x_2, \cdots, x_n) \end{cases} \tag{6-4}$$

令

$$\boldsymbol{x} = \begin{bmatrix} x_1 \\ x_2 \\ \vdots \\ x_n \end{bmatrix}, \quad \boldsymbol{y} = \begin{bmatrix} y_1 \\ y_2 \\ \vdots \\ y_k \end{bmatrix}, \quad \boldsymbol{f}(t; x; u) = \begin{bmatrix} f_1(t; x; u) \\ \vdots \\ f_n(t; x; u) \end{bmatrix}, \quad \boldsymbol{h}(t; x; u) = \begin{bmatrix} h_1(t; x; u) \\ \vdots \\ h_n(t; x; u) \end{bmatrix} \tag{6-5}$$

则式(6-3)、式(6-4)可以写成向量形式

$$\dot{\boldsymbol{x}} = \boldsymbol{f}(t; x; u) \tag{6-6}$$
$$\boldsymbol{y} = \boldsymbol{h}(t; x; u) \tag{6-7}$$

其自治形式

$$\dot{\boldsymbol{x}} = \boldsymbol{f}(x; u) \tag{6-8}$$
$$\boldsymbol{y} = \boldsymbol{h}(x; u) \tag{6-9}$$

式(6-8)和式(6-9)表达了相当广泛的一类非线性系统,具有广泛的适应性。常见的仿射非线性系统、Lurie 系统、静态非线性系统、线性系统等都是式(6-8)和式(6-9)描述非线性系统的特例。

6.3.2 仿射非线性系统

仿射非线性系统(affine nonlinear system)是式(6-8)、式(6-9)非线性系统的一种特例。由于实际中比较多的系统对于输入(控制)来说是线性的,上述非线性系统可以写作如下仿射非线性系统形式

$$\dot{\boldsymbol{x}} = \boldsymbol{f}(t; x) + \boldsymbol{g}(t; x)\boldsymbol{u} \tag{6-10}$$
$$\boldsymbol{y} = \boldsymbol{h}(t; x) \tag{6-11}$$

其自治形式

$$\dot{\boldsymbol{x}} = \boldsymbol{f}(x) + \boldsymbol{g}(x)\boldsymbol{u} \tag{6-12}$$
$$\boldsymbol{y} = \boldsymbol{h}(x) \tag{6-13}$$

针对具体的由非线性微分方程描述的系统，可将其转化为状态空间模型。与线性系统不同，类似于式(6-2)的一般形式的微分方程是无法进行转化的。因此，这里对式(6-2)增加一些限制。

首先考虑一种简单情形，假设式(6-2)满足 $\dfrac{\partial \boldsymbol{H}}{\partial u^{(i)}}=0, t \geqslant t_0, i \geqslant 1$，即方程中不显含输入的各阶导数，则式(6-2)具有如下形式

$$\frac{\mathrm{d}^n y}{\mathrm{d}^n t} = \boldsymbol{H}\left(t;\ y, \frac{\mathrm{d}y}{\mathrm{d}t}, \cdots, \frac{\mathrm{d}^{n-1}y}{\mathrm{d}^{n-1}t};\ u\right) \tag{6-14}$$

引入状态变量

$$x_1 = y, \quad x_2 = \frac{\mathrm{d}y}{\mathrm{d}t}, \quad \cdots, \quad x_n = \frac{\mathrm{d}^{n-1}u}{\mathrm{d}t^{n-1}}$$

则由式(6-10)可得类似于式(6-6)和式(6-7)的状态空间模型，其中

$$\boldsymbol{f}(t;\ x) = \begin{bmatrix} x_1 \\ \vdots \\ x_n \\ f_n(t;\ x;\ u) \end{bmatrix}, \quad \boldsymbol{h}(t;\ x) = x_1$$

如果式(6-13)满足，即具有如下形式

$$\frac{\mathrm{d}^n y}{\mathrm{d}^n t} = \boldsymbol{H}_1\left(t;\ y, \frac{\mathrm{d}y}{\mathrm{d}t}, \cdots, \frac{\mathrm{d}^{n-1}y}{\mathrm{d}^{n-1}t}\right) + \boldsymbol{H}_2\left(t;\ y, \frac{\mathrm{d}y}{\mathrm{d}t}, \cdots, \frac{\mathrm{d}^{n-1}y}{\mathrm{d}^{n-1}t}\right) u \tag{6-15}$$

则可化为式(6-10)、式(6-11)的仿射形式，其中

$$\boldsymbol{f}(t;\ x) = \begin{bmatrix} x_1 \\ \vdots \\ x_n \\ H_1 \end{bmatrix}, \quad \boldsymbol{g}(t;\ x) = \begin{bmatrix} 0 \\ \vdots \\ 0 \\ H_2 \end{bmatrix}, \quad \boldsymbol{h}(t;\ x) = x_1$$

6.3.3 其他常见特殊形式非线性系统

除了仿射非线性系统，常见的非线性系统还有 Lurie 系统、静态非线性系统、线性系统等。他们也可以看作是由式(6-8)、式(6-9)表达的一类非线性系统的简化形式。

1) Lurie 系统

Lurie 系统可以看作是含有非线性的控制系统，也可以看作是线性单变量系统与静态控制非线性系统的串联。

$$\dot{\boldsymbol{x}} = \boldsymbol{A}\boldsymbol{x} + \boldsymbol{b}f(u) \tag{6-16}$$

$$y = \boldsymbol{c}^{\mathrm{T}}\boldsymbol{x} \tag{6-17}$$

其非线性部分常为本质非线性环节。

2) 静态非线性系统

$$y = \varphi(x) \tag{6-18}$$

静态非线性系统亦多为本质非线性。

本质非线性是指控制系统的微分方程中含有变量的乘方、开方或以变量为分母等情况的系统。

3) 线性系统

$$\dot{x} = Ax + Bu \tag{6-19}$$
$$y = Cx + Du \tag{6-20}$$

线性系统是一种特殊的非线性系统；非线性系统是更为一般性的系统。直白地讲，线性关系只有一种，而非线性关系则是千变万化，不胜枚举。

线性系统的表达还有传递函数、微分方程等其他形式。

6.4 典型非线性特性及其对系统特性的影响

在线性系统模型中插入非线性环节，将产生非线性系统。非线性系统包括本质非线性系统和典型非线性系统两类。从实际工程来看，系统中的本质非线性和典型非线性都可以看作是一个非线性环节。

液压控制系统中主要的典型非线性环节包括：死区特性、饱和特性、非线性增益特性、间隙特性、磁滞特性、摩擦特性、阶梯特性和继电器特性等。本节用简化的非线性环节模型阐述其对控制系统性能的影响。

6.4.1 死区特性

比例方向阀的阀口通常具有较大的正重叠，因此比例方向阀的流量特性具有明显的死区特性。归一化死区非线性特性如图 6-1 所示。死区特性是一种典型的非线性特性。

死区特性是不灵敏区特性。在死区范围内，不管输入信号如何变化，输出信号都不变化。

如果一个控制系统在小幅值信号输入下是稳定的，在大幅值信号下是不稳定的，那么当系统引入死区非线性时有可能使系统更加趋于稳定。

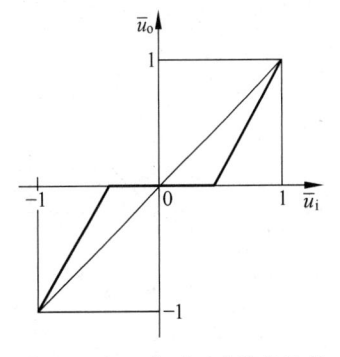

图 6-1 归一化死区非线性特性

6.4.2 饱和特性

液压控制系统中各种电子装置的电流或电压信号都有限定的工作范围。在不发生损坏的条件下超出范围时他们会表现出饱和特性。为了保护伺服阀不被烧毁，通常需要在伺服放大器中设计限制电压的电路，它也是一种饱和特性。饱和特性是控制系统中最常见的非线性，归一化的理想饱和非线性特性如图 6-2 所示。

在小幅值信号情况下，信号幅值没有达到饱和状态时，饱和特性是线性的。

只有当线性系统是条件稳定系统时，饱和特性才可能导致稳定性问题出现。条件稳定系统的特点是对参数变化比较敏感。无论增益是增大的漂移，还是减小的漂移，都有可能导致系统不稳定。

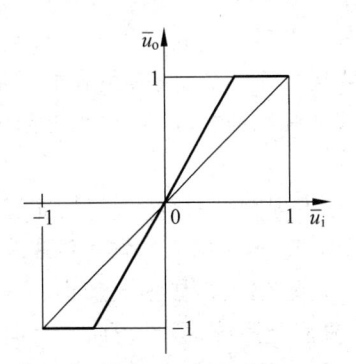

图 6-2 归一化的理想饱和非线性特性

6.4.3 非线性增益特性

严格地说,饱和非线性和死区非线性都是非线性增益。这部分内容主旨是讲述除了死区与饱和非线性之外的一些非线性增益特性,常见的如图 6-3、图 6-4 和图 6-5 所示,这些非线性是单值非线性。

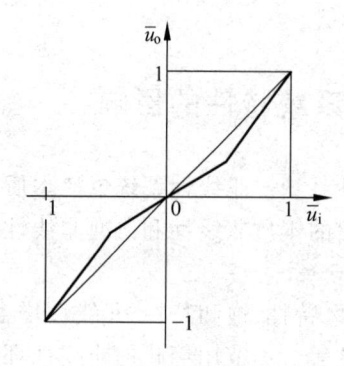

图 6-3 归一化幅值增大增益变大非线性特性 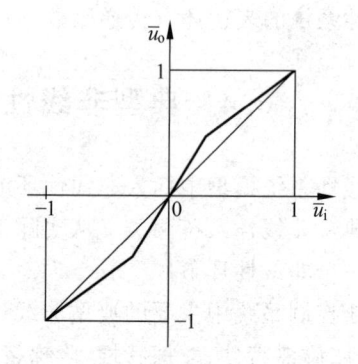　　图 6-4 归一化幅值增大增益变小非线性特性

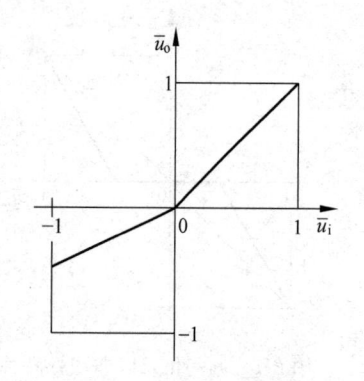

图 6-5 归一化正负向不同增益非线性特性

由于输入信号幅值不同,非线性增益环节在小幅值信号和大幅值信号条件下表现出的环节增益是不同的。同一频率的信号因信号幅值不同,在闭环控制系统可能表现出不同的稳定性。与之类似,控制系统其他性能指标也可能因信号幅值不同而不同。

图 6-3 表达的非线性增益特性表现为针对输入信号,非线性环节表现出三段不同的非线性环节增益。其中中间段环节增益较小,其他两段的环节增益较大。这样的非线性环节的增益特性对控制系统的影响表现为:在大幅度信号下,运动快速,系统容易不稳定;小幅度信号下,系统具有很强的阻尼,系统响应缓慢,定位精度差。

图 6-4 表达的非线性增益特性表现为针对输入信号,非线性环节表现出三段不同的非线性环节增益。其中中间段环节增益较大,其他两段的环节增益较小。这样的非线性环节增益特性对控制系统的影响表现为:在大幅度信号下,环路增益小,系统具有很强的阻尼,快速性差,运动迟缓,但系统稳定裕度较大;小幅度信号下,系统响应快速,定位精度高,但系统容易出现不稳定。

图 6-5 表达的是正负方向不对称的非线性增益特性。它表现为针对输入信号,非线性环节以原点为临界点,对正负信号具有不同的增益特性。具体来说,正向信号输入该非线性增益特性环节,输出信号幅值较大;负向信号输入该非线性环节,输出信号幅值较小。这样的非线性增益特性适合非对称阀控非对称缸控制系统的反馈控制系统,满足正向与反向运动对控制器增益的不同需求。常常可以看到,在线性系统中人为引入这样的非线性环节。

6.4.4 间隙特性

间隙特性也称游隙特性。具有间隙特性的环节包括机械传动的间隙与配合,例如齿侧间隙、销轴配合间隙等。I型伺服回路前向通道中的死区将在闭环响应中引起间隙特性。例如,具有正重叠量的液压伺服阀就会在闭环响应中引起间隙特性;液压伺服机构中的库仑摩擦负载也将在闭环响应中引起间隙特性。

归一化间隙非线性特性如图 6-6 所示。间隙宽度通常是一个常数。间隙非线性是多值的,输入信号需要大于半个间隙宽度,间隙环节特性才有输出。反向时,输入信号必须大于间隙宽度,间隙特性环节才有输出。这种非线性所造成的相位滞后与输入幅度和游隙之比有关,相位滞后最大可达 90°。因此间隙特性会对闭环控制的稳定性产生威胁。

在间隙宽度内是不能进行控制的,间隙特性是一类不确定性,可将间隙宽度归一化至输出端作为误差来考虑。

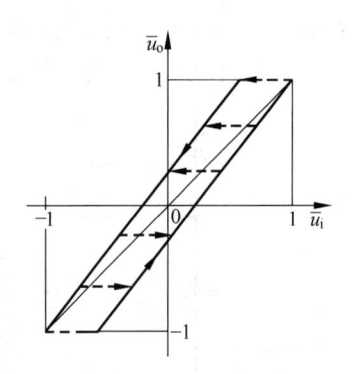

图 6-6 归一化间隙非线性特性

了解引起间隙的物理原因以及元件两端不正常的相位滞后,将有助于从实际系统中检测出间隙特性。

在一些情况下,回路中可能不止一个游隙,如果游隙之间的那些元件的动态特性可以忽略,则可将各个游隙宽度归化到同一点,然后相加,即可得到一个单一的游隙。如果动态特性不能忽略,则各个游隙宽度就不能相加。

在任何情况下,间隙所引起的极限环振荡,其频率总是低于振荡回路的穿越频率。因此在元件测试中,根据其输出波的频率和它所特有的平顶波形,一般都不难将间隙特性识别出来。

颤振信号是一种广泛采用的消除游隙的方法。在游隙是由摩擦引起的情况下这种方法十分有效。颤振信号是一种振幅及频率均为常值的高频信号,可以加在非线性元件输入端的控制信号上,其具有使元件呈现出线性特性的效果,但是这种方法不能用于齿轮游隙。当系统存在齿轮游隙特性时,很难加入颤振信号,而且颤振信号会引起磨损加剧,同时这种高频颤振信号在输出端还会表现出来。

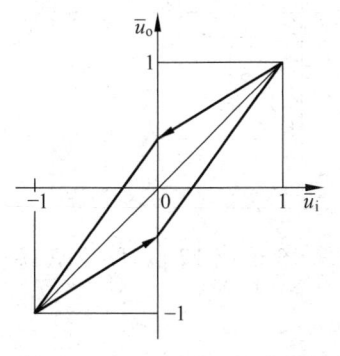

图 6-7 归一化的简化磁滞特性模型

6.4.5 磁滞特性

比例电磁铁和力矩马达等电磁元件都具有磁滞特性。磁滞特性是多值非线性,归一化的简化磁滞特性模型如图 6-7 所示。磁滞特性与间隙特性有些相似,输入信号增大与缩小时,输出信号的轨迹不同构成环形回路。不同的是磁滞回线的宽度随输入信号而变化,而间隙回线的宽度是一个定值。

由于磁滞的临界点轨迹只是一个点,因此这类非线性对稳定性并不构成严重的问题。具有这类非线性特性的元件,其最显著的特点是在低频时有一个固定的相位滞后。典型例子就是在电液伺服阀频率特性的测试中往往出现一个固定的相位滞后值,该值基本上与输入幅度无关,低频时其值只有很小的几度。

显然,用颤振信号来抵消电气磁滞是无效的,因为这种磁滞回线的宽度是随输入幅度而改变的。

6.4.6 摩擦特性

在机械传动过程中,摩擦是不可避免的物理现象。摩擦特性对系统特性的影响需要具体问题具体分析,不能一概而论。对随动控制系统来说,摩擦特性会降低跟踪精度。在低频反馈控制系统中,摩擦特性可能会导致爬行现象出现,从而影响系统低速平稳性。

机械运动摩擦特性可以分为两种:静摩擦特性和动摩擦特性。静摩擦特性主要在运动起动的瞬间起作用。动摩擦特性则在发生相对运动过程中起作用。

摩擦特性是耗能特性。总体上讲,摩擦特性会使系统趋于稳定。但是当相对运动速度很低时(接近动与不动之间附近时),摩擦特性容易产生小幅度振动。归一化的理想摩擦特性可以用图 6-8 示意。静摩擦系数通常大于动摩擦系数,静摩擦力也通常大于动摩擦力。在运动起动的瞬间,摩擦阻力由静摩擦力向动摩擦力过渡,表现为随着相对运动速度增大,运动阻力由大到小的变化(由数值较大的静摩擦力向数值较小的动摩擦力的变化),表现为负阻尼现象。负阻尼现象是导致系统振动,低速爬行的主要因素。

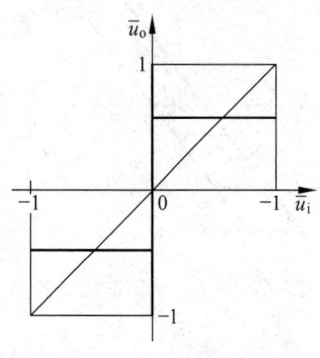

图 6-8 归一化摩擦特性

6.4.7 阶梯特性

目前,液压控制系统普遍采用数字计算机作为控制器,一些比例放大器中也用微处理器作信号处理,在 A/D 转换量化处理过程中引入了非线性。

如用 $\bar{u}_i$ 表示归一化的模拟量,用 $\bar{u}_o$ 表示归一化的数字量表示的数值,则 A/D 转换引入的非线性如图 6-9 所示,呈现显著的阶梯特性。阶梯特性可以看作死区非线性和阶跃特性等的组合。

阶梯死区的大小与 A/D 转换的字长有关,字长越小,死区越大。阶梯特性对极限环振荡特性影响很大。

同样道理,D/A 转换过程中需要采用保持器或保持电路将离散的数字信号转变为连续信号,其中最常用的保持器是零阶保持器。归一化后的零阶保持器特性也是阶梯特性,与图 6-9 近似。

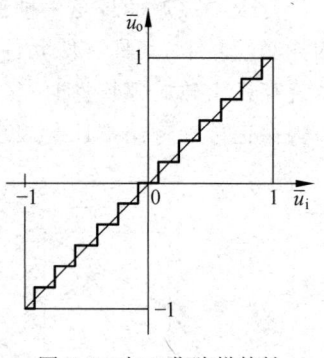

图 6-9 归一化阶梯特性

通常,若微处理器字长不少于 16 位,A/D 转换的字长选择 16 位或 12 位,D/A 转换字长不少于 12 位,可以满足大多数工程需要。

6.4.8 继电器特性

继电器特性的常见形式有三种:理想继电器特性、死区继电器特性、一般继电器特性。

归一化的理想继电器特性如图 6-10 所示。在输入信号很小时,继电器就动作,触点吸合,输出量突变,故原点附近理想继电器特性是具有很大增益(趋近无穷大)的环节。将理想继电器特性串入线性控制系统,系统是不稳定的。当信号比较大时,理想继电器特性是增益很小(趋近于零)的环节。而且将理想继电器特性串入线性控制系统后,系统将会具有收敛的性质。因此,串入理想继电器特性的控制系统容易出现自激振荡现象。

归一化的开关特性(见图 6-11)也是一种特殊的理想继电器特性,但属于只有单边的理想继电器特性。

死区继电器特性就是一种带有死区的继电器特性。归一化的死区继电器特性如图 6-12 所示,相当于在理想继电器特性上叠加了死区特性。死区的存在是有可能影响系统稳定性的,这是因为死区也引入了静差,在损失了部分精度的前提下提高了系统稳定性。

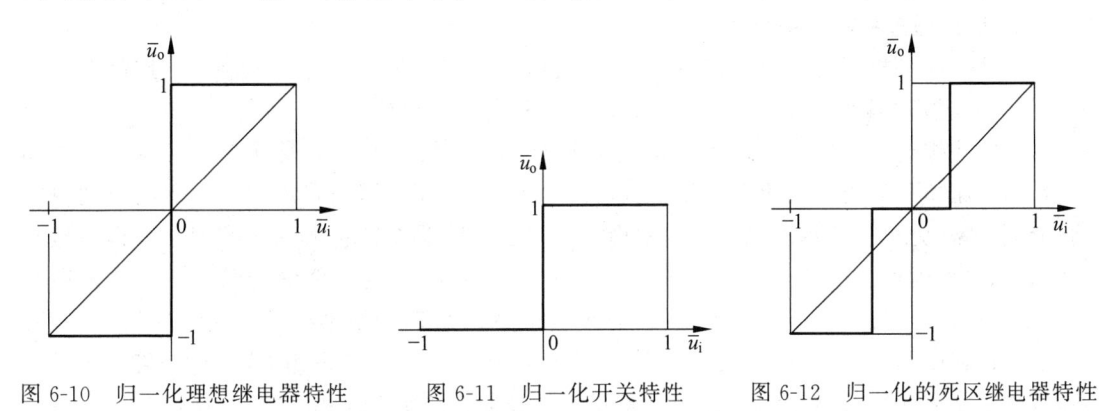

图 6-10 归一化理想继电器特性　　图 6-11 归一化开关特性　　图 6-12 归一化的死区继电器特性

归一化的一般继电器特性如图 6-13 所示,可以理解为多种非线性特性的组合。

具有归一化的继电器特性的执行器特性如图 6-14 所示。它也可以被看作一般继电器特性的特殊形式。若用于反馈控制系统,则其小幅度输入信号是稳定的,大幅度信号将导致极限环振荡。

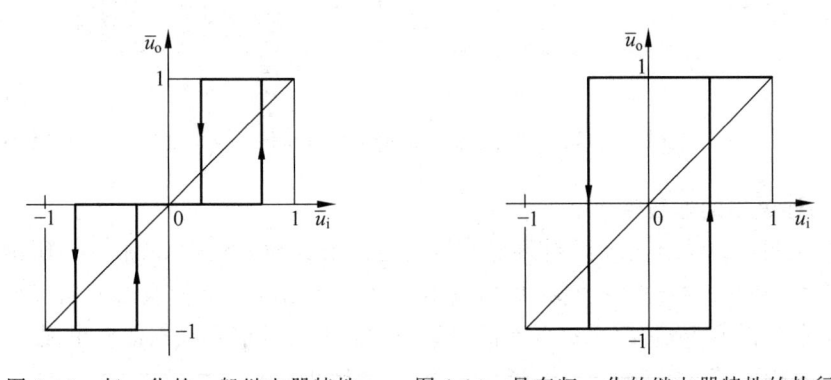

图 6-13 归一化的一般继电器特性　　图 6-14 具有归一化的继电器特性的执行器特性

继电器特性是严重的非线性。具有继电器特性的环节或元件根本不存在线性区域。因此,线性化方法不能够应用于处理继电器特性系统。描述函数法通常比较适合表达继电器特性。

在反馈控制系统中,继电器特性一般都会引起极限环振荡。

6.5 液压反馈控制系统中的非线性

与液压伺服控制系统相比,液压比例控制系统中的非线性更为明显。在液压反馈控制系统设计中,非线性特性是不可忽视的影响因素。下面分别探讨液压伺服控制系统和液压比例控制系统中的非线性。

6.5.1 液压伺服控制系统中的非线性

液压伺服控制系统是闭环控制系统,其可以被看作由控制信号的前向通道和反馈通道构成。下面分别探讨两条信号通道中的非线性。

1. 反馈通道中的非线性

在液压闭环控制的反馈通道中,信号由液压执行器或负载传递至控制器。控制器分为数字式和模拟式两类。传感器同样也分数字式和模拟式两类。

数字式控制器与模拟式传感器构成的典型液压伺服反馈通道及其中非线性如图 6-15 所示。液压执行器与负载通常可能由机械结构来限制行程,模拟式反馈放大器输出则由电量限制,通常为±10V 直流电压。匹配设计原则是传感器在装备上的实际测量行程中检测时,反馈放大器输出值在±10V 直流电压范围内。目前,常用的位置传感器的线性普遍较好,响应很快,反馈放大器线性也很好,通频带很高。A/D 转换器会引入阶梯非线性,其阶梯非线性程度与 A/D 转换器的位数有关,高性能液压控制系统采用 16 位转换器;普通液压控制系统采用 12 位转换器;性能一般的液压控制系统则多采用 10 位转换器。

模拟式控制器与模拟式传感器构成的液压伺服反馈通道没有 A/D 转换器。

数字式传感器可以直接输出数字信号供数字式控制器使用,其也含有量化误差的阶梯非线性,与 A/D 转换器会引入阶梯非线性相似。

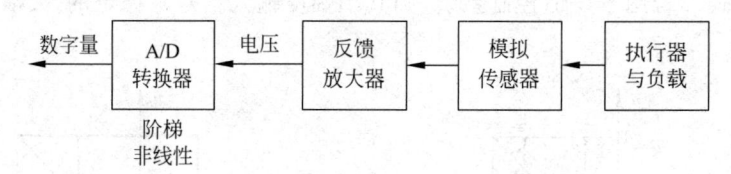

图 6-15 数字式控制器与模拟式传感器构成的典型液压伺服反馈通道及其中非线性

2. 前向通道中的非线性

数字式控制器的液压伺服控制系统的前向通道及其中非线性如图 6-16 所示。伺服放大器输入信号通常采用±10V 直流电压,输出信号类型则看电液伺服阀的情况而定。伺服放大器输出电量需要限幅,以保护电液伺服阀不被烧毁。对信号限幅即会出现饱和非线性。在不出现信号饱和情况下,伺服放大器线性很好,通频带很高。

D/A 转换器会引入阶梯非线性。阶梯非线性程度与 D/A 转换器的位数有关,高性能液压控制系统采用 16 位转换器;普通液压控制系统采用 12 位转换器;性能一般的液压控制系统则多采用 10 位转换器。模拟控制器液压伺服控制系统中没有 D/A 转换器。

电液伺服阀输出功率受制于液压源,在压力和流量方面会有限幅。与液压比例阀相比,电液伺服阀具有更好的性能,更好的线性。

模拟式的液压伺服控制系统的前向通道没有 D/A 转换器。

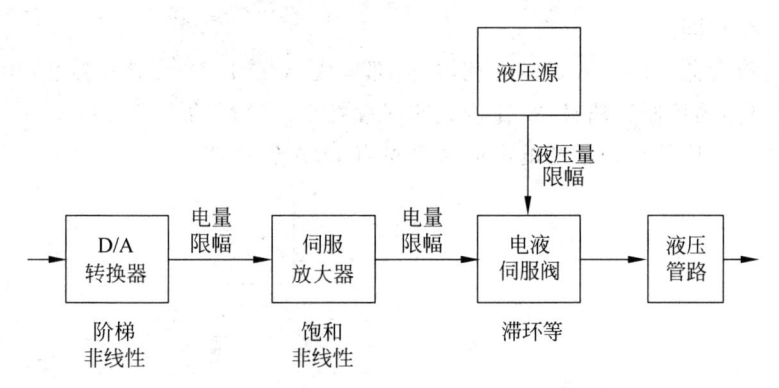

图 6-16　数字式控制器的液压伺服控制系统的前向通道及其中非线性

6.5.2　液压比例控制系统中的非线性

液压比例控制系统可以是闭环控制系统,也可以是开环控制系统。闭环液压比例控制系统可以看作是由控制信号的前向通道和反馈通道构成。开环比例控制相对简单,开环液压比例控制系统可以看作仅由闭环液压比例控制系统的前向通道构成。

下面以闭环比例控制为主,展开阐述反馈通道和前向通道中的非线性。

1. 反馈通道中的非线性

闭环比例控制的反馈通道也是由液压执行器或负载传递反馈信号至控制器的。其用的传感器与伺服系统使用的传感器是一样的,反馈信号放大器也是一样的。

比例控制用控制器也分为数字式和模拟式两类。有些比例控制器是独立的,作为一个独立的器件；有些比例控制器集成在比例放大器中,作为比例放大器的一部分。比例放大器具有反馈传感器的信号接口。

如果比例控制系统采用数字式控制器和模拟式传感器,构成的液压比例反馈通道如图 6-15 所示。与伺服控制系统类似,比例控制系统反馈通道的非线性主要是 A/D 转换器产生的阶梯非线性。

模拟式液压比例反馈通道没有 A/D 转换器。

与液压伺服控制系统相比,液压比例控制系统动态响应频率和控制精度指标通常都比较低,因此,液压比例控制的反馈通道更容易达到所需的性能。

2. 前向通道中的非线性

电液比例方向阀输出功率受制于液压源,在压力和流量方面会有限幅,有功率域概念。液压比例阀具有明显的非线性,其中最明显的非线性是死区非线性。而且比例方向阀的死区非线性有其结构原因,不易从液压阀制造与设计方面消除。

数字式控制器的液压比例控制系统的前向通道及其中非线性如图 6-17 所示。针对比例方向阀的死区非线性,比例放大器中可以增加人为设计的非线性环节,使其能够抵消或削弱比例方向阀的死区非线性特性的影响。

比例放大器输入信号通常采用±10V 直流电压,输出信号类型看电磁比例阀的情况而定,输出电量需要限幅,以保护电磁比例阀防止其烧毁。限幅即会出现饱和非线性。

如果比例控制系统采用数字控制器,前向通道的 D/A 转换器会引入阶梯非线性,情况与液压伺服控制相同。

一些比例放大器采用嵌入式微处理器,内部集成 A/D 和 D/A 转换器,采用数字信号实施控制,具有更强的控制策略算法、比例阀非线性补偿以及运动过程控制等。

模拟式的液压比例控制系统的前向通道没有 D/A 转换器。

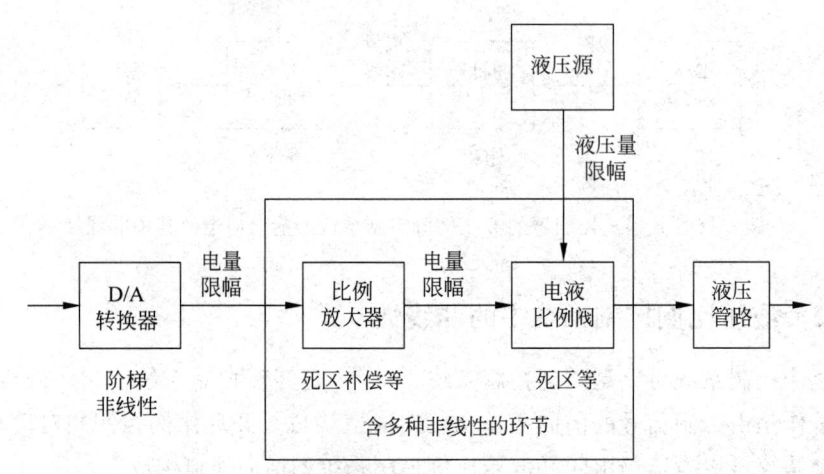

图 6-17 数字式控制器的液压比例控制系统的前向通道及其中非线性

6.6 非线性系统仿真分析方法

建模仿真是一种高效和实用的系统分析研究手段。线性系统可以采用建模仿真研究,非线性系统研究也可以采用仿真建模方法。

液压控制系统模型通常可以有两种表达方式:一种是方块图模型,另一种是微分方程模型。针对上述两种模型,下面将以 MATLAB/Simulink 为例介绍非线性仿真情况。

6.6.1 基于方块图的非线性系统仿真

如前所述,许多典型的非线性特性可以用一个输入/输出模型来描述,并可以用方块图表达为一个模块。它可以作为控制系统信号通道中的一个非线性环节。

在线性系统方块图中插入非线性模块则构成具有非线性特性的系统,即非线性系统。

工程实用的非线性系统建模有一惯常方法:首先将控制系统中最主要的非线性环节与其他可以看作线性环节(或系统)的部分脱离开来。对非线性特性建立数学描述模型。对除去非线性特性的环节(或系统)则建立线性模型。然后将非线性特性模型作为一个模块或环节插入线性系统模型中,构建起非线性系统模型。

许多仿真软件都提供了非线性模块,Simulink 仿真软件中提供的非线性特性模块如图 6-18 所示。当然,实际设计中也可以通过 Sfunction 模块等构建其他类型的非线性特性模块。

下面结合例子,讲述基于建模仿真的相平面分析和仿真分析。

电液伺服系统模型可以化简为二阶系统,应用在系统动态响应频率需求较低的场合,如

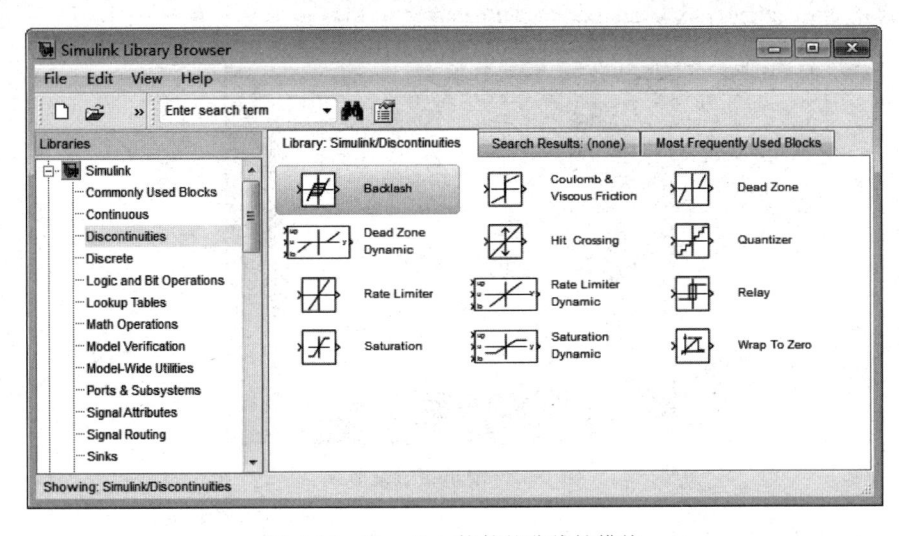

图 6-18 Simulink 软件的非线性模块

图 6-19 所示。系统中的饱和非线性可以用式(6-21)描述。

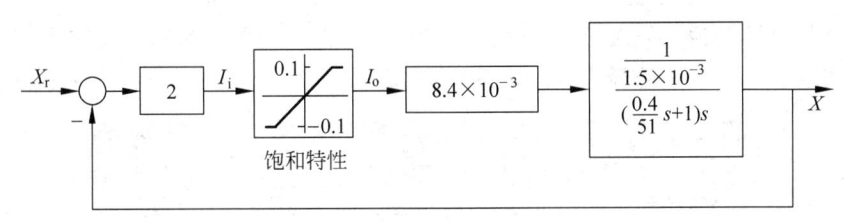

图 6-19 含有饱和非线性的液压闭环控制

$$i_o = \begin{cases} 0.1, & i_i > 0.1 \\ i_i, & -0.1 \leqslant i_i \leqslant 0.1 \\ -0.1, & i_i < -0.1 \end{cases} \quad (6-21)$$

1. 相平面分析

用 Simulink 软件建立相平面并分析相平面的仿真模型程序如图 6-20 所示。这里,略去详细建模过程。

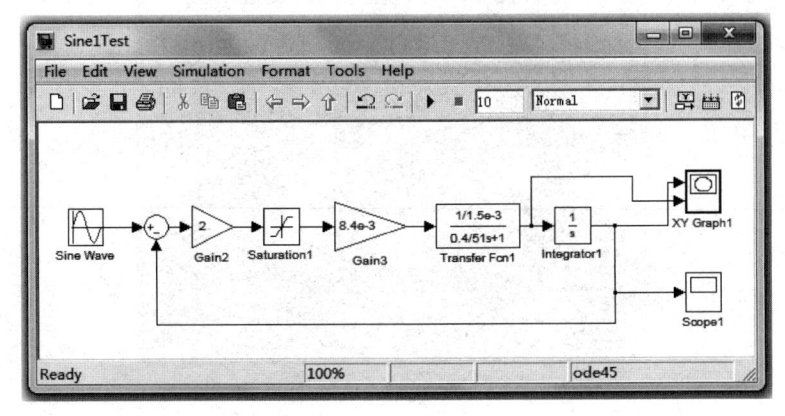

图 6-20 相平面分析仿真模型程序

运行仿真模型,双击 XY Graph 得到相平面输出相轨迹曲线如图 6-21 所示。

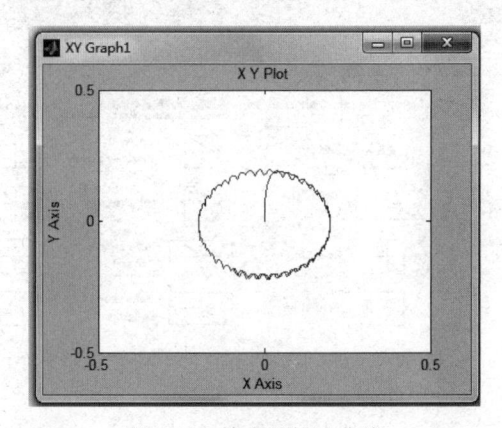

图 6-21 输出相轨迹曲线

2. 阶跃响应仿真模拟

阶跃响应仿真模型程序如图 6-22 所示。这里,略去详细建模过程。

将阶跃信号源终值设置为 0.03,单位阶跃响应曲线如图 6-23 所示。

将阶跃信号源终值设置为 0.3,运动仿真模型,所得到的单位阶跃响应曲线如图 6-24 所示。对比图 6-23、图 6-24 的最大速度出现饱和。

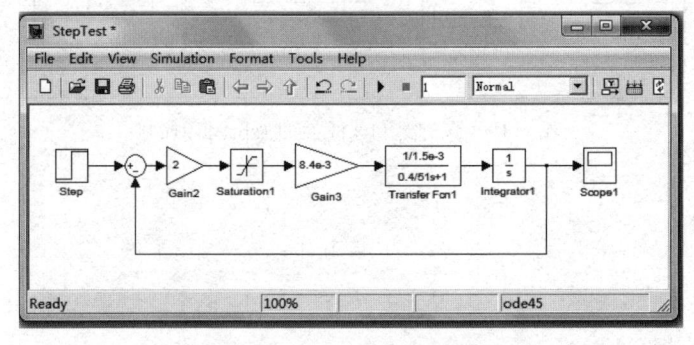

图 6-22 阶跃响应仿真模型程序

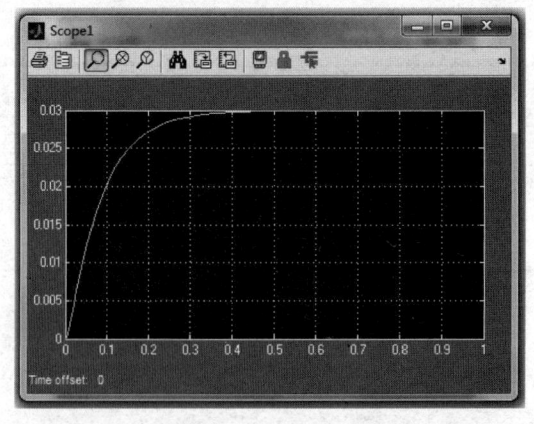

图 6-23 终值 0.03 的单位阶跃响应曲线

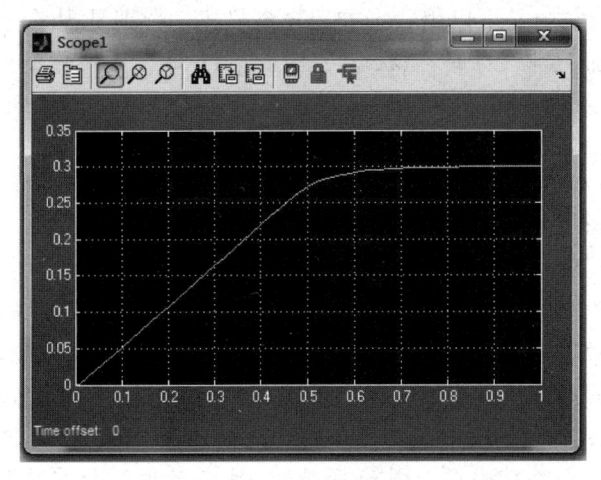

图 6-24　终值 0.3 的单位阶跃响应曲线

  Simulink 软件的 Simulink Control Design 工具箱是一个基于最优化技术的控制系统时域设计工具。读者可以将 Signal Constraints 模块接在自己构建的 Simulink 控制系统模型输出端,利用 Signal Constraint 模块提供的优化功能对控制系统内部某些参数进行优化。Signal Constraint 模块含有鲁棒控制设计功能,即便系统中有非线性和不确定性,采用 Signal Constraint 模块也是有可能设计出鲁棒控制器的。

  AMESim 仿真软件也可以用于液压控制系统非线性问题仿真研究。AMESim 仿真软件中的 Signal Control 模块集提供了非线性特性模块,如图 6-25 所示。其可以方便用户仿真液压系统中常见的非线性特性。

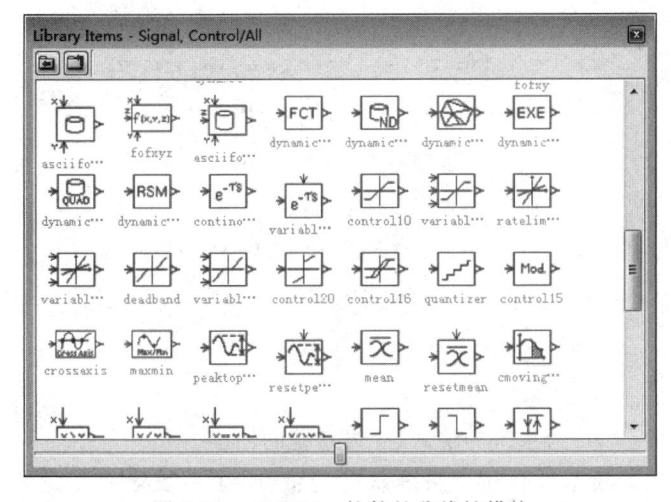

图 6-25　AMESim 软件的非线性模块

6.6.2　基于状态方程的非线性系统仿真

  状态方程是现代控制理论采用的模型形式,其较传递函数模型复杂,适合描述多输入多输出(multiple input multiple output,MIMO)系统。一般情况下,液压伺服系统经常是单输入/单输出(SISO)系统,也是可以用状态方程模型描述。特别是当系统中非线性特性比较突出,需要用方程式描述非线性时,用状态方程建立液压控制系统模型更为方便。

状态方程模型也是可以用 Simulink 软件求解的。一般而言,在 Simulink 中对线性定常(连续或离散)系统或者简单的非线性控制系统的建模与仿真比较简单方便,仿真过程比较直观。但是仿真软件提供非线性特性模块非常有限,模块中模型方程不便更改。不如自己写程序描述非线性特性更加方便灵活。

这里讲述一种在 MATLAB 中利用 m 函数实现非线性控制系统的建模与仿真的方法。基本思想是将输入控制指令看作系统状态的初始值,在系统状态初始值和控制指令下,利用 MATLAB 的常微分方程(ODE)求解器,迭代求解各个时刻的系统状态,实施系统仿真。仿真操作步骤包括用 m 函数建立非线性控制系统的微分状态空间模型,然后利用 m 函数调用 ODE 求解算法完成各个迭代节点的系统状态变量求解,最终实现非线性控制系统的控制仿真。在这个方法下,系统模型可用 m 函数建立状态空间微分方程模型。

该方法简单直观,当非线性系统的参数或者结构变化时,修改描述系统模型的 m 函数也比较简单。特别是针对复杂的非线性控制系统的建模与仿真,采用该方法可以明显提高仿真的效率。

1. 非线性控制系统的建模

MIMO 系统模型具有 n 个系统状态变量,m 个系统输入变量和 k 个系统输出变量。将 MIMO 非线性控制系统的每一个输入变量看作是系统的一个状态,则原非线性控制系统将成为一个 $n+m$ 维的非线性系统,见式(6-22)。系统输出变量方程见式(6-23)。

$$\begin{cases} \dot{x}_1 = f_1(x_1, x_2, \cdots, x_n; u_1, u_2, \cdots, u_m) \\ \dot{x}_2 = f_2(x_1, x_2, \cdots, x_n; u_1, u_2, \cdots, u_m) \\ \vdots \\ \dot{x}_n = f_n(t; x_1, x_2, \cdots, x_n; u_1, u_2, \cdots, u_m) \end{cases} \quad (6-22)$$

$$\begin{cases} y_1 = h_1(x_1, x_2, \cdots, x_n; u_1, u_2, \cdots, u_m) \\ y_2 = h_2(x_1, x_2, \cdots, x_n; u_1, u_2, \cdots, u_m) \\ \vdots \\ y_k = h_k(t; x_1, x_2, \cdots, x_n; u_1, u_2, \cdots, u_m) \end{cases} \quad (6-23)$$

$$x = [x_1, x_2, \cdots, x_n]^T \quad (6-24)$$

$$u = [u_1, u_2, \cdots, u_m]^T \quad (6-25)$$

$$y = [y_1, y_2, \cdots, y_k]^T \quad (6-26)$$

式中,x 为系统的状态,u 为系统的输入,y 为系统的输出。

上述 MIMO 系统模型具有 n 个系统状态变量,m 个系统输入变量和 k 个系统输出变量。显然,令 $m=1$ 和 $k=1$,上述 MIMO 系统模型可以转化为 SISO 系统模型。

上述非线性系统模型具有广泛代表性,能够涵盖较多的工程系统。若输入信号 u 的表达式中不包含系统状态变量,则它表达了外信号激励下的系统响应模型,或受迫振动系统模型。若输入信号 u 的表达式中包含系统状态变量,则它表达了某种控制策略作用下的系统响应模型,是一种控制率研究模型。

在 MATLAB 中建立非线性控制系统的状态空间模型的 m 函数语句的格式如下:

```
Function dx = nlsysmodel(t,x)
% Nonlinear System Model with n state variables, m input variables, k output variables.
dx = zeros(n + k, 1);
dx(1) = f1(x1,x2,...,xn,xn1,...,xnk);
dx(2) = f2(x1,x2,...,xn,xn1,...,xnk);
...
dx(n) = fn(x1,x2,...,xn,xn1,...,xnk);
dx(n1) = 0;
dx(n2) = 0;
...
dx(nk) = 0;
dx = [dx(1);dx(2);...;dx(n); dx(n1); dx(n2);...; dx(nk)];
end
```

在 m 函数编辑器中编辑上述语句,最后将该文件用 nlsysmodel.m 为文件名保存在 MATLAB 系统当前默认的文件夹中,即与所定义的函数同名。

2. 非线性控制系统的控制仿真

用 m 函数形式的非线性控制了系统的状态空间模型后,可以在 MATLAB 中对该非线性系统进行求解运算。

MATLAB 是一个数学软件,它提供多种方法求解 ODE。例如 ode45、ode23、ode113、ode15s、ode23s、ode23t 等。其中,ode45 是 4 阶 5 级龙格—库塔法,适用于求解非刚性微分方程组。它采用自适应变步长的积分方法,当解变化较慢时,自动采用较大的计算步长,提供计算速度;当解变化较快时,自动采用较小的计算步长,提供计算精度。ode45 是非常优秀的算法,在多数情况下可以稳定地求解常系数微分方程。它通常是系统默认常微分方程求解器算法。在 MATLAB 中调用 ode45 的方法为:

[T,Z] = ODE45(@ODEFUN ,TSPAN ,Z0).

也可以采用如下语句调用 ode45:

[T,Z] = ODE45('ODEFUN ',TSPAN ,Z0)

调用语句中 ODEFUN 为所要积分的常微分方程函数,这里是指所建立的非线性系统状态空间模型;TSPAN 为积分时间范围;Z0 为常微分方程变量初值;PAN 是积分的时间区间;Y0 为初始条件。

下面以引用 ode45 的算法为例,展开非线性控制系统的状态空间模型的自编程仿真方法讲述。

建模仿真基本方法是采用定步长积分方法进行仿真。将仿真时长划分为间距相等的若干仿真时间步长。系统输入信号转化为各个仿真步长时刻的已知量。这样,系统仿真问题便转化为求解各个仿真步长终点时刻的系统状态变量和输出变量的数值求解问题。在已知系统状态变量初值的情况下,每个仿真时间步以步长起点的系统状态变量数值调用 ode45 算法,求解步长终点的系统状态变量数值。如此循环迭代,计算出系统在各个时刻的系统状态变量和输出变量的数值。

按照 MATLAB 语言的语法将上述建模仿真方法写成 m 脚本文件形式的非线性系统的状态空间模型仿真程序框架,如下。

```
clc; close all; clear all;
ts = 0.001; % Time step
Ln = 1000; % Number of Loop repeat
% % % Set System Initial State Variable
x10 = 0;
x20 = 0;
…
xn0 = 0;
For Li  = 1:Ln
% % % System Input Signal Calculate
xn1 = g1(1,Li);
xn2 = g2(1,Li);
…
xnm = gm(1,Li);
% % % Call ode45 Solver
Timespan [(Li - 1) * ts, Li * ts];
z0 = [x10, x20,…, xn0, xn1, xn2,…,xnm];
[t,z] = ode45(@nlsysmodel,Timespan, z0);
[zm, zn] = size(z);
% % % Reset System State Variable
x10 = z(zm, 1);
x20 = z(zm, 2);
…
xn0 = z(zm, n);
% % % System Output Signal Calculate
y(1, Li) = h1(x10, x20,…, xn0, xn1, xn2,…,xnm);
y(2, Li) = h2(x10, x20,…, xn0, xn1, xn2,…,xnm);
…
y(k1, Li) = hk(x10, x20,…, xn0, xn1, xn2,…,xnm);
% % % Time Stamp
Timestamp(Li) = Li * ts;
end
figure; % % % Open Figure Window
plot(Timestamp, z(zm, 1), Timestamp, z(zm, 2), …, Timestamp, z(zm, n));
```

依据仿真系统的具体参数改写一下，即可以自己的 MATLAB 非线性系统仿真程序执行。上述仿真方法比较简单，直观，可以反映自行编程开展动力学系统仿真的一般方法。

3. 非线性电液伺服控制系统的控制仿真

用一个带有饱和非线性的电液伺服系统仿真作为案例，这类系统通常是 SISO 系统。此电液伺服阀固有频率 $120\mathrm{Hz}$，系统仿真模型如图 6-26 所示。模型参数如下：

$$K_{sv} = 8.4 \times 10^{-3}, \quad \xi_h = 0.2, \quad \omega_h = 51, \quad A_c = 1.5 \times 10^{-3},$$
$$K_i = 20, \quad K_f = 20, \quad K_a = 0.1。$$

重要步骤是将图 6-26 所示的系统模型改写为状态空间模型。分析系统各个组成环节，列写方程式见式(6-27)、式(6-28)和式(6-29)。

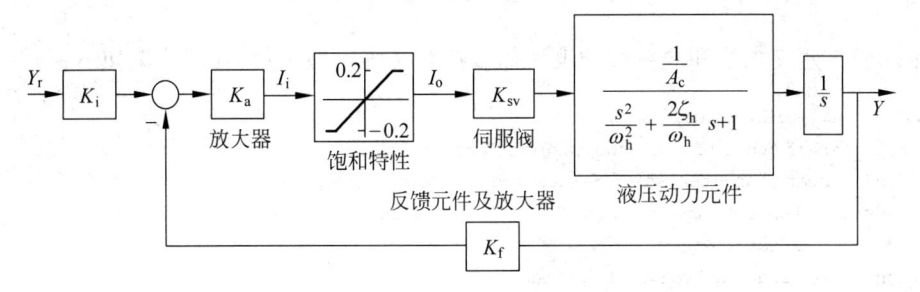

图 6-26 含饱和非线性电液伺服系统系统型

$$\begin{cases} \dot{x}_1 = x_2 \\ \dot{x}_2 = x_3 \\ \dot{x}_3 = -2\xi_h\omega_h x_3 - \omega_h^2 x_{32} + \dfrac{\omega_h^2 K_{sv}}{A_c} i_o \\ i_o = \text{saturatnl}(i_i) \\ i_i = K_a(K_i y_r - K_f x_3) \end{cases} \quad (6\text{-}27)$$

$$y = x_3 \quad (6\text{-}28)$$

$$x = [x_1, x_2, x_3]^T \quad (6\text{-}29)$$

式中,x 为系统的状态,y_r 为系统的输入,y 为系统的输出。

上述 SISO 系统模型可以化简,消除中间变量,可得式(6-30)。可以看出系统模型具有 3 个系统状态变量,1 个系统输入变量和 1 个系统输出变量。

$$\begin{cases} \dot{x}_1 = x_2 \\ \dot{x}_2 = x_3 \\ \dot{x}_3 = -2\xi_h\omega_h x_3 - \omega_h^2 x_{32} + \dfrac{\omega_h^2 K_{sv}}{A_c} \text{saturatnl}(K_a(K_i y_r - K_f x_3)) \end{cases} \quad (6\text{-}30)$$

饱和非线性环节可以用式(6-31)描述。

$$i_o = \begin{cases} 0.2, & i_i > 0.2 \\ i_i, & -0.2 \leqslant i_i \leqslant 0.2 \\ -0.2, & i_i < -0.2 \end{cases} \quad (6\text{-}31)$$

用 m 函数可以建立饱和非线性函数程序,清单如下:

```
function [uo] = saturatnl(ui)
% Saturate Non-linear Characteristic
% Output limition [-0.2, 0.2]
if ui > 0.2
    uo = 0.2;
elseif ui < -0.2
    uo = -0.2;
else
    uo = ui;
end
```

end

用 m 函数建立含饱和非线性的电液伺服控制系统模型函数,程序清单如下:

```
function dx = nlsysmodel(t,x )
% Non - linear Model of Electrohydraulic Control Sysetm
% Non - linear Characteristic: Saturation, before servovalve
% Hydraulic Power Element: Second Order Oscillation Model: zetah, omegah, Ac
% Servovalve Model: Ksv
% Contorller and Electroamplifier Model: Ka
% Feedback Sensor and Amplifier Model: Gain = 1
zetah = 0.2; % D/Amp ratio
omegah = 51; % omegah, frquency of hydraulic power element
Ac = 1.5e - 3; % Area of hydraulic cylinder
Ksv = 8.4e - 3; % Gain of servo valve
Ka = 0.1; % Gain of electric amplifier
Ki = 20; % Gain of input signal electric amplifier
Kf = 20; % Gain of feedback signal electric amplifier
% %
dx = zeros(4,1);
dx(1) = x(2);
dx(2) = x(3);
dx(3) = - 2 * zetah * omegah * x(3) - omegah^2 * x(2)
      + Ksv * omegah^2/Ac * saturatnl(Ka * (Ki * x(4) - Kf * x(1)));
dx(4) = 0.0;
dx = [dx(1);dx(2);dx(3);dx(4)];
end
```

用 m 函数建立含饱和非线性的电液伺服控制系统仿真程序,程序清单如下:

```
clc; close all; clear all;
OmegaSignal = 0.25 * 2 * pi; % Frequency of control signal
ts = 0.001; % Time step
Ln = 15000; % Number of Loop repeat
% % % Set System Initial State Variable
x10 = 0;
x20 = 0.0;
x30 = 0.0;
for Li = 1:Ln;
% % % System Input Signal Calculate
    x31(1,Li) = sin(OmegaSignal * Li * ts); % Input Signal: Sine
%    x31(1,Li) = 1; % Input Signal: Step
% % % Call ode45 Solver
    Timespan = [(Li - 1) * ts,Li * ts];
    z0 = [x10;x20;x30;x31(1,Li)];
    [t,z] = ode45(@nlsysmodel, Timespan, z0);
    [m,n] = size(z);
% % % Reset System State Variable
    x10 = z(m,1);
    x20 = z(m,2);
    x30 = z(m,3);
% % % System Output Signal Calculate
```

```
    y(1,Li) = x10;
% % % Time Stamp
    Timestamp(Li) = Li * ts;
end
figure; % % % Open Figure Window
plot(Timestamp,x31(1,:),Timestamp,y(1,:)); grid on;
xlabel('t/s');ylabel('y/m');
```

运行程序,跟踪 0.25Hz 正弦信号的仿真曲线如图 6-27 所示。这里展示了一般性的电液伺服系统的状态方程模型仿真方法。

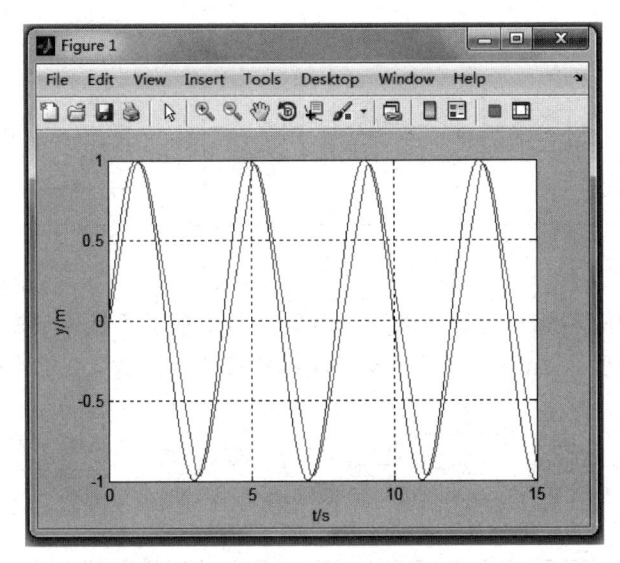

图 6-27 跟踪 0.25Hz 正弦信号的仿真曲线

参照上面例子,读者可以自行采用上述非线性系统仿真方法完成图 6-19 中的电液伺服系统,从中体会自行编程带来的仿真建模的灵活性。

6.7 本章小结

液压控制系统是具有明显非线性特性的控制系统。非线性因素总是影响系统特性的重要因素。在实际液压反馈控制系统调试中所看到的大部分奇特现象都可归因于某些非线性特性。与液压伺服控制系统相比,液压比例控制系统中的非线性特性更加明显。

非线性系统的重要特征是非线性系统不满足叠加原理。非线性系统包括本质非线性系统和典型本质非线性系统两类。从实际工程看,系统中的本质非线性和典型本质非线性都可以看作是一个非线性环节。

本章首先分析了非线性系统动态过程的特点,阐述了非线性控制系统的研究方法,阐述了非线性连续系统的数学模型。针对液压控制系统,分析了典型非线性环节及其对系统特性的影响。另外还着重阐述了采用计算机仿真手段开展非线性问题研究的一般方法。

思考题与习题

6-1 液压控制系统调试中出现什么样的现象说明系统中的非线性因素不可忽视？

6-2 液压控制系统中常见的非线性特性有哪些？

6-3 非线性控制系统常用的分析方法有哪些？

6-4 如何用代数方程描述死区非线性特性？

6-5 题 6-5 图为非线性系统模型，图中非线性环节为归一化模型。试探讨改善控制效果的方案。

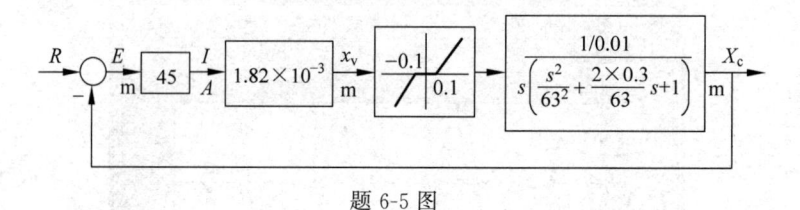

题 6-5 图

6-6 如题 6-6 图所示，传感器与液压执行器之间出现了机械传动游隙（Backlash）非线性系统模型，游隙宽度 0.2mm。试分析这一非线性特性对控制系统的影响。

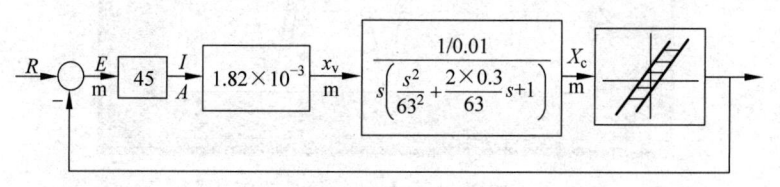

题 6-6 图

6-7 题 6-7 图为 8 位 D/A 转换产生阶梯非线性的液压控制系统模型，探讨改进控制效果的方案。

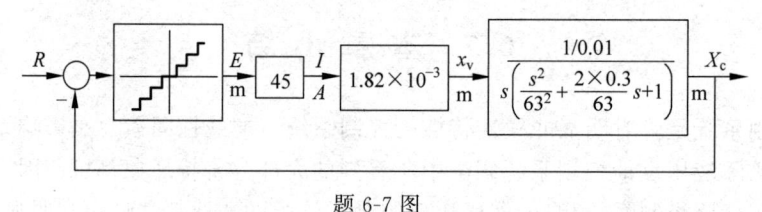

题 6-7 图

主要参考文献

[1] 周纪卿,朱因远.非线性振动[M].西安：西安交通大学出版社,2001.

[2] 冯伯纯,张侃健.非线性系统的鲁棒控制[M].北京：科学出版社,2004.

[3] BLACKBURN J F,REETHOF G,SHEARER J L.Fluid power control[M]. New York：Technology Press of M. I. T and John Wiley & Sons,Inc. ,1960.

[4] MERRITT H E. Hydraulic control systems[M]. New York：John Wiley & Sons,Inc. ,1967.

[5] 冯勇.现代计算机控制系统[M].哈尔滨：哈尔滨工业大学出版社,1996.

[6]　王建辉,顾树生.自动控制原理[M].北京:清华大学出版社,2009.

[7]　CHARLES L P,JOHN M P. Feedback control systems(5th Edition)[M]. Upper SA/Ddle River:Pearson Education,Inc.,2010.

[8]　WORDERN K,TOMLINSON G R. Nonlinearity in structural dynamics[M]. London:IOP Publishing Ltd.,2010.

[9]　吴重光.仿真技术[M].北京:化学工业出版社,2000.

[10]　王孝武.现代控制理论基础[M].北京:机械工业出版社,2013.

[11]　王积伟,陆一心,吴振顺.现代控制理论与工程[M].北京:高等教育出版社,2003.

[12]　MANRING N D,FALES R C. Hydraulic control systems[M]. New York:John Wiley & Sons,Inc.,2020.

第 7 章　液压控制系统建模仿真

随着计算机硬件和软件技术的发展与普及,计算机系统仿真技术逐渐成为系统设计的重要手段。液压技术也不例外,液压控制系统的分析与设计如今越来越多地使用系统仿真的手段。

建模仿真方法给液压控制系统分析与设计带来了诸多收益。构建模型和运行模型的系统研究方法较理论分析方法更为具体、直观,仿真研究的过程与结果也较为客观,相对更加不受制于人类当前的认识水平。与理论分析相比,恰当地运用仿真研究,其研究结果的可信性更接近于实验研究。与实验研究相比,仿真研究在成本、资源、时间等方面具有明显优势。与此同时,仿真方法在研究对象的调整与变更方面具有更大的柔性,在数据获取与分析方面,仿真手段更具方便性。总之,建模仿真技术的应用推动了液压控制系统分析和设计方法的变革。

在系统仿真的诸多工作过程环节中,算法和计算机程序是很重要的环节。对于工程技术人员来说,他们计算机操作往往是相对生疏的,这也曾经是限制仿真技术广泛应用的瓶颈。但是计算机软硬件技术的发展,为建模仿真工作提供了便利。因此,依托于计算机数学软件或仿真软件的建模仿真也成为液压系统仿真的主要方式。

液压控制系统是一种液压系统,液压系统包括液压控制系统和液压传动系统。液压系统仿真是较液压控制系统仿真更大的范畴,具有更大的包容性。

本章以液压系统计算机仿真为主,着重介绍系统仿真技术的基本理论和液压系统仿真的具体方法。

7.1　系统仿真与液压系统仿真

将系统仿真技术应用于液压系统设计,可以通过建立被仿真液压系统的模型,运行该模型,可获得被仿真液压系统的性能参数,并可将其用于所设计液压系统的性能评估。这是不同于传统设计计算的方法与过程。

7.1.1　系统仿真概念与类型

仿真是系统仿真的简称,是对被仿真对象系统的沿时间进程变化的模拟。如果模拟活动是在计算机上进行的,则可称为计算机仿真。

简单地说,仿真是用模型模拟被仿真对象系统。仿真的本质是用简单、低成本和易于分析研究的模型代替实际的被仿真系统,以此来开展实验研究。用模型开展实验研究而不是用实际被仿真系统开展实验研究是区别仿真研究和实验研究的主要特征。

有时被仿真对象系统尚且不存在,模型是人为特别创造出来的,用来描述人的虚拟构想,或是用来表达某种被仿真系统的特性。模型是仿真研究的关键,仿真活动的重要内容之一便是建立仿真模型。

仿真模型,简称模型,是针对设计者关心的问题(研究目的),通过抽象、简化等手段得到的简单系统。这个简单系统与被仿真对象系统在所关心的问题上具有相同或相似的属性。

对于仿真应用而言,模型最重要的属性是其目的性。模型都是依据一定应用目的建立的。模型依据何种目标建立,将直接影响模型内容。

模型的表现形式可以有多种。首先模型的产生过程都是从抽象模型向具体模型推演的过程。抽象模型又称概念模型(conceptual model),是用文字等对模型内涵的概括。其区别于具体模型的突出特点是不能够运行或执行。

具体模型是将抽象模型与建模手段相结合得到的模型,平时谈到的模型多指具体模型。常见的具体模型形式有数学模型(mathematical model)、实物模型(physical model)和硬件在环仿真模型(hardware-in-the-loop model,别名半实物仿真模型)等。目前,具体的数学模型多指可以在计算机上运行的计算机模型(computer model),它是通过计算机软件编程将概念模型转化而成的计算机模型。他们区别于概念模型的突出特点是能够在计算机上运行或执行。

数学模型是系统的逻辑或数量关系描述。数学模型可以有多种表现形式。如公式、图表、曲线等。数学模型可以表现为抽象的,也可以借助一些手段表达为具体的。

数学仿真研究是通过操作来改变模型参数或逻辑关系以观察模型的反应并开展研究。

计算机仿真是一种常用的数学仿真。将数学模型转变成计算机上可以运行的程序,从而可以通过运行仿真程序进行仿真模拟。

实物模型通常也称物理模型,是以实物形式存在的模型。

半实物模型是实物模型与数学模型的杂合模型(hybrid model)。

液压系统仿真是依据液压系统的科学与工程问题建立模型,并运行该模型,从而实现在所关心的科学工程问题方面对液压系统的模拟。

按照时间对系统仿真的影响,可以将系统仿真划分为两类:一类是系统仿真不受时间影响,则称为静态仿真(static simulation);另一类是系统仿真与时间消逝的进程密切相关,则称为动态仿真(dynamic simulation)。液压系统是动态系统仿真,即便是液压传动系统,在做仿真时,系统的动态特性也是需要关注的。

7.1.2 系统的研究与设计方法

一般意义上讲,系统是个体及其相互关系的总和。在系统中,个体之间是相互关联的,构成系统的个体往往为了实现某一逻辑目标功能而相互作用。

针对系统的分析研究方法通常有:实验研究、理论分析和系统仿真等,如图7-1所示。理论分析和系统仿真都是基于模型的研究方法,因此对理论分析和系统仿真而言系统模型都是重要的。

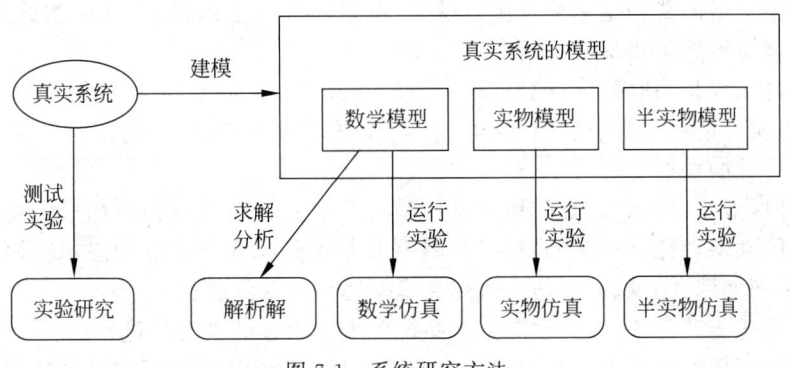

图7-1 系统研究方法

系统模型是实际系统的简化。由于实际系统的影响因素多，内部关系错综复杂，直接对实际系统开展理论分析和系统仿真往往都是困难的。因此，通常做法是依据研究目标和内容建立系统模型，在模型上开展理论分析和系统仿真。这种方式可以排除一些干扰因素，依据研究目标和内容提出一些假设条件，去除次要影响因素，突出主要影响因素。依据研究主旨，将真实系统简化为系统模型。

在建模过程中，系统模型通常首先表达为概念模型，概念模型可以进一步转化为可以运行的仿真模型。概念模型和仿真模型统称为系统模型。系统模型可以有多种具体表现形式：数学模型、实物模型和半实物模型（实物模型与数学模型的混杂模型）等。

数学模型较多表达为一组数学公式。在数学模型上，或者说在一些简化假设上，直接分析系统内部各个组成元素（或变量）间的物理关系和数值关系，得出一组数量关系或数学公式。这是理论分析的研究方法。

将数学模型通过编程等方法转变为可以（在计算机上）运行的系统模型，就得到了数学仿真模型。在不引起理解混乱的条件下，数学仿真模型也简称数学模型。数学仿真模型是可以运行的，通过运行数学仿真模型开展系统研究的方法是数学仿真研究。数学仿真是一种系统仿真研究方法。

系统仿真还有其他类型。通过实物模型对实际系统进行模拟研究的是实物仿真。同样，采用半实物仿真模型对实际系统进行模拟研究的是半实物仿真。

总之，系统仿真是在系统模型上开展实验研究。采用不同类型的系统模型，仿真研究的类型也是不同的。采用实物模型的系统仿真是实物仿真或物理仿真。采用数学模型开展的系统仿真是数学仿真。采用半实物模型的系统仿真是硬件在环仿真（半实物仿真）。

实验研究是在实际系统上进行实验研究，是用真实的实际系统做实验而开展科学研究的方法。实验研究几乎总是承担了理论分析和数学仿真研究结果的验证与证实。广义的实验研究也包括在系统模型上开展的实验研究，即包括部分仿真研究。

液压系统研究方法也分为实验研究、理论分析和系统仿真。

7.1.3 系统仿真对液压系统分析设计方法的变革

早期，液压（传动与伺服控制）系统设计研究更多采用理论分析和手工设计。造成上述现象的原因包括理论依据和现实条件。

理论依据主要是普通工业用途的液压传动系统功能更多表现为稳态过程，对液压传动系统的动态响应性能要求较低。忽略系统动态，液压传动系统参数间的逻辑关系较为简单，适合理论分析和手工设计。液压伺服系统的主导特性是线性的，液压伺服控制系统可以简化为线性模型。借助典型基本传递函数模型（典型环节传递函数）及其函数的曲线或数表，线性模型也能方便地采用理论分析和手工设计。

现实条件主要是当时数字计算机尚未出现或者虽出现但不发达。模拟计算机一直较为稀缺，很少有机会使用。纸、笔和计算器是当时开展液压系统（包括液压伺服控制系统）理论分析和系统设计的主要工具。

当前，开展液压（传动）系统的精细设计是具有现实社会需求的。如果装备主机对液压（传动）系统的动态特性有较高的要求，采用手工方式完成液压系统动态响应研究与设计是较为困难的，而使用计算机进行仿真研究将是便捷和有效的手段。

相对于液压传动系统，液压伺服控制系统表现出明显的动力学过程，其系统分析与设计需要解算或分析用微分方程表达的系统模型，所以液压伺服控制领域很早就引入了系统仿真技术。早期多采用模拟计算机仿真,后来多采用数字计算机仿真。

当前,计算机硬件和软件技术发展产生了强大的数学计算和分析工具。计算机硬件和软件技术的进步为液压系统研究与设计提供了更加便利的工具,因此仿真技术将越来越多地运用在液压系统研究与设计活动中,系统建模仿真也将成为包括液压控制系统在内的动力学系统分析与设计的主要手段之一。

系统仿真方法在液压系统设计中的应用也带来液压系统设计思想的变革。之前,液压(伺服)控制系统设计想法是绕开求解微分方程,设法通过典型环节的组合等效或近似地模拟被设计液压控制系统。在不必求解微分方程情况下,估算被设计液压控制系统的性能。使用仿真技术开展液压控制系统设计,可以直接利用数字计算机软件的强大数学计算能力解算数学模型。

7.1.4　液压仿真发展简史

液压伺服控制系统具有高度非线性和时变性的特点,人们对液压伺服控制系统也如同反馈控制系统一样很早就采用了计算机作为系统分析和设计的手段。

在20世纪50年代和60年代,数字计算机虽然发明了,但是它尚不发达,此时动力学系统仿真研究普遍采用模拟计算机。液压伺服系统分析与研究也曾采用模拟计算机。

随着数字计算机技术和软件技术的发展,液压系统的分析与设计更多采用数字计算机仿真。渐渐地,数字计算机仿真成为液压系统的建模与仿真的主流方式。当前,计算机仿真与数字计算机仿真是可以互用的概念。

下面将介绍液压系统的数字计算机仿真软件以及液压控制系统计算机仿真的发展历程。

1964年,首个基于方程的建模工具包Speed-Up出现,它是一个化学工程包。

1967年,连续系统仿真语言CSSL(continuous system simulation language)公开了基于符号的统一连续系统仿真建模方法。

1973年,美国俄克拉荷马州立大学(Oklahoma State University)推出了液压控制系统分析模拟软件HYDSIM,它是面向液压技术的专用软件,采用液压元件功率口模型建模。

1974年,德国亚琛工业大学(Rheinisch-Westfälische Technische Hochschule Aachen)推出了液压系统仿真软件包DSH,它采用原理图建模方式。

同时期,英国巴斯大学(University of Bath)研制出液压系统仿真软件HASP,它用Fortran语音编写,采用功率键合图建模方式。

同时期,美国麦克唐纳·道格拉斯公司(McDonnell-Douglas Corporation)研制液压系统分析软件包AFSS,它可以预测液压元件与系统性能,具备了定量分析液压系统的能力。

1978年,瑞典隆德大学(Lunds universitet)推出Dymola(dynamic modeling language)建模语言,它让人们首次认识并使用因果方程建模。

1985年,瑞典林雪平大学(Linköpings universitet)推出HOPSAN液压系统仿真软件,它采用元传输线法,源于特征法和传输线建模,改进了传统键合图法。

1992年,英国巴斯大学推出液压系统仿真软件HASP/FP,它增加面向原理图建模,优化了用户界面。

同时期,荷兰特文特大学(Universiteit Twente)推出了TUTSIM,它采用功率键合图方法建模。

20世纪90年代初,Dymola(Dynamic Modeling Laboratory)软件创始人Hilding

Elmqvist 创立 DYNASIM 公司。

1994 年，国际流体动力学会（Institut für Fluidtechniche Antriebe und Steuerungen，IFAS）推出了 Windows 版液压系统仿真软件 DSHplus，它是完整的液压与气动仿真软件，后来德国 FLUIDON 公司接管 DSHplus 软件。

1995 年，德国 Festo 公司和帕德博恩大学（Universität Paderborn）联合开发专门用于液压与气压传动的教学 FuidSIM，它包含 FluidSIM-H 和 FluidSIM-P 两个软件。

1995 年，法国 Imagine 公司推出了液压/机械系统的建模仿真及动力学分析软件 AMESim。

1996 年起，Dymola 建模语言吸收其他相似语言后逐渐形成免费开源 Modelica 语言规范。

1997 年，Modelica 语言 1.0 版在网上发布。

20 世纪 90 年代末，波音公司（The Boeing Company）推出工程系统仿真和分析软件 EASY5。

同时期，荷兰 Controllab Products B.V. 公司与特文特大学联合推出了 20-sim，它采用图形方法建模，可以对机电液系统建模仿真。

2002 年，德国 ITI 公司推出（包含液压仿真）多学科系统仿真软件 Simulation X 1.0。

2006 年，Mathworks 推出 MATLAB 2006 中包含液压仿真软件 SimHydraulics，它作为 Simulink 的一个工具箱，采用 Simulink 图形化编程方式。

2006 年，法国达索系统公司收购 DYNASIM 公司后，Dymola 逐渐成为数字模型与物理模型从设计到实现的枢纽。

2007 年，Mathworks 将 SimHydraulics、SimMechanics 和 SimElectronics 等集成在一起形成统一的 Simscape（Simulink 工具箱），发布在 MATLAB 2007a 中。

2007 年，开源 Modelica 联盟创立，初始有 7 个组织成员。

2008 年，OpenModelica 开发服务器运行，OpenModelica 1.4.4 版发布。

7.1.5 液压系统仿真软件特点

经过长期的技术演化过程，当前液压系统仿真软件具有如下特点。

（1）良好的建模环境，直观的后处理方式。液压仿真软件往往具备图标和菜单等可视化操作方式的仿真工程操作与管理环境，采用图示建模方式，采用图形化的仿真后处理方式。

（2）方便易用的建模手段，譬如物理模块建模方式。液压系统计算机仿真模型的核心是数学模型，其内容是可以用数学方程、传递函数、状态方程、差分方程等描述的过程。数学内容对于工程技术人员而言通常具有一定难度，而物理模块建模方式可以将抽象的数学表达式转变为与实际系统一样直观和具体的物理拓扑结构。拖放和连接模块模型的建模方法是提高建模手段易用性的方案之一。

（3）具备多软件交互信息接口，方便建模操作和实施联合仿真。仿真软件往往具备多软件交换信息的接口，或者可以实现其他软件建立模型的导入操作，或者在仿真过程中可以进行模型参数信息的交流。多软件交互信息的接口便于实现多软件联合仿真，发挥多种建模与仿真软件的各自优点。

（4）丰富的模块模型库。仿真软件往往通过子模型库等形式提供用户建模的素材，帮助用户解决复杂的数学模型推导难题。

(5) 合理的模型运行默认参数。很多软件具备仿真模型系统运行操作所必要的默认参数。这些参数在大多数情况下是接近合理的,使用户建立的模型可以在不经过调整缺省参数的条件下即可通过编译并运行。

7.1.6 液压系统建模仿真过程

液压系统仿真多采用计算机软件仿真,其一般过程如下:
(1) 分析实际工程问题,明确仿真目标及内容;
(2) 针对仿真目标及内容,分析实际系统,得到简化的仿真对象模型;
(3) 选择仿真软件,将仿真对象模型转变为计算机仿真模型;
(4) 验证与证实仿真模型,建立仿真可信度;
(5) 运行计算机仿真模型,开展仿真内容研究;
(6) 分析仿真结果,研究实际工程问题。

7.2 液压控制系统建模仿真重要问题

液压系统仿真研究的首要困难就是系统建模,系统建模是一个相当复杂的工作。但是该工作非常重要,其可以传达仿真意图和仿真想法,建模的成品会直接影响仿真结果。

在液压控制系统的建模仿真中,下面几个问题经常会浮现出来。

7.2.1 建模仿真方式与液压(控制)系统理论

液压系统建模仿真方式通常有完全自行编程建模仿真、基于通用数学软件的建模仿真和基于专用液压系统仿真软件的建模仿真三种。这三种仿真方式对液压控制系统理论掌握情况的要求是不同的。

第一种方式是完全自行编程建模仿真。这种方式需要自行推导液压系统数学模型,然后设计或选用方程求解算法(如 Runge-Kutta 法),最后使用通用计算机编程语言(如 C 语言)编写程序完成建模仿真。显然,这种建模仿真方式对设计者的液压系统理论要求很高;对数学模型求解算法掌握情况要求很高;对计算机程序编写能力要求很高。因此,通过完全自行编程建模仿真有很大的难度,有很高的开展工作门槛。

完全自行编程建模仿真是在系统仿真计算机软硬件相对比较落后情况下采用的液压系统仿真方法。但是这是一种基本的建模仿真方式,是液压控制领域高层次科技人员的一项基本技能。即便在仿真软件发达的当下,面向实际工程的液压控制系统的建模仿真需求也极有可能超出仿真软件平台提供的便利条件。因此完全自行编程的建模仿真方式仍然是一个重要的选项,使用该方式可以自行编写自用模块的底层模型或修改已有模块的底层模型。

第二种方式是基于通用数学软件的建模仿真。这种方式需要依托通用数学软件的编程平台(如 MATLAB 等)编写计算机仿真模型程序,利用数学软件提供的通用数学方程求解算法,求解自行推导和建立的液压系统数学模型,完成系统建模仿真。这种建模仿真方式大幅度降低了设计者对数学模型求解算法的掌握要求,也降低了对计算机程序编写能力的要求,但其仿真模型还是要依据液压系统理论自行建立。

通用数学软件如 MATLAB 之类专注于数学问题的算法解决方案,针对科学与工程中数学问题求解中常常出现的病态矩阵、Stiff(刚性)稳定域等问题有更加专业的解决方案。且其具有简捷、易用的语言指令和程序结构,其包含的 Simulink 更具有直观、便利的图形编程环境。通用数学软件的出现确实为科学研究和工程技术工作开展提供了计算与编程的便利,使系统仿真工作者可以专注于科学与工程的专业问题。

第三种方式是基于专用液压系统仿真软件的建模仿真。当前专用的液压系统仿真软件普遍采用物理模块建模方法,依据液压系统的拓扑物理结构建立仿真系统模型,模型求解算法、模型计算机程序以及仿真结果处理等等工作均有专用的液压仿真软件(如 AMESim)完成。这种仿真方式,不但消除了对设计者自身数学模型求解算法掌握情况要求和计算机程序编写能力要求,似乎也降低了液压控制理论的掌握情况要求。

专用的液压系统仿真软件由液压专业人员参与软件设计,软件研发团队融合或集成了通用数学软件的优点,针对液压行业经常遇到的一般性系统仿真问题给出专业解决方案。在设计常见的液压系统时,具备简单液压知识的人员即可在 AMESim 软件平台上从模型库中拖放液压元件模型,按照液压系统原理图搭建起液压系统的仿真模型,不修改参数或仅仅修改主要参数即可将仿真模型运行起来。商业化的液压系统仿真软件还会结合物理模块建模方法让人们感觉到液压系统仿真建模与液压(控制)系统理论关系变得越来越松散。

实际上,系统仿真的目标不是仿真模型的运行,而是解决实际科学与工程的问题。系统仿真要以相似性为前提,以可信性为基础。相似性判定和仿真结果可信性的建立都需要液压(控制)系统理论作为基础。具体地讲,仿真方案和仿真目标的确定都需要较高的液压(控制)系统理论和实践经验指导,专用液压系统仿真软件的子模型选取和参数调整等也都需要较高的液压(控制)系统理论和实践经验指导,仿真模型与被仿真系统间关系的验证和证实更需要液压(控制)系统理论。

毋庸置疑,液压(控制)系统理论始终是液压(控制)系统建模仿真的基础与前提,建模仿真始终需要在理论指导下开展工作。脱离了液压(控制)系统理论,建模与仿真活动便会缺乏依据和指导,其仿真研究结果的正确性也将缺乏保障,仿真缺乏可信度,将直接导致建模仿真的科学与工程价值的不确定。

7.2.2 仿真模型与实际系统

仿真研究中仿真模型与实际系统的关系问题是很重要的,这个问题的本质是面向工程实际建模仿真的相似准则建立问题和相似度评判标准的确立问题。具体地讲,其涉及如下问题:如何构建仿真模型问题;如何界定仿真模型上哪些特性与实际系统是相似的;仿真结果能否反映出实际系统上需要仿真研究的具体特性;实际系统的哪些特性不能够通过仿真模型反映出来?

仿真模型通常是针对仿真目标和实际工程问题通过简化实际系统得到的模型。因此,仿真模型较实际系统更加便于研究。

用仿真模型研究实际系统时需注意如下几点。

1) 仿真模型只是实际系统的简化,不等同于实际系统

仿真模型是针对特定工程问题,按照现有研究条件,做出一些假设后得到的一个简化系统。它能够反映实际系统的一些特性,但是不能反映其全部特性。实际系统是复杂的,包含了真实环境下的全部信息和行为。

2) 仿真模型可以有多种形式和多种内涵,实际系统只有一个

同一个实际系统,针对不同的科学与工程问题,可能需要建立多个仿真模型。即使仿真模型内涵是相同的,也可以有不同的表现形式。

3) 仿真模型是人造系统,实际系统可能含有天然的成分

人类对实物的认识总是受到多种因素的限制,而实物系统是包含多种不确定性的现实。仿真模型是人造的系统,只是人类认识的一种描述,尽管其可能很复杂,但在制造仿真模型过程中人可能会加入自己的理解和认识。若系统仿真模型只是一组确定的数学函数或方程,则这个仿真模型是确定的,可能并未含有偶然因素。若仿真模型包含天然的成分,则其很可能含有一些不确定的因素(尽管这些因素与实际系统的不确定因素未必相同)。

4) 仿真模型需要参照实际系统验证与证实

仿真模型都是为特定研究目的建立起来的,仿真模型具有强烈目的性。仿真模型及其内部子模型都需要验证与实际系统的相似性,至少需要证实其在特定研究目的下,与实际系统具有相似性。

5) 仿真模型通常做成可以透视的,可以直接观测其内部的运行过程

仿真模型是为特定研究目的而人为建立起来的系统。在研究目的方面,人们总是努力使仿真模型内部是可见的和可观测的,也就是可以透视的。这是仿真模型的优势与价值所在。

再次强调:仿真模型只是一个简化模型,虽然它能够反映实际系统的一些特性,但是仿真模型不能完全取代实际系统。仿真模型只是用于研究工程科学问题的一种手段。对液压(控制)系统的理论研究与认识需要建立在实际系统上,基于模型的研究需注意理清在模型上获得的认识中,哪些是模型独有的,哪些是可以推广到真实系统上的。

7.2.3 仿真研究与实验测试

仿真研究是否可信?与实验测试相比,如果仿真研究结果尚未达到与实验测试一样令人信服,那么仿真研究是否还有价值?这类问题需要商讨,从中可以理解正确地选用建模仿真研究方法或是实验测试研究方法。

比较各种科学技术研究方法的可信度可知,最可信的是实验测试。但是实验测试也是有其局限性的,这也是仿真研究的价值所在。下面通过比照实验测试,阐述仿真研究具有的特点:

1) 仿真研究成本低,实际测试成本高

大多数情况下,因为建造实际系统成本高昂,所以需要建造相对简单成本低廉的仿真模型以模拟实际系统,在仿真模型上开展替代测试研究。

2) 仿真研究节省时间,实际测试耗时多

仿真模型是实际系统的简化形式,建立仿真模型系统可以有效节省时间。计算机仿真模型是一个软件程序,其运行在计算机上,与实物模型相比,计算机模型的建立和运行远比实际系统高效便捷。

3) 仿真研究便于控制实验条件,实验测试只能控制部分主要实验条件

实验测试是在实际实物系统上开展研究。实物系统是包含多种不确定性的,实验测试过程只能控制或调整一部分参数作为实验条件。

仿真研究则是在人为制造的模型上开展测试研究，人们可以方便地控制或调整仿真模型中大部分甚至全部参数作为仿真模型的运行条件。尤其计算机仿真模型的运行是在计算机上进行，可以方便地调节时间比例尺，控制仿真过程时间，便于观测。

4）实验研究为仿真研究提供必要的认识、经验和数据

建模仿真不能随意构建或凭空产生，必需依托现有对实际系统的认识和过往的实际经验，在现有实际经验指导下开展仿真研究。仿真研究需要大量的数据支持，可以依据仿真需要开展有针对性的实验测试以获取数据。实验测试也可以直接证实仿真研究的有效性和可信度。

5）实际系统不存在时，仿真研究将是人类采用运行系统和操作观察等方式开展研究的唯一选项

在实际系统不存在时，依托实际系统的实验测试是无法进行的。这种情况下，通过建立仿真模型，在其上实施基于仿真模型的运行、操作、测试是可行的。这就是仿真研究。

仿真研究可以是系列的研究活动。在预研阶段、初始研究阶段、结题阶段等项目进行的不同阶段都可以开展复杂程度不同、针对性不同的仿真研究。而实验研究的对象是实际系统，很难变更研究对象开展程度不同和针对性不同的研究。

7.2.4 复杂大系统（仿真）研究方法

实际工程中，常常会遇到一些系统具有如下特点，称为复杂大系统，或简称大系统。

1）大系统通常是多学科、多领域的递阶控制系统

大系统跨多个学科，是多个领域相互融合的产物。大系统往往具有递阶控制和分散控制的性质。

2）大系统具有较多控制器、系统阶数较高

大系统可能包含很多控制内容，包含一个以上的控制器；大系统阶数较高，内部关系复杂，往往表现出复杂的组织结构。

3）直接研究大系统比较困难，但可以将其分解为多个相互关联的子系统（小系统），针对这些子系统的分析研究相对方便

例如，电液伺服系统往往是机械技术、液压技术、控制技术和计算机技术的融合体。针对普通反馈控制问题，单环路电液伺服控制系统不具有递阶控制和分散控制的特征，因此单环路电液伺服控制系统不是大系统。但是若其向宏观扩展便可能构成大系统，也就是说大系统中可能包含电液伺服控制系统，电液伺服控制系统可能是大系统的子系统。如果需要同时关联研究电液伺服控制系统构成元件内部的控制问题，关注更微观的控制问题，这时电液伺服控制系统也可看作大系统。

大系统的称谓是相对的。大系统的模块化分解依据是研究工作开展的方便性，而不是系统的规模。

大系统建模思想是基于对象的模块化建模方案。将大系统视为由各个可相互交换信息和能量的模块构成。各个模块单独建模，然后封装为模块模型。将模块模型拼装起来便可以建立大系统模型。这是一种基于物理拓扑结构的建模方法。

大系统的一般仿真模型建立过程通常如下。

第一步，分解大系统，得到大系统的物理拓扑结构。大系统分解过程包括如下步骤：

(1) 分析大系统结构(液压系统与元件关系,系统与功能模块的关系);
(2) 提出大系统化简假设;
(3) 将大系统分解为较小的模块级系统,得到大系统的组织结构。模块级系统称为结构单元。

依据研究方便,可以将各个较小模块级系统进一步分解为更小的系统,或者对其直接进行理论研究或建模仿真研究。

第二步,分析模块级小系统,建立仿真对象模型。各个模块级小系统的研究过程包括如下步骤:
(1) 分析模块级小系统,提出化简假设;
(2) 建立模块级小系统模型;
(3) 在模块级小系统模型上开展理论分析或建模仿真研究。

第三步,用模块模型组装大系统模型,开展大系统研究。在计算机上用模块模型组装大系统,开展仿真研究的过程主要包括如下步骤:
(1) 依据大系统的组织结构,将各个模块或小系统模型代入,得到大系统模型;
(2) 在大系统模型上,开展理论分析研究或建模仿真研究。

大系统建模通常采用基于物理拓扑结构的建模方式。基于物理结构建模方式具有如下优点。

(1) 模块化建模思想,方便仿真建模复杂系统。

复杂系统包含元素较多,参数较多,推导被控对象的整个系统方程很不方便。利用模块化建模思想,可以将复杂系统分解为若干模块。由于模块规模小,包含元素少,模块参数少,所以建模方便,采用模块构建被仿真对象系统也更方便快捷一些。特别是已有商业软件将复杂系统的常用组成模块建为通用模块模型,则仿真建模复杂系统更为便利。

(2) 子模型复用性好,建模效率高。

将系统常用模块规范化和系列化后,仅通过修改模块模型参数值,便可以将模块模型覆盖较多应用场合,使模块模型具有很好的复用性。在具备可用的模块模型情况下,仿真系统建模效率会更高。

(3) 仿真模型具有较大柔性,修改方便。

仿真模型由模块模型搭建产生,只需要修改仿真模型局部,不需要重新推导整个数学模型即可完成很多变更设计。若遇到某个模块建模精细程度不够,也只需要修改该模块模型自身即可。

(4) 适应各个阶段仿真需求。

如果模块模型从简单到复杂构成系列,则可以方便地依据仿真研究所处阶段选用不同的模块模型快速地构建各个阶段的仿真模型。例如用低阶数学模型进行最初的原理验证,用相似程度更高的高阶数学模型做参数调试与验证仿真。

7.2.5 建模的详尽(复杂)程度与可信度

系统仿真是依据模型与被仿真对象系统具有某种相似性,用模型模拟被仿真对象系统。显然,如果仿真模型与被仿真对象系统存在相似性方面的范畴更宽或是程度更深,则系统仿真看起来更具真实性。据此,产生出一种潜意识想法是通过提高模型复杂程度来提高仿真的可信度,并成为一种仿真建模倾向。这种仿真建模倾向的结果是将追求更详尽、更复杂地表达真实被仿真对象系统作为建立仿真模型的目标,从而导致仿真模型更加复杂和更加趋向真实的被仿真对象系统。这是一种符合人类思维惯性的想法,逐渐形成了一种流行的系统仿真意识,由此,人们产生了一种尽可能建立复杂和详尽模型的习惯。然而,仿真模型的复杂和详尽不等同于仿真模型能够真实和正确地表达被仿真对象系统。一些时候,探讨或研究被仿真对象时并不是针对被仿真对象系统的各方面的情况,并不需要了解其全面特性或属性,而仅仅是研究其中一个方面。这类情况下开展仿真研究可能不需要模拟被仿真对象系统的各方面的情况,也不需要模拟其全面特性或属性,因此仿真模型不总是需要尽可能详尽和复杂。

通过提高仿真模型的复杂和详尽程度来提高仿真可信度的想法,与在半实物仿真中通过提高实物参与比例来提高半实物仿真可信度的想法是类似的。后者更直观地说明,通过提高模型的复杂和详尽程度来提高仿真可信度的做法与仿真技术的应用宗旨不一定吻合。

通常实物仿真较数学仿真具有更高的可信度。在半实物仿真中,实物仿真参与程度与仿真可信度是正相关的。由此推演出,当实物仿真参与比例达到100%时,半实物仿真可信度达到100%。从而人们自然地形成一种认识倾向:总是试图通过提高半实物仿真系统中实物仿真部分的参与比例来提高半实物的可信度。在半实物仿真中,当实物参与比例接近100%时,被仿真对象系统几乎被制造出来了,这种情况下构建半实物仿真系统与制造被仿真实物系统在时间、成本、效率方面可能都没有优势,应用仿真技术的价值与意义大幅度降低了。仿真研究需要在可以完成仿真研究目标的情况下,使用简单的、低成本且省时间的仿真模型开展仿真研究。

系统仿真被用于科学研究或产品研发的不同阶段,针对解决不同侧重点的问题,仿真研究的目的通常是不同的,为仿真研究建立的模型也具有不同特点。在科研工作的预研阶段,系统仿真技术需要在非常少的研究投入条件下快速验证科学技术思想和方法。预研阶段的仿真模型往往是相对粗糙和简略的,仅描述被仿真对象系统中所关注的原理和根本属性,仅仅在所关注问题的方向上提高模型的真实性和可信度。在科研工作进行的中间阶段,仿真技术可以针对被仿真对象系统中所关注的问题进行较全面的研究,也可以针对所关注方向上更多方面的疑难问题进行仿真模拟研究。那么,如何在更少牵扯其他因素的情况下,有针对性地采用适度简化的仿真模型,并能找出所关注问题的解决方案是系统仿真技术应用的关键。科研中间阶段使用的仿真模型是在原理验证模型基础上针对特定仿真目标需求包含了被仿真对象某些方面更为详细的信息。在科研工作后期或结题阶段,需要用系统仿真技术研究的可能是针对被仿真系统的方方面面问题或者模拟子系统之间协调关系问题,也可能需要通过较完整和全面的仿真模型展示更全面的研究内容与成果,仿真模型的复杂程度和详尽程度可能都需要提高。

系统仿真作为一种研究性活动,开展仿真需要统筹技术难度、时间跨度、研究成本和可信度等诸多因素。

7.2.6 模块划分与仿真研究目的性

以液压系统仿真为例,液压系统由液压元件构成,其系统模型自然也可以由液压元件模型构成。然而在液压系统仿真建模的模块单元划分时,仿真系统与组成系统的子模块(或称功能模块、功能单元)的分割可以与液压系统的元件分割不一致,具有相对性。多个液压元件连接在一起可以构成一个功能独立的单元,可以通过先分别建立液压元件模型,然后组装元件模型构建单元模型;也可以直接建立一个相对简单的整体的单元模型。上述不同建模方式得到模型的内部结构参数的透明情况是不同的。越详尽的模型,内部结构越透明,越便于观察与研究其仿真运行过程的模型细节。

举例说明如下:溢流阀在液压系统中经常被用作定量泵油源的调压元件。这里以四通阀控对称缸液压伺服系统的定量泵油源中的调压溢流阀的建模问题说明仿真建模中液压元件与功能模块的相对性。

如果仿真内容的主题是以恒压源为假设条件的液压伺服控制问题,则不必体现溢流阀,采用恒压源模型即可,其仿真模型如图 7-2 所示。

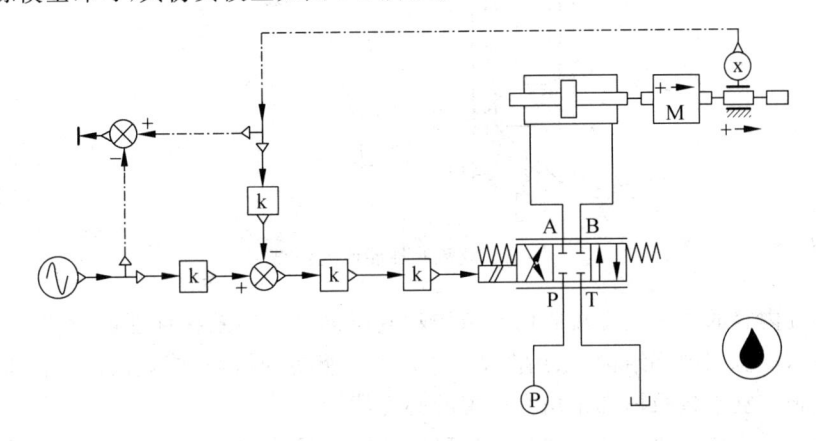

图 7-2　恒压源位置伺服控制系统

如果仿真内容的主题是溢流阀的性能对伺服控制系统的影响,则仿真模型采用图 7-3 所示的模型更为恰当。之所以需要溢流阀作为一个模块出现在仿真模型中,是因为溢流阀的性能参数是仿真建模的必要数据。

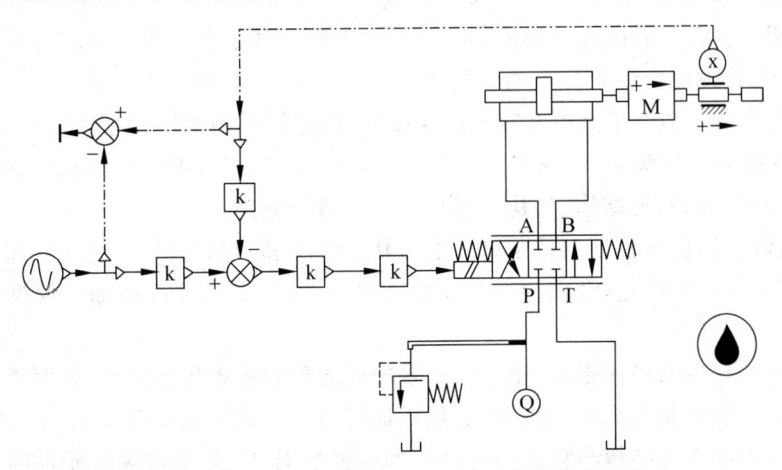

图 7-3　定量泵和溢流阀液压源位置伺服控制系统

如果仿真内容主题是溢流阀内部结构对溢流阀性能的影响,不涉及其对伺服控制系统的影响,则仿真模型采用图 7-4 所示的模型更为恰当。隐去阀控缸液压伺服机构,可以减少建模难度,提高建模与仿真的效率。

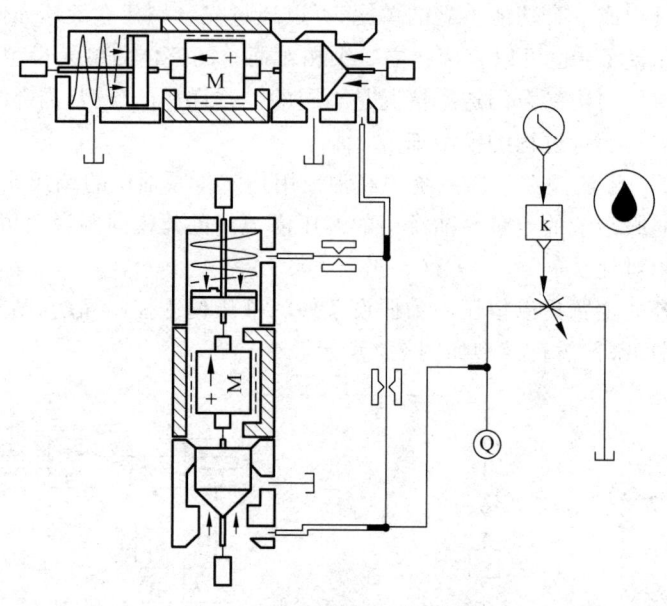

图 7-4　溢流阀性能研究模型

如果仿真内容的主题是溢流阀内部结构对液压伺服控制系统性能的影响问题,则仿真模型需要展示溢流阀内部结构,采用图 7-5 所示的模型更为恰当,毕竟溢流阀内部结构参数数据和四通阀控缸参数数据都是仿真建模的必要数据。

系统仿真作为科学研究活动或是产品研制开发的手段,也需要作时间、经费和技术力量投入与研究成果产出等方面的考量。系统仿真作为人类活动的一部分,总是被希望具有较高的效率,被希望以较少的投入获得更大的产出。因此,系统仿真的一般原则是在清晰揭示仿真研究主题内容情况下,建立尽可能简单的仿真模型。其原因就是更简单的仿真模型需要更少的建模时间等方面的投入;更简单的仿真模型往往具有较快的仿真运行速度,更快得到仿真结果;更简单的仿真模型需要的建模仿真软硬件平台配置可能较低。

通常,仿真建模中模块划分有如下规律:

(1) 在仿真研究初期用简单和现有模块模型,搭建简单的系统模型进行原理验证。

(2) 随着研究工作深入,研究工作的关注点转向技术细节,需要在原理验证简单模型上相应增加更为细致的系统结构,使仿真模型得到改进和修正。

值得注意的是,仿真模型细化工作将引入新的结构和新的参数,这些无疑将增大建模的难度,增大模型解算工作量,降低模型解算成功的可能性,也大幅度增加了模型验证与证实的工作量。

液压系统工作液的刚性很大,微小的流量即可导致容腔中压力剧变,同时液压元件内部结构往往是大小容腔相差悬殊,使这种变化更加复杂。因此过度展开液压元件内部细节,会造成液压元件内部细小结构与粗大的外负载形成强烈对比,考虑到液压元件内部细小容腔与液压执行元件的大容腔的对比,这些因素都将导致液压系统模型存在的刚性问题更加突出,最终使液压系统仿真模型求解时更容易发散,更不易收敛。

(3) 仿真研究是有目的性的,因此仿真模型的细化是有所选择的。所有仿真模型都应

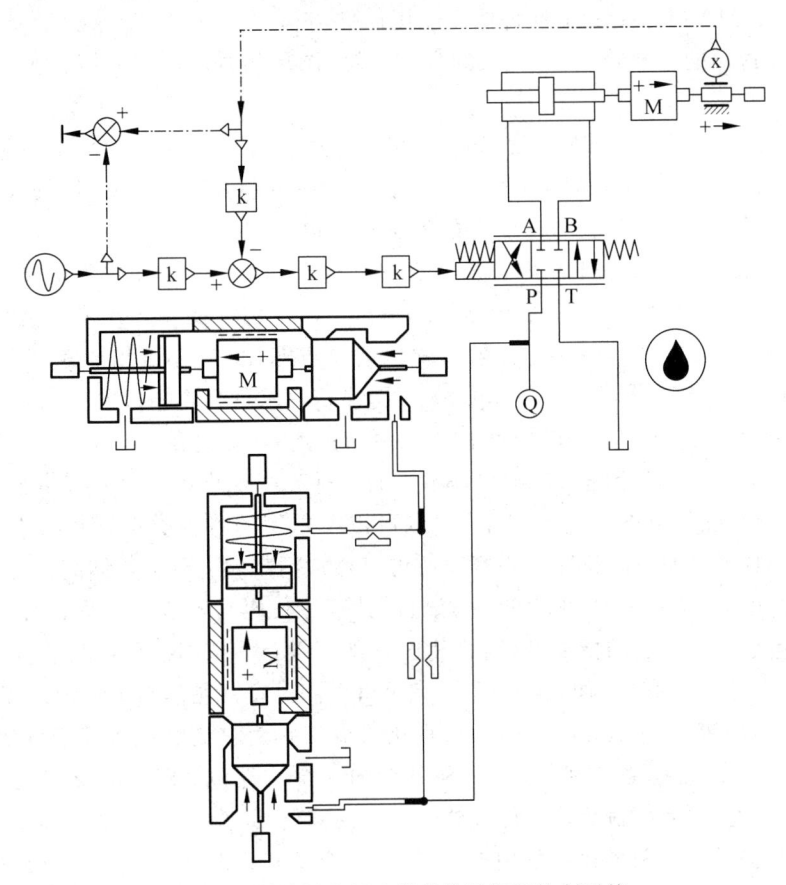

图 7-5 详尽溢流阀建模的位置伺服控制系统

针对具体研究目的而建立,不宜企图得到通用仿真模型、万能仿真模型、过度精确的仿真模型或者完美的仿真模型,应避免将模型处处细化。

现实中经常遇到的问题是应该建立简单模型还是建立复杂的模型。液压仿真建模的原则是在清晰揭示仿真研究主题内容情况下,建立尽可能简单的仿真模型。

7.3 液压控制系统编程语言软件仿真

采用编程语言软件对仿真模型进行编程,建立可在计算机上运行的液压系统模型,是液压系统仿真的基本方法。这种建模仿真方法的关键是编程语言及软件平台。

MATLAB/Simulink 是科学研究和工程技术行业广为熟知的数学解算和建模仿真软件包,是功能强大的数学方程求解工具软件。在 MATLAB/Simulink 编程环境下,既可以采用指令代码形式编程,也可以采用图形化方式编程,还可以两种编程方式的混合编程。

下面以 MATLAB/Simulink 软件为编程环境,阐述用编程语言进行液压控制系统仿真的方法。

7.3.1 概述

MATLAB/Simulink 是国际流行的科学与工程计算软件工具,其包含主副两个软件包,主体软件是 MATLAB,其上捆绑仿真应用插件 Simulink。MATLAB 和 Simulink 都有大量面向专业应用的工具箱,具有强大的数值计算、图形仿真功能,还支持通过接口与其他专业软件交换数据。

MATLAB 起源于 1980 年前后 Clever Moler 博士编写的两套交互软件包 EISPACK (基于特征值计算的软件包)和 LINPACK(线性代数软件包)。他们是 Clever Moler 博士在美国新墨西哥大学讲授线性代数时编写的教学软件包。

Clever Moler 等人随后创立了 The MathWorks 公司,于 1984 年推出了首个 MATLAB 商业版本,并于 1990 年推出了首个用于 Microsoft Windows 操作系统的 MATLAB 软件。1992 年推出的 MATLAB 4.0 版标志着该软件走向成熟,2000 年推出的 MATLAB 6.0 更换了新的计算内核,其上集成的 Simulink 4.0 建模仿真软件也走向成熟。

直至今天,MATLAB/Simulink 仍然不断更新迭代,功能也在不断增强。

MATLAB 是以复数矩阵为基本编程单元的一种高级编程语言。它提供各种矩阵运算与操作,并具有较强的绘图功能。MATLAB 可以在常用的各种类型计算机上运行。单纯使用 MATLAB 语言编写的程序不用修改便可以移植到其他平台上,具有良好的可移植性。MATLAB 是更接近人类自然语言的编程语言,其程序代码具有良好的可读性。MATLAB 内部集成了包容各种算法的指令集,因此其程序具有指令简捷、执行效率高、功能完善等特点。MATLAB 语言具有较高的运算精度,完全可以满足日常科学与工程的运算要求。

MATLAB 附带的 Simulink 是一种可视化仿真工具。它能够进行基于方块图的编程、建模和仿真,是实现动态系统建模、仿真和分析的一个软件包。Simulink 广泛应用于线性系统、非线性系统、数字控制及数字信号处理的建模和仿真。

Simulink 提供一个图形化编程用户接口,是一个动态系统建模、仿真、分析的综合集成环境。在该编程环境中,用户无需大量书写程序代码,而只需要通过简单直观的鼠标操作,就可构造出复杂的仿真模型系统。这是一种更快捷、直观的建模仿真方式,而且用户可以立即看到系统的仿真结果。

Simulink 支持连续采样时间、离散采样时间或两种混合采样时间的模型建模仿真,也支持多速率系统,也就是允许系统中的不同部分具有不同的采样速率。

Simulink 是用于动态系统和嵌入式系统的多领域仿真和基于模型的设计工具。其适用各种时变系统建模仿真,包括通信、控制、信号处理、视频处理和图像处理系统。

Simulink 提供了交互式图形化环境和可定制模块库来对仿真模型进行设计、建模、运行和测试,也提供了用于设计、执行、验证和确认任务的相应工具。

Simulink 与 MATLAB 紧密集成,其程序可以直接访问 MATLAB 的工具箱来进行算法研发、仿真的分析和可视化、批处理脚本的创建、建模环境的定制以及信号参数和测试数据的定义。

Simulink 软件具有如下特点:丰富的可扩充的预定义模块库;交互式的图形编辑器来组合和管理直观的模块图;以系统功能的层次性来分割模型,实现对复杂系统的建模规划;通过 Model Explorer 导航、创建、配置、搜索模型中的任意信号、参数、属性,生成模型代码;提供应用程序接口(API)用于与其他仿真程序的连接或与手写代码集成;使用 Embedded MATLAB 模块在 Simulink 和嵌入式系统执行中调用 MATLAB 算法;使用定步长或变步长运行仿真;根据仿真模式(Normal,Accelerator,Rapid Accelerator)来决定以解释性的方式运行或以编译 C 代码的形式来运行模型；图形化的调试器和剖析器来检查仿真结果，诊断设计的性能和异常行为；可访问 MATLAB 从而对结果进行分析与可视化，定制建模环境，定义信号参数和测试数据；模型分析和诊断工具来保证模型的一致性，勘察模型中的错误。

Simulink 具有适应面广、程序结构和流程清晰、仿真精细、仿真结果贴近实际、建模仿真效率高、建模灵活等优点，故其广泛应用于复杂机电液控制系统各个设计研究阶段的建模仿真。

构建在 Simulink 基础之上的其他（第三方）产品扩展了 Simulink 的多领域建模仿真功能，同时有大量的第三方软件和硬件可应用于或被要求应用于 Simulink。

7.3.2　MATLAB/Simulink 软件基本使用方法

在 Windows 操作系统上安装 MATLAB 软件后，单击 MATLAB 软件图标，起动软件，即可进入 MATLAB 集成编程环境。

MATLAB 编程语言的语法与 C 语言类似，但更接近人类的自然语言。MATLAB 编程更注重发挥矩阵数据格式优点，优先使用向量运算以避免循环结构，提高程序运行效率。

MATLAB 强大的运算功能和简捷的编程操作主要表现为矩阵数据格式运算和丰富的数值计算算法指令，其程序就是依次执行或依据某种顺序执行的指令集合。

MATLAB 程序执行有两种基本方式：第一种执行方式是在指令窗口中，采用指令行交互方式依次逐条输入程序指令，执行时由 MATLAB 软件逐条解释；第二种执行方式是编写 M 脚本文件（M Script），M 脚本文件就是从上至下顺序书写的 MATLAB 指令集。

在 MATLAB 集成编程环境中，建立一个新的 M 脚本文件或者打开一个已有的 M 脚本文件均可调用 MATLAB 编辑器（Editor），用户需在编辑器中逐行编写程序指令，编程完成后，单击编辑器窗口上面的【运行（Run）程序】命令，即可批量执行 MATLAB 程序指令。

在 MATLAB 环境下通过单击工具栏【Simulink】图标或在【指令窗口（Command Window）】输入 Simulink 打开【Simulink 库浏览器（Simulink Library Browser）】即可起动 Simulink 软件。

Simulink 软件的基本使用通常可以分为七个步骤：

第一步，建立一个新的系统模型或打开一个已有系统模型，进入【Simulink 模型】窗口，即编程窗口；

第二步，依据系统物理拓扑结构或原理方块图结构，从【Simulink 基本库】或【扩展应用】工具箱中选取模块，采用拖放方式将其拖放到已打开的 Simulink 模型窗口，通过连接（Link）方式建立起仿真模型系统结构；

第三步，修改各个模块的参数，使之符合被仿真系统的数据需求；

第四步，添加控制指令模块，添加观测显示模块；

第五步，修改模型运行参数、选择模型求解算法；

第六步，运行 Simulink 仿真模型；

第七步，观察仿真结果，或者结束仿真退出系统，或者返回前面步骤继续修改模型并重新运行。

7.3.3 建模仿真过程

MATLAB/Simulink 软件是功能强大的数学方程求解工具软件，其既可以指令代码形式编程，也可以图形化操作方式编程。

在系统仿真中，MATLAB/Simulink 有多种应用方案。简单的小规模仿真活动可以直接利用 MATLAB 求解方程。大型的复杂系统更适合先将系统分解为模块结构。对模块结构进行建模，然后以模块为单元组建被仿真系统的仿真模型，这是与 AMESim 等软件类似的建模方式，只不过模块模型可能需要自行建立。

自行建模应依据建模精细程度选用方便快捷的仿真模型类型。对于控制系统而言，其通常有如下几种常用类型：

(1) 传递函数：适合单输入单输出系统或模块建模，建立模型较为简洁。
(2) 状态方程：适合多输入多输出系统或模块建模，建立模型较为详尽。
(3) 描述函数：适合于非线性系统或模块建模。

液压系统采用编程语言软件进行仿真，其一般过程如下。

第一步，分析实际工程问题，明确仿真目标及内容。

从实际工程问题中分析提出仿真研究的目标与任务，明确仿真研究的内容。

第二步，针对仿真目标与内容，分析实际系统，建立仿真对象模型。

抽象仿真模型的建立过程通常包括如下子步骤：

(1) 依据仿真目标及内容，提出建模化简假设；
(2) 分析实际系统结构（系统与子模块的关系），建立仿真模型的原理系统；
(3) 确定仿真模型系统的模块划分方案，明确模块参数。

液压系统建模过程的模块化分解可以有两种类型：一种是按照液压系统与液压元件物理关系的系统结构，类似 AMESim 软件建模方法；另一种是依据模块功能分割的系统结构，类似 Simulink 的方块图建模方法。

第三步，分析模块级小系统，建立仿真对象模型。

各个模块级小系统研究过程通常包括如下步骤：

(1) 分析模块级小系统，提出仿真化简假设；
(2) 建立模块级小系统仿真模型；
(3) 在模块级小系统模型上开展理论分析或建模仿真研究。

第四步，利用模块模型，构建被仿真系统的仿真模型。

被仿真系统模型建立过程通常包括如下子步骤：

(1) 依据被仿真系统结构（或仿真模型系统模块划分方案），利用模块模型构建被仿真系统模型；
(2) 匹配仿真模型系统参数；
(3) 验证和证实抽象仿真系统模型，并对其进行必要的完善。

第五步，选择编程建模仿真软件，建立计算机仿真模型。

计算机仿真模型建立过程通常包括如下子步骤：

(1) 选择仿真编程软件；
(2) 在编程环境中，将抽象仿真模型转变为计算机仿真模型；

(3) 完善及验证被仿真系统模型。

第六步，验证与证实仿真模型，建立仿真可信度。

这里将仿真的验证与证实列为一个步骤，只是强调他们是建模/仿真的重要内容，验证与证实过程也会分散在建模过程中。

第七步，运行计算机仿真模型，研究仿真结果，验证和完善仿真模型。

第八步，应用仿真模型，研究实际工程问题。

7.3.4 案例一

本节将以上册图 2-1 所示的简单的动力学系统为例，介绍基于编程软件的仿真方法。

仿真研究步骤如下。

第一步，分析实际工程问题，明确仿真目标及内容。

在实际工程中，上册图 2-1 系统可以是橡胶垫减振系统。由于减振系统经常面对的问题是共振频率和衰减速度分析，故仿真研究的目标与任务可以展示系统的共振频率和衰减速度情况及其影响因素。

第二步，分析实际系统，建立仿真对象模型。

在实际系统中，质量块运动只是在铅垂方向上，可以假设质量块为质点；厚橡胶块表现出弹性，将这种物理性质假设为理想弹簧；厚橡胶块表现出阻尼特性，将这种物理性质假设为理想黏性阻尼器。

分析实际系统结构，建立仿真模型系统原理图如上册图 2-5 所示。此时可以将系统划分为三个单元，即质点、弹簧和阻尼器，他们的参数变量分别为 m、K 和 B。质量块位移为 $x(t)$。

明确仿真模型系统参数：质量 m 为 2kg；弹簧刚度 K 为 1000N/m；阻尼系数 B 为 40N/(m/s)。

第三步，分析模块级小系统，建立仿真对象模型。

建立质点模型，如图 7-6 所示。建立理想弹簧模型，如图 7-7 所示。建立理想阻尼器模型，如图 7-8 所示。

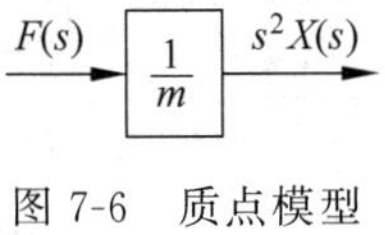

$F(s) \rightarrow \boxed{\dfrac{1}{m}} \rightarrow s^2 X(s)$ $F(s) \rightarrow \boxed{K} \rightarrow X(s)$ $F(s) \rightarrow \boxed{B} \rightarrow sX(s)$

图 7-6　质点模型 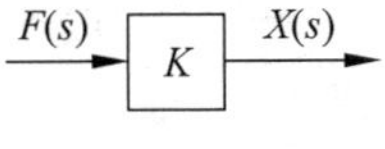　　　图 7-7　理想弹簧模型 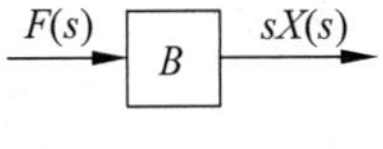　　　图 7-8　理想阻尼器模型

第四步，利用模块模型，构建被仿真系统仿真模型。

依照质量—弹簧—阻尼动力学系统的工作机理（牛顿第二定律和运动学等）构建系统模型如上册图 2-6 所示。

第五步，选择仿真软件，建立计算机仿真模型。

依据上册图 2-6 所示的信息流和能量流拓扑关系，选择 Simulink 仿真编程软件建立上册图 2-15 所示的仿真模型系统。也可以利用上册附录 A 方块图变换理论，将上册图 2-6 所示系统模型化简为上册图 2-8 或上册图 2-9 所示的系统模型，进一步采用 Simulink 或

MATLAB 软件进行编程。

第六步，验证与证实仿真模型，建立仿真可信度。

仿真模型的验证与证实内容略。

第七步，运行计算机仿真模型，研究仿真结果，验证和完善仿真模型。

研究方案示例：改变系统参数，观察系统输出结果的变化。例如，将质量 m 分别修改为 0.2kg 或 20kg；将弹簧刚度 K 分别修改为 100N/m 或 10000N/m；将阻尼系数 B 分别修改为 4N/(s/m) 或 400N/(s/m)，此处略去研究过程。读者可以利用本书提供的仿真程序自行开展仿真实验研究。

第八步，应用仿真模型，研究实际工程问题。

通过仿真研究可以认识到：

（1）被仿真系统的质量和弹簧刚度会影响系统振荡频率，质量增大或刚度变小都会使系统振荡频率变低。

（2）阻尼器的阻尼系数将影响振荡的衰减过程，阻尼系数大则振荡衰减过程快。

7.3.5 案例二

本节将以上册图 8-9 所示的简单的动力学系统为例，介绍基于编程软件的仿真方法。因篇幅所限，这里是简写，扫描二维码可以观看详细仿真研究操作。

仿真研究步骤如下。

第一步，分析实际工程问题，明确仿真目标及内容。

略。

第二步，分析实际系统，建立仿真对象模型。

分析实际系统结构（见上册图 8-9），建立仿真模型系统原理方块图如图 7-9 所示。此处可将系统划分为六个主要模块。

明确仿真模型系统参数（略）。

第三步，分析模块级小系统，建立仿真对象模型。

建立液压动力元件、伺服阀、放大器、反馈元件及放大器、位移/电压转换等模块的（传递函数）数学模型（略）。

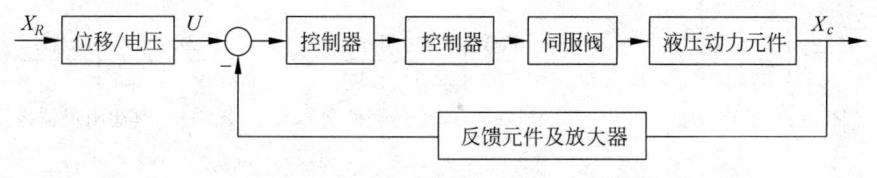

图 7-9 仿真模型系统原理方块图

第四步，利用模块模型，构建被仿真系统的仿真模型。

将上述模块模型填入图 7-9 得到仿真模型，如图 7-10 所示。

第五步，选择仿真软件，建立计算机仿真模型。

依据图 7-10 所示的仿真模型，选择 Simulink 仿真编程软件建立图 7-11 所示的系统 Simulink 模型。

第六步，验证与证实仿真模型，建立仿真可信度。

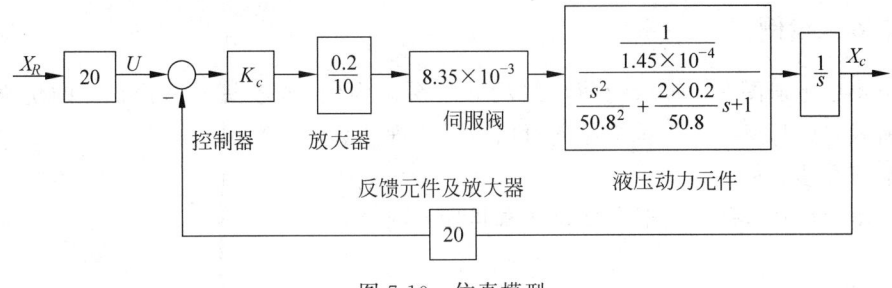

图 7-10 仿真模型

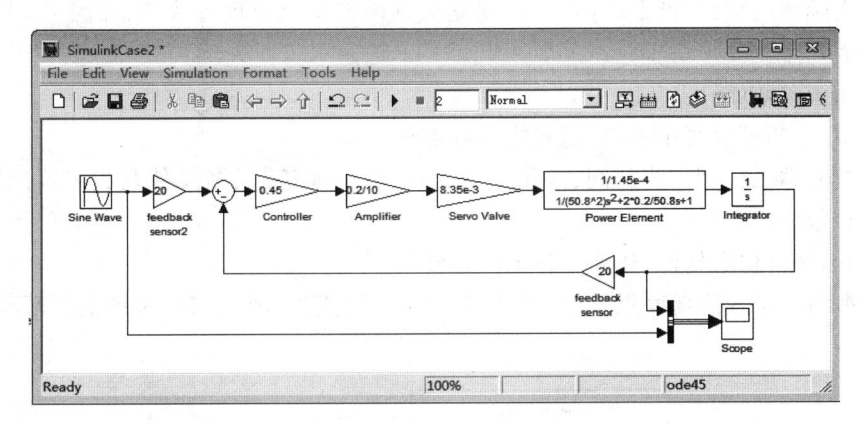

图 7-11 系统 Simulink 模型

仿真模型的验证与证实内容(略)。

第七步,运行计算机仿真模型,研究仿真结果,验证和完善仿真模型。

研究方案示例:改变系统参数,观察系统输出结果的变化。分析仿真结果,进一步完善及验证仿真模型。

运行仿真模型,双击各个示波器可以观察运行结果。例如双击【Displacement 示波器】,打开窗口如图 7-12 所示。调整系统各个参数开展仿真研究。

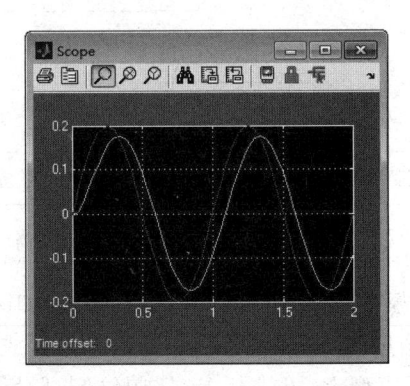

图 7-12 仿真运行后活塞杆位移

第八步,应用仿真模型,研究实际工程问题。

略。

7.3.6 案例三

本节将以上册图 8-9 所示的简单的动力学系统为例,阐述基于编程软件的仿真方法。因篇幅所限,这里是简写,扫描二维码可以观看详细仿真研究操作。

仿真研究步骤如下。

第一步,分析实际工程问题,明确仿真目标及内容。

略。

第二步,分析实际系统,建立仿真对象模型。

分析实际系统结构(见上册图 8-9),建立仿真模型系统原理方块图,如图 7-9 所示。将系统划分为六个主要模块。

明确系统参数(略)。

第三步,分析模块级小系统,建立仿真对象模型。

建立控制器、放大器、控制阀、液压动力元件、反馈通道(反馈元件及放大器)等模块的(传递函数)数学模型。(略)

第四步,选择仿真软件,建立计算机仿真模型。

选择 MATLAB 仿真编程软件,依据图 7-13 建模流程,建立闭环系统的开环模型和闭环系统模型。

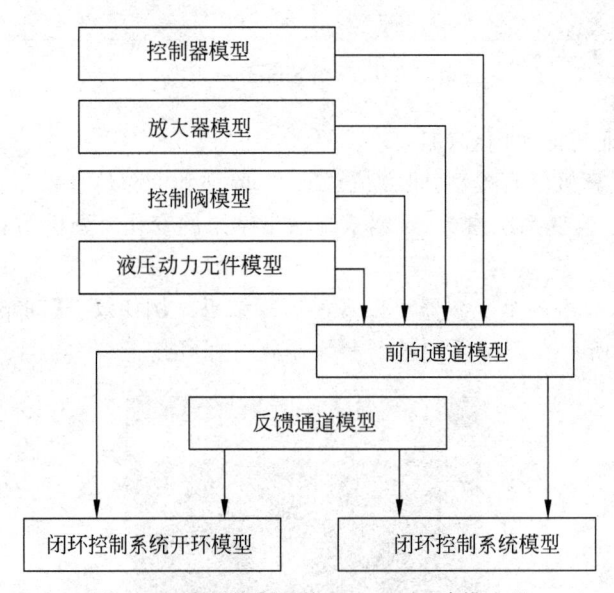

图 7-13 液压控制系统 MATLAB 建模流程

在闭环控制系统的开环模型上开展控制系统仿真分析,如图 7-14 所示。可以计算出相对稳定性的幅值裕度、相位裕度,生成开环模型的 Bode 图,生成开环模型的 Nyquist 图。

在闭环控制系统的闭环模型上,可进行 Bode 图绘制,阶跃响应仿真,脉冲响应仿真和正弦信号跟踪响应仿真等多种仿真活动,如图 7-15 所示。正弦信号跟踪响应仿真结果如图 7-16 所示。

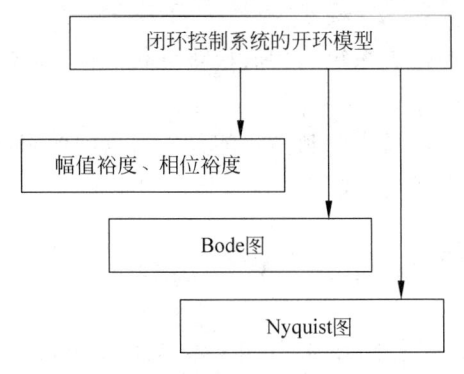

图 7-14　闭环控制系统的开环模型上开展
　　　　控制系统仿真分析

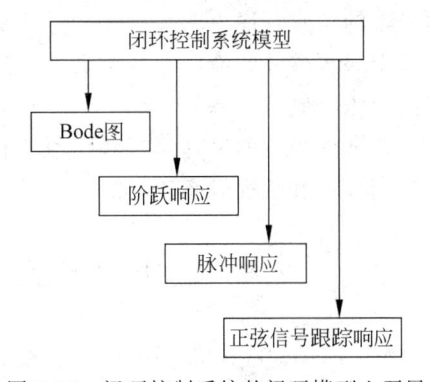

图 7-15　闭环控制系统的闭环模型上开展
　　　　控制系统仿真分析

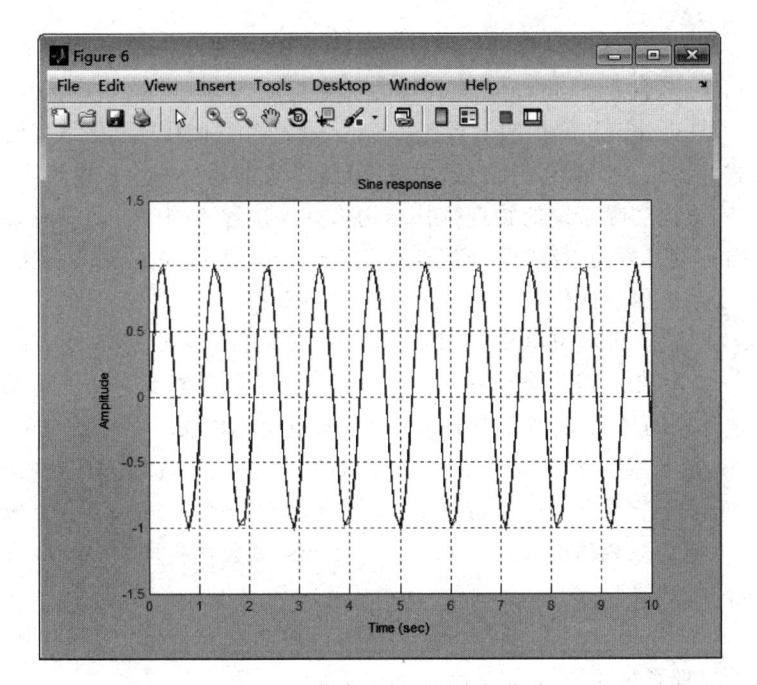

图 7-16　仿真运行后活塞杆位移

第五步，验证与证实仿真模型，建立仿真可信度。

仿真模型的验证与证实内容略。

第六步，运行计算机仿真模型，研究仿真结果，验证和完善仿真模型。

研究方案示例：改变系统参数，观察系统输出结果的变化。分析仿真结果，进一步完善及验证仿真模型。

第七步，应用仿真模型，研究实际工程问题。

略。

7.3.7　小结

基于编程软件的液压系统仿真方法具有极大的灵活性，用户可以针对特定的仿真任务，编写专用的仿真程序。

基于编程软件的液压系统仿真方法需要对被仿真系统的构成模块进行建模,需要更加深厚的液压控制理论基础。

自行推导模型的编程建模效率通常较低。针对液压控制系统的具体仿真问题,选择恰当的建模方案和编程效率较高的计算机软件可以在一定程度上改善这个问题。

7.4 液压控制系统 SimHydraulics 软件仿真

MATLAB/Simulink 是被广为熟知的科学工程技术软件。SimHydraulics(或者 Simscape)是 Simulink 的液压系统仿真工具箱。SimHydraulics 软件是便利和高效能的液压系统仿真工具。

7.4.1 概述

SimHydraulics 软件是 Simscape 工具箱的一个组成部分,其可用于液压系统的仿真建模,而 Simscape 是 Simulink 软件的工具箱。Simscape 软件采用图形化编程语言,采用物理结构建模的方式并提供了一套包含机械、电气、液压模块的模型库。从模型库拖放需要的子模型到模型窗口,根据实际系统的物理拓扑结构将其连接起来构建被仿真系统的仿真模型。这种连线没有箭头没有方向,仅表示物理连接。Simscape 可以完成液压系统、气动系统、传动系统、电力电子系统以及他们联合系统的建模与仿真。

Mathworks 公司从 1998 年就陆续推出了 SimHydraulics、SimMechanics、SimDriveline、SimPowerSystems 等 Simulink 建模库(工具箱)。自 MATLAB2007a 版开始,Mathworks 整合了物理模块建模的概念,将他们集成在一起,形成统一建模平台 Simscape(Simulink 工具箱)。Simscape 包括基础库(Foundation Library)、动力传动系统仿真库(SimDriveline)、电子系统仿真库(SimElectronics)、液压系统仿真库(SimHydraulics)、机械系统仿真库(SimMechanics)、电力系统仿真库(SimPowerSystems)和公用程序库(Utilities)。

在 Simscape 基础库(Foundation Library)里提供了电子(Electrical),机械(Mechanical),气动(Pneumatic),液压(Hydraulic),热能(Thermal)等物理域的基础元件,可以实现基本的物理系统建模。

针对复杂系统建模,Simscape 的 SimMechanics、SimElectronics、SimHydraulics、SimPowerSystems、SimDriveline 等建模库提供了各个专业领域更为复杂的模块模型。针对特殊专业领域应用,用户也可以依据 Simscape 的物理模块建模思想编写专业应用模块。

Simscape 的物理模块建模方法:Simscape 使用 Simulink 的建模窗口编辑图形化模型。用户可从 Simscape 的模块库选择需要的子模型,拖放到建模窗口,连接模型以构建图形化模型。但是 Simscape 的模块模型与 Simulink 的模块是不能直接连接的,主要原因是 Simscape 采用物理结构建模方式,每个 Simscape 模块是有物理实体含义的,模块连接的实质是传递物理实体的相互作用,具体表现为其端口传递数值和数值的单位。

仿真模型运行时,Simscape 根据图形化系统模型,自动把图示对应的数学方程提取出来对模型进行求解。

与 Simulink 模型相同,Simscape 模型也可被编译为 C 代码,也可以下载到硬件做硬件在环测试等等。

Simscape 建模仿真可以用 3D 动画来辅助分析和显示仿真结果。

7.4.2 Simscape 软件使用方法

在 Windows 操作系统上安装 MATLAB 软件后,其 Simulink 软件将自带有 Simscape 工具箱。Simscape 软件具有 Simulink 的典型用户编程环境,也有一些特别之处,其使用通常可以分为三个步骤。

第一步,建立实物系统 Simscape 模型。

按照实物系统的物理(拓扑)结构建立实物系统 Simscape 模型。

建立一个新的仿真模型或修改一个已有的仿真模型,可以打开【Simulink 模型】窗口。

在模型窗口中,可以按照机械系统、动力传动系统、液压系统、电子系统的顺序分别从 Simscape 模型库中选取模块模型,拖放模块模型至新建立的仿真模型窗口中,按照实物系统的物理(拓扑)结构的连接关系连接 Simscape 模块模型,依次建立各部分的 Simscape 模型。

第二步,配置实物系统 Simscape 模型与 Simulink 的接口。

从【公用模块库(Utilities)】选取 Simscape 模型向 Simulink 模型传递信息的接口模块(PS-Simulink Converter),并将其配置在 Simscape 模型的传感器模块上。选取 Simulink 模型向 Simscape 模型传递信息的接口模块(Simulink-PS Converter),并将其配置在 Simscape 模型的执行器模块上。

从 Simscape 模型库里拖放【求解器配置模块(Solver Configuration)】到模型窗口,并连接在 Simscape 模型上。

第三步,编写 Simulink 程序,完成系统仿真模型。

Simulink 程序部分往往是控制指令信号源(Sources)、显示仿真信息的信宿(Sinks),也可以包含 Simulink 编写的控制算法。

7.4.3 建模仿真过程

液压系统仿真采用 SimHydraulics 软件仿真,其一般仿真过程如下。

第一步,分析实际工程问题,明确仿真目标及内容。

从实际工程问题分析中提出仿真研究的目标与任务,明确仿真研究的内容。

第二步,分析被仿真实际系统,建立仿真对象模型。

抽象仿真模型建立过程通常包括如下子步骤:

(1) 依据仿真目标及内容,提出建模化简假设;

(2) 分析实际系统结构(系统与子模块的关系),建立仿真模型系统原理(或结构)图;

(3) 确定仿真模型系统的模块划分方案,明确模块参数变量。

第三步,采用 SimHydraulics 仿真软件建立计算机仿真模型。

SimHydraulics 仿真模型建立过程包括通常如下子步骤:

(1) 按照抽象仿真系统模型的原理(或结构)图建立计算机仿真模型的拓扑结构;

(2) 添加工作液模块;

(3) 配置 Simulink 求解器模块;

(4) 修正各个模块的参数初始值;

(5) 设置 Simscape 模型求解器配置模块；

(6) 完成各个模块模型的验证与证实。

第四步，完成仿真模型的验证与证实，建立仿真可信度。

这里将仿真的验证与证实列为一个步骤，只是强调他们是建模/仿真的重要内容，验证与证实过程也会分散在建模过程中。

第五步，运行计算机仿真模型，研究仿真结果，验证和完善仿真模型。

第六步，应用仿真模型，研究实际工程问题。

7.4.4 案例一

本节将以上册图 2-1 所示的简单的动力学系统为例，介绍基于 SimHydraulic 的仿真方法。具体仿真研究步骤如下。

第一步，分析实际工程问题，明确仿真目标及内容。

在实际工程中，上册图 2-1 所示的系统可以是橡胶垫减振系统。减振系统经常面对的问题是共振频率和衰减速度分析。仿真研究的目标与任务可以展示系统的共振频率和衰减速度情况及其影响因素。

第二步，分析实际系统，建立仿真对象模型。

分析实际系统，质量块运动只是在铅垂方向上，质量块可以假设为质点；厚橡胶块表现出弹性，将这种物理性质假设为理想弹簧；厚橡胶块表现出阻尼特性，将这种物理性质假设为理想黏性阻尼器。

分析实际系统结构，建立仿真模型系统原理图如上册图 2-5 所示。将系统划分为三个单元，即质点、弹簧和阻尼器，他们的参数变量分别为 m、K 和 B。质量块位移为 $x(t)$。

明确仿真模型系统参数：质量 m 为 2kg；弹簧刚度 K 为 1000N/m；阻尼系数 B 为 40N/(s/m)。

第三步，选择仿真软件，建立计算机仿真模型。

选择 SimHydraulics 仿真建模软件，通过如下步骤建立仿真系统模型。

1) 按照上册图 2-5 所示的系统物理结构，利用 SimHydraulics 软件提供的模块建立仿真系统模型，如图 7-17 所示。

2) 配置 Simulink 求解器模块

在【模型】窗口的上面菜单栏，选择菜单【Simulation】下的【Configuration Parameters】选项，可以打开【Configuration Parameters】对话框，显示【求解器节点】。在【求解器】选项下，可以选择不同求解器，此处选择了【ODE15(Stiff/NDF)】求解器，并设置【仿真时间】为 0～2s。如果需要，后面还可以调整这些设置项，其他参数采用默认值。

3) 修正各个模块的参数初始值

(1) 设置弹簧模块参数

双击【弹簧模块】图标，打开对话框。在【模块参数】对话框中设置【弹簧系数】为 1000N/m，如图 7-18 所示。

(2) 设置质量模块参数

双击【质量块模块】图标，打开对话框。在【模块参数】对话框中设置【调整质量】为 2kg。

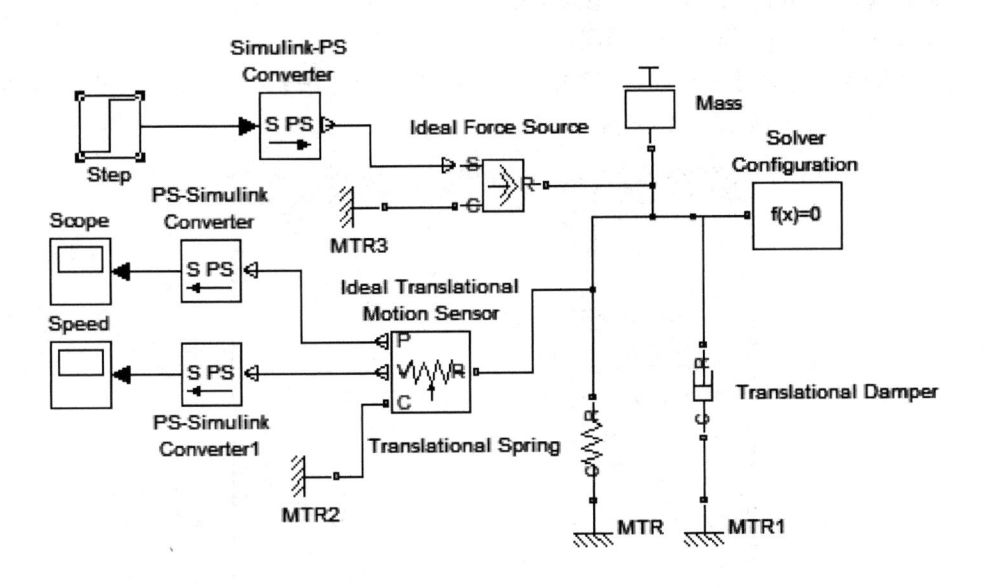

图 7-17　系统 SimHydraulics 模型

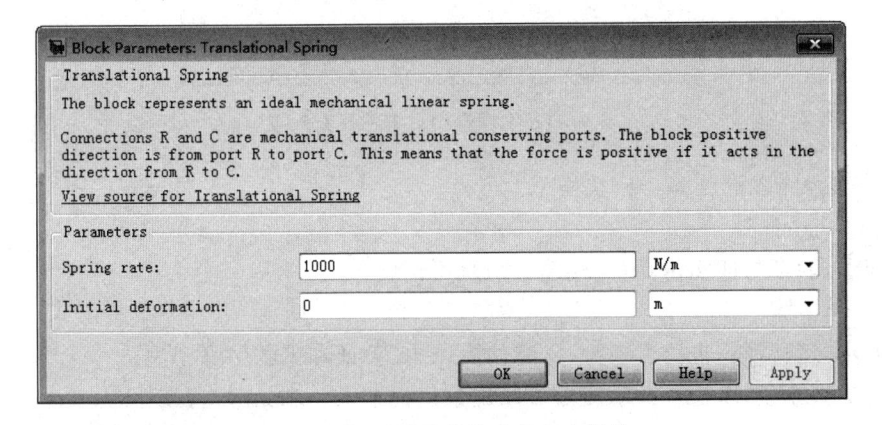

图 7-18　平动弹簧模块参数与实际值

(3) 设置阻尼器模块参数

双击【阻尼模块】图标,打开对话框。在【模块参数】对话框中设置【阻尼系数】为 40N/(m/s)。

(4) 配置 PS-Simulink 转换模块单位

设置【速度转换】的【PS-Simulink 转换模块】的单位为 m/s。设置【位移转换】的【PS-Simulink 转换模块】的单位为 1。

注：Simulink 信号是没有单位的。当他们转变为物理信号时需要根据物理意义给方块图中的各个 Simulink-PS Converter 模块指定单位。当物理模块建模软件分析模型时,它匹配输入模块的信号单位,如果出现不一致,则程序会提示错误信息。

(5) 设置阶跃力输入及其 Simulink/PS 转换模块

在【阶跃信号模块参数】对话框中,输入【阶跃时刻】为 0s；【初始值】为 0N；【终值】为

1N。其后的【Simulink/PS 转换模块】则采用默认值。

（6）设置 Simscape 模型求解器配置模块

通过【求解器配置模块参数配置】窗口，配置【求解器算法】为：Trapezoidal Rule，模块其他参数采用默认值，如图 7-19 所示。

图 7-19 物理模型求解器参数配置

4）完善系统及验证各个模块模型

略。

第四步，验证与证实仿真模型，建立仿真可信度。

略。

第五步，运行计算机仿真模型，研究仿真结果，验证和完善仿真模型。

运行仿真模型，双击各个示波器可以观察运行结果。例如双击【Displacement 示波器】，打开窗口如图 7-20 所示。

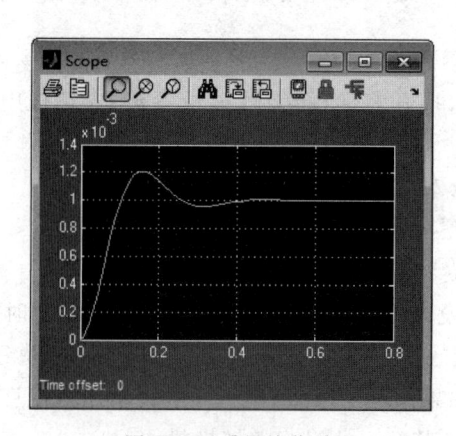

图 7-20 质量块位移

研究方案示例：改变系统参数，观察系统输出结果的变化。例如，将质量 m 分别修改为 0.2kg 或 20kg；将弹簧刚度 K 分别修改为 100N/m 或 10000N/m；将阻尼系数 B 分别修改为 4N/(s/m) 或 400N/(s/m)，此处略去研究过程。读者可以利用本书提供的仿真程序自行开展仿真实验研究。

第六步，应用仿真模型，研究实际工程问题。

通过仿真研究可以认识到：

(1) 被仿真系统的质量和弹簧刚度将影响系统振荡频率，质量增大或刚度变小都会使系统振荡频率变低。

(2) 阻尼器的阻尼系数影响振荡的衰减过程，阻尼系数大则振荡衰减过程快。

7.4.5 案例二

本节将以上册图 8-9 所示的四通阀控对称缸系统为例，介绍基于 SimHydraulic 的仿真方法。因篇幅所限，这里是简写，扫描二维码可以观看详细仿真研究操作。

仿真研究步骤如下。

第一步，分析实际工程问题，明确仿真目标及内容。

略。

第二步，分析实际系统，建立仿真对象模型。

分析实际系统结构，建立仿真模型系统原理图，如上册图 9-8 所示。

明确系统参数（限于篇幅略写，参数值见下面模块参数配置）。

第三步，选择仿真软件，建立计算机仿真模型。

选择 SimHydraulics 仿真建模软件，通过如下步骤建立仿真系统模型：

1) 按照上册图 8-9 所示的液压控制系统物理结构，利用 SimHydraulics 软件提供的模块建立仿真系统模型，如图 7-21 所示。

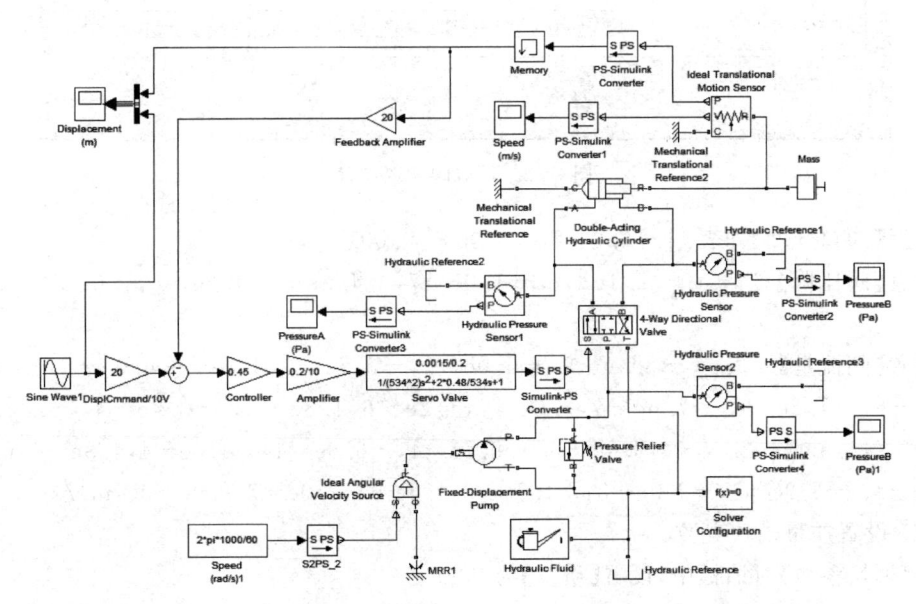

图 7-21 系统 SimHydraulics 模型

2) 配置 Simulink 求解器模块

在【模型】窗口的上面菜单栏，选择菜单【Simulation】下的【Configuration Parameters】选项，可以打开【Configuration Parameters Dialog Box】，显示求解器节点。在【求解器选项】下，可以选择不同求解器，选择【ODE15（Stiff/NDF）】求解器，同样，设置【仿真时间】为 0～2s。其他参数采用默认值。如果需要，后面还可以调整。

3) 修正各个模块的参数初始值

双击仿真系统模型的对应模块，打开其【模块参数】对话框，修改相应默认参数。

(1) 设置四通阀参数

在【模块参数】对话框中，【参数化模式】选择 By Pressure-Flow Characteristics，如图 7-22 所示。

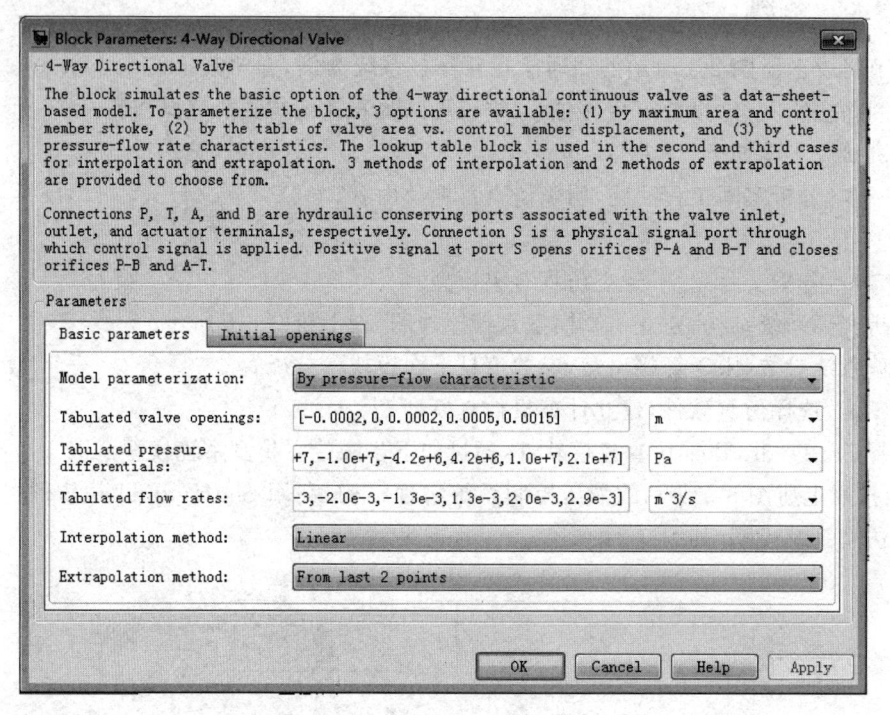

图 7-22 伺服阀参数设置

设置【阀口开度】列表：[−0.0002,0,0.0005,0.0015]，m。

设置【阀压降】列表：[−2.1e+7,−1.0e+7,−4.2e+6,4.2e+6,1.0e+7,2.1e+7]，Pa。

设置【阀流量】列表：[−8.4e−9,−6.0e−9,−3.7e−9,3.7e−9,6.0e−9,8.4e−9;−1.8e−6,−1.2e−6,−7.6e−7,7.6e−7,1.2e−6,1.8e−6;−3.4e−4,−2.5e−4,−1.5e−4,1.5e−4,2.5e−4,3.4e−4;−9.6e−4,−6.8e−4,−4.3e−4,4.3e−4,6.8e−4,9.6e−4;−2.9e−3,−2.0e−3,−1.3e−3,1.3e−3,2.0e−3,2.9e−3]，m^3/s。

(2) 设置质量模块参数

在【模块参数】对话框中，设置【质量】为 90kg。

(3) 设置双作用液压缸参数

在【模块参数】对话框中,设置【液压缸行程】为 0.9m;A、B 腔的【有效作用面积】为 $1.45e-4m^2$;A、B 腔的【死腔容积】为 $1.45e-5m^3$。

(4) 设置定量泵模块参数

在【模块参数】对话框中,设置【泵排量】为 $1.2e-3m^3/r$;【容积效率】为 0.95;【总效率】为 0.8;【公称压力】为 10MPa;【公称角速度】为 $2*pi*1000rad/min$。

(5) 设置溢流阀参数。

在【模块参数】对话框中,设置【最大通流面积】为 $1e-3m^2$。设定【压力】为 21MPa。其他参数采用默认值。

(6) 设置工作液模块参数

在【模块参数】对话框中,设置【工作液】为 Skydrol LD-4,并使用其默认参数。

(7) 配置 PS-Simulink 转换模块单位

设置【压力转换】的【PS-Simulink 转换模块】的【单位】为 Pa。设置【速度转换】的【PS-Simulink 转换模块】的【单位】为 m/s。设置【位移转换】的【PS-Simulink 转换模块】的【单位】为 1。

注:Simulink 模型的信号是没有单位的。当他们转变为物理信号时需要根据物理意义给方块图中的各个 Simulink-PS Converter 模块指定单位。当物理模块建模软件分析模型时,它匹配输入模块的信号单位,如果出现不一致,则提示错误信息。

(8) 设置输入转速及其 Simulink/PS 转换模块

在【泵转速模块(Speed)参数】对话框中,输入 $2*pi*1000/60rad/s$。其后的 Simulink/PS 转换模块采用默认值。

(9) 调整增益模块参数

通过各个增益模块参数对话框,调整【伺服放大器(Amplifier)增益】为 0.2/10A/V。调整【位移/电压变换模块(DisplCmmand/10V)增益】为 10V/m。调整【控制器(Controller)】数值为 1。调整【反馈放大器增益(Feedback Amplifier)】数值为 10V/m。

(10) 设置伺服阀模块传递函数及其 Simulink/PS 转换模块

在【模块参数】对话框中,设置【传递函数分子】为[0.0015/0.2];【分母】为[1/(534^2),2*0.48/534,1]。并将其后的【Simulink/PS 转换模块】设置默认值 1。

(11) 设置 Simscape 模型求解器配置模块

例如,通过 Simscape 模型求解器的【模块参数配置】窗口,配置【一致性误差】为 $1e-4$。配置【Simscape 模型求解器算法】为 Trapezoidal Rule,模块其他参数采用默认值,如图 7-23 所示。

4) 完善系统及验证各个模块模型

略。

第四步,验证与证实仿真模型,建立仿真可信度。

略。

第五步,运行计算机仿真模型,研究仿真结果,验证和完善仿真模型。

运行仿真模型,双击各个示波器可以观察运行结果。例如双击【Displacement 示波器】,打开窗口如图 7-24 所示。

图 7-23 物理模型求解器

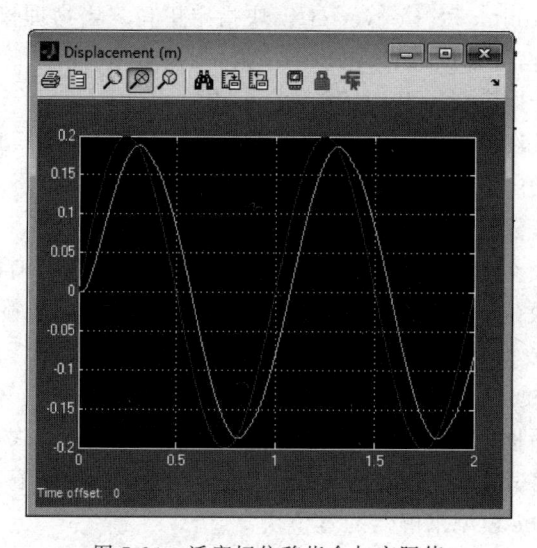

图 7-24 活塞杆位移指令与实际值

第六步,应用仿真模型,研究实际工程问题。
略。

7.4.6 小结

MATLAB/Simulink 是广为熟知的科学工程技术软件。MATLAB 本身功能完备,编程高效且灵活;Simulink 建模环境操作便利且功能强大,仿真建模更加便捷。

SimHydraulics 软件是 MATLAB/Simulink 软件的组成部分,其可以更加高效率地利用 MATLAB/Simulink 软件资源,使其仿真模型与 MATLAB/Simulink 软件其他模型交换信息更为流畅,这些优势对于复杂大系统仿真非常重要。

7.5 液压控制系统 AMESim 软件仿真

AMESim 软件是液压系统与元件仿真研究的常用工具软件。

7.5.1 AMESim 软件概述

LMS Imagine. Lab AMESim 简称 AMESim(advanced modeling environment for performing simulation of engineering systems),为支持多学科领域复杂系统建模的仿真平台。在这个平台上可以研究多学科和多领域的复杂系统的稳态和动态性能。

AMESim 面向机电一体化系统的静态与动态性能分析,其采用基于系统物理拓扑结构的建模思想,将系统理解为多个基本模块(子模型)的组合。AMESim 提供了一套标准且优化的多学科多领域应用库。库中包含了不同物理领域预先定义好并经试验验证的模型模块。这种模块(或子模型)是基于物理现象的数学解析表达式,其可以通过 AMESim 求解器来计算。建模过程则是模块的拼装和参数调整过程,其本身不需要编写程序代码。

AMESim 软件计算机仿真的特点:

(1) 建模仿真方便快捷,能够分析和优化工程师的设计,从而帮助用户降低开发成本并缩短开发的周期。

(2) AMESim 能够让工程技术人员从繁琐的数学建模中解放出来,从而专注于物理系统本身问题的研究。该软件提出了基本元素的概念,即从所有模型中提取出的构成工程系统的最小单元,这一概念的应用使得用户可以在模型中描述所有系统和零部件的功能,而不需要编写任何程序代码。

(3) AMESim 拥有一套经过验证和优化的模型库,可以适应多领域和多学科仿真需要,并且模型库还在不断发展与丰富。

AMESim 的液压方向应用库有:液压库(Hydraulic)、液压元件设计库(Hydraulic Component Design)、液阻库(Hydraulic Resistance)、热液压库(Thermal Hydraulic)、热液压元件设计库(Thermal Hydraulic Component Design)、热液阻库(Thermal Hydraulic Resistance)等。

在液压系统仿真中,还可能使用的 AMESim 应用库有:机械库(Mechanical)、仿真库(Simulation)、信号控制库(Signal Control)、动力传动库(Power Train)、注油库(Filling)、气动库(Pneumatic)、电基本库(Electrical Basics)、机电库(Electro Mechanical)、电机及驱动库(Electric Motors and Drives)、热库(Thermal)、热气动库(Thermal Pneumatic)等。AMESim 还有面向车辆工程、航空工业等专业领域的应用库。

AMESim 具有丰富的接口,用于与其他软件包,例如 Simulink、Adams、Simpack、Flux2D、RTLab、ETAS、dSPACE、iSIGHT 等交换信息。

AMESim 已经成功应用于航空航天、车辆、船舶、工程机械等领域,成为包括流体、机械、热分析、电气、电磁以及控制等多学科复杂系统建模仿真的优选平台。

7.5.2 AMESim 软件使用方法

AMESim 的 Windows 版本具有典型的视窗风格用户操作界面。

作为建模仿真软件，AMESim 软件的基本工作模式有四个，依次是草图模式（Sketch Mode）、子模型模式（Submodel Mode）、参数模式（Parameter Mode）和仿真模式（Simulation Mode）。其中，草图模式、子模型模式和参数模式为建模过程。仿真模式为模型运行过程。

在草图模式下，可以建立一个新的系统模型或者打开一个已有的模型。使用鼠标从【AMESim 模型库】中选择模块，可以通过拖放和连接方式建立被仿真系统的物理结构草图。草图这一概念表示被仿真系统中的细节（模块的模型和参数数值）尚且没有明确。

在子模型模式下，用户可以使用鼠标左键双击草图中的【模块】图标，在弹出对话框选择子模型或者更改子模型，也就是为模块选择软件预先编写好并经过验证的模块模型。每个模块图标下都包含繁简不同的多个子模型可供选用。

事实上，尽管 AMESim 不需要用户自己推导数学模型，但是其仍然要求用户对模块数学模型的认识是清楚的，否则在进行模型子模块选择时必然是茫然和盲目的。

在参数模式下，当用户进入参数模式时，AMESim 会将模型编译为一个可执行文件以窗口中的系统模型作为用户操作界面，用户可以使用鼠标左键双击草图中的模块图标，在弹出对话框中给出模块参数及预设数值列表，修改参数的预设数值，从而修改可执行文件的变量参数。

尽管子模型默认参数往往是能够让仿真模型运行的常见数值，但其仍然需要用户依据实际系统情况逐项认真核对或修改。事实上，尽管子模型的数学公式是相同的，但是参数不同，可能会使模型表现出不同的物理特性。譬如，简单的一段钢管，对于同样的通过流量，钢管直径很大时，可以忽略液阻；钢管直径非常小时，必须充分考虑液阻。

AMESim 建模无需编写计算机软件代码，因此其可以将工程技术人员从数值仿真算法和耗时的编程中解放出来，其为每一个模型提供了最基本的工程元件（子模块），这些元件可以组合起来，能够描述复杂元件或系统功能。

显然，AMESim 建模过程的三个步骤只能依次进行不能出现步骤跨跃。只有建模完成后才可以进入模型运行阶段，也就是进入仿真模式。

在仿真模式下，用户可以完成初始化仿真运行参数、批仿真运行、绘制仿真结果曲线图等操作。使用鼠标左键双击【仿真模式】图标，运行仿真模型，在模型运行后，用户可以双击系统仿真模型图中的【模块】图标，在弹出对话框中给出模块输出参数及数值列表。AMESim 软件允许用户修改参数的预设数值，从而建立新模型。

7.5.3 建模仿真过程

液压系统仿真通常可采用 AMESim 软件仿真，其一般仿真过程如下。

第一步，分析实际工程问题，明确仿真目标及内容。

从实际工程问题分析中提出仿真研究的目标与任务，明确仿真研究的内容。

第二步，分析实际系统，建立仿真对象模型。

抽象仿真模型建立过程通常包括如下子步骤：

（1）依据仿真目标及内容，提出建模化简假设；

(2) 分析实际系统物理结构(系统与子模块的关系),建立仿真模型原理系统;

(3) 确定仿真模型系统的模块划分方案,明确模块参数变量。

第三步,采用 AMESim 仿真软件建立计算机仿真模型。

AMESim 仿真模型建立过程通常包括如下子步骤:

(1) 在草图模式下,按照抽象仿真系统模型原理(或结构)图建立计算机仿真模型的拓扑结构,随后添加工作液模块。

(2) 在子模型模式下,选择子模型的类型。

(3) 在参数模式下,修改各个子模型的参数。

第四步,运行计算机仿真模型,研究仿真结果,验证和完善仿真模型。

在仿真模式下,首先设置模型运行参数,选择求解算法等。然后运行 AMESim 仿真模型。待模型运行完毕,双击【仿真系统图】的模块图标,在弹出参数列表中,选择所需关注的参数,绘制参数变化曲线。

第五步,完成仿真模型的验证与证实,建立仿真可信度。

这里将仿真的验证与证实列为一个步骤,只是强调他们是建模/仿真的重要内容,验证与证实过程也会分散在建模过程中。

第六步,应用仿真模型,研究实际工程问题。

仿真研究的重要手段之一就是尝试改变关注的系统参数,观察系统参数对仿真结果的影响。这种情况下采用 AMESim 软件的批运行功能是非常有效的。批运行可以针对某一参数变量的不同值,依次进行多次仿真,并产生一系列仿真结果。

AMESim 软件的批运行须按下述步骤进行:

(1) 设置批运行参数(Batch Parameters);

(2) 初始化批运行(Batch Initialization);

(3) 绘制批运行仿真的曲线(Batch Plot)。

7.5.4 案例一

本节以上册图 2-1 所示的简单的动力学系统为例,介绍基于 AMESim 的仿真方法。具体仿真研究步骤如下。

第一步,分析实际工程问题,明确仿真目标及内容。

实际工程中,上册图 2-1 系统可以是橡胶垫减振系统。减振系统经常面对的问题是共振频率和衰减速度分析。仿真研究的目标与任务可以是展示系统的共振频率和衰减速度情况及其影响因素。

第二步,分析实际系统,建立仿真对象模型。

分析实际系统,质量块运动只是在铅垂方向上,质量块可以假设为质点;厚橡胶块表现出弹性,将这种物理性质假设为理想弹簧;厚橡胶块表现出阻尼特性,将这种物理性质假设为理想黏性阻尼器。

分析实际系统结构,建立仿真模型系统原理图如上册图 2-5 所示。将系统划分为三个单元,质点、弹簧和阻尼器,他们的参数变量分别为 m、K 和 B。质量块位移为 $x(t)$。

明确仿真模型系统参数:质量 m 为 2kg;弹簧刚度 K 为 1000N/m;阻尼系数 B 为 40N/(s/m)。

第三步,选择仿真软件,建立计算机仿真模型。

选择 AMESim 仿真建模软件,通过如下步骤建立仿真系统模型:

(1) 在草图模式下,按照上册图 2-5 所示的系统物理结构,利用 AMESim 软件提供的模块模型库(见图 7-25)建立仿真系统模型,如图 7-26 所示。

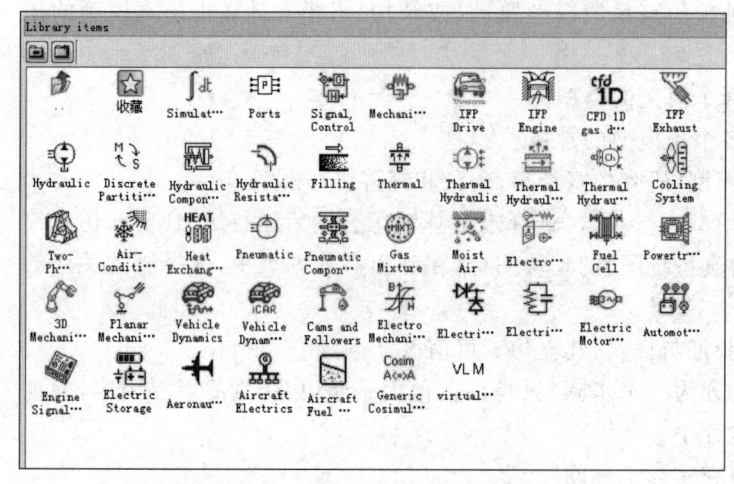

图 7-25　AMESim 软件提供的模块模型库

图 7-26　仿真系统模型

(2) 在子模型模式下,选择子模型的类型。

在子模型模式下,为所有模块选定模块模型的种类。

例如,双击图 7-26 系统中【质点模块】图标,打开其【模块类型选择】窗口(见图 7-27),选择模块模型 MAS002。

图 7-27　选择质点模块模型

同样，双击图 7-26 系统中【弹簧阻尼器模块】图标，打开其【模块类型选择】窗口（见图 7-28），选择模块模型 SD0000。

图 7-28　选择弹簧阻尼器模块模型

(3) 在参数模式下，修改各个子模型的参数。

在参数模式下，为所有模块核对和更改模块默认参数值。

例如，双击图 7-26 系统中【质点模块】图标，打开其【模块类型选择】窗口（见图 7-29），修改【mass】为 2kg。

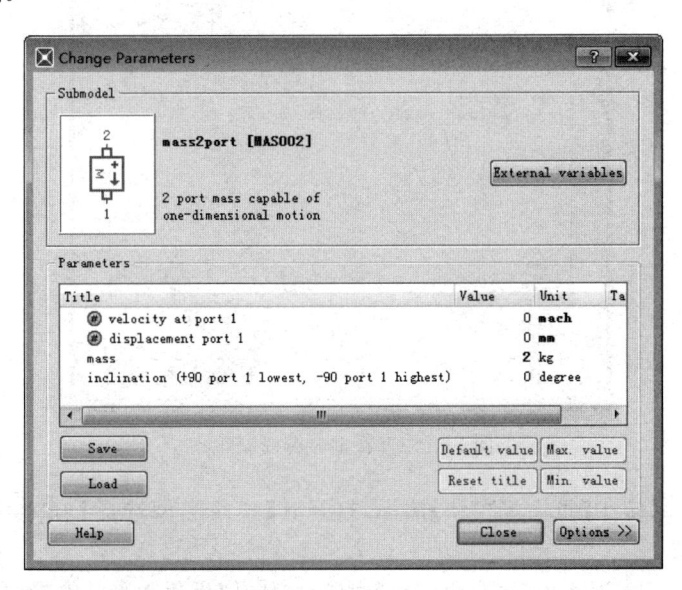

图 7-29　修改质点模型参数

同样，双击图 7-26 系统中【弹簧阻尼器模块】图标，打开其【模块类型选择】窗口（见图 7-30），修改【spring rate】为 1000N/m，修改【Damper Rating】为 40N/(m/s)。

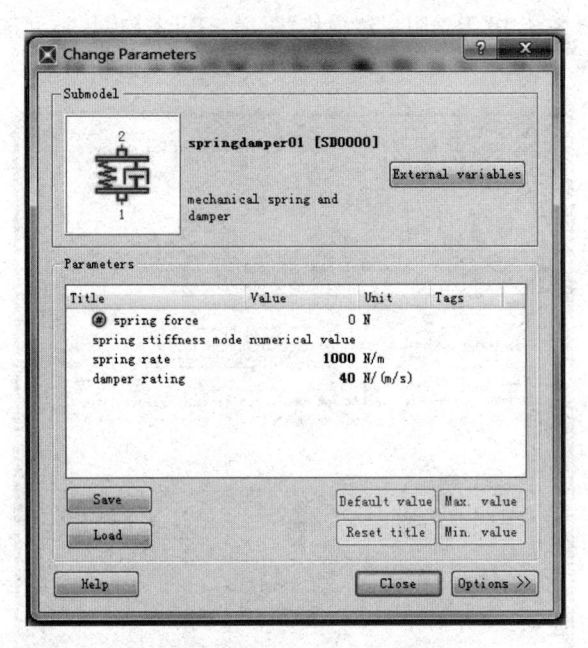

图 7-30 修改弹簧阻尼模型参数

图 7-31 查看重力场模型参数

双击图 7-26 系统中【重力场模块】图标,打开其【模块类型选择】窗口(见图 7-31),查看参数,使用默认值。

同样,双击图 7-26 系统中【指令源模块】图标,打开其【模块类型选择】窗口(见图 7-32),查看参数,使用默认值。

第四步,运行计算机仿真模型,研究仿真结果,验证和完善仿真模型。

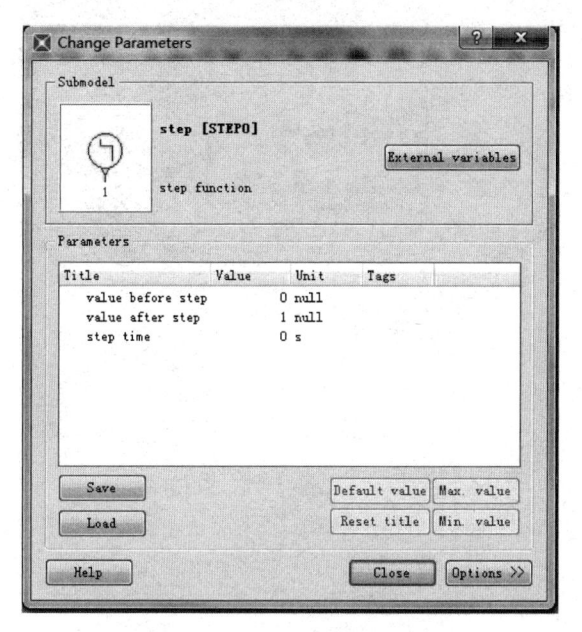

图 7-32 查看指令源模型参数

在运行模式下,单击【运行参数修改】图标,修改运行参数【Final Time】为 0.8seconds,修改【Print Interval】为 0.001seconds,如图 7-33 所示。

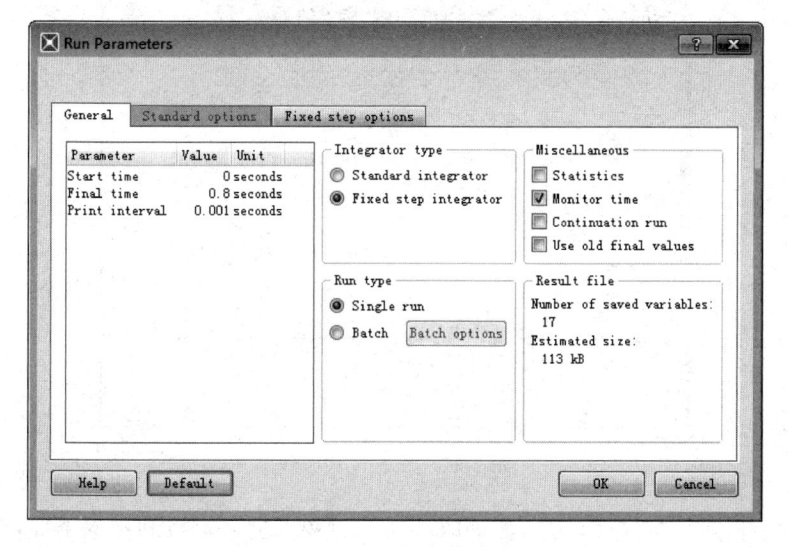

图 7-33 运行参数修改

在运行模式下,运行计算机仿真模型,此时将有进度条显示仿真运行进度。

在运行模式下,双击图 7-26 系统中【质点模块】图标,打开其【模块类型变量】对话窗口(见图 7-34),鼠标左键选择【质点位移变量】,单击右键打开对话框,选择【绘图】,得到质点位移曲线,如图 7-35 所示。

研究方案示例:改变系统参数,观察系统输出结果的变化。例如,将质量 m 分别修改为 0.2kg 或 20kg;将弹簧刚度 K 分别修改为 100N/m 或 10000N/m;将阻尼系数 B 分别

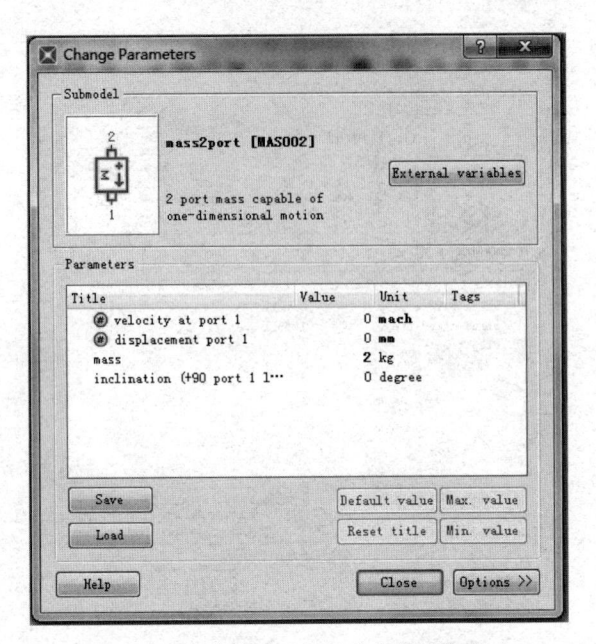

图 7-34　仿真模型运行后质点模块参数表

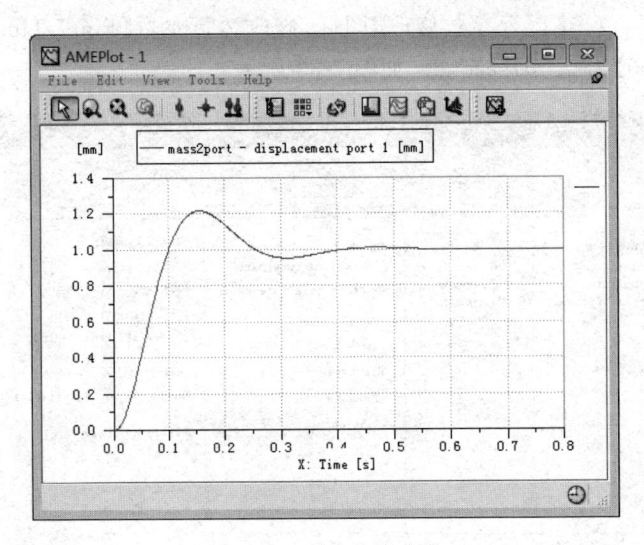

图 7-35　质点位移曲线

修改为 4N/(s/m) 或 400N/(s/m)，此处略去研究过程。读者可以利用本书提供的仿真程序自行实验研究。

第五步，验证与证实仿真模型，建立仿真可信度。

仿真模型的验证与证实内容，略。

第六步，应用仿真模型，研究实际工程问题。

通过仿真研究可以认识到：

(1) 被仿真系统的质量和弹簧刚度将影响系统振荡频率，质量增大或刚度变小都会使系统振荡频率变低。

(2) 阻尼器的阻尼系数影响振荡的衰减过程,阻尼系数大则振荡衰减过程快。

7.5.5 案例二

本节将以上册图 8-9 所示的四通阀控对称缸系统为例,介绍基于 SimHydraulic 的仿真方法。因篇幅所限,这里是简写,扫描二维码可以观看详细仿真研究操作。

仿真研究步骤如下。

第一步,分析实际工程问题,明确仿真目标及内容。

略。

第二步,分析实际系统,建立仿真对象模型。

分析实际系统结构,建立仿真模型系统原理图如上册图 8-9。

明确系统参数(限于篇幅略写,参数值见下面模块参数配置)。

第三步,选择仿真软件,建立计算机仿真模型。

选择 AMESim 仿真建模软件,通过如下步骤建立仿真系统模型。

(1) 在草图模式下,按照上册图 2-5 所示的系统物理结构,利用 AMESim 软件提供的模块模型库(见图 7-25)建立仿真系统模型,如图 7-36 所示。

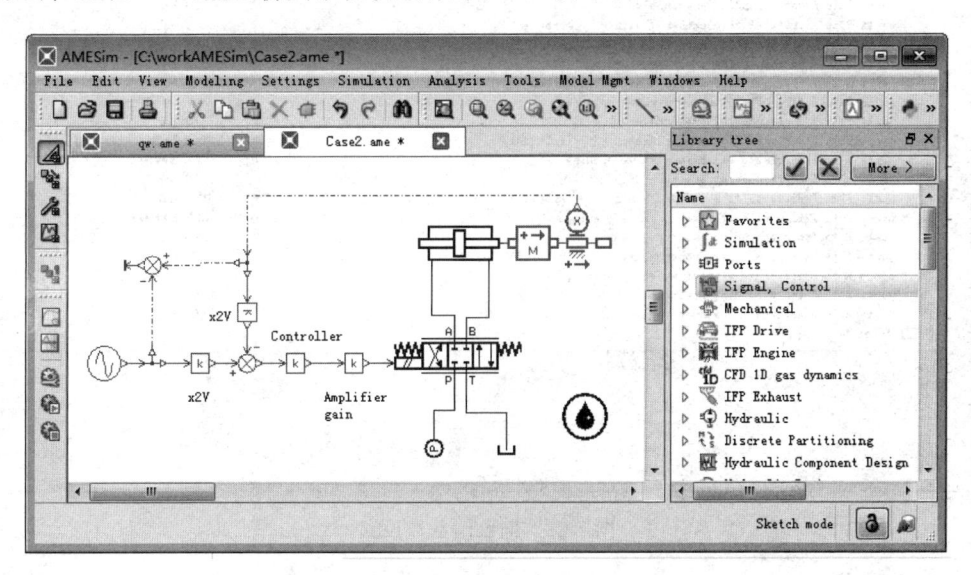

图 7-36 系统 SimHydraulics 模型

(2) 在子模型模式下,选择子模型的类型。

在子模型模式下,为所有模块选定模块模型的种类。

例如,双击图 7-36 系统中【四通阀模块】图标,打开其【模块类型选择】窗口,选择模块模型 HSV34。

同样,双击图 7-36 系统中其他模块图标,打开其【模块类型选择】窗口,为其选择模块模型,这里略去。

(3) 在参数模式下,修改各个子模型的参数。

在参数模式下,为所有模块更改模块默认参数值。

例如,双击图 7-36 系统中【四通伺服阀模块】图标,打开其【模块类型选择】窗口(见

图 7-37)。在【模块参数】对话框中,修改如下参数:

在【Valve Characteristics】下面,修改【Valve Rate Current】为 200mA;修改【Valve Rated Frequency】为 85Hz;修改【Valve Damping Rate】为 0.6Null。

在【Pressure Drops】下面,修改【Pressure Drops】和【Flow Rate】参数,如图 7-37 所示。

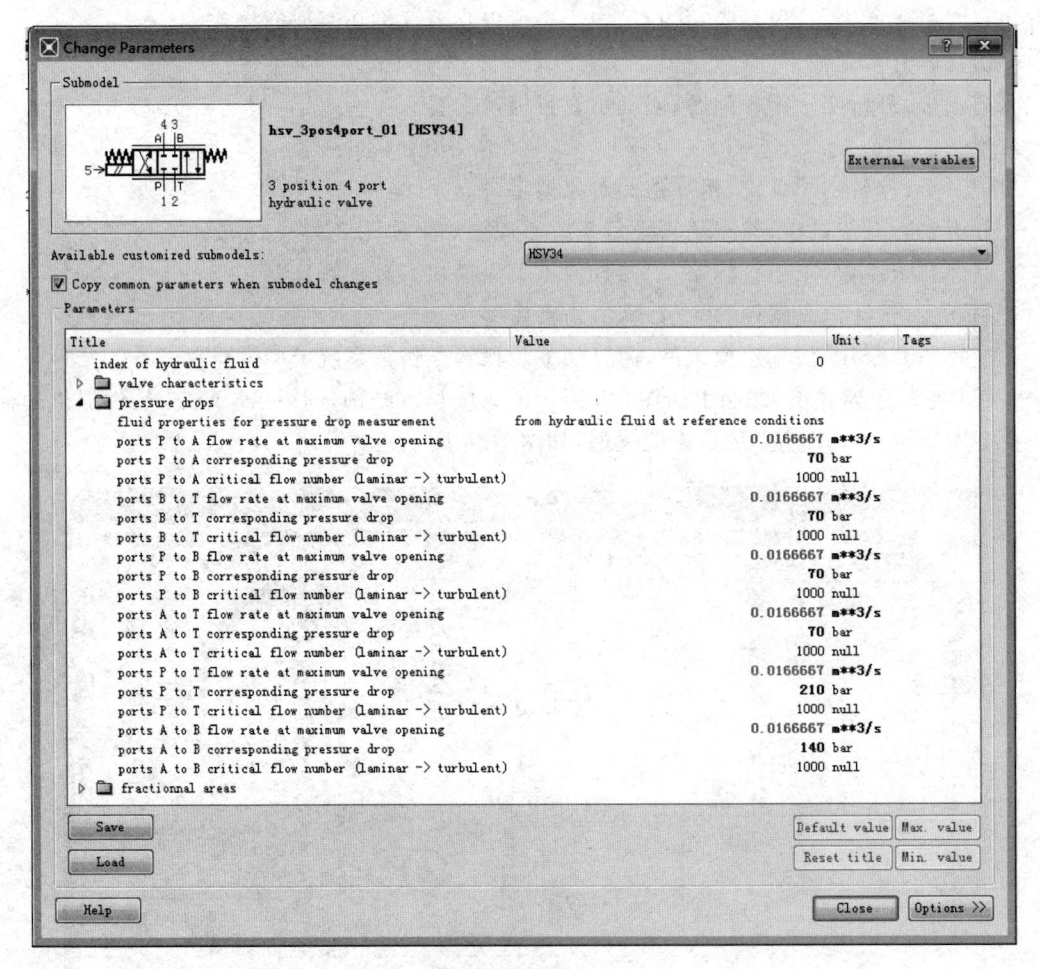

图 7-37 伺服阀参数设置

双击图 7-36 系统中【质点模块】图标,打开其【模块类型选择】窗口,修改【Mass】为 90kg。

双击图 7-36 系统中【双作用液压缸】模块,在【模块参数】对话框中,设置【液压缸行程】为 0.9m;【A、B 腔有效作用面积】为 $1.45e-4m^2$;【A、B 死腔容积】为 $1.45e-5m^3$。

双击图 7-36 系统中【恒压泵模块】图标,在【模块参数】对话框中,设置【泵压力参数 Pressure】为 21MPa。

同样,双击图 7-36 系统中【Amplifier Gain 标签】模块,修改【Value of Gain】为 200/10Null。

双击图 7-36 系统中【Controller 标签】模块,修改【Value of Gain】为 2Null。

双击图 7-36 系统中【x2V 标签】模块,修改【Value of Gain】为 20Null。

同样,双击图 7-36 系统中【指令源模块】图标,打开其【模块类型选择】窗口,修改【Sine

Wave Frequency 参数】值为 1Hz；修改【Sine Wave Amplitude 参数】值为 0.2Null。

第四步，运行计算机仿真模型，研究仿真结果，验证和完善仿真模型。

在运行模式下，单击【运行参数修改】图标，修改运行参数【Final Time】为 6seconds，修改【Print Interval】为 0.001seconds，如图 7-38 所示。

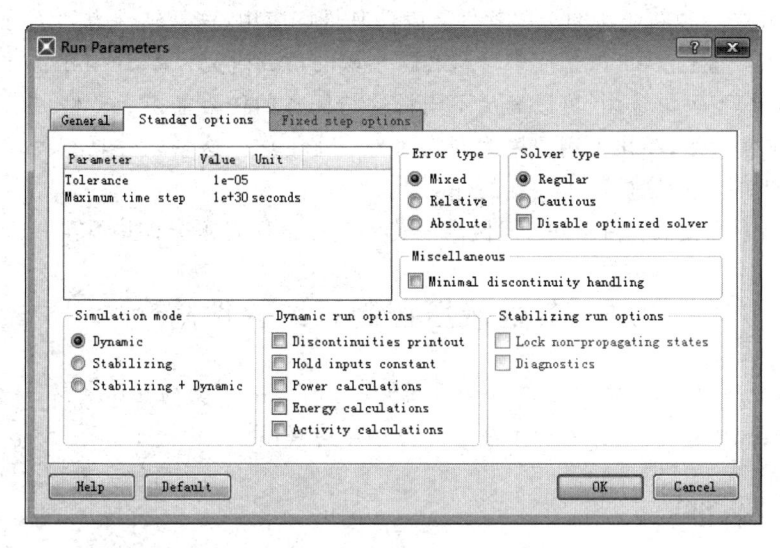

图 7-38　物理模型求解器

在运行模式下，运行计算机仿真模型，有进度条显示仿真运行进度。

在运行模式下，双击图 7-36 系统中左上角【加法器模块】图标，打开其【模块类型变量】对话窗口，鼠标左键选择【信号变量】，单击右键打开对话框，选择【绘图】，得到指令与液压缸活塞位移曲线，如图 7-39 所示。

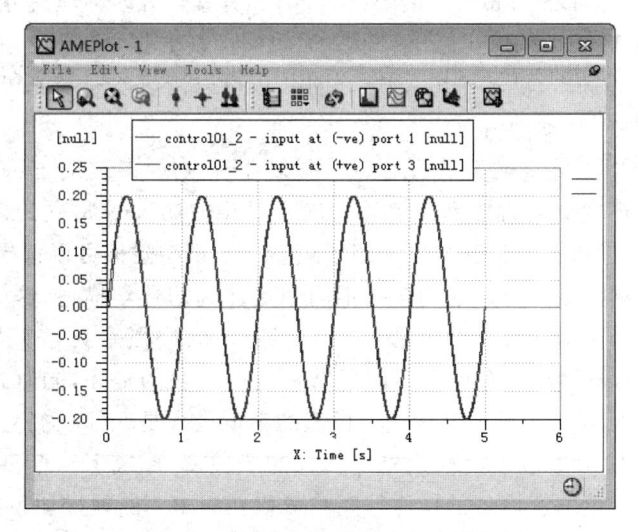

图 7-39　活塞杆位移指令与实际值

第五步，验证与证实仿真模型，建立仿真可信度。

略。

第六步，应用仿真模型，研究实际工程问题。
略。

7.5.6 小结

AMESim 是一种商业化的工程软件。随着其推广应用，这款软件得到了持续地完善与进化。该软件功能丰富，可以开展多学科和跨领域的仿真研究。AMESim 软件库的子模块往往具有多种模型可供选用，可以满足不同目的与任务的仿真需求。软件提供的功能模块经过验证与证实过程，简化了用户模型的验证与证实工作。这款软件具有程式化的操作规程，为仿真结果的可信度提供了一定的保障。

AMESim 软件仿真上手不难，但做出完美无瑕的工程问题仿真并不容易。

7.6 其他液压控制系统软件简介

实际工程需求促进液压系统仿真软件进步，进而产生了多种液压系统仿真软件工具。除了前面介绍的仿真软件，还有以下仿真软件也比较常用。

7.6.1 20-sim

20-sim 是主要面向机电系统设计的一体化建模仿真平台。由荷兰 Controllab Products B.V. 公司与 Twente 大学开发，其前身是 TUTSIM。

20-sim 采用 SIDOPS 语言描述，可以运行在 Windows 和 Sun-Unix 操作系统下，其能够对机械系统、电气系统、液压系统以及他们的混合系统进行建模仿真。它是一个功能强大的建模仿真平台，支持线性、非线性、连续、离散系统建模仿真，支持功率键合图（Bond Graph）、图表图（Iconic Diagram）、方块图（Signal）和方程式等多种建模方式。

20-sim 可以与 MATLAB/Simulink 等多种软件交换数据，实现联合仿真，还可以将模型转化为 C 语言代码输出，供其他仿真软件使用，也可以用于实时控制等，其仿真结果可以输出曲线绘图窗口和 3D 动画窗口。

20-sim 广泛应用于航空航天、汽车工业、制造业等领域，其支持面向对象的建模方法，支持由模型和外界环境交换的功率或信号来确定模型。20-sim 建立的模型为一个逐级树形结构，其在任何模型内都允许建立下一级子模型。子模型建模可以选择其他实现形式，在子模型接口的数量和类型确定后还能包括不同或更详细的数学描述，这就意味着软件允许实现自上而下或自下而上两种建模方法。20-sim 建模的过程能从一个简单的子系统或空系统的拓扑结构网络开始，然后加入不同复杂程度的真实的描述，同时各级系统子模型在 20-sim 中均可用较低层次的子模型构成。模型的最低层次是元件子模型。

20-sim 的模型库中提供了大量预先定义好的子模型，形成了一个可重用的模型库，这些子模型都可以作为建立新模型的构件。用户可以在库中不断地增加新的子模型来增强系统的功能，只是需要用 SIDOPS 语言进行子模型的底层描述。模型库有功率键合图（Bond Graph）、图表图（Iconic Diagram）、信号（Signal）等几个目录，方便用户直接调用。

20-sim 具有 Euler、Backward Euler、Adams-Bashforth、Runge-Kutta、Vode Adams、Backward Differentiation Formula 等多种积分算法。

20-sim 允许用户利用其自身的仿真器对系统模型进行检验和纠错,然后编译成可运行的仿真模型并可生成标准的 C 语言代码。在仿真器中用户可以设置子模型的实际参数、选择绘图变量、选择积分方法、设定仿真初始条件和仿真运行方式等。仿真运行结果可分别显示在曲线绘图窗口和动画演示窗口。

20-sim 软件建模仿真特点:
(1) 图形化建模、采用拖放子模型方式建模;
(2) 模块模型允许嵌套;
(3) 支持线性、非线性、连续、离散系统建模仿真;
(4) 支持功率键合图、图标图、方块图和方程组等多种建模方式;
(5) 具备 3D 动画显示功能;
(6) 可以输出标准 C 语言代码或 S-Function 等形式的模型。

20-sim 软件使用方法:

总体上看,20-sim 软件包括两个主要窗口和一些工具。第一个主要窗口是编辑器窗口(20-sim Editor)。20-sim 软件起动就打开了该编辑器窗口。编辑器窗口上面有工具栏,其中一个命令是【起动仿真器(Start Simulator)】。第二个主要窗口是【仿真器窗口(20-sim Simulator)】,在编辑窗口单击起动仿真器工具栏可以打开仿真器窗口,仿真器窗口上面也有一排工具栏,用于调整仿真参数。

20-sim 软件使用主要分为编辑(Edit)和仿真(Simulate)两个操作步骤。

模型编辑过程就是建模过程。编辑器窗口主体是【模型编辑器(Editor)】,其左侧是【模块库浏览器】和【模型浏览器】。【模型编辑器】分为【图形编辑器(Graphical Editor)】和【公式编辑器(Equation Editor)】。20-sim 软件是图形化编程软件,经常打开的模型编辑器是【图示编辑器】。系统模型和级别较高的子模型通常为图形化模型,但是最底层的子模型都是数学公式模型。当打开公式模型或建立公式模型时,【公式编辑器】自动打开。

1. 建模过程

建模操作主要包括模型文件操作和模型建立操作两类。

模型的文件操作主要包括:【打开模型(Open Model)】、【保存模型(Save Model)】、【文件打包(Packed Files)】、【插入模型(Insert Model)】、【连接模型(Connect Model)】等操作。

模型建立操作分三步,下面结合上册图 2-1 所示动力学系统阐述。

第一步,系统模型建立。

建立一个新的模型或者打开一个已有的系统模型或子模型,可以从模型库中选择预先编写好的模块模型,将其拖放至图形编辑器中,用连接工具(Connect)连接子模型图标,然后编辑图形化模型。图形化模型包括:功率键合图(见图 7-40)、图标图(见图 7-41)、方块图模型(见图 7-42)。如果所建立的模型是方程组模型(见图 7-43),则需要在公式编辑器中书写数学公式。

第二步,模型参数设置。

使用鼠标单击【显示参数】图标,显示子模型程序,然后便可以修改对应参数。也可以单击工具栏【显示参数(Show Parameters)】图标,打开【参数及初始值编辑器(Parameter/Initial Values Editor)】,修改对应参数。

第三步,检查模型的完整性。

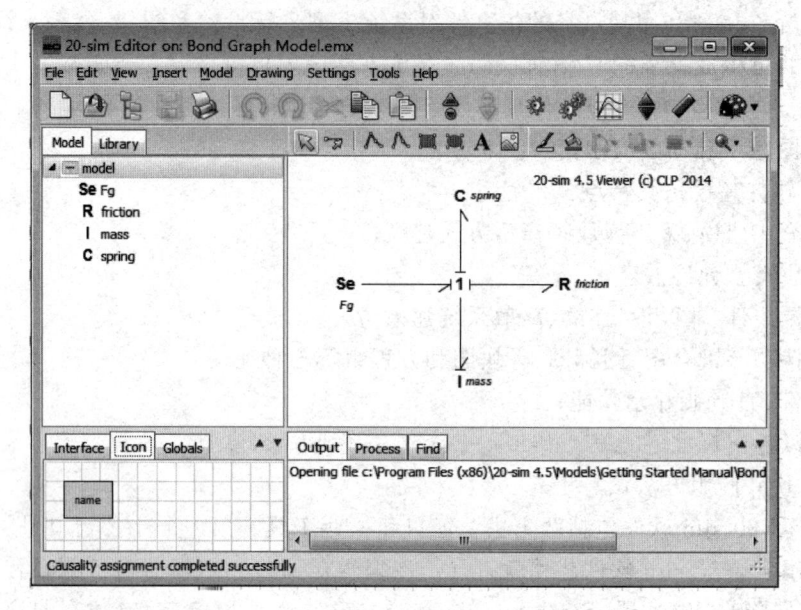

图 7-40　功率键合图模型

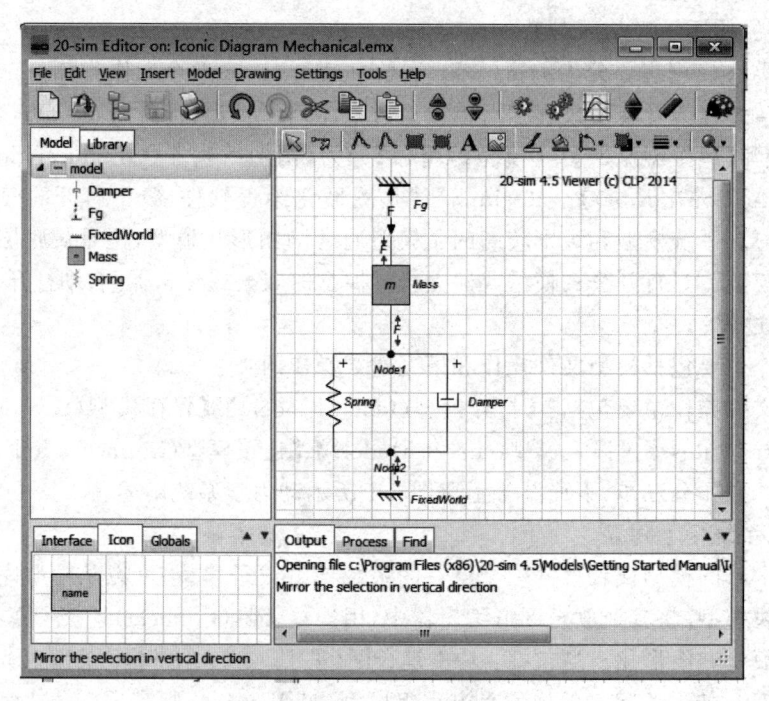

图 7-41　图标图模型

选择图形化编辑器的【检查模型完整性(Check Complete Model)】的工具栏图标以检查模型完整性。

2. 仿真过程

在【模型编辑器】窗口单击【起动模拟器(Start Simulator)】工具栏图标,打开【模拟器窗口】。模拟器窗口中间是一个示波器,其上为【仿真器窗口】工具栏。【仿真器窗口】工具栏主

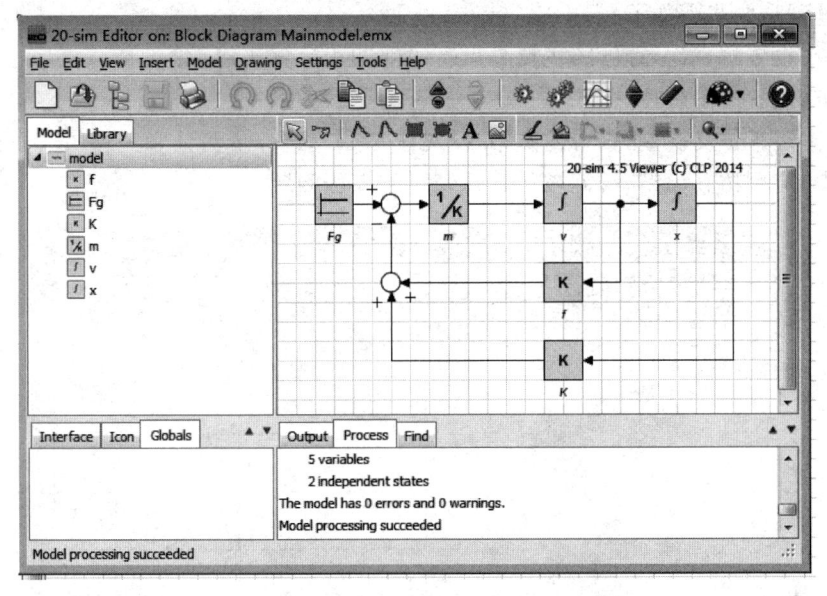

图 7-42 方块图模型

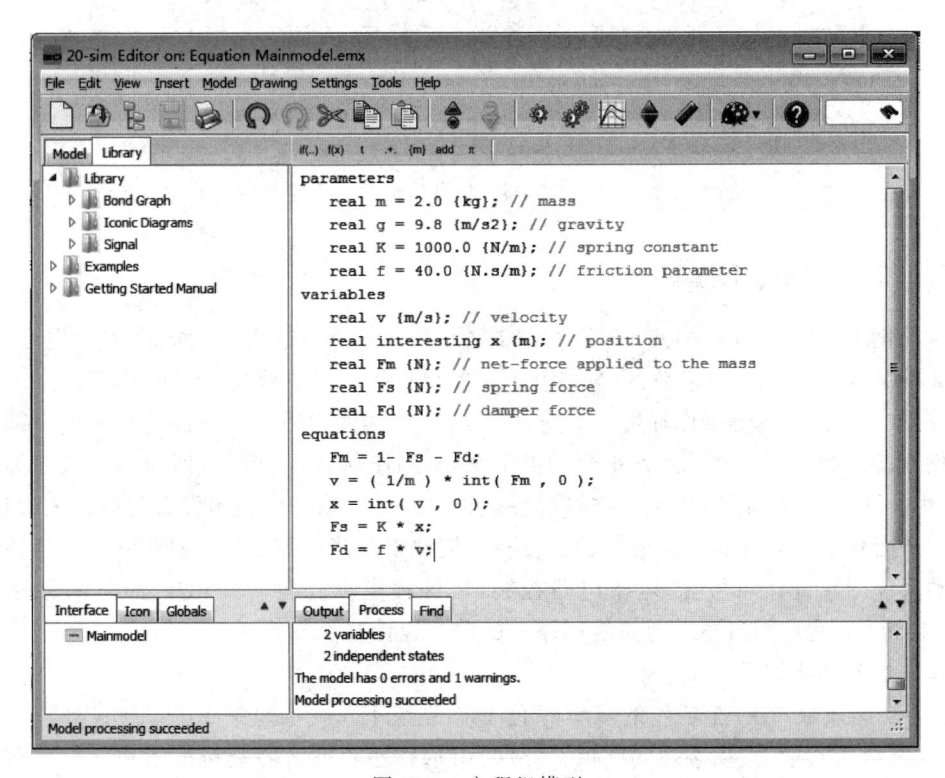

图 7-43 方程组模型

要提供仿真运行属性(Run Properties)设置、绘图属性(Plot Properties)设置、仿真运行控制等功能,具备直观易用的特点。

仿真过程通常步骤如下：
第一步，设置仿真运行属性，主要是运行时间和积分算法选择；
第二步，设置绘图属性；
第三步，运行仿真模型，查看仿真结果（见图 7-44），进一步验证和完善仿真模型；
第四步，应用仿真模型，研究被仿真系统科学工程问题。

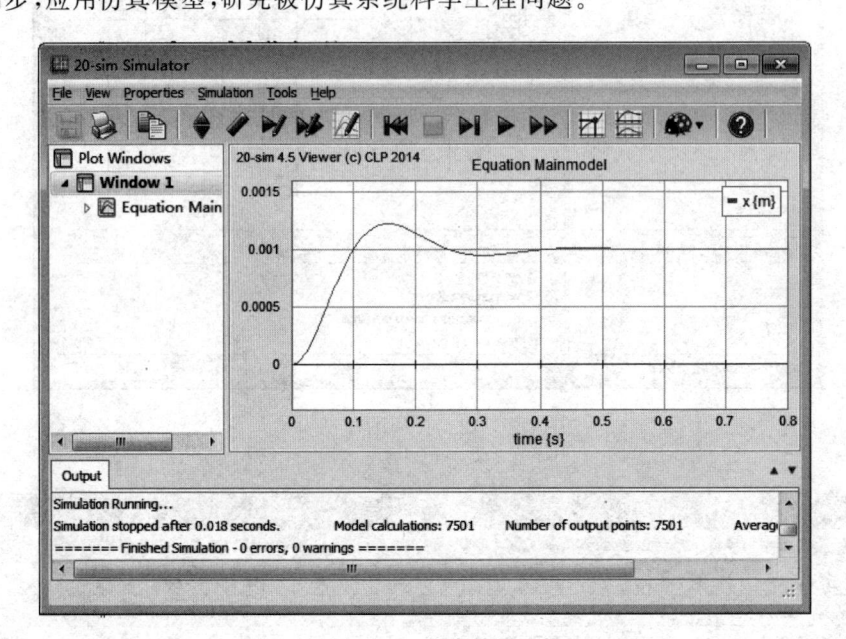

图 7-44　仿真结果

7.6.2　自动化工作室

自动化工作室（automation studio）是加拿大 Famic 公司推出的面向流体动力行业的、功能完备集成的自动化工作平台（软件包）。这个平台集成了液压、气动、PLC、电气控制、CAD 绘图和模拟仿真等工作环境。利用这个工作平台，用户可以灵活地进行机电一体化系统的创新设计和实验研究。工作平台提供了系统设计、仿真、文档、培训和维护软件等解决方案，为设计工程、试制样品、测试、排除故障、维护/诊断、培训和技术发布等提供无缝整合。

用户能够使用它完成系统设计、资料编制、模拟以及演示等工作。具体包括：各种液压与气动系统回路设计与仿真，电子电路控制、可编程逻辑控制器（PLC）程序、顺序功能图（SFC/Grafcet）程序与流体动力系统回路等的联合设计与仿真验证。

软件主要功能如下：

（1）功能集成，在一个通用的环境里下（窗口系统下），独特地集成了系统设计特征的易操作性、高级工程能力、动态现实模拟、完整的演示特性和灵活的资料编制功能。它在优化系统应用、部署和维护方面为生产商、OEM 商和终端客户开辟了一个新的领域，在整个装备生命周期的各个环节均可获得应用并提高生产率。

（2）硬件支撑，实现对任务的配置和编程的核心组件，图形化的软硬件配置可清晰地勾勒出整个项目概况，过程变量和数据采用符号化方式编程和分配地址，系统会自动辨识和支持目标硬件。

(3) 控制编程语言，编程适用所有标准语言：Automation Basic，ANSI-C，符合 IEC 61131-3 的梯形图（LAD），指令表（IL），结构文本（ST），顺序功能图（SFC），数据模块编辑器，数据类型编辑器等。

(4) 仿真建模，采用图形化编程语言，用元件图标代替文本，通过图标输入模型编辑器实现模型构建、动态演示和数据采集等多种功能。

(5) 网络功能，Automation Net 使用 RS232，CAN，TCP/IP 或 MODEM 连接网络。除了监测、控制及历史曲线等功能，还有断电诊断、逐语句调试、逐过程调试、日志记录等其他功能。

(6) 函数库，无论是简单的逻辑和数学运算，还是通信协议的编写和复杂的控制算法都已作为标准的功能块集成在自动化工作室中。此外还支持用户自行创建和管理自定义的功能块。

自动化工作室配备标准的模块和函数库。在进行系统仿真时，所有模块和函数库均可交互信息。因此，可以允许用户创建类似真实状况下运行的完整系统。

自动化工作室软件具有大量模块和函数库。包括：液压设计（Hydraulics Design）、比例和伺服液压（Proportional and Servo Hydraulics）、气动设计（Pneumatics Design）、流体传动组件编辑（Fluid Power Component Sizing）、电气控制（Electrical Controls）、电气函数库（Electrical）、可编程逻辑控制器梯形逻辑及数字电子（PLC Ladder Logic & Digital Electronics）、数字电子库（Digital Electronics Library）、人机界面和控制面板模块（HMI and Control Panel Module）、顺序功能图（Sequential Function Chart（SFC）/Grafcet）、OPC 客户端和输入/输出接口工具包（OPC Client & I/O Interface Kit）、材料单和报告单（Bill of Material & Report）、电子目录（Electronic Catalog）、线管和水泵设计（Spool and Pump Design）等。每一个函数库都包含几百个符合 ISO，IEC，JIC 和 NEMA 标准的模块或组件。将合适的组件拖放到工作空间以后，用户可以快速地对各种实际工程系统开展建模与仿真。

自动化工作室的特点如下：

(1) 协助用户提高质量，优化整体工作流程，简化工作流程以及提高生产率。

(2) 提供功能完备的集成软件包，除了系统仿真功能，用户还可以设计、模拟以及演示各种流体动力系统回路。

(3) 采用图形化编程语言建立仿真模型，用元件图标代替程序指令文本，通过图标输入编辑器，实现模型构建、动态演示和数据采集等多种功能。

(4) 提供完备的动态和现实模拟，降低样机制造和维护的成本。

(5) 模型库包含几千个功能模块，职能符号符合 ISO，DIN，IEC，NEMA 和 JIC 的图形标准。而且允许用户定义自己的职能符号、组件、模板和函数库。

(6) 可以与其他 CAD 和 PDM 系统兼容，便于平滑的系统集成。

(7) 与液压行业企业密切合作，集成了多个液压元件制造商的产品模型及数据。

(8) 使用简单，操作方便，界面友好，兼容性强。可直接将回路设计和图表复制下来，在 Word 文本上粘贴，极大地方便了用户需求。

(9) 企业可以安全地在一个项目上开展协作或分享关键信息。软件可以帮助原始装备制造商，供应商和装备制造商建立全公司的标准，促成客户、供应商与用户分享信息。

(10) 具备故障模拟功能，允许用户在系统仿真过程中设置故障定义的缺陷情况。提供了一组动态的虚拟仪器帮助诊断和修复这些故障。形成了一个安全,高效的环境来培养维护和服务人员,提高其与特定的装备或系统的技能。

Automation Studio 广泛地应用于机电液气控制系统的设计与研发实践中,为系统结构分析、动静态性能测试、元件负载特性研究和技术数据采集等提供了良好的实施工具。

7.6.3 Dymola

Dymola 是法国 Dassault Systemes 公司推出的多学科和多工程领域的系统仿真工具,其可快速解决复杂的多专业系统建模和分析问题。Dymola 是用于模型创建、测试、仿真和后处理的完整软件环境。其支持 FMI(Functional Mock-Up Interface)标准接口协议,以方便与其他软件进行联合仿真,并方便实现 HIL、SIL 和 MIL 测试。

Dymola 具有独特而卓越的性能来求解微分代数方程(DAE)。其符号操作是保障高性能和稳定性的关键,能够处理约束导致的代数环和缩减自由度。这些技术与特殊数字解算器相结合,可以实现实时硬件在环仿真(HILS)。

Dymola 具有独特的多领域工程功能,其提供了许多不同领域的库,包含面向机械、电气、控制、热、气动、液压、传动系统、热力、车辆动力、空调等许多领域的零部件模型。同时其也可以用来自许多工程领域的零部件模型构建仿真模型,使用这些仿真模型能够更好地展示真实世界的完整系统组成。

Dymola 的图形编辑器和多工程库简化了建模操作。最底层的物理零部件模型采用普通的微分方程和代数方程描述;高级别子系统模块采用图形化编程,通过从模型库中选择、拖放、连接子模型进行系统建模。工程库包含与物理装备对应的子模型,可以轻松拖放这些子模型以构建系统模型;也可通过模块图标连接来方便地描述零部件之间的信息交互,实现对零部件的物理耦合进行建模。也就是说,可以按照与物理系统相同的模块化组成方式来直观地构建系统模型。

Dymola 环境完全开放。Dymola 用户可以方便引入与用户自己的独特需求相符的零部件模块。为了实现用户特殊需求的功能模块,用户既可以从零开始创建新的零部件模块,又可以使用现有零部件模块作为模板,通过局部修改产生新的零部件模块。开放和灵活的软件架构使得 Dymola 成为了一个新研发产品的卓越的仿真工具,也是产品升级设计的卓越工具。

Dymola 的二次开发基于 Modelica 语言。Modelica 语言是由 Modelica Association 开发的一种以对象为导向的物理建模语言。

Dymola 提供多种互操作性选项。完全支持 FMI 标准,可以输出 Python 脚本,允许使用 Simulink 界面。通过将 Dymola 的多域建模优势和 Simulia 产品(比如 Abaqus 或 iSight)的计算性能相结合,可以使用户获得速度更快以及细节更加丰富的仿真。

Dymola 中的模型库包括 Modelica 基础库和商业库。Modelica 基础库为客户免费提供 Modelica 协会在机械、流体、电子电气、电磁、控制、传热等多个工程领域的研究成果。Dymola 与全球范围内各领域的领军企业和研究所合作,为客户提供专业模型库,涵盖空调、蒸汽循环、液冷、电力、液压、气动、电机驱动、内燃机、传动、车辆动力学、柔性体、燃料电池、火电、水电、风电等领域,为产品的多领域协同研发提供全面的支持。

Dymola 支持 FMI 标准接口协议,可集成不同软件建立的、不同详细程度的系统模型,支持 NI、dSPACE、Concurrent、HiGale、RT-Lab、ETAS 等实时仿真系统。FMI 是开放的第三方标准接口协议，任何软件均可以基于该协议开发接口，将模型封装为 FMU(Functional Mock-Up Unit)或导入其他软件生成 FMU，实现模型交互和联合仿真。基于 FMI/FMU 可以实现异构模型联合仿真的数据交互。例如，利用 FMI Toolbox for MATLAB 可在 MATLAB/Simulink 环境中集成其他建模工具生成的 FMU 模型，并能够将 MATLAB/Simulink 建立的模型封装为 FMU 给其他仿真工具使用。该工具提供全面的与 FMU 模型各部分交互的 C 程序接口，包括解压、载入共享文件、解析 XML 模型文件和模型检查等，并同时支持 Windows 平台和 Linux 平台。基于该工具，可以利用 MATLAB/Simulink 丰富的工具箱对其他软件建立的模型进行仿真，比如参数优化、实验设计等。

Dymola 软件按照"学习"和"创新"两种用途的版本发布。DYL 软件包面向"学术学习"，包含标准 Dymola 配置、部分模块库、FMI 导出功能，以及可在 Simulink 或实时平台上使用模型的选项。DYI 软件包面向"学术创新"，包括 DYL 软件包的功能，及外加所有商业 Modelica 库。

Dymola 的主要特点如下。

(1) 支持多工程。适用于多个工程领域的兼容模型库，并允许对复杂的集成系统进行高保真建模。

(2) 具备免费库和商业库。用户可以轻松地构建自己的零部件或调整现有零部件来满足独特的需求，实现全面的模型库产品组合。

(3) 支持模型的重用。以方程式为导向的非因果模型允许在不同的上下文中使用同一个零部件，以及为不同的算例使用同一个模型。

(4) 支持符号方程式处理。使得用户无需将方程式转换为赋值语句或块图，其使仿真变得更加有效和稳定。

(5) 支持硬件在环仿真(HILS)。支持 dSPACE 和 xPC 上的实时仿真。

(6) 具备强大的互操作性选项，全面支持 FMI，并提供了 Python、SIMULIA 工具 Abaqus 和 iSight 以及 Simulink 的接口。

(7) 支持动画功能。用于实现可视化的 CAD 文件实时 3D 动画和导入。

Dymola 广泛应用于航空航天、汽车工业、能源工业、机器人、加工机械等领域，用于集成复杂系统功能的设计、验证与优化。

7.6.4 OpenModelica

OpenModelica 是一个开源的基于 Modelica 语言的建模和仿真环境，多用于工业界和学术界研究，其由非营利组织 Open Source Modelica Consortium(OSMC) 开发和维护。

OpenModelica 是一款跨平台的仿真软件，软件可以广泛地应用于机械、控制、电子、液压和气动等多个领域。软件提供了图形化的建模工具，可以通过拖放模型库中的部件模块进行建模操作，可以有效地满足不同工程师的需求。

OpenModelica 是免费和开源的，其致力于支持更多领域的相关人员使用。例如，其具有一个交互式 OpenModelica Shell(OMShell) 和一个高级交互式编译器(OMC)，其目标是将 Modelica 代码编译为 C 代码以在不同软件环境下进行模拟。

OMC 有一个可用于查询 Modelica 代码的 API，可以从控制台接口或作为 CORBA 对象使用。软件自带的连接编辑器提供了一个图形界面来编辑代码,支持 Qt 库和语法高亮显示。

Modelica 开发工具(MDT)是基于 Eclipse 的一个二次开发实用程序。其所使用的 Modelica 建模语言(ModelicaML)是图形化的,用于时间连续和基于事件的系统动力学。

OpenModelica Python 接口(OMPython)还为 Python 提供建模和仿真功能。

OpenModelica 软件的特点:

(1) 包含使用 Modelica 语言的完整软件包;

(2) 预置全面的用户文档和工具;

(3) 为 Modelica 建模和仿真提供了一个功能丰富的开发环境。

OpenModelica 软件的优势:

(1) 提供了一种新的(独立的)基于 FMI 和 TLM 的仿真工具 OMSimulator;

(2) FMU 组合模型的图形配置编辑;

(3) 支持对状态机和转换的基本图形进行编辑(还不支持在图层上显示状态内部结构);

(4) 更快的查找处理,更快速地进行一些库浏览和编译;

(5) 多媒体动画等其他高级可视化功能;

(6) 增加库覆盖率,包括显著地增加验证覆盖率;

(7) 通过添加 ZeroMQ 通信协议提高了工具互操作性;

(8) 可以使用 Python 3,增强了对复杂问题的处理能力;

(9) 支持 OpenModelica 的 RedHat/Fedora 二进制版本。

Modelica 是一种面向对象、声明性和多领域的建模语言,其通常用于创建机械、液压、热力和电气组件的模型。

Modelica 语言广泛用于许多系统仿真软件中,例如 Dymola、OpenModelica、SimulationX、AMESim、MapleSim、Wolfram System Modeler 等。

7.6.5 FluidSIM

FluidSIM 软件由德国 Festo 公司 Didactic 教学部门和 Paderborn 大学联合开发的,是专门用于液压与气压传动的教学软件。FuidSIM 软件包含 FluidSIM-H 和 FluidSIM-P 两个软件,其中 FluidSIM-H 用于液压传动教学,而 FluidSIM-P 用于气压传动教学。

FluidSIM 软件的主要技术特征如下:

(1) CAD 功能和仿真功能紧密联系在一起。FluidSIM 软件符合 DIN 电气—液压(气压)回路图绘制标准。该 CAD 功能是专门针对流体传动系统而特殊设计的,例如在液压(气压)系统回路绘图过程中,FluidSIM 软件将检查各元件之间连接是否可行,最重要的是能够对基于元件物理模块模型的回路图进行仿真,并有元件的状态图显示。这样就使回路图绘制和相应液压(气压)系统仿真相一致,从而能够在设计完系统回路后,验证设计的正确性,并演示回路动作过程。

(2) 系统性地学习与教学。FluidSIM 软件可用来自学、教学和多媒体演示液压(气压)技术知识。液压(气压)元件可以通过文本说明、图形以及介绍其工作原理的动画来描述;各种练习和教学影片讲授了重要回路和液压(气压)元件的使用方法。

（3）可设计和液压气动回路相配套的电气控制回路，弥补了以前液压与气动教学中，学生只见液压（气压）回路不见电气回路，从而不明白各种电气开关和液压（气压）阀动作过程的弊病。通过对电气—液压（气压）回路的同时设计与仿真，提高学生对电控气动系统与电控液压系统的认识和实际应用能力。

FluidSIM 软件用户界面直观，操作简单。采用类似画图软件似的图形操作界面，支持拖放图标进行设计和面向对象设置参数。其易于学习，让用户可以很快地学会绘制电气—液压（气压）回路图，并对其进行仿真。

7.7 本 章 小 结

液压控制系统仿真在液压控制系统分析与设计中发挥着重要的作用，其越来越成为液压控制系统设计的重要手段。

液压控制系统仿真是一种系统仿真工作，这一领域技术正在促进液压控制系统设计方法的变革。液压仿真软件在发展过程中形成了方便、易用的特点。液压系统建模与仿真中常见的几个问题得到了阐述。结合案例分别阐述了 MATLAB/Simulink 编程建模仿真、SimHydraulics 软件建模仿真和 AMESim 软件建模仿真的方法。补充介绍了 20-sim 等其他仿真软件情况。

思考题与习题

7-1 何谓液压控制系统计算机仿真？它的所属类型是什么？

7-2 试论述系统仿真技术对液压控制系统设计方法的变革。

7-3 现代液压控制系统仿真软件有何特点？

7-4 简述液压控制系统仿真研究的一般过程。

7-5 请判断观点正误，并陈述判断依据。一种观点：我对液压系统了解不多。仿照例程，没费事就用 AMESim 软件建立阀控对称缸液压系统模型并运行，几乎没有受困于液压控制系统理论。

7-6 请判断观点正误，并陈述判断依据。一种观点：为了提高仿真的可信度和准确度，需要对被仿真系统建立尽可能详尽和精确的模型。

7-7 请判断观点正误，并陈述判断依据。一种观点：液压系统由元件构成，为了提高仿真的可信度和准确度，需要通过对所有液压元件建立尽可能详尽和精确的模型，才能构建更加可信和准确的液压系统模型。

7-8 用 MATLAB/Simulink 编程方式对上册题 2-8 进行仿真，质量 m 为 2kg；弹簧刚度 K 为 1000N/m；阻尼系数 B 为 40N/(s/m)。

7-9 用 Simscape 软件对上册题 2-8 进行仿真，质量 m 为 2kg；弹簧刚度 K 为 1000N/m；阻尼系数 B 为 40N/(s/m)。

7-10 用 AMESim 软件对上册题 2-8 进行仿真，质量 m 为 2kg；弹簧刚度 K 为 1000N/m；阻尼系数 B 为 40N/(s/m)。

7-11 用 MATLAB/Simulink 编程方式对上册题 2-9 进行仿真，电感 L 为 2H；电容 C

为 0.001F；电阻 R 为 40Ω。

7-12 用 Simscape 软件对上册题 2-9 进行仿真，电感 L 为 2H；电容 C 为 0.001F；电阻 R 为 40Ω。

7-13 用 AMESim 软件对上册题 2-9 进行仿真，电感 L 为 2H；电容 C 为 0.001F；电阻 R 为 40Ω。

7-14 用 MATLAB/Simulink 编程方式对上册题 2-16 进行仿真。

7-15 用 AMESim 软件对上册题 2-16 进行仿真。

7-16 用 MATLAB/Simulink 编程方式对上册题 6-8 进行仿真。

7-17 用 SimHydraulics 软件对上册题 6-8 进行仿真。

7-18 用 AMESim 软件对上册题 6-8 进行仿真。

7-19 比较 MATLAB/Simulink 编程仿真、SimHydraulics 软件仿真和 AMESim 软件仿真的异同。

7-20 电液位置伺服控制系统结构如题 7-20 图所示。液压源参数：供油压力 21MPa，回油压力 0MPa。液压缸的缸筒内径 60mm、活塞杆径 28mm、有效行程 100mm。电液伺服阀压降 7MPa，额定流量 40L/min，额定电流 40mA，固有频率 100Hz，阻尼系数 0.7，位移传感器及放大器增益 1V/m，伺服放大器增益 4mA/V，惯性负载 5kg。选择仿真方法进行仿真。

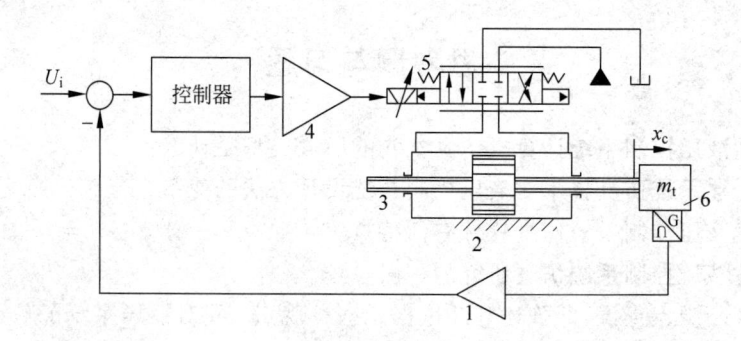

1—反馈放大器；2—机架；3—液压缸；4—电子伺服放大器；5—电液伺服阀；6—惯性负载。

题 7-20 图

主要参考文献

[1] ANDERSEN T O. Fluid power systems modelling and analysis [M]. Denmark：Aalborg University，2003.

[2] 高钦和，马长林. 液压系统动态特性建模仿真技术及应用[M]. 北京：电子工业出版社，2013.

[3] KLEE K，ALLEN R. Simulation of dynamic systems with MATLAB and Simulink[M]. Boca Raton：CSC Press，2003.

[4] ROSS S M. Simulation[M]. Amsterdam：Academic Press，2006.

[5] LAW A M，KELTON W D. Simulation modeling and analysis[M]. New York：The McGraw-Hill companies，Inc.，2000.

[6] JALON J G，BAYO E. Kinematic and dynamic simulation of multibody system[M]. Berlin：Springer-

Verlag, 1994.
- [7] KARRIS S T. Introduction to Simulink with engineering application[M]. Fremont: Orchard Publisher, 2006.
- [8] GOULD H, TOBOCHNIK J, CHRISTIAN W. An introduction to computer simulation methods[M]. Upper Saddle River: Pearson Education, Inc., 2007.
- [9] Mathworks. Simulink user's guide[M]. Natick: The Mathworks, Inc., 2014.
- [10] Mathworks. Simscape user's guide[M]. Natick: The Mathworks, Inc., 2014.
- [11] LMS Imagine. AMESim reference guide[M]. Roanne: LMS Imagine, Inc., 2013.
- [12] KLEIJN C, GROOTHUIS M A. 20-sim 4.5 reference mannual[M]. Enschede: Controllab Procuct B. V., 2014.
- [13] LAW A M. 系统建模与仿真[M]. 肖田光, 范文慧, 等译. 北京: 清华大学出版社, 2008.
- [14] LEDIN J. 仿真工程[M]. 北京: 机械工业出版社, 2003.
- [15] 王永熙. 飞机飞行控制液压伺服作动器[M]. 北京: 航空工业出版社, 2014.
- [16] NASILIU N, NASILIU D, CALINOIU C, et al. Simulation of fluid power system with simcenter AMESim[M]. Boca Raton: CSC Press, 2018.
- [17] SINGH M G, TITLI A. Systems: decomposition, optimisation and control[M]. Oxford: Pergamon Press, 1978.
- [18] JAMSHIDI M. Large-scale systems modeling and control[M]. New York: North Holland, 1983.
- [19] Products[EB/OL].[2019-11-12]. https://au.mathworks.com/products.html?s_tid=gn_ps/.
- [20] Optimize system performance from early design stages[EB/OL].[2019-11-15]. https://www.plm.automation.siemens.com/global/zh/products/simcenter/simcenter-amesim.html#.
- [21] Introduction[EB/OL].[2019-11-20]. https://www.20sim.com/overview/introduction/.
- [22] Train future technicians and engineers on hydraulic, pneumatic, electrical and PLC systems through simulation.[EB/OL].[2019-11-21]. https://www.famictech.com/en/Products/Automation-Studio/Educational-Edition/.
- [23] Dymola system engineering[EB/OL].[2019-11-23]. https://www.3ds.com/products-services/catia/products/dymola/.
- [24] Introduction[EB/OL].[2019-11-25]. https://www.openmodelica.org/.
- [25] FluidSIM 5 intuitive simulation[EB/OL].[2019-11-22]. https://www.art-systems.de/www/site/en/fluidsim/.